DIJIEMEI
ZHILILU
REJIE
JISHU

低阶煤直立炉热解技术

雷 刚　薛选平　主编

赵 杰　马宝岐　史剑鹏　副主编

化学工业出版社

·北京·

内 容 简 介

全书从我国煤资源禀赋重点地区的储量分布、煤种特性以及半焦的生产与应用发展前景等方面入手，汇集当前有关中低温热解技术机理等研究成果，着力对立式热解炉的工艺和行业热点（余热回收）等进行系统阐述。针对现阶段运行产能规模最大、分布最广、占有主导地位的内热式直立炉热解半焦生产技术，以陕西冶金设计院有限公司开发设计的"SH 系列炉型"为主体，对其从资源优化利用、设计、施工、生产操作和运行管理、设备的维护、节能环保等方面进行了细致的叙述，涉及半焦生产过程主要环节，并对最新投产的 SH4090 型内燃内热式直立热解炉（单炉产能 20 万吨/年）运行实例进行了系统介绍。

本书可供从事低阶煤分级分质利用领域特别是直立炉热解领域的科研人员、工程技术人员和生产管理人员、大中专院校相关专业师生阅读参考。

图书在版编目（CIP）数据

低阶煤直立炉热解技术/雷刚，薛选平主编；赵杰，马宝岐，史剑鹏副主编. —北京：化学工业出版社，2023.8

ISBN 978-7-122-43501-9

Ⅰ.①低… Ⅱ.①雷… ②薛… ③赵… ④马… ⑤史… Ⅲ.①煤-高温分解 Ⅳ.①TQ536

中国国家版本馆 CIP 数据核字（2023）第 087645 号

责任编辑：张　艳	文字编辑：范伟鑫　王云霞
责任校对：宋　夏	装帧设计：王晓宇

出版发行：化学工业出版社（北京市东城区青年湖南街 13 号　邮政编码 100011）
印　　装：大厂聚鑫印刷有限责任公司
710mm×1000mm　1/16　印张 22¾　字数 403 千字
2024 年 1 月北京第 1 版第 1 次印刷

购书咨询：010-64518888　　　　　　　　售后服务：010-64518899
网　　址：http://www.cip.com.cn
凡购买本书，如有缺损质量问题，本社销售中心负责调换。

定　　价：198.00 元

序

FOREWORD

进入 21 世纪，我国炼焦行业发展有了质的飞跃。随着《焦化行业准入条件》（2008 年版）产业政策的颁布，以往"小散乱差"的半焦（兰炭）生产纳入国家相关行业的规范管理中，煤炭中低温干馏生产自此走上了规范发展的轨道。现阶段我国焦化行业已基本形成了以常规机焦炉生产高炉炼铁用冶金焦，以热回收焦炉生产铸造用焦，以中低温干馏炉加工低变质煤生产电石、铁合金、化肥、化工与民用清洁炭等用半焦的煤炭加工转化生产模式，构成了世界上煤炭干馏技术最为完整、煤炭资源开发利用最为广泛、煤炭的价值潜力挖掘最为充分、独具中国特色的焦化工业体系。

在我国的煤炭资源储备中，低阶煤资源丰富（主要包括褐煤和长焰煤、弱黏煤、不黏煤等低变质煤），占全国煤炭产量的 55% 以上，更占陕西、内蒙古和新疆煤炭产量的 80% 以上。如何做精、做细低阶煤的分级分质转化高效利用，是全行业尤其是行业科技工作者必须解决的首要问题。总结多年来国内外、行业内外的技术发展现状与生产实践经验，针对低阶煤的结构和加热特性等深入研究，开发出多种独具中国特色并与地方实际相适应的低能耗、低水耗的中低温热解生产半焦技术方式和装备类型，实现对煤炭的分级分质转化，以获得油、气、化、电、清洁燃料等高附加值产品。煤炭分级分质转化高效利用具有显著的经济效益和重大战略意义。在"十四五"期间，我国已将以低阶煤中低温热解为核心的煤炭分级分质转化利用，作为国家能源发展战略和技术革命创新的主要任务之一。

在我国煤化工产业实现"高端化、多元化、低碳化"战略目标的指引下，半焦产业现已进入高质量、绿色发展的新阶段。为了实现我国提出的力争于2030 年前实现碳达峰，努力争取 2060 年前实现碳中和的目标，促进我国半焦生产技术、装备和管理运行的新发展，陕西冶金设计研究院有限公司在多年来对半焦生产技术进行研究、设计和施工经验总结的基础上，联合行业专家学者倾力编纂《低阶煤直立炉热解技术》一书。全书从我国煤资源禀赋重点地区的储量分布、煤种特性以及半焦的生产与应用发展前景等方面入手，汇集当前有关中低温热解技术机理等研究成果，着力对立式热解炉的工艺和行业热点（余热回收）等进行系统阐述。针对现阶段运行产能规模最大、分布最广、占有主导地位的内热式直立炉热解半焦生产技术，以陕西冶金设计院有限公司开发设计的"SH系列炉型"为主体，对其从资源优化利用、设计、施工、生产操作和运行管理、设备的维护、节能环保等方面进行了细致的叙述，涉及半焦生产过程每个环节，并对最新投产的SH4090型内燃内热式直立热解炉（单炉产能20万吨/年）运行实例进行了系统介绍。此书的技术理论性很强，同时，理论联系实际，是一本对低阶煤直立炉热解技术全面、系统、深入论述的专著。本书可供从事低阶煤分级分质利用领域特别是直立炉热解领域的科研人员、工程技术人员和生产管理人员使用，也可供大中专院校相关专业师生参考。

作为此书的第一位读者，本人深感荣幸。细细品味，全书9章均可独立成篇，结构严谨，资料丰富翔实，理论性、实践性与可操作性强，使我获益多。我深深体会到作者们全身心地为推进我国低阶煤热解技术绿色发展付出的努力与良苦用心，在此也对各位作者表示衷心感谢和热烈祝贺！

回忆我国中低温煤炭干馏技术发展历程，从陕北、内蒙古地区浪费资源、污染环境的"平地烧"烟火遍地，到单炉年产千吨的"大头炉"孤零零矗立在广袤的原野中挥散出刺鼻的酚氨混合气味，再到废弃的兰炭粉与污水横流的场景，小兰炭、小电石、小铁合金形成了"陕蒙宁"环境脏乱差的"黑三角"地区，兰炭产业成了险招"取缔"的危急产业。经地方政府引导，行业广大科研院所、设计研发单位的技术专家和企业家发扬敢于担当的精神，历经多年努力拼搏、多方探索与持续性改进，尤其是纳入炼焦行业规范管理以后，企业生产规模的扩大、干馏热解技术的创新开发与集成、单套炉组加工能力的增强、熄焦技术的改进与余热回收（废热回收）、煤焦油与煤气的延伸加工、生产废水的综合处理及配套环保设施的完善，企业自动化、信息化、智能化等综合素质的提高等都取得长足的进展，示范企业成果累累。现在半焦年产能达到1.2亿吨，呈现出以大型立式炉为主体，多种低阶煤"中低温干馏热解"分级分质技术竞相促进的可喜局面，闯出了一条适合中国国情和地区资源条件的低阶煤分级分质高效清洁利用的新路。

展望未来，随着作为国家能源发展战略的"中低温热解为核心的煤炭分级分质转化利用"技术的实施与不断进步发展，以及国家对"双碳绿色"等有关政策的实施，任重而道远。愿各研究院所、设计与设备制造企业、生产企业等进一步开拓思路、加强合作、全面提升，补齐低阶煤热解技术在核心技术、关键设备、环保措施等方面的短板，提升从业人员的素质，同心协力为低阶煤分级分质利用热解产业的持续、健康、稳定发展做出更大贡献。我们期待一大批年产能达到数百万吨以至千万吨级、技术多样性的低阶煤中低温热解分质高效清洁化企业建成，生产出种类繁多的高附加值干馏煤化工产品，为中国式低阶煤分级分质高效清洁利用做出新贡献。

杨文静

2023 年 10 月于北京

前言
PREFACE

从我国"缺油、少气、煤炭资源相对丰富"的资源禀赋条件和现有的技术发展分析，能源自给率的保障只能来自煤炭资源的大规模使用，在未来相当长的时间内，以煤为主的能源战略仍是必然的选择。

在我国的煤炭资源中，低阶煤的储量和产量均占全国总量的55%以上。低阶煤具有挥发分含量高、反应活性高的特点，根据其煤质结构进行科学转化，对我国实现煤炭资源的清洁高效利用具有重要的战略意义。采用低阶煤中低温热解（干馏）技术，可以获取中、高附加值的油气产品及高碳含量半焦产品，实现低阶煤的分级利用，提升能源利用效率和经济价值。因此，以低阶煤热解为龙头生产清洁燃料和相应的化工原料，并进一步延伸加工产业链是一条理想的低阶煤利用路线。多年来，我国的半焦产业有了很大发展，并对低阶煤热解工艺有了系统研究，已进行小试、中试及工业化生产的热解炉型主要有直立炉、回转炉、移动床、流化床、喷动床、气流床、旋转炉、带式炉、绞龙床、微波炉、篦动床、耦合床等10余种。但目前实现工业化生产的主要炉型为内热式直立热解炉，其单炉最大生产能力为20万吨/年。

在我国煤化工产业实现"高端化、多元化、低碳化"战略目标的指引下，兰炭产业现已进入高质量、绿色发展的新阶段。为了深入贯彻执行我国提出的力争于2030年前实现碳达峰，努力争取2060年前实现碳中和的目标，促进我国兰炭生产技术和装备的新发展，陕西冶金设计研究院有限公司在多年来对兰炭生产技术进行研究、设计和施工经验总结的基础上，编写了这本书，以期能对我国兰炭产业的发展贡献一份力量。

全书共分9章：第1章绪论由雷刚和马宝岐完成；第2章低阶煤的热解原理由马宝岐和薛选平完成；第3章直立炉热解工艺由赵杰和马宝岐完成；第4章高温半焦的余热回用由马宝岐完成；第5章内燃内热式直立热解炉工艺的主要设备由史剑鹏、赵杰、李朋泽、陈晓菲、王乐、朱佛代、田朋军、王睿哲、曾明明、韩辉、米静、窦军录完成；第6章公用及土建工程由万晖、乔耀武、雷晓芳、杜珍、刘晓荣、谭焕、杨雪莲、李传东、杨仙、王科、闫鑫完成；第7章环境保护由谢建锋和李林完成；第8章生产操作规程由史剑鹏、赵杰和李水锋完成；第9章典型项目实例由宋涛涛和吴怡喜完成。全书由赵杰和马宝岐制定编写提纲、修改和定稿，由朱佛代负责统稿。

在本书编写过程中得到了陕西冶金设计研究院有限公司原院长李挺、曹惠民、谢咏山，原副院长高武军，原总工程师李森林；神木市兰炭产业服务中心主任贾建军，书记刘朝辉；陕西煤业化工集团有限责任公司副总工程师张相平，化工事业部经理郝发潮；陕西省环境调查评估中心原副总工程师王珍；中国煤炭加工利用协会兰炭分会秘书长申联星；宁波力勤资源科技股份有限公司项目经理孟涛；陕西冶金设计研究院有限公司副院长赵健、马玄恒，副总工程师蔡毅、耿虎，结构工程设计室主任石鹏，工程管理部部长党小刚，综合办主任王磊等诸多同仁的大力支持和帮助，在此向他们致以衷心的感谢！

由于本书内容涉及面较宽，编者经验不足、水平有限，书中难免有不妥和疏漏之处，敬请读者给予指正。

编　者

2023 年 10 月

目录
CONTENTS

5 内燃内热式直立热解炉工艺的主要设备   179

6 公用及土建工程 235

1

绪论

1.1 我国的低阶煤资源

煤的分类标准很多，各个国家都制定了不同的分类标准。常用的分类方法有两种：一种是按成煤原始物质不同，可分为腐泥煤、腐植腐泥煤、残植煤和腐植煤；另一种方法是按照煤化作用的深浅程度（煤阶）分类，可分成低阶煤、中阶煤和高阶煤。在联合国欧洲经济委员会颁布的《煤层煤分类》（1995年）方案中，规定镜质组平均随机反射率 $R_{ran} \geqslant 0.6\%$ 的煤为中阶煤或高阶煤；$R_{ran} \leqslant 0.6\%$ 的煤必须当恒湿无灰基高位发热量 $Q_{gr,maf} \geqslant 24MJ/kg$ 时才划归为中阶煤，其余为低阶煤。中国低阶煤的分类顺序是先按低阶煤透光率 P_M 来区分烟煤或褐煤。当干燥无灰基挥发分 $V_{daf} > 37.0\%$，同时 $P_M > 50\%$ 时，归属烟煤；$V_{daf} > 37.0\%$，同时 $P_M > 30\% \sim 50\%$ 的煤，则用 $Q_{gr,maf} = 24MJ/kg$ 作为划分界限，即 $Q_{gr,maf} > 24MJ/kg$ 的煤，划分为烟煤（长焰煤）；只有当 $V_{daf} > 37.0\%$，$P_M > 30\% \sim 50\%$，同时 $Q_{gr,maf} \leqslant 24MJ/kg$ 时，才划归褐煤。低阶煤主要包含通常意义上的褐煤和低变质烟煤（长焰煤、不黏煤、弱黏煤），在国外一般将低变质烟煤称为次烟煤。

1.1.1 低阶煤的储量

根据《BP 世界能源统计年鉴》（2021 年版），2020 年年底探明的全球煤炭可开采储量总计 $10741.08 \times 10^8 t$，可供开采 132 年。在煤炭可开采储量中，次烟煤与褐煤储量为 $3204.69 \times 10^8 t$，约占全球总量的 30.0%。但是，次烟煤与褐煤可采储量的 72.7% 集中在俄罗斯（28.2%）、澳大利亚（23.9%）、德国（11.2%）和美国（9.4%）4 国。

我国低变质烟煤主要包括长焰煤、不黏煤、弱黏煤，已查明资源储量为 $3330.09 \times 10^8 t$。占全国煤炭资源总量的 32.61%，占非炼焦煤的 45.01%。

全国第三次煤炭资源预测结果表明，垂深2000m以浅的低变质烟煤预测资源量为24215.10×10^8t，占全国煤炭预测资源量的53.2%。

褐煤查明资源储量为1334.69×10^8t，占我国煤炭资源总量的13.07%，占非炼焦煤的18.05%。

全国第三次煤炭资源预测结果表明，垂深2000m以浅的褐煤预测资源量为1903.06×10^8t，占全国煤炭预测资源量的4.19%（见表1-1）。

表1-1　我国煤炭预测资源量　　　　　　单位：10^8t

地区	预测资源量	褐煤	低变质烟煤	气煤	肥煤	焦煤	瘦煤	贫煤	无烟煤
北京	86.72	—	—	—	—	—	—	—	86.72
天津	44.52	—	—	44.52	—	—	—	—	—
河北	601.39	9.98	7.24	508.44	30.19	—	—	—	45.54
山西	3899.18	12.68	53.85	70.42	343.90	508.02	301.89	589.79	2018.63
内蒙古	12244.39	1753.40	9004.00	1079.45	11.02	364.18	0.23	23.96	8.15
辽宁	59.27	6.04	25.35	7.52	1.05	1.63	—	2.15	15.53
吉林	30.03	7.46	11.06	3.68	0.48	0.71	1.88	1.96	2.80
黑龙江	176.13	44.49	8.53	83.33	—	37.65	0.55	1.58	
上海									
江苏	50.49	—	—	34.71	1.57	6.90	2.022	3.45	1.84
浙江	0.44	—	—	—	0.44	—	—	—	—
安徽	611.59	—	0.66	370.42	35.00	154.37	33.69	3.56	13.89
福建	25.57	—	—	—	—	—	0.09	—	25.48
江西	40.84	—	0.38	1.60	0.83	6.09	2.35	5.52	24.07
山东	405.13	24.67	3.23	220.68	76.50	5.64	—	27.66	46.75
台湾									
河南	919.71	8.82	3.75	86.11	19.20	163.77	87.94	109.29	440.83
湖北	2.04	—	—	—	—	—	—	0.49	1.55
湖南	45.35	—	0.15	1.27	2.28	2.06	1.31	1.65	36.63
广东	9.11	0.41	—	—	0.06	0.07	—	0.74	7.83
广西	17.64	1.69	1.44	—	—	—	0.44	5.46	8.61
海南	0.01	0.01	—	—	—	—	—	—	—
四川	233.5	14.30	—	4.90	5.17	5.71	55.38	14.78	133.26
贵州	1896.90	—	—	5.22	41.40	319.57	133.97	247.27	1149.47
云南	437.87	19.11	0.67	6.22	3.50	124.00	31.17	125.48	127.64

地区	预测资源量	褐煤	低变质烟煤	气煤	肥煤	焦煤	瘦煤	贫煤	无烟煤
西藏	8.09	—	0.08	0.08	0.20	0.13	0.14	0.03	7.43
陕西	2031.10	—	523.79	800.15	115.89	111.49	64.45	94.53	320.80
甘肃	1428.87	—	242.49	1172.99	1.63	—	5.72	4.83	1.21
宁夏	1721.11	—	1264.83	84.31	20.73	17.75	24.79	123.52	185.18
青海	380.42	—	143.60	51.86	7.85	33.00	30.34	81.18	32.59
新疆	18037.3	—	12920.00	4754.50	312.60	24.80	25.40	—	—
全国	45444.63	1903.06	24215.10	9392.38	1031.49	1887.54	803.75	1468.88	4742.43

全国不同深度预测煤炭资源的煤类比例如表 1-2 所示。从表 1-2 可以看出，褐煤主要赋存在浅部，垂深 1000m 以浅的预测资源以低变质烟煤为最多，中变质烟煤的约 2/3 在垂深 1000m 以下，贫煤、无烟煤则以垂深 1000m 以下为主。

表 1-2　全国不同深度预测煤炭资源的煤类比例　　　　　　单位：%

预测垂深	褐煤	低变质烟煤	中变质烟煤	贫煤、无烟煤
600m 以浅	12.5	55.2	23.3	9.0
1000m 以浅	8.4	55.3	23.7	12.6
2000m 以浅	4.2	53.2	29.0	13.6

1.1.2　低阶煤的分布

（1）褐煤资源的分布

从中国褐煤的形成时代看，以中生代侏罗纪褐煤储量的比例最大，约占全国褐煤储量的 4/5，主要分布在内蒙古东部与东北三省紧密相连的东三盟地区。我国的侏罗纪褐煤中极少有早中侏罗纪褐煤，一般均属晚侏罗纪褐煤，其特点是含煤面积大、煤层厚，如内蒙古东部的胜利煤田，其煤层总厚度达 20～100m 甚至更厚，最厚处可达 237m。

新生代第三纪褐煤资源占全国褐煤储量的 1/5 左右，其主要赋存在云南省境内。四川、广东、广西、海南、山东和东北三省等地也有少量第三纪褐煤。其中，晚第三纪褐煤资源的特点是除云南省内的昭通煤田和小龙潭煤田等煤层厚度大，其可采总厚度可达 50m 以上外，其余绝大多数煤田的煤层厚度不超过 10m，且矿点多分散、煤层埋藏浅，适合于小型露天开采。早第三纪褐煤资源主要分布在东北三省和山东省境内，分布面积小，多为中小型煤田，煤层埋藏相对较深，适于地下开采。

由煤田地质勘探资料表明，中国的褐煤资源主要分布在华北区，占全国褐煤地质储层的3/4以上（见表1-3），其中又以内蒙古东部地区赋存最多。西南区是我国仅次于华北区的第二大褐煤基地，其储量约占全国褐煤的1/8，其中大多又分布在云南省内。但西南区的褐煤几乎全部是第三纪较年轻褐煤，而华北区的褐煤则绝大多数为侏罗纪的年老褐煤。东北、中南、西北和华东四大区褐煤资源的储量均较少。

表1-3 中国各大区褐煤储量分布

项　　目	华北	东北	华东	中南	西南	西北
占全国褐煤储量/%	77.8	4.7	1.3	2.0	12.5	1.7
占本区煤炭总储量/%	16.2	19.5	2.6	7.6	15.8	2.9

由表1-4可知，内蒙古自治区是我国褐煤储量占绝对多数的省（自治区），占全国褐煤资源的3/4以上。褐煤储量占全国第二位的云南省，其褐煤资源也只占全国的1/8左右。其他各省（自治区）的褐煤储量均不到全国的3%。

表1-4 中国各省（自治区）褐煤储量分布

省（自治区）	占全国褐煤储量/%	主要成煤时代	占本省（自治区）煤炭储量/%
内蒙古	77.1	晚侏罗纪	47.4
云南	12.6	晚第三纪	65.7
黑龙江	2.6	早第三纪	8.5
辽宁	1.5	早第三纪	16.5
山东	1.3	早第三纪	4.3
吉林	0.9	早第三纪	8.0
广西	0.8	第三纪	35.8
其他	3.2	第三纪	—

（2）低变质烟煤资源的分布

我国低变质烟煤主要赋存在中生代的侏罗纪地层内。其中，尤以西部地区的早、中侏罗世时期形成的不黏煤和长焰煤比例最大。如陕西和内蒙古交界的神（府）东（胜）煤田的不黏煤和长焰煤的探明储量高达2236×10^8t；以弱黏煤为主的陕西黄（陵）陇（县）煤田的探明储量达131×10^8t；彬长煤田（不黏煤和弱黏煤）的探明储量为91×10^8t；宁夏的灵武煤田以不黏煤为主，其探明储量为41×10^8t；甘肃华亭和安口煤田的不黏煤探明储量为32×10^8t。

在新疆维吾尔自治区已探明的近 977×10^8 t 的煤炭资源中，大部分也为不黏煤、弱黏煤和长焰煤等烟煤。可见，我国西部地区的低变质烟煤占全国的绝大部分。

在低变质烟煤的矿井可采储量中，神东矿区为最多，达 35.91×10^8 t（表1-5），其次为大同矿区，超过 17×10^8 t；可采储量超过 10×10^8 t 的还有准格尔黑岱沟露天矿。其他各生产矿区的可采储量，一般不超过 4×10^8 t。

我国主要的低变质烟煤的成煤时代、煤种和可采储量详见表1-5。

表 1-5　我国主要的低变质烟煤资源

局、矿名称	可采储量/(10^8t)	煤种	成煤时代
神东	35.9100	不黏煤、长焰煤	早、中侏罗世
大同	17.6678	弱黏煤	早、中侏罗世
抚顺西露天	0.1200	长焰煤	早　第三纪
阜新	2.7111	长焰煤	晚　侏罗世
铁法	4.5000	长焰煤	晚　侏罗世
准格尔	13.5741	长焰煤	石炭、二叠纪
依兰	0.7976	长焰煤	早　第三纪
窑街	1.1088	长焰煤	早、中侏罗世
靖远	3.8465	不黏煤	早、中侏罗世
哈密	1.4340	不黏煤	早、中侏罗世
义马	3.3520	长焰煤	早、中侏罗世
灵武	3.3443	不黏煤	早、中侏罗世
大同市矿	2.4158	弱黏煤	早、中侏罗世

低变质烟煤主要分布在我国西北（赋存储量 13128.71×10^8 t，占全国低变质烟煤预测资源量的54.2%）和华北（赋存储量 10427.66×10^8 t，占全国低变质烟煤预测资源量的43.0%），这两个地区低变质烟煤预测资源量合计占全国该煤类的97.2%，其次是东北地区（赋存储量 658.73×10^8 t，占全国的2.69%），其余分布在华南地区及云南和西藏。从各省（市、自治区）的赋存储量来看，最多的是陕西省，占全国的34.9%；第二是内蒙古，占全国的27.9%；第三是新疆，占全国的20.3%。

我国低变质烟煤不仅储量大，且煤质好。其中，大同的弱黏煤、神府和东胜的不黏煤，灰分低、硫分低，被誉为天然精煤。

1.2 低阶煤的主要特性与结构特点

1.2.1 褐煤的主要特性

褐煤是煤化程度最低的一类煤。其外观呈褐色至黑色，光泽暗淡或呈沥青光泽，含有较高的内在水分和不同数量的腐殖酸，在空气中易风化碎裂，发热量低，V_{daf} 大于 37%，且恒湿无灰基高位发热量不大于 24MJ/kg。根据其 P_M 的不同，小于等于 30% 的称为褐煤一号；P_M 为 30%～50% 的为褐煤二号。褐煤一般作燃料使用，也可作为加压气化、低温干馏的原料，并可用来萃取褐煤蜡。

褐煤的最大特点是水分含量高、灰分含量高、发热量低。根据 176 个井田或勘探区的统计资料，褐煤全水分高达 20%～50%，灰分一般为 20%～30%，收到基低位发热量一般为 11.71～16.73MJ/kg。

褐煤的主要性质和组成如表 1-6 所示。

表 1-6　褐煤的主要性质和组成

序号	矿井和煤层名称①	工业分析/%			$Q_{gr,daf}$ /(MJ /kg)	反射率 R_{max} /%	元素分析(daf)/%					透光率 P_M/%	最高内在水分 MHC/%
		M_{ad}	A_d	V_{daf}			C	H	N	S	O		
1	梅河煤矿一井 12 层	8.20	6.83	44.72	30.19	0.431	73.39	5.66	1.84	0.40	18.71	32.0	14.29
2	山东黄县煤矿立井一层	4.21	9.32	47.51	29.32	0.542	72.69	5.89	1.82	0.70	18.90	28.6	22.39
3	扎赉诺尔矿务局露天矿	15.86	8.46	42.47	27.71	0.313	73.23	4.53	1.00	0.40	20.84	32.0	30.22
4	崇礼县煤矿 4 层	10.19	16.19	44.45	28.62	0.333	72.29	5.01	0.80	2.07	19.83	10.0	27.06
5	元宝山矿三斜井 4 层	8.77	7.29	43.70	29.44	0.482	73.71	5.30	0.75	1.76	18.48	26.8	18.21
6	阜新东梁煤矿二井上层	3.18	8.85	41.28	29.57	0.456	73.76	5.24	1.11	2.99	16.90	47.8	16.91
7	平庄西露天煤矿一层	10.73	8.02	42.25	28.44	0.365	72.11	5.26	1.05	1.41	20.17	17.5	20.42
8	舒兰东富煤矿二井 15 层	8.05	14.79	52.51	29.36	0.380	72.67	6.00	1.88	0.26	19.19	22.1	18.28

续表

序号	矿井和煤层名称[①]	工业分析/%			$Q_{gr,daf}$ /(MJ /kg)	反射率 R_{max} /%	元素分析(daf)/%					透光率 P_M /%	最高内在水分 MHC/%
		M_{ad}	A_d	V_{daf}			C	H	N	S	O		
9	大雁矿务局一号井一层	16.27	14.09	45.32	28.12	0.480	71.42	5.23	1.49	0.63	21.23	19.6	28.81
10	吉林蛟河珲春北矿松林井6层	8.93	13.70	44.70	28.91	0.462	72.53	5.22	1.01	0.46	20.78	13.0	18.92
11	义马跃进矿	6.61	6.11	41.66	30.04	0.389	75.14	5.59	1.12	1.32	16.83	43.7	14.29
12	梅河煤矿二井12层	5.70	5.93	45.96	30.20	0.486	74.02	5.78	1.83	0.44	17.93	30.4	14.09
13	梅河煤矿三井12层	3.44	4.23	44.31	30.90	0.659	76.24	5.63	1.38	0.46	16.29	49.3	8.83
14	平庄古山煤矿二井6~8分层	7.72	5.58	43.25	41.65	0.437	73.86	5.50	1.26	1.14	18.24	32.5	17.22
15	云南潦浒七队	4.58	6.32	59.63	27.80	0.297	68.71	6.20	1.14	0.20	23.75	6.6	28.02
16	云南小龙潭	10.39	10.95	48.76	26.37	—	68.06	4.74	1.82	2.13	23.25	15.5	—
17	勐滨矿K层	15.10	6.67	47.80	28.32	—	71.38	4.97	0.81	0.45	22.39	22.0	—
18	舒兰六层	14.97	13.24	50.77	27.47	—	69.19	5.69	1.56	0.34	23.22	26.3	—
19	扎赉诺尔中层	10.65	5.78	46.30	27.58	—	70.09	5.12	1.38	0.34	23.07	28.7	—
20	元宝山矿5~6层	8.17	8.00	40.02	29.66	—	74.71	4.74	0.86	1.32	18.37	30.6	—
21	平庄古山二井五层	13.62	8.71	39.32	29.09	—	74.11	5.16	1.24	2.10	17.39	39.6	—
22	沈阳清水台三井	7.75	10.03	42.94	29.33	—	73.25	5.57	1.77	1.10	18.31	45.3	—
23	田东那读煤矿岩林井南一采区	9.73	9.25	44.86	29.70	0.528	73.55	5.53	2.08	1.29	17.55	44.6	17.28
24	云南可保煤矿五邑露天	6.98	7.79	56.53	27.45	0.314	68.50	5.92	1.56	0.85	23.17	12.2	36.10
25	小龙潭煤矿布沼坝坑	14.13	9.97	51.67	26.69	0.453	68.53	5.42	1.95	1.59	22.51	4.2	28.55
26	云南寻甸	11.79	13.60	61.80	27.52	0.289	67.79	6.04	0.92	0.79	24.46	11.7	29.89
27	甘肃永登县大有煤矿	8.74	11.31	48.55	30.19	0.380	73.59	5.36	0.89	4.74	15.42	44.8	19.68

① 矿井和煤层名称为数据统计时期的名称。

注：1. P_M 为用72型分光光度计在波长475nm时测得的透光率。

2. M_{ad}—空气干燥基水分；A_d—干燥基灰分；$Q_{gr,daf}$—干燥无灰基高位发热量。

1.2.2 低变质烟煤主要特性

低变质烟煤（次烟煤）包括长焰煤、不黏煤和弱黏煤。

① 长焰煤（CY）是烟煤中煤化程度最低、挥发分最高（V_{daf} 大于 37%）、黏结性很弱（黏结指数 G 小于 35）的一类煤。受热后一般不结焦，燃烧时火焰长为其特征，是较好的动力用燃料和气化及热解原料。

② 不黏煤（BN）是煤化程度较低、挥发分范围较宽（V_{daf} 大于 20% 到 37%）、无黏结性或 G 值不大于 5 的煤。在我国，这类煤的显微组分中由于有较多的惰质组，表现出无黏结性，常用作燃料和气化及热解原料。

③ 弱黏煤（RN）煤化程度较低，挥发分范围较宽（V_{daf} 大于 20% 到 37%），受热后形成的胶质体很少。由于这类煤的显微组分中惰质组含量较多，黏结性微弱（G 大于 5 到 30），介于不黏煤和 1/2 中黏煤之间。其主要用作燃料和热解及气化原料。

在我国，低变质烟煤不仅资源量丰富，而且这类煤灰分低、硫分低、发热量高、可选性好、煤质优良。各主要矿区原煤灰分均在 15% 以内，硫分小于 1%。其中不黏煤的平均灰分为 10.85%，平均硫分为 0.75%；弱黏煤平均灰分为 10.11%，平均硫分为 0.87%。根据 71 个矿区统计资料，长焰煤收到基低位发热量为 16.73～20.91MJ/kg；弱黏煤、不黏煤收到基低位发热量为 20.91～25.09MJ/kg。低变质烟煤化学反应性优良。

低变质烟煤的主要性质和组成如表 1-7 所示。

表 1-7　低变质烟煤的主要性质和组成

序号	矿井名称	工业分析/%		元素分析(daf)/%					岩相组分（以有机质计）/%			最大平均反射率 R_{max} /%	煤类
		V_d	V_{daf}	S	C	H	N	O	镜质组 V	惰质组 I	壳质组 E		
1	下花园	4.97	34.60	0.14	82.90	5.19	1.05	10.72	65.52	32.08	2.40	0.797	BN
2	大同王村	3.24	32.14	0.43	82.05	4.45	1.03	12.04	57.79	40.49	1.72	0.642	BN
3	大同云冈	3.73	24.33	0.21	85.18	4.51	0.87	9.23	23.58	75.71	0.71	0.842	BN
4	徐州旗山	6.93	36.22	0.42	83.23	5.32	1.38	9.65	75.59	16.51	7.90	0.842	RN
5	鸡西正阳	5.66	34.55	0.45	83.54	5.10	0.82	10.09	85.14	11.87	2.99	0.846	RN
6	鸡西二道河子	6.36	34.23	0.44	83.66	5.39	1.36	9.15	89.70	8.61	1.69	0.835	RN
7	坊子矿北井	11.57	34.02	0.62	83.58	4.95	0.85	10.00	68.11	29.34	2.54	0.844	RN
8	鸡西城子河	5.47	36.15	0.30	83.50	5.33	1.01	9.86	91.08	8.50	0.42	0.820	RN

续表

序号	矿井名称	工业分析/%		元素分析(daf)/%					岩相组分（以有机质计）/%			最大平均反射率 R_{max} /%	煤类
		V_d	V_{daf}	S	C	H	N	O	镜质组 V	惰质组 I	壳质组 E		
9	准旗二道沟	4.64	39.63	1.55	80.58	5.25	1.14	11.48	71.75	22.99	5.26	0.578	CY
10	南票小凌河	6.43	41.62	0.82	81.11	5.52	1.14	11.41	70.60	20.24	9.16	0.647	CY
11	南票三家子	5.26	39.02	0.76	81.97	5.27	1.17	10.83	74.97	17.82	7.21	0.791	CY
12	双鸭七星矿	6.08	39.89	0.32	81.69	5.39	1.15	11.45	91.08	1.64	7.28	0.679	CY
13	辽源平岗	7.46	35.96	0.48	77.85	5.07	1.18	15.42	97.10	0.41	2.49	0.548	BN
14	窑街天祝	4.38	42.63	0.99	80.54	5.36	1.39	11.72	97.17	0.30	2.53	0.613	CY
15	广旺宝轮院	9.10	36.66	0.17	84.61	5.18	0.99	9.05	14.07	63.28	22.65	0.743	RN
16	靖远大水头	6.45	32.93	0.27	85.78	5.22	0.83	7.90	54.97	43.41	1.62	0.827	RN
17	靖远宝积山	4.84	34.44	0.26	84.19	5.23	0.80	9.52	64.97	33.60	1.43	0.849	RN
18	双鸭山矿东荣	9.07	39.12	—	81.87	5.35	0.82	11.96	—	—	—	—	CY
19	新疆伊宁	8.03	41.19	0.65	77.05	5.21	0.79	16.30	—	—	—	—	CY
20	东胜	3.36	39.81	—	79.21	4.73	1.08	14.98	78.90	19.90	1.20	—	CY
21	灵武	8.80	30.69	—	81.05	3.42	0.74	14.79	28.30	71.10	0.60	—	BN
22	大同	7.62	26.49	—	74.16	4.52	0.81	20.51	—	—	—	0.791	RN
23	东胜补连塔	3.36	39.81	0.40	81.05	4.13	0.96	13.46	—	—	—	—	CY
24	神木大柳塔	3.28	35.97	0.15	73.84	4.97	0.93	20.11	56.00	42.70	1.30	0.530	CY
25	神木大保当	3.16	38.44	0.34	74.84	4.99	1.38	18.45	56.50	42.40	1.10	0.510	CY
26	华亭新窑	13.83	34.68	—	—	—	—	—	42.35	56.03	1.62	0.610	BN
27	灵武枣泉	10.00	32.64	—	—	—	—	—	40.09	58.00	1.91	0.558	BN
28	靖远王家山	4.00	31.00	—	—	—	—	—	40.00	57.65	2.35	0.757	BN
29	靖远红会	5.48	33.27	—	—	—	—	—	43.95	51.73	4.32	0.766	BN
30	兰州阿干	2.79	29.91	—	—	—	—	—	32.76	65.30	1.94	0.767	BN

1.2.3 低阶煤结构特点

煤是以有机质为主，并有不同分子量、不同化学结构的一组"相似化合物"的混合物。它不像一般的聚合物是由相同化学结构的单体聚合而成的。因此，构成煤的大分子聚合物的"相似化合物"被称为基本结构单元。也就是说，煤是由许多的基本结构单元组合而成的大分子结构。基本结构单元包括规则部分和不规则部分。规则部分为基本结构单元的核部分，由几个或十几个苯

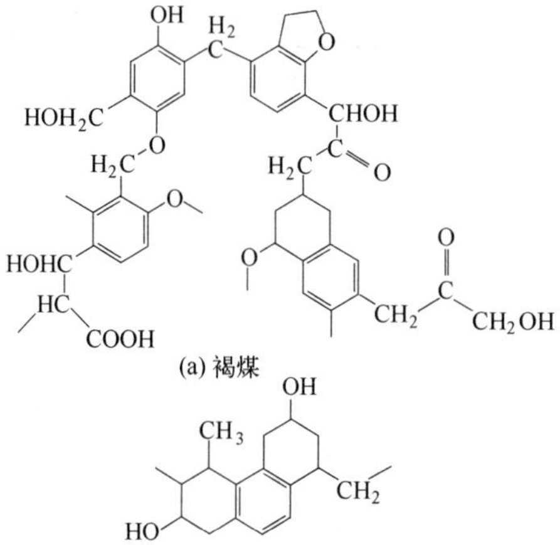

(a) 褐煤

(b) 长焰煤

图 1-1　低阶煤的结构单元

（或部分结构）模型

环、脂环、氢化芳香环及杂环（含氮、氧、硫）所组成。在苯核的周围连接着各种含氧基团和烷基侧链，属于基本结构单元的不规则部分。

低阶煤的结构单元如图 1-1 所示。低阶煤变质程度较低，碳氢含量低，氧含量高，结构单元芳核较小，结构单元之间由桥键和交联键连接形成空间大分子，侧链长且数量多，孔隙率高。有些褐煤含有较多的活性基团，一般为 15%～30%，且大部分以含氧官能团的形式存在，只有少数氧在煤大分子结构中成为杂环氧。我国对 9 种褐煤的含氧官能团的测定结果见表 1-8。

从表 1-8 中看到：含氧官能团以酚羟基为主，其次是羧基和羰基，甲氧基很少。这些基团表现出随碳含量增加而减少的趋势。

表 1-8　我国一些褐煤的含氧官能团和各种类型的氧

褐煤产地	含氧官能团/(mmol/g)					煤中总氧/%	煤中不同类型的活性氧/%					活性氧/%	不活性氧/%
	总酸性基	—COOH	—OH	=CO	—OCH$_3$		O$_{羧+酚}$	O$_羧$	O$_酚$	O$_羰$	O$_{甲氧}$		
东笋	3.92	0.20	3.72	0.51	0.13	17.32	6.59	0.64	5.95	0.81	0.21	7.61	9.71
沈北	5.48	0.64	4.84	0.53	0.11	19.98	9.80	2.05	7.75	0.85	0.17	10.82	9.16
扎赉诺尔	6.00	0.97	5.03	0.74	0.28	22.49	11.15	3.10	8.05	1.18	0.45	12.78	9.71
元宝山	5.67	1.00	4.67	0.66	0.18	22.87	10.65	3.20	7.45	1.06	0.29	12.00	10.87
南宁	5.40	1.10	4.30	0.86	0.14	20.29	10.39	3.52	6.87	1.36	0.22	11.97	8.32
繁峙	3.46	0.12	3.34	0.95	0.38	22.25	5.72	0.38	5.34	1.52	0.01	7.25	15.60
舒兰	5.82	1.03	4.79	0.81	0.13	24.17	10.95	3.29	7.66	1.29	0.21	12.45	11.72
松华	5.79	0.16	5.63	0.72	—	25.45	9.53	0.51	9.02	1.15	—	10.68	14.77
凤鸣树	5.95	1.01	4.94	0.51	0.73	25.96	11.13	3.23	7.90	0.91	1.17	13.21	12.75

吴国光等对平庄褐煤和神木不黏煤用傅里叶变换红外光谱进行了煤的结构和官能团的研究，从这 2 种煤的红外光谱图来看，形态比较相似，只是某些吸收峰的吸收强度（表现为吸收峰的高度和面积）有一定的差异。由于所采用的煤样均属低阶煤，因此在波数为 3700～3100cm^{-1} 处的吸收峰面积较大，表明

煤中所含—OH 含量较高。此外，$1700\sim1600\text{cm}^{-1}$ 处的吸收峰组成有三种：一是具有—O—取代的 C＝C(Ar) 伸缩振动吸收峰；二是 C＝O 与—OH 形成的氢键共振吸收峰；三是 C＝O 与某些多环苯醌强烈键缔合作用引起的伸缩振动吸收峰。

多年的研究认为，低阶煤结构的主要特征为：①根据 X 射线衍射研究认为低变质烟煤属敞开式结构，其特征是芳香层片比例较小，而不规则的"无定形结构"比例较大。芳香层片间由交联键连接，并或多或少在所有方向任意取向，形成多孔的立体结构。②低变质烟煤由较小的基本结构单元组成，缩合环数较少，尺寸也较小。在低变质程度的煤中，含氧官能团较多，而且有较多的氧桥。所含的矿物质中存在可交换的阳离子。③低变质烟煤的芳香环缩合度较小，但桥键、侧链和官能团较多，低分子化合物较多，其结构无方向性，孔隙率高和比表面积大。④低变质烟煤中（C＜83％）有大量的烷链桥结构和醚桥结构。这些桥结构连接着多酚基芳环，其中的 C—C 和 C—O 键的断裂是低变质烟煤解聚的主要途径之一。上述特征表明，低阶煤比中阶煤和高阶煤易于进行热解反应，在适宜的工艺条件下，低阶煤是进行分质高效转化的良好原料。

1.3　我国半焦产业概述

我国低阶煤资源丰富，具有挥发分含量高、反应活性高的特点，根据其煤质结构进行科学转化，对我国实现煤炭资源的清洁高效利用具有重要的战略意义。采用低阶煤中低温热解技术，可以获取中高附加值的油气产品及高碳含量半焦（兰炭）产品，能实现低阶煤的分级利用，提高能源利用效率和创造经济价值，因此以热解为龙头生产清洁燃料和相应的化工原料，并进一步延伸深加工产业链是一条理想的低阶煤利用路线。

目前，我国已形成煤→半焦→电石→聚氯乙烯、煤→半焦→硅铁→金属镁、煤→半焦→煤焦油→清洁燃料油、煤→半焦→煤气→发电、煤→半焦→煤气→合成氨、煤→半焦→煤气→陶瓷六条产业链。

在我国"碳达峰"与"碳中和"的战略和方针指引下，以低阶煤为原料生产的半焦产业，将会进一步加快实现绿色、高效、高质量发展。

1.3.1　规模产量

2015 年到 2021 年，我国半焦的产能和产量如图 1-2 和图 1-3 所示。
我国 2021 年半焦产能和产量的分布如表 1-9 所示。

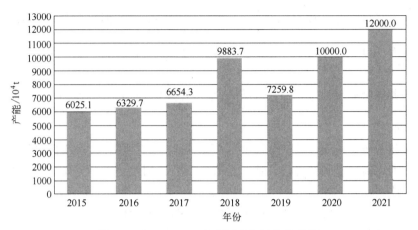

图 1-2　2015—2021 年中国半焦行业总产能

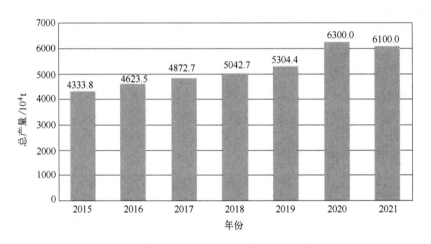

图 1-3　2015—2021 年中国半焦行业总产量

表 1-9　2021 年我国半焦产能和产量的分布

项目	陕西	新疆	内蒙古	宁夏	河北	总计
产能/10^4t	6200	4800	500	200	300	12000
产量/10^4t	3800	1700	300	100	200	6100

目前，我国半焦行业处于转型升级和高质量发展期，在"碳达峰"和"碳中和"的窗口期要实现半焦行业的进一步发展，就必须以科技创新为动力，加强新技术、新工艺、新装置的研发，实现总体水平的提高。

1.3.2　技术工艺

多年来，我国对低阶煤热解制半焦进行了系统的研究。目前，我国已进行小试、中试及工业化生产的低阶煤热解炉型主要有直立炉、回转炉、移动床、流化床、喷动床、气流床、旋转炉、带式床、绞龙床、微波炉、旋转锥、篦动床、耦合床等 10 余种；已形成工业化生产的内热式直立炉主要有：陕西冶金设计研究院有限公司的 SH 系列直立炉，中钢集团鞍山热能研究院有限公司的 RNZL 型直立炉，神木市三江煤化工有限责任公司的 SJ 系列直立炉，陕西煤业化工集团有限责任公司和北京国电富通科技发展有限责任公司的 SM-GF 直立炉，等等。

目前正在进行工业化建设的低阶煤热解技术主要有以下几种。

（1）低阶粉煤气固热载体双循环快速热解技术（SM-SP）

该技术由陕西煤业化工集团有限责任公司和上海胜帮化工技术股份有限公司自主研发。SM-SP 工艺主要分 4 个单元。①原料存储加料单元。粉煤（10～100μm）原料由槽罐车送至现场后，经氮气提升、旋风分离后，送至原料罐储存，粉煤经锁斗加压进入加料罐。加料罐底部装有叶轮加料机，保证系统密封与连续稳定进料。②气固热载体双循环热解单元。粉煤经叶轮加料机进入煤气循环管道，与由煤气风机提供的循环煤气预混合，再与来自烧炭器中的粉焦热载体充分混合后进入热解反应器，粉煤在提升过程中与气固热载体充分换热，完成快速完全热解。热解产物进入气固分离单元分离出热解油气和粉焦。循环粉焦进入烧炭器，与主风机鼓入的空气进行贫氧不完全燃烧，释放的热量用于加热粉焦热载体，粉焦热载体经控制进入煤气循环管道，提供热解反应热量。烧炭器烟气经发生蒸汽回收热量后排入火炬系统。③气固分离及干熄焦单元。热解产物由热解反应器顶部进入高效气固分离器，通过分离条件控制快速分离出粉焦，撤出热量来源，避免焦油二次裂解。分离出的油气进入油气分离单元进一步分离。分离出的粉焦大部分作为固体热载体循环至烧炭器，富余部分经冷却产生蒸汽后作为粉焦产品产出，实现环保干熄焦。④气液分离单元。由气固分离单元分离出的热解油气进入急冷塔下部，与塔顶喷淋的循环焦油充分逆流换热，对热解焦油进行回收，回收的焦油送出装置；经急冷塔冷却后的热解油气再进入分馏塔底，与分馏塔内的循环焦油充分传热传质，进一步回收热解气中的焦油。分馏塔底收集的焦油经换热后，分别用于分馏塔自循环和急冷塔循环喷淋。分馏塔顶分离的热解煤气经煤气压缩机升压后一部分作为循环煤气进入循环煤气管道，另一部分作为产品煤气输出界区。

SM-SP 工艺过程见图 1-4。

该技术煤焦油收率达 17.11%（格-金干馏收率的 155%），能源转化效率达 80.97%，粉焦产率 45.24%。该技术自 2011 年 3 月开始研发，先后历经了小试实验研究、中试研究、万吨级工业试验，目前正在建设 120 万吨/年工业化装置。

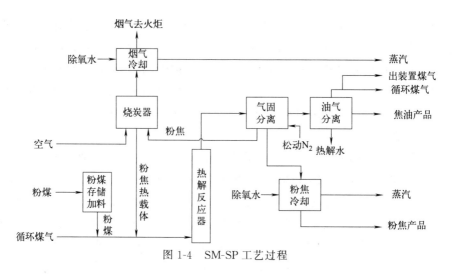

图 1-4 SM-SP 工艺过程

（2）天元回转炉热解技术

该技术由陕煤集团神木天元化工公司和华陆工程科技公司共同研发，工艺过程见图 1-5。将粒度≤30mm 的粉煤通过回转炉反应器热解得到高热值煤气、煤焦油和半焦。煤气进一步加工得到液化石油气（LPG）、液化天然气（LNG）、H_2 和燃料气；煤焦油供给煤焦油轻质化装置；产品半焦可用于高炉喷吹、球团烧结和民用洁净煤。煤焦油产率为 9.12%，热解煤气热值达 28.4MJ/m^3；煤气中有效成分含量高于 85%，其中 CH_4 含量达 39.59%，$C_2 \sim C_5$ 含量达 15.22%。

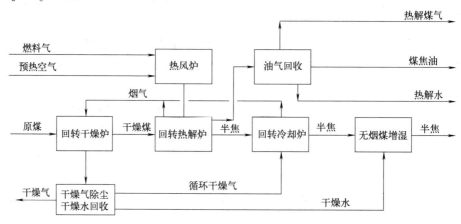

图 1-5 天元回转炉热解工艺过程

该工艺技术特点有：①原料适用性强，适合粒度≤30mm 多种高挥发分煤种；②操作环境好，煤干燥、热解、冷却全密闭生产；③干燥水、热解水分级回收，减少了水资源消耗和污水处理量；④系统能效高，中试装置能效≥80%，工业化装置综合能效≥85%；⑤单系列设备原煤处理量大，单套装置规模可达60万～100万吨/年。目前正在建设660万吨/年粉煤分质综合利用项目。

1.3.3 产品应用

低阶煤热解产物的应用如图 1-6 所示。目前我国半焦主要用于生产电石、铁合金、型焦、高炉喷吹料、活性炭、民用燃料以及兰炭气化等，占半焦总产量的 83.3%，其余均外销，主要出口韩国、日本、马来西亚、印度尼西亚、印度及意大利等国。

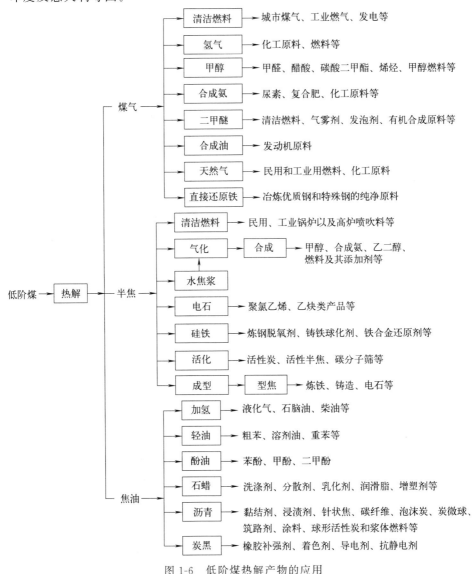

图 1-6　低阶煤热解产物的应用

参 考 文 献

[1] 陈鹏. 中国煤炭性质、分类和利用 [M]. 2版. 北京：化学工业出版社，2006.

[2] BP公司. BP世界能源统计年鉴 [R/OL]. (2021-07-08). http：// www. neng yuancn. com/newenergy//81425. html.

[3] 崔村丽. 我国煤炭资源及其分布特征 [J]. 科技情报开发与经济，2011，21 (24)：181-182，198.

[4] 毛节华，许惠龙. 中国煤炭资源分布现状和远景预测 [J]. 煤田地质与勘探，1999，27 (3)：1-4.

[5] 尹立群. 我国褐煤资源及其利用前景 [J]. 煤炭科学技术，2004，32 (08)：12-14，23.

[6] 陈世明. 中国褐煤资源的开发和利用 [J]. 煤炭加工与综合利用，1987 (03)：8-11.

[7] 戴和武，谢可玉. 褐煤利用技术 [M]. 北京：煤炭工业出版社，1999.

[8] 李冬. 我国动力用年轻烟煤的资源与利用 [J]. 煤质技术，2004 (5)：7-8.

[9] 范荣香. "我国资源型化工产业发展分析报告会"特别报道（二）我国炼焦煤资源与煤焦化产业发展分析 [J]. 化学工业，2008，26 (5)：1-8.

[10] 何选明. 煤化学 [M]. 2版，北京：冶金工业出版社，2010.

[11] 蔡志丹，武建军，商玉坤. 伊宁长焰煤催化热解的液态产物特性分析 [J]. 能源技术与管理，2012 (1)：123-124，130.

[12] 吴国光，王祖讷. 低阶煤的热重——傅里叶变换红外光谱的研究 [J]. 中国矿业大学学报，1998，27 (2)：181-184.

[13] 申毅. 陕北低变质煤干馏特性及应用研究 [D]. 西安：西安建筑科技大学，2006.

[14] 刘学智，逄进. 煤加压低温干馏的研究 [J]. 煤气与热力，1989 (3)：14-22.

[15] 周仕学，戴和武，杜铭华，等. 年轻煤内热式回转炉热解试验研究 [J]. 煤炭加工与综合利用，1997 (1)：21-23.

[16] 武瑞叶. 补连塔煤热解试验研究 [J]. 煤质技术，2004 (4)：47-49.

[17] 钱卫，孙凯蒂，解强，等. 低阶烟煤热解特征指数的解析与应用 [J]. 中国矿业大学学报，2012，41 (2)：256-261.

[18] 邱立军，宋德文，高翠玲，等. 西北地区不粘煤、长焰煤煤岩特征及某些工艺性质 [J]. 洁净煤技术，2001，7 (4)：49-51.

[19] 秦匡宗. 褐煤的结构与热降解模型初探 [J]. 石油与天然气地质，1989，9 (1)：56-63.

[20] 贺永德. 现代煤化工技术手册 [M]. 2版. 北京：化学工业出版社，2011.

[21] 谢克昌. 煤的结构与反应性 [M]. 北京：科学出版社，2002.

[22] 刘家利，郭孟狮，李炎. 135 MW机组锅炉掺烧半焦试验及经济性分析 [J]. 洁净煤技术，2017，23 (2)：86-91.

［23］ 潘世英，邹蓬，吕昊正，等. 70MW 双燃料锅炉兰炭燃烧试验浅析［J］. 区域供热，
　　　 2020（002）：82-85.

［24］ 陈福仲，吕昊正，贾森，等. 大型供热锅炉燃用兰炭试验研究［J］. 煤气与热力，
　　　 2020（7）：1-3.

［25］ 周安鹏，马仑，方庆艳，等. 煤泥在一台 600 MW W 火焰锅炉上的掺烧试验与数值
　　　 模拟［J］. 动力工程学报，2019，39（003）：175-183.

［26］ 牛芳. 煤粉工业锅炉燃烧兰炭试验研究［J］. 洁净煤技术，2015（002）：106-108.

2

低阶煤的热解原理

　　煤的热解是指煤在隔绝空气或惰性气氛条件下持续加热至较高温度时，发生一系列物理变化和化学反应的复杂过程。黏结和成焦则是煤在一定条件下热解的结果。由于命名尚未统一，除"热解"（pyrolysis）这一名称外，还常采用"热分解"（thermal decomposition）、"干馏"（dry distillation）、"炭化"（carbonization）和"煤的温和气化"（mild gasification of coal）等术语。

　　煤热解是煤加工转化，如燃烧、气化、液化等工艺中极为重要的中间过程。与其他煤转化方法相比，煤的传统热解过程常压操作，不用加氢，不用加氧气，即可由煤制得煤气、焦油和半焦。与煤的气化或液化工艺过程相比，煤热解工艺简单、加工条件温和、投资少、生产成本低。

　　根据热解条件和方式，煤热解可有如下分类。

　　① 按热解最终温度分为低温热解（450～650℃），以制取焦油为目的；中低温热解（600～900℃），以生产煤气为主；中温热解（700～900℃），以生产半焦（兰炭）为主；高温热解（900～1200℃），即炼焦过程，生产高强度的冶金焦；超高温热解（＞1200℃）。

　　② 按加热速度分为慢速（1K/s）热解、中速（5～100K/s）热解、快速（500～10^6K/s）热解和闪速（＞10^6K/s）热解。煤快速高温热解属于一种极端情况如等离子体热解。

　　③ 按气氛分为普通热解（惰性气氛）或传统热解、加氢热解和催化加氢热解。

　　④ 按固体颗粒与气体在床内的相对运动状态分为移动床、流化床和气流床（夹带床）。

　　⑤ 按加热方式分为内热式热解、外热式热解和内外热并用式热解。

　　⑥ 按热载体方式分为固体热载体热解、气体热载体热解和气-固热载体热解。

　　⑦ 按反应器内的压力分为常压热解和加压热解。

2.1 煤的热解过程、机理与模型

2.1.1 煤的热解过程

煤热解过程中的化学反应十分复杂，包括煤中有机质的裂解、裂解残留物的缩聚、挥发性产物在析出过程中的分解与化合、缩聚产物进一步分解及再缩聚过程。在煤热解发生的这一系列变化的过程中，煤中有机质开始慢慢地分解逸出，并且随着温度的逐渐升高，其分解程度和逸出量也在增加，通常会释放出 CO_2、CO、CH_4、脂肪烃、芳香烃及各种杂环化合物，而剩余的固体产物则不断进行芳构化，直到在足够高的温度下转化成类似于微晶石墨的固体。根据煤炭过程中反应的变化特征，可以将热解过程大致分为三个阶段，如图 2-1 所示。

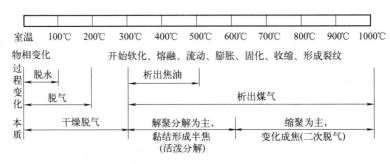

图 2-1 典型煤的热解过程

第一阶段：干燥脱气阶段（室温～300℃）。干燥主要在 120℃ 之前发生，脱除煤中的水分，200℃ 前完成脱气过程，主要是脱去煤孔径中吸附的少量气体，如二氧化碳、氮气等。煤的外部形态在此阶段基本不发生变化。在 300℃ 之前主要是脱去煤中结合水及脱羧基的过程，300℃ 左右开始热解。

第二阶段：活泼分解阶段（300～600℃）。此阶段主要以解聚分解为主，是煤的主要热解阶段。在这一阶段会析出大量挥发分，以煤气和焦油形式释放，在 450～600℃ 气体析出量达到最大，在 450℃ 左右焦油生产量达到最大，以芳香烃和长链脂肪烃为主，此时煤发生了系列物理变化，由软化、熔融、流动、膨胀、固化而形成了气、液、固三相并存的胶质体。

第三阶段：二次脱气阶段（600～1000℃）。此阶段主要是半焦发生缩聚反应，焦油生成量极少，H_2 大量逸出，并有少量甲烷和一氧化碳、二氧化碳。半焦的芳香核增大，芳香层排序规则有序化，结构致密、坚硬且伴有银灰色的金属光泽，密度增加，体积收缩，导致生成许多裂纹形成碎块。

2.1.2 煤的热解机理

普遍认为煤的热解反应主要是煤中的官能团和碳链结构的热解，碳链结构受热易断裂，煤中基本结构单元周围的侧链、官能团和桥键等对热不稳定部分发生了裂解产生的煤气、焦油等低分子化合物以气相挥发分的形式析出，作为基本结构单元的缩合芳香核部分对热较为稳定，互相缩聚形成固体产品。Solomon 提出了官能团模型（FG 模型），认为煤的热解主要由官能团的断裂所引起。Gavalas 总结了煤热解过程中的官能团及其作用，认为煤的热解主要可能是芳香核、氢化芳香结构、烷基链、烷基桥键和含氧官能团的变化。并且烃类热稳定性的一般规律为：缩合芳烃＞芳香烃＞环烷烃＞烯烃＞烷烃，芳环上的侧链越长越不稳定，芳环数越多，侧链越不稳定，而芳环的稳定性增大。

（1）气体产物逸出机理

煤热解产生的气体包括 H_2、CH_4、CO_2、CO、H_2O 和一些低分子的碳氧化合物，有学者用一级动力学模型和活化能证实了气体的形成与特殊官能团的热分解相关。国内一些学者专家采用 Howard 的多方程模型对热解气产生的化学反应进行分析，把煤热解过程看作是各官能团的平行反应，将每个产物的析出过程和自由基的基元反应相结合，提出一个新模型模拟热解气的析出，发现气体的产生与煤分子中官能团的热分解有关。

（2）液体产物形成逸出机理

液体产物焦油的形成是一个复杂的过程，目前在这方面的认识还存在着一定的局限性。通常认为，焦油的形成和逸出经过以下几个步骤：

① 煤分子中弱键的断裂发生解聚反应形成小碎片的胶质体；

② 胶质体分子发生交联聚合反应；

③ 小分子热解化合物通过扩散逸出煤颗粒表面；

④ 大分子化合物通过对流、在非熔融的煤孔中扩散以及在熔融煤中靠液相与泡沫的传递到达煤颗粒表面。

Suuberg 等研究发现煤结构中的弱键断裂会引发煤热解过程中自由基形成，如图 2-2 所示，煤热解过程包括两个反应阶段：脱挥发分的初始反应阶段和紧接着挥发分接触高温后的二次反应两部分。初始反应阶段即自由基形成阶段，煤中弱键受热发生断裂产生自由基，自由基与供氢剂或其他自由基反应生成小分子挥发分，自由基之间也可能通过缩聚反应形成半焦；挥发分逸出速度快，二次反应是第一步反应中形成的挥发分接触高温后继续热解，包括初始产生的挥发分裂解为分子量较小的烃类和气体产物，以及初始挥发分之间的再聚合反应。最终煤热解产物的种类和分布受到初级反应和二次反应的共同影响，其中二次反应在很大程度上影响挥发性产品的分布和收率。

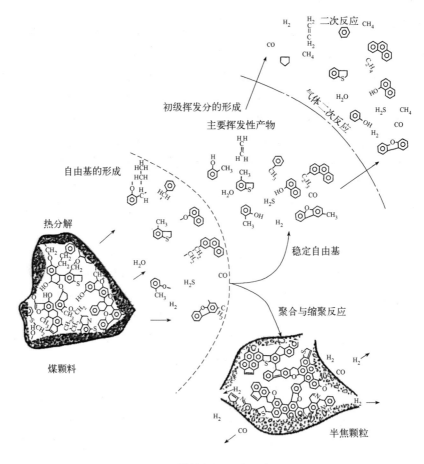

图 2-2　煤热解的两步反应机理

2.1.3　煤的热解模型

多年来，由于现代分析仪器的发展，采用 Py-IFMs、C-NMR、TG-FITR 等手段对煤结构的研究逐步深入，使得人们有可能以煤的结构为基础研究煤的热解机理，并由此建立了比较成功的煤热解网络模型，如官能团-解聚、蒸发与交联（FG-DVC）模型，FLASHCHAIN 模型和化学渗透脱挥发分（CPD）模型。这些模型都是用简化的煤化学和网络统计学描述焦油前驱体的生成，但在网络几何形状、断桥和交联化学、热解产物、传质假设和统计方法上各有不同。

2.1.3.1 FG-DVC 模型

Solomon 等提出了 FG-DVC（functional group depolymerization vaporization crosslinking）模型，即官能团-解聚、蒸发与交联模型，由 FG 和 DVC 两个子模型组成。FG 子模型认为官能团的分解生成气体产物，DVC 子模型则通过断桥、交联和焦油形成来描述煤网络的分解和缩聚，预测碎片分子量的分布情况。该模型基于如下观点：①官能团分解生成气体；②大分子网络分解生成中间相，煤塑性体和焦油；③煤塑性体的分子量分布取决于网络配位数；④桥键断裂受煤中可供氢的限制，煤大分子解聚受桥键断裂的限制；⑤网络的固化由交联控制，交联反应伴随有 CO_2 和 CH_4 的生成，低阶煤在桥键断裂以前发生交联，生成大量的 CO_2，高挥发分烟煤在桥键断裂以后发生交联，放出大量的 CH_4；⑥焦油生成速率受质量传递控制，轻质焦油分子经蒸发而逸出，其速率正比于焦油组分的蒸气压和气体产率。由此，DVC 模型可以确定焦油、半焦的数量和分子量分布，为 FG 模型提供焦油产率，而 FG 模型则可以描述气体逸出过程及焦油与半焦的官能团组成，为 DVC 模型提供气体产率、交联速率和交联数目，其中气体生成过程可以用一级反应来描述。

Serio 等对 FG 模型作了进一步的假设：①煤中大部分官能团独立分解生成轻质气体；②桥键热分解生成焦油前驱体，前驱体本身也有其代表性的官能团组成；③焦油和轻质烃或其他组分相互竞争煤中的可供氢以稳定自由基，一旦内部供氢耗尽，焦油和轻质烃类（除 CH_4 外）便不再生成，因此半焦中氢含量显著降低；④焦油和半焦的官能团以相同速率继续热解。

DVC 模型最初由 Solomon 和 King 提出，该模型为焦油生成提供了统计基础，模型假定键断裂为单一的 1,2-亚乙基型断键，其活化能在一定范围内连续分布。断键时需要消耗煤中的可供氢以稳定自由基，伴随着在供氢点形成 C═C，C═C 的形成被假设移走了一个断裂的键。可供氢的来源有乙烯基和芳香氢，但为了简化，模型假设所有的可供氢均来自桥键。模型认为煤的芳香环簇由强桥或弱桥连成二维网络，芳香簇的分子量服从高斯分布。每个簇上有一定的初始交联点数用来连接一定长度的低聚物，从而使交联点间的分子量能与实验值相一致。选择不同的长度可以使不相连的外在分子同抽提收率相对应。可断裂桥的数量与可供氢的值相对应。有了以上各个参数，原煤中低聚物的分子量分布便可以确定下来。DVC 模型最初用蒙特卡罗法来分析断键、耗氢和蒸发过程，后来也开始使用渗透理论，只是在个别概念上稍有修正。

FG-DVC 模型可预见焦油、半焦和若干气体的产率，以及焦油的分子量分布、抽提率和交联密度；焦油和半焦的动力学与实际的化学反应过程关系紧密，对煤阶不敏感。焦油产率主要由可供氢决定，焦油的产率及分子大小分布受压力和焦油、半焦的相对速率影响，进而又影响了氢的消耗（轻质焦油分子比重质焦油分子消耗更多的氢）。二维交联和交联密度与半焦的黏性和反应性密切相关。

2.1.3.2　CPD模型

化学渗透脱挥发分（the chemical percolation devolatilization，CPD）模型用化学结构参数来描述煤结构及快速加热过程中煤的脱挥发分行为，并根据无限点阵中已断开的不稳定桥数用渗透统计方法描述焦油前驱体的生成、气液平衡和交联机理，渗透统计学以Bethe晶格为基础，用配位数和完整桥的分数来表述。该模型的特点为：①煤的输入参数由核磁共振（NMR）测得；②焦油分子结构分布、轻质气体前驱体总数以及半焦分数由渗透点阵统计方法确定；③不稳定桥断裂活化能采用Solomon等提供的数据；④用一套官能团模型反应的加权平均来描述轻质气体的生成；⑤用闪蒸过程来描述处于气液平衡的有限碎片，这一过程的速率要快于断键速率；⑥用交联机理解释煤塑性体重新连到半焦基体上的过程。CPD模型将煤看作是由桥连接的芳环网络。反应首先从不稳定桥断裂开始，所生成的反应性中间物或者重新连接到活性中心上形成半焦化的稳定桥，或者通过与氢反应使断开的活性中心稳定化并生成两个侧链，最终通过反应生成轻质气体。

CPD模型用通用的蒸气压表达式描述焦油的生成，用交联机理解释煤塑性体重新连接到无限基体上的过程。它一共用到九个动力学参数和五个煤结构参数，最终气体收率可以由结构参数推算出来。动力学参数对各种煤通用，化学结构参数则因煤种而异，早期的CPD模型通过焦油和总挥发物的曲线拟合得到各个参数值，并在大多数情况下，由固态NMR数据即可直接测得所有化学结构参数，只有褐煤和极高阶煤例外。此外，由于从煤塑性体生成焦油的过程可以用拉乌尔定律处理为气液平衡过程，而蒸气压系数的确定又与CPD模型无关，这就意味着对绝大多数煤而言，仅仅根据原煤的NMR表征结果，不必进行热解实验，便可以预测焦油和轻质气体的收率与分子量。

2.1.3.3　FLASHCHAIN模型

该模型的基础是能量分布链（the distributed energy chain，DISCHAIN）模型、能量分布阵（DISARAY）模型、闪蒸模拟（FLASHTWO）的化学动力学和大分子构象。DISCHAIN模型和DVC模型都是建立在煤热解中焦油的生成由断键和成焦反应控制的基础上。FLASHCHAIN模型对官能团、氢的抽出、可供氢的反应和传质阻力均不予考虑。在此模型中，煤是芳香核线性碎片的混合物，芳香核由弱键或稳定键两两相连，芳核中的碳数由C-NMR测得。碎片末端的外围官能团完全是脂肪性的，是非冷凝性气体的前驱体。由概率论可以描述最初及热解期间每种连键、外围官能团和各种尺寸碎片的比率。原煤中已断桥的比例决定了可抽提物的数量。在热解时，不稳定桥或者解离使碎片尺寸缩小，或者缩合为半焦连键，同时将相连的外围官能团以气体形式释放。双分子反应也能生成半焦连键和气体，不过只限于煤塑性体碎片与其他碎片之间的反应，因为只有最小的煤塑性体碎片才有足够的流动性。多数半焦连键由缩聚而成，说明发生了内部芳环的重排。焦油只能由最小的煤塑性体以平衡闪蒸的方式生成。桥因断裂和缩聚而不断消耗，生成较小碎片的过程受到抑制，与此同时，煤塑性体碎片也因生成焦油和双分子再化合反应而不断消耗。假定煤塑性体最大碎片的挥发性可忽略不计，当单体平均分子量为 $275\sim400$ 时，煤塑性体的分子量范围为 $1400\sim2000$，中间物的分子量范围为 $2800\sim4000$。在本模型中，大分子碎片的断裂用渗透链统计学来模拟，中间体和较小的煤塑性体碎片的断裂则用带均一速率因子的总体平衡来描述，其中包括四个状态变量：不稳定桥、半焦连键、外围官能团和芳香核，它们的数值要由元素分析得出。

FLASHCHAIN 模型用到了四种脱挥发分化学反应：断桥、自发缩聚、双分子再化合、外围官能团脱除。断桥反应和缩聚反应的活化能具有一定形式的分布函数，双分子再化合反应为二级反应，外围官能团的脱除为一级反应。

FLASHCHAIN 模型可预见焦油、半焦和某种气体的产率，以及半焦中分子量分布，并预见这些产率和分布是加热速率的函数，动力学受提供参数的限制，并且对低加热速率的情况不适用。各种成分的产率由焦油相对速率、键分离和半焦生成速率控制，不考虑可供氢的存在，焦油产率随所选择的加热速率而变化。

2.2 煤热解的化学反应

由于煤的不均一性和分子结构的复杂性，加之煤中含有的矿物质对其热解有部分催化作用，因此对煤的热解化学反应很难有一个详细彻底的了解。通过对煤在不同热解阶段的元素组成、化学特征和物理性质变化的考察，可以对煤的热解进程加以说明。煤热解的化学反应总的讲可以分为裂解和缩聚两大类反应，其中包括煤中有机质的裂解、裂解产物中分子量较小部分的挥发、裂解自由基的反应、裂解残留物的缩聚、挥发产物在逸出过程中的分解及化合、缩聚产物的进一步分解和再缩聚等过程。从煤的分子结构看，可以认为煤热解过程是基本结构单元周围的侧链、桥键和官能团等对热不稳定部分的不断裂解，形成低分子化合物并逸出；而基本结构单元的缩合芳香核部分相互缩聚形成固体产物。

2.2.1 一次反应

煤热解中的裂解反应为一次反应。根据煤的结构特点，其裂解反应大致有下面四类。

① 桥键断裂生成自由基。联系煤结构单元的桥键主要是：$—CH_2—$、$—CH_2—CH_2—$、$—CH_2—O—$、$—O—$、$—S—$、$—S—S—$等。它们是煤结构中最薄弱的环节，受热很容易裂解生成自由基"碎片"。电子自旋共振测量表明：自由基的浓度随加热温度升高，在400℃前缓慢增加，当温度超过分解温度后自由基浓度立即突然增加，在近500℃时达到最大值，550℃后急剧下降。

② 脂肪侧链裂解。煤中的脂肪侧链受热易裂解，生成气态烃，如CH_4、C_2H_6和C_2H_4等。

③ 含氧官能团裂解。煤中含氧官能团的热稳定性顺序为：$—OH>$ $\diagdown C=O>—COOH>—OCH_3$。羟基不易脱除，到700～800℃甚至更高，有大量氢存在时，可生成H_2O。羰基可在400℃左右裂解，生成CO。羧基热稳定性低，在200℃即能分解，生成CO_2和H_2O。另外，含氧杂环在500℃以上也可能断开，放出CO。

④ 煤中低分子化合物的裂解。煤中以脂肪结构为主的低分子化合物受热后熔化，同时不断裂解，生成较多的挥发性产物。

2.2.2 二次反应

上述热解产物通常称为一次分解产物，其挥发性成分在析出过程中受到更高温度的作用（像在焦炉中那样），就会产生二次热解反应，主要的二次热解反应有以下几种。

（1）裂解反应

$$C_2H_6 \longrightarrow C_2H_4 + H_2$$
$$C_2H_4 \longrightarrow CH_4 + C$$
$$CH_4 \longrightarrow C + 2H_2$$

（2）脱氢反应

（3）加氢反应

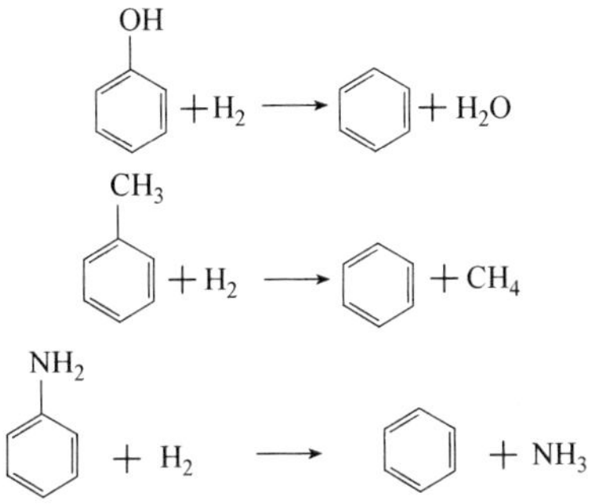

苯酚 $+H_2 \longrightarrow$ 苯 $+H_2O$

甲苯 $+H_2 \longrightarrow$ 苯 $+CH_4$

苯胺 $+H_2 \longrightarrow$ 苯 $+NH_3$

（4）缩合反应

萘 $+C_4H_6 \longrightarrow$ 蒽 $+2H_2$

苯 $+C_4H_6 \longrightarrow$ 萘 $+2H_2$

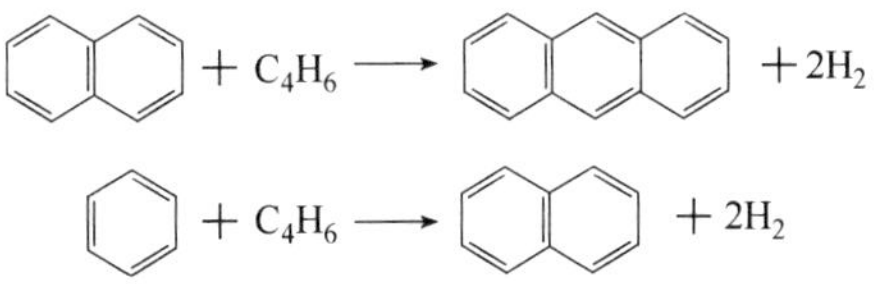

（5）桥键分解

$$-CH_2- + H_2O \longrightarrow CO + 2H_2$$

$$-CH_2- + -O- \longrightarrow CO + H_2$$

2.2.3 缩聚反应

煤热解的前期以裂解反应为主，后期则以缩聚反应为主。缩聚反应对煤的黏结、成焦和固态产物质量影响很大。

① 胶质体固化过程的缩聚反应。其主要是热解生成的自由基之间的结合、液相产物分子间的缩聚、液相与固相之间的缩聚和固相内部的缩聚等。这些反应基本在 $550 \sim 600 ℃$ 前完成，生成半焦。

② 从半焦到焦炭的缩聚反应。反应特点是芳香结构脱氢缩聚，芳香层面增大。苯、萘、联苯和乙烯等也可能参加反应，如：

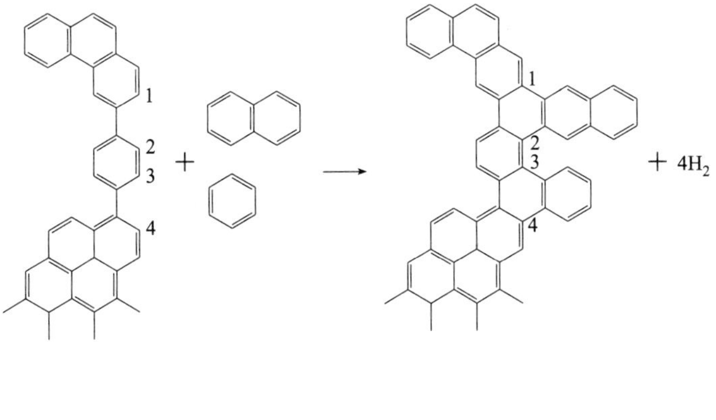

（芳香结构缩聚反应示意图） $+ 4H_2$

多环芳烃之间的缩合如：

2.2.4 交联反应

在热解过程中，除了键的断裂外，另一个重要过程是交联过程。即芳香环族之间有新的键形成。交联是高分子化学中的概念，是指高分子之间通过化学键和非化学键在某些点相互键合和连接，形成网状或空间结构。交联后分子的相对位置固定，故聚合物具有一定的强度、耐热性和抗溶剂性能。煤分子中存在交联是可以肯定的，这从煤具有相当好的机械强度、耐热性和抗溶剂性能可以证明。不同煤阶的煤交联情况有所区别，交联度与煤强度有密切关系。热解中煤物理性质的变化取决于煤结构的变化，当然这不仅与煤分子结构有关，而且与煤的物理结构也有关。

煤的大分子结构的交联程度可以用交联密度表征。一般认为煤中的交联有共价交联和非共价交联，共价交联主要是共价键，非共价交联有如氢键和 π-π键相互作用。交联密度越低，大分子结构开放程度越高。

煤热解过程中，除了键的断裂之外，交联反应也起到非常重要的作用。Green 等人报道了用测试熔融膨胀度的技术追踪煤和半焦中的交联反应进程，它已经用于确定煤热解和液化过程中交联度的变化。Solomon 等人的研究表明，不同煤阶的煤交联反应差异甚大：对低阶煤，交联反应发生在桥键断裂之前；而对高阶煤，交联反应则发生在绝大多数桥键断裂之后。热解中交联反应伴随着气体的放出，在低温阶段交联反应随煤中氧的含量增加而增强，由于甲基化的作用而减弱，同时伴随 CO_2 和 H_2O 的释放。低温交联反应还伴随焦油产率降低、分子量增加和流动性降低，这种变化与近几年提出的大分子网络模型在热解过程中的键断裂、交联和传质相一致。Nomura 和 Thomas 的研究表明，在热塑性状态下，交联度的增加伴随着与芳香碳相连的脂肪碳的失去，脂肪链上亚甲基的丢失是失重的主要原因。芳香碳结构的形成与 CH_{ar}/CH_{al}（芳香 C—H 键与脂肪 C—H 键比）的增加和脂肪亚甲基的丢失有关，随着 CH_{ar}/CH_{al} 的增加，交联度增加。也就是说，在热塑性状态下，伴随着交联反应的发生，芳香结构中取代基的失去，芳香碳结构逐渐变大。Solomon 利用 NMR 技术对 Argonne 煤芳环的大小和桥键数量进行了研究，并追踪了煤热解中桥键和芳香环数的增加过程，发现由 NMR 技术定义的交联指数与常用的熔融膨胀法所得的交联度彼此吻合。

2.3　煤热解反应动力学

　　煤热解反应动力学的目的是研究煤在热解过程中的反应种类、反应历程、反应产物、反应速率、反应控制因素以及反应动力学常数（反应速率常数和反应活化能等）。这些方面的研究对于煤化学、炭化、气化和燃烧都很重要，因此受到广泛重视。

　　由于煤组成和结构的复杂性、多样性和不均一性，因而对煤热解过程进行抽象与数学化处理，建立合适的物理化学与数学模型，成为准确描述和预测煤热解与焦化行为以及进一步对热解机理深入解释的必然要求。煤热解作为一种复杂的固相反应，其整体动力学模型是基于现代热分析技术，在可控条件下，测定煤样的宏观物理性质随热解温度的变化，进而得到反应过程中相应物理性质变化的静态信息和动态动力学信息。图 2-3 为煤热解动力学过程示意图。

　　煤的热解动力学研究主要包括两方面的内容：胶质体反应动力学和脱挥发分动力学。

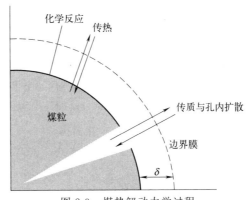

图 2-3　煤热解动力学过程

2.3.1　胶质体反应动力学

　　荷兰克瑞威伦（Krevelen）等人对煤的可塑性行为提出了著名的"胶质体（plastic mass）理论"。该理论对大量的实验结果进行了定量描述。该理论首先假设焦炭的形成是由三个依次相连的反应表示。

Ⅰ　结焦性煤（P）$\xrightarrow[E_1]{K_1}$胶质体（M）

Ⅱ　胶质体（M）$\xrightarrow[E_2]{K_2}$半焦（R）＋一次气体（G_1）

Ⅲ　半焦（R）$\xrightarrow[E_3]{K_3}$焦炭（S）＋二次气体（G_2）

式中　K_1、K_2、K_3——反应速率常数；

　　　E_1、E_2、E_3——活化能，kJ/mol。

　　反应Ⅰ是解聚反应，该反应生成不稳定的中间相，即胶质体。胶质体造成了煤的可塑行为。反应Ⅱ为裂解缩聚反应，在该过程中焦油蒸发，非芳香基团脱落。此反应伴随着再固化过程，最后形成半焦，它可以描述胶质体的再固化。在此过程中形成的一次气体造成煤的膨胀。反应Ⅲ是二次脱气反应，在该反应中通过释放甲烷或在更高温度下释放氢使半焦密度增加，最后形成焦炭。在此反应过程中，半焦体积收缩产生裂纹。

以简化形式描述成焦过程的这三个反应是下列数学模型的基础。解聚和裂解反应都是一级反应，这曾不止一次得到证明，因此可以假定反应Ⅰ和反应Ⅱ都是一级反应。虽然反应Ⅲ与反应Ⅰ、反应Ⅱ相比要复杂得多，但仍然假定它也是以一级反应作为开始。这样焦炭形成的动力学可用以下三个方程式描述。

$$-\frac{\mathrm{d}P}{\mathrm{d}t}=K_1P \tag{2-1}$$

$$\frac{\mathrm{d}M}{\mathrm{d}t}=K_1P-K_2M \tag{2-2}$$

$$\frac{\mathrm{d}G}{\mathrm{d}t}=\frac{\mathrm{d}G_1}{\mathrm{d}t}+\frac{\mathrm{d}G_2}{\mathrm{d}t}=K_2M+K_3R \tag{2-3}$$

式中，t 为时间；P、M、G 和 R 分别为反应物 P、中间相 M、反应产物 G 和 R 的质量；K_1、K_2、K_3 分别为反应Ⅰ、反应Ⅱ、反应Ⅲ的反应速率常数。

直至反应Ⅱ超过最大气体析出点之前，反应Ⅲ的影响可以忽略不计。

若只考虑在较低温度下的热解，则可假定在温度 $T_{\mathrm{m\cdot d}}$（在该温度下脱气速率达到最大值）以下进行。这时下式成立，即

$$\left(\frac{\mathrm{d}G_2}{\mathrm{d}t}\right)_{T<T_{\mathrm{m\cdot d}}}\approx 0 \tag{2-4}$$

或

$$(K_3)_{T<T_{\mathrm{m\cdot d}}}\approx 0 \tag{2-5}$$

于是，式（2-3）可写为

$$\frac{\mathrm{d}G}{\mathrm{d}t}\approx\frac{\mathrm{d}G_1}{\mathrm{d}t}=K_2M \tag{2-6}$$

研究表明，对炼焦煤而言，反应速率常数 K_1 和 K_2 几乎相等，故下列关系式成立：

$$K_1\approx K_2\approx K \tag{2-7}$$

如果温度保持恒定，则式（2-1）的解为

$$P=P_0\mathrm{e}^{-Kt} \tag{2-8}$$

由式（2-2）和式（2-8）可以得到

$$\frac{\mathrm{d}M}{\mathrm{d}t}+MK=P_0K\mathrm{e}^{-Kt} \tag{2-9}$$

假定时间 $t=0$ 时，$M=0$，则该微分方程的解为

$$M=P_0K\mathrm{e}^{-Kt} \tag{2-10}$$

在气体析出量达到最大值以前的气体量 G 可用下式计算

$$G \approx G_1 = P_0 - P - M \tag{2-11}$$

因此，G 值可用下式近似地计算

$$G \approx P_0 [1 - (K+1)e^{-Kt}] \tag{2-12}$$

在恒定的加热速度下，如果温度可用函数 $T = V_t + t_0$ 表示，则微分方程式不能用简单的解析法求解。

如将线性温度-时间函数用新函数

$$e^{-\frac{2T_i}{T}} = bt \tag{2-13}$$

代替，则可求出近似解。这一温度-时间函数在 $T = T_i$ 处有一个拐点。任意选择一个 T_i 值，就可以确定常数 b。

此函数对于问题求解的优点是在 $0.8 \leqslant T/T_i \leqslant 1.3$ 的温度范围内，可将此函数近似地看作线性关系。此外，如果用一个修正的反应速率常数 $\overline{K}$ 代替 K，$\overline{K}$ 用下式表示

$$\overline{K} = \frac{K}{E/(2RT_i)+1} \tag{2-14}$$

则式（2-8）、式（2-10）和式（2-12）均可按它们原来的形式使用。在恒定加热速度下，产物 P、M 和 G 的质量变化可用下列公式计算

$$P = P_0 e^{-\overline{K}t} \tag{2-15}$$

$$M = P_0 \overline{K} e^{-\overline{K}t} \tag{2-16}$$

$$G \approx P_0 [1 - (\overline{K}+1)e^{-\overline{K}t}] \tag{2-17}$$

实验表明，该动力学理论与结焦性煤在加热时用实验方法观察到的一些现象相当吻合。

式（2-14）中的反应活化能 E 可用阿伦尼乌斯公式表示

$$K = K_0 e^{-E/(RT)} \tag{2-18}$$

以 $\lg K$ 为纵坐标，$1/T$ 为横坐标，将实验数据用图表示，则式（2-18）为一直线，由截距 b 可求出活化能 E。因为

$$\ln K = -\frac{E}{RT} + \ln K_0 = -\frac{E}{RT} + b$$

$$\lg K = -\frac{E}{2.3RT} + b$$

所求煤热解平均活化能为 $209 \sim 251 \mathrm{kJ/mol}$。

煤开始热解阶段活化能低，E 值小，而 K 值大；随着温度的升高，热解加深，则 E 值增大，K 值减小。表明煤的热解过程具有选择性，首先断裂的

是活化能较低的键，而活化能高的键后断裂，所以反应Ⅰ、反应Ⅱ、反应Ⅲ三个依次相连的反应，其反应速率 $K_1 > K_2 > K_3$。

煤的热分解活化能随煤化度的加深而增高。一般气煤活化能为 148kJ/mol，而焦煤的活化能为 224kJ/mol。

2.3.2 脱挥发分的动力学

用热失重法研究脱挥发分速度也是煤热解动力学的重要内容。

热失重法研究中所用仪器是热天平，它的主体是由天平和加热炉组合而成的，在一定的加热速度下能够连续测定被加热物质质量变化的仪器。煤受热分解，挥发物析出，离开反应系统。煤样热解质量损失，可用热天平测定。利用反应失重可以进行煤热解脱挥发分动力学研究。一般以两种不同的方法进行，即等温研究和非等温研究。

2.3.2.1 等温研究

等温研究是尽量快地将煤加热至预定温度 T，保持恒温，测量失重，求出 $-dW/dt$，直至 $-dW/dt = 0$（可根据足够的数据，可靠地外推至该点）。此法用以表征煤热解行为的一个参数是温度 T 下的失重速率（$-dW/dt$）随时间的变化，最后降为零；另一个参数是温度 T 下的最终失重（$-\Delta W_e$），一般要数小时后才能测得此值。不同温度下的失重曲线和总失重如图 2-4 所示。

由图 2-4 可见，在开始时累积失重与时间呈直线关系，经过一段转折，逐渐达到平衡。平衡值（ΔW_e）大小与煤种和加热温度有关。达到平衡的时间一般在 20～25h 甚至更久。

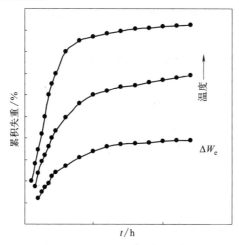

图 2-4　三条不同温度下的等温失重曲线（ΔW_e 表示达到平衡后的总失重）

有人将煤热解的这一特征解释为在任何温度（足够高的）下的等温分解都伴随有一系列比较缓慢的（有一部分是相互重叠的）反应，他们根据 ΔW_e-t 曲线的形状推论这些反应总合起来是服从一级反应动力学的，即

$$K = \frac{1}{t} \ln \frac{a}{(a-x)} \tag{2-19}$$

式中　K——分解反应序列的速率常数，1/s；

　　　a——挥发物的最终产量（$a = -\Delta W_e$），g；

　　　x——至时间 t 为止析出的累积失重，g。

上述观点是假设挥发物一旦形成就马上析出，因而失重速率与分解速率相等，即恒温下的挥发物析出是由反应控制的。

有人提出恒温下挥发物析出是由扩散过程控制的，其理由是：

① 约 $350\sim450℃$ 下的失重速率比在其他温度下明显缓慢；

② 挥发物析出的初始速率永远比一级动力学定律推算的数值大很多；

③ 由阿伦尼乌斯图计算的表观活化能很小。原因是反应刚开始时，煤粒实际上处于温度急剧上升的过程，由于快速热解使煤的微孔系统内产生了暂时的压力梯度，过程由扩散速率控制而不是反应速率控制。由此可见热解速率（反应速率）和脱挥发分速率（反应与扩散的总速率）是两个不完全相等的概念。

等温脱挥发分过程究竟是扩散控制还是由挥发物的生成控制尚无定论。但有大量数据表明，由于环境的不同，两种过程都有可能是主要的析出机理，也就是说，从整体来看，脱挥发分主要是由扩散控制的，但在恒温下分解速率可能是控制脱挥发分的最初阶段。

2.3.2.2　非等温研究

因为在等温条件下不能满意地进行热解动力学研究，故通常多采用非等温研究的方法。非等温研究的主要优点是：①可以避免将试样在一瞬间升到规定温度 T 所发生的问题；②在原则上它可以从一条失重速率曲线算出所有动力学参数，大大方便和简化了测定方法。

此法也要假定分解速率等同于挥发物析出速率。对于任一反应或反应序列，气体析出速率与浓度的关系为：

$$\frac{\mathrm{d}x}{\mathrm{d}t} = A \mathrm{e}^{-E/(RT)} (1-x)^n \tag{2-20}$$

式中　x——煤热解转化率，%；

　　　t——反应时间，min；

　　　n——反应级数；

E——活化能，kJ/mol；

T——热力学温度，K；

R——气体常数，kJ/(mol·K)；

A——指前因子，min^{-1}。

许多学者都把这个热解过程当作一级反应处理，即反应级数 $n=1$。有的学者认为用单一的一级反应来描述煤热解过程不合适，Pitt 提出煤热解脱挥发分是一系列的平行一级反应；有的描写成是 n 级反应，如 Wiser 发现 $n=2$ 时可以得到拟合良好的结果；而 Skylar 发现 $n=2\sim8$ 时才能拟合不同煤的非等温过程热解脱挥发物的数据。Anthony 于 1975 年进一步发展了这一方法。

煤的热失重或脱挥发分速率因煤种、升温速率、压力和气氛等条件而异，还没有统一的动力学方程。Coast-Redfern 方法比较简明，介绍如下。

对于非等温过程，温度 T 与时间 t 有线性关系：

$$T=T_0+\phi t$$

式中，ϕ 为升温速率，K/min。

代入式（2-20）并整理可得：

$$\frac{\mathrm{d}x}{\mathrm{d}t}=\frac{A}{\phi}\exp[-E/(RT)](1-x)^n \tag{2-21}$$

Coats-Redfern 求得近似解如下：

上式积分，当 $n=1$ 时，

$$\ln\left[-\frac{\ln(1-x)}{T^2}\right]=\ln\left[\frac{AR}{\phi E}\left(1-\frac{2RT}{E}\right)\right]-\frac{E}{RT} \tag{2-22}$$

当 $n\neq1$ 时，

$$\ln\left[\frac{1-(1-x)^{1-n}}{T^2(1-n)}\right]=\ln\left[\frac{AR}{\phi E}\left(1-\frac{2RT}{E}\right)\right]-\frac{E}{RT} \tag{2-23}$$

由于 E 值很大，故 $2RT/E$ 项可近似于取零。如果反应级数取得正确，用式（2-22）或式（2-23）左端项对温度倒数 $\frac{1}{T}$ 作图，应当为直线，由此直线的斜率和截距可以分别求得活化能 E 和指前因子 A。

式（2-20）~式（2-23）中的 x 是转化率，用热失重法实验测定煤热解转化率时，可按下式计算：

$$x=\frac{m_0-m}{m_0-m_{\mathrm{f}}}=\frac{\Delta m}{\Delta m_{\mathrm{f}}} \tag{2-24}$$

式中　m_0——试样原始质量，g；

　　　m——试样在某一时刻的质量，g；

m_f——试样热解到规定终点时残余质量，g；

Δm——试样在某一时刻的失重，g；

Δm_f——试样在规定热解终点的失重，g。

用上述方法如何具体计算煤热解动力学参数及如何揭示烟煤热解规律，在此作以简要介绍。

（1）动力学参数的计算

在热天平上可以测定煤热解失重，即脱挥发分量。图 2-5 是依兰长焰煤热解失重（TG）曲线。图 2-6 为依兰长焰煤微商热重法（DTG）曲线。图 2-7 为不同变质程度煤的失重速率曲线，由该图可见失重速率曲线峰温 t_p 随变质程度增高而增高，峰高随变质程度增高而降低。主要热解过程的结束温度 t_f 按下式从原始记录曲线上求出：

$$t_f = 2t_p - t_0$$

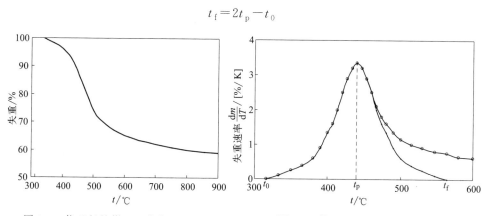

图 2-5　依兰长焰煤 TG 曲线（干基）　　　图 2-6　依兰长焰煤 DTG 曲线

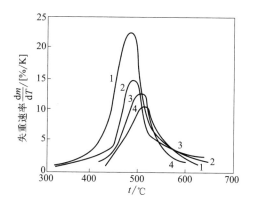

图 2-7　部分煤的 DTG 曲线

1—陶庄气肥煤；2—王凤瘦肥煤；3—西曲焦煤；4—张大庄焦煤

如图 2-6 所示，初始失重温度 t_0 极易受实验条件的影响。为了比较试样的热稳定性，定义转化率 x 达 5% 的点 A 与达 50% 的点 B 和 A、B 连线与温度坐标的交点 C 所对应的温度，为初始热解温度 t_0。根据图 2-8 依兰长焰煤转化率曲线，得到 $t_0 = 363℃$。

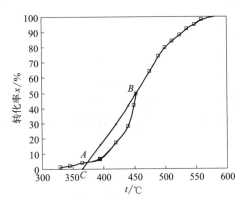

图 2-8　依兰长焰煤转化率曲线

转化率 x 值按式（2-24）求得。

将热重实验得到的 x、t 值代入 Coasts-Redfern 方程［式（2-22）或式（2-23）］。如果反应级数 n 值取值正确，利用式（2-22）或式（2-23）和实验数据作图，可以求解反应活化能 E 值和指前因子 A 值，如表 2-1 所示。

（2）煤的热解规律

① 活化能与煤化度的关系。表 2-1 列出了几种煤热解的动力学参数。是按二级反应求得的。由表 2-1 中数据可以看出，随着煤化度的增高，活化能的数值增加。但由于样品是原煤样，煤岩显微成分不同，使其规律性不甚明显。

中国科学院太原煤化所和大连理工大学都用不同变质程度煤的镜质组进行了热分析，得到活化能 E 与 V_{daf} 之间的线性关系，如图 2-9 所示。失重数据是按一级反应［式（2-22）］处理得到的活化能 E 值，E 值是比较低的，但其规律性还是比较明显的。

表 2-1　各种煤热解动力学参数

煤样	$V_{daf}/\%$	温度/℃	活化能 $E/(kJ/mol)$	指前因子 A/min^{-1}	相关系数 $-r$
扎赉诺尔褐煤	53.43	310～390	95.4	$1.8×10^6$	0.995
		390～500	123.0	$3.1×10^8$	0.999
依兰长焰煤	49.70	335～405	123.0	$1.8×10^8$	0.996
		405～475	154.4	$5.5×10^{10}$	0.999
		475～510	116.0	$8.9×10^7$	0.994

煤样	$V_{daf}/\%$	温度/℃	活化能 $E/(\text{kJ/mol})$	指前因子 A/min^{-1}	相关系数 $-r$
阿坦合力长焰煤	49.39	340～410	80.3	5.2×10^4	0.998
		410～470	147.0	1.5×10^{10}	0.999
		470～550	101.0	5.1×10^6	0.998
大屯气煤	37.48	330～410	100.0	1.8×10^6	0.996
		410～490	155.6	3.6×10^{10}	0.999
		490～560	95.6	1.6×10^6	0.998
陶庄气肥煤	33.82	320～425	78.0	2.1×10^4	0.997
		425～500	146.0	5.5×10^9	0.996
		500～620	106.0	7.4×10^6	0.996
王凤瘦肥煤	28.21	330～440	49.0	2.8×10^2	0.996
		440～520	152.7	1.7×10^{10}	0.997
		502～630	118.0	1.1×10^7	0.994
介休焦煤	26.07	375～600	159.4	2.7×10^{10}	0.996
张大庄焦煤	22.92	400～610	166.5	5.7×10^{10}	0.996
西曲焦煤	22.75	400～600	148.0	2.9×10^7	0.998
台头焦瘦煤	19.73	400～610	187.9	1.8×10^{12}	0.997
青龙山瘦煤	18.91	445～565	228.9	7.4×10^{14}	0.999

从表 2-1 数据可见，低煤化度煤（从褐煤至肥煤）的热解反应是分段进行的，而高煤化度煤（从焦煤至瘦煤）的热解反应是整段进行的。这与煤的分子结构有关，煤分子中芳核部分热稳定性好，而侧链和活泼基团部分热稳定性差。受热首先断裂下来的是热稳定性差的部分，然后才是较强的化学键断裂。低煤化度煤分子中侧链和活泼基团较多，受热容易分解。因此，它的

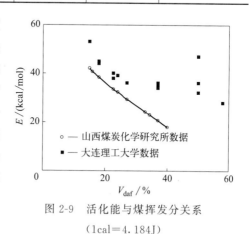

图 2-9　活化能与煤挥发分关系
（1cal＝4.184J）

分解温度较低，在反应的最初阶段活化能也较小。随着热解温度的升高，所断裂的化学键强度增强，数量有所变化，所以动力学参数也有所变化。焦煤和瘦煤分子中活泼基团较少，热稳定性也好些，开始分解温度较高，在热解的不同

阶段断裂的化学键的强度差别不大。因此，各个热解阶段的活化能没有明显的差别，可以用一级反应来描述焦煤和瘦煤的热解过程，图 2-9 中 E 与 V_{daf} 的关系表明，低煤化度煤的活化能较小，高煤化度煤的活化能较大。图 2-9 中活化能 E 值取对应失重速率峰温区间的数值。

② 活化能与指前因子的关系。根据不同烟煤煤种实验得到的动力学参数，对活化能 E 与指前因子 A 进行关联，有线性关系，如图 2-10 所示。

③ 特征温度与煤化度的关系。由图 2-6 和图 2-7 可以看出，不同煤化度的煤，其煤热解初始温度 t_0、峰温 t_p 和主要热解结束温度 t_f 是不同的，如表 2-2 所示。

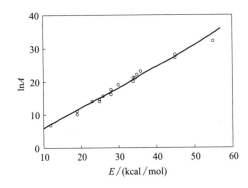

图 2-10 煤热解活化能与指前因子的关系
（1cal＝4.184J）

表 2-2 各种煤热解特征温度

煤样名称	热解初始温度 $t_0/℃$	热解峰温 $t_p/℃$	主要热解结束温度 $t_f/℃$	$V_{daf}/\%$
扎赉诺尔褐煤	335	433	550	53.43
依兰长焰煤	363	442	570	49.70
阿坦合力长焰煤	359	449	605	49.39
大屯气煤	370	467	615	37.48
陶庄气肥煤	366	478	620	33.82
王风瘦肥煤	369	485	630	28.21
介休焦煤	404	495	605	26.07
张大庄焦煤	421	507	610	22.92
西曲焦煤	427	496	600	22.75
台头焦瘦煤	442	505	610	19.75
青龙山瘦煤	451	506	590	18.96

由表 2-2 中数据可见，随煤化度增加其热解特征温度也在增高。用表 2-2 数据进行 t_p 与 V_{daf} 回归分析，得到下述关联式。

$$t_p = (5.47 - 2.1V_{daf}) \times 100$$
$$r = -0.991$$

2.4　煤热解的影响因素

煤低温热解产物的产率和性质与原料煤性质、加热条件、升温速率、加热终温、压力以及煤的粒度等有关。热解炉的形式、加热方法和挥发物在高温区的停留时间对产物的产率和性质也有重要影响。煤加热温度场的均匀性以及气态产物二次热解深度对其也有影响。

2.4.1　原料煤种

在实验室条件下测定低温热解产物产率采用铝甑干馏试验，不同原料煤的试验结果见表 2-3。由表 2-3 中数据可见低温热解产物产率与原料煤种有关，其影响规律如表 2-4 所示。

表 2-3　不同煤低温热解试验的产物产率

煤样名称	半焦/%	焦油/%	热解水/%	煤气/%
伊春泥炭	48.0	15.4	15.9	20.7
桦川泥炭	50.1	18.5	14.3	17.1
昌宁褐煤	61.0	15.5	8.0	15.5
大雁褐煤	67.7	15.3	4.0	13.0
诺门罕褐煤	73.5	8.7	6.8	11.0
神府长焰煤	76.2	14.8	2.8	6.2
铁法长焰煤	82.3	11.4	2.5	3.8
大同弱黏煤	83.5	7.7	1.0	7.8

表 2-4　煤性质对低温热解的影响规律

性质及产率	泥煤	褐煤	烟煤
程度			
半焦产率			
粗煤焦油产率			
分解水			
煤气产率			
煤焦油中芳烃			
煤焦油中含蜡量			
煤焦油和水中含脂族醇量			
煤焦油和水中含酸量			
煤气发热量			

不同种类褐煤低温热解的焦油产率差别较大，可变动于 $4.5\%\sim23\%$。烟煤低温焦油产率与煤的结构有关，其值介于 $0.5\%\sim20\%$。由气煤到瘦煤，随着变质程度增高焦油产率下降。其中肥煤例外，当加热到 $600℃$ 时，它生成的焦油量等于或高于气煤。腐泥煤低温热解焦油产率一般较高。

低温热解温度为 $600℃$，泥炭（也称泥煤，从广义上讲也是一种低阶煤）的煤气产率为 $16\%\sim32\%$；褐煤为 $6\%\sim22\%$；烟煤为 $6\%\sim17\%$。泥煤热解水产率为 $14\%\sim26\%$；褐煤为 $2.5\%\sim12.5\%$；烟煤为 $0.5\%\sim9.0\%$。

原料煤对低温热解焦油的组成影响显著，因原料煤的性质不同，所产的低温焦油组成有较大差异。低温热解温度为 $600℃$，所得焦油是煤的一次热解产物，称一次焦油。泥炭一次焦油的组成如表 2-5 所示。

表 2-5   泥炭一次焦油组成

组成/%	低位泥炭	高位泥炭	组成/%	低位泥炭	高位泥炭
高级醇、酯	$3\sim6$	$5\sim9$	羧酸	$1.5\sim2.0$	$1.5\sim2.0$
烷烃（C_{10+}）	$3\sim6$	$4\sim8$	中性油（180~280℃馏分）	$13\sim20$	$18\sim22$
酚类	$15\sim22$	$15\sim20$	沥青烯	$17\sim40$	$8\sim16$

酚类是酚、甲酚和二甲酚等的混合物。褐煤一次焦油中含酚类 $10\%\sim37\%$，其值与褐煤性质有关。中性含氧化合物不大于 20%，其中大部分为酮类，羧酸不大于 $2\%\sim3\%$。褐煤焦油中烃类含量为 $50\%\sim75\%$，其中直链烷烃为 $5\%\sim25\%$，烯烃为 $10\%\sim20\%$，其余为芳烃和环烷烃，主要为多环化合物。有机碱（吡啶类）在焦油中含量为 $0.5\%\sim4\%$。

烟煤一次焦油的组分与泥炭、褐煤一次焦油的相同，但含量有明显差别。烟煤一次焦油中羧酸含量不大于 1%，环烷烃含量高于褐煤，并随煤的变质程度加深而增高，有时环烷烃含量多于烃类总量的 50%。芳烃主要为多环的并带有侧链的化合物，苯及其同系物含量可达 3%，萘及其同系物可达 10%。

不同类烟煤热解（加热速率为 $3℃/min$）时，所得一次焦油的组成如表 2-6 所示。

表 2-6   不同烟煤一次焦油的组成

组成/%	气煤	肥煤	焦煤	组成/%	气煤	肥煤	焦煤
有机碱	2.22	1.45	1.50	沥青烯	5.63	14.50	19.51
羧酸	0.21	0.14	0.82	中性含氧化合物	6.60	11.50	12.6
酚类	16.20	10.00	5.37	其他重质物	41.04	38.91	40.20
烃（溶于石油醚）	28.10	23.50	19.90				

由上述数据可见，烟煤一次焦油内中性含氧化合物比褐煤焦油少。随着煤

的变质程度增高，氧含量降低，焦油中酚类含量明显减少，酚类中酚、甲酚和二甲酚含量可达 50%。

热解生成水量与煤中氧含量有关，随着煤的变质程度增高其量减少。

原料煤种类不同，影响低温热解煤气的组成，当热解温度达到 600℃ 时，不同煤类的低温热解煤气组成如表 2-7 所示。其中，泥炭低热值为 $9.64\sim10.06MJ/m^3$，褐煤低热值为 $14.67\sim18.86MJ/m^3$，烟煤低热值为 $27.24\sim33.52MJ/m^3$。

表 2-7　不同煤低温热解的煤气组成

组成/%	泥炭	褐煤	烟煤	组成/%	泥炭	褐煤	烟煤
CO	15～18	5～15	1～6	H_2	3～5	10～30	10～20
CO_2+H_2S	50～55	10～20	1～7	N_2	6～7	3～10	3～10
C_mH_n(不饱和烃)	2～5	1～2	3～5	NH_3	3～4	1～2	3～5
CH_4 及其同系物	10～12	10～25	55～70				

煤气中氨和硫化氢的含量与原料煤中氮和硫的含量及其形态有关，一般规律是硫的 45%～70% 在煤中以黄铁矿形态存在，其余的则以有机硫形态存在于煤大分子中。煤热解到 400℃ 以前主要是黄铁矿分解生成硫化氢，在较高温度时由于煤中有机硫的热解作用形成硫化氢。

腐泥煤热解能析出大量挥发分，干燥无灰基挥发分可达 60%～80%。腐泥煤一次焦油中酚类和沥青少，组成中主要为直链烷烃和环烷烃，可达 90%；中性含氧化合物含量为 3%～4%，主要为酮类；酚类和羧酸为 1.0%～1.5%；沥青为 1%～2%；有机碱为 2.0%～2.5%。热解温度达到 600℃ 时，生成的煤气中含甲烷及其同系物可达 40%；氢为 10%～12%；氨为 5%～6%；CO_2 和 H_2S 为 20%～24%；CO 为 9%～10%；N_2 为 8%～10%。煤气低热值为 $22\sim23MJ/m^3$。腐泥煤一次焦油密度为 $0.85\sim0.97g/cm^3$，而腐植煤的密度为 $0.85\sim1.08g/cm^3$。

2.4.2　加热终温

煤热解终温是产物产率和组成的重要影响因素，也是区别热解类型的标志。随着温度升高，使得具有较高活化能的热解反应有可能进行，与此同时生成了多环芳烃产物，它具有高热稳定性。

不同煤类开始热解的温度不同，煤化度低的煤开始热解温度也低，东北泥炭为 100～160℃；褐煤为 200～290℃；长焰煤约为 320℃；气煤约为 320℃；肥煤约为 350℃；焦煤约为 360℃。由于煤开始热解温度难以准确测定，同类煤的分子结构和生成条件也有较大差异，故上述开始热解温度只是煤类间的相对参考值。

煤受热到100～120℃时，所含水分基本脱除，一般加热到300℃时煤发生热解，高于300℃时，开始大量析出挥发分，其中包括焦油成分。气煤在以3℃/min的升温速率加热时，一次热解焦油组成和产率随加热温度变化的数据如表2-8所示。

表2-8　加热温度对一次焦油组成和产率的影响

项目	指标			项目	指标		
加热终温/℃	400	400～500	＞500	组成/%			
焦油产率/%	3.62	9.68	1.20	沥青烯	4.16	5.92	7.60
组成/%				羧酸	0.21	0.18	0.51
酚类	20.20	14.90	16.40	有机碱	2.13	2.08	2.42
烃类(溶于石油醚)	37.2	26.4	13.8	其他重质物	30.25	43.89	40.62
中性含氧化合物	5.85	6.63	8.65				

气煤加热到不同温度时，煤气组成与产率见表2-9。不同温度区间煤热解生成的煤气组分含量是不同的，氢气含量均随温度升高增加，甲烷含量降低。

表2-9　气煤热解煤气组成（体积分数）

温度区间/℃	占煤气总量的产率/%	CO_2/%	C_mH_n/%	CO/%	H_2/%	CH_4/%	N_2/%
300～400	19.0	22.0	—	7.5	7.0	58.0	5.5
400～500	19.0	2.7	16.4	3.3	11.0	60.6	6.0
500～600	20.5	4.3	1.2	3.7	25.9	64.9	—
600～700	21.0	4.4	—	1.2	59.2	35.2	—
700～800	25.0	2.2	0.5	10.4	66.2	18.2	2.5
800～900	14.5	0.9	0.0	7.1	74.7	7.7	9.6
合计	14.8(占干煤)						

褐煤加热到不同温度时，其产物焦油和半焦的元素组成（以质量分数计）见表2-10。由表2-10可知，褐煤焦油中的碳、氢和氧的含量随着终温的升高，变化不明显。从400℃到600℃随温度升高，氮减少，硫增多，但大于600℃后均呈下降趋势。温度升高对焦油中的H/C、N/C、O/C原子比的影响不明显。

褐煤半焦中的碳随热解终温的升高呈增高趋势，在400～600℃较为显著，600℃以后增加的幅度变小。半焦中的氢随温度的升高而不断降低，在300～500℃，半焦中的氢含量显著减少，主要是因为在此阶段中烃类气体的放出。600～700℃氢元素降低的幅度也很大，主要是因为此温度范围内半焦的分解放出大量气体，主要是H_2和烃类气体。半焦中的氧含量在300～600℃迅速降低，在300～600℃，CO_2和CO开始放出，而且CO_2放出的量很多，可以认

为 CO_2 的大量析出是造成此阶段内氧含量下降的主要原因。$600\sim700℃$ 半焦中氧含量降低的幅度不大。半焦中的氮含量随温度的变化呈折线状，在 $300\sim500℃$ 半焦中氮含量变化不大，$500\sim600℃$ 半焦中氮含量增加幅度较大，是因为褐煤的煤阶较低，在热解温度 $400\sim600℃$ 下放出大量气体（CH_4、H_2、CO_2、CO 等），含氮气体（NH_3、HCN 等）析出的很少，所以氮的含量反而相对增高，到 $600\sim700℃$，由于含氮气体（NH_3、HCN 等）的析出开始增多，故氮在半焦中的含量开始下降。

从热解的规律来看，随着热解进程的加深，半焦中的氢由于裂解放出烃类和缩聚脱氢，含量逐渐下降，由 H/C 原子比可以反映热解的进程。当热解程度不断加深时，半焦中的 H/C 不断下降。半焦中的 N/C 原子比与温度的关系是：低温下氮的脱除挥发分速率小于煤中其他成分的脱出速率，在少量脱除挥发分时即较短的停留时间和较低的温度下，半焦的 N/C 原子比大于原煤；高温下脱除挥发分时，氮的释放速率大于别的挥发分，主要以 NH_3 和 HCN 的小分子形式释放，这时半焦的 N/C 比要小于原煤的 N/C 比。半焦中的氧由于裂解放出 CO_2 和 CO 等气体，氧含量逐渐下降，半焦中 O/C 比在 $300\sim600℃$ 下降的幅度很大，是因为在此段温度内 CO_2 和 CO 大量析出。在 $600℃$ 以后 O/C 的下降趋缓。

表 2-10　加热温度对褐煤热解产物焦油和半焦元素组成的影响

产物	终温 /℃	元素组成(干燥无灰基,质量分数)/%					原子比		
		C	H	O	N	S	H/C	N/C	O/C
霍林郭勒褐煤焦油	400	80.5665	8.4046	9.2729	1.0736	0.6813	10.432000	1.33720	0.1151
	500	80.7221	7.8035	9.7406	0.9911	0.7427	9.667100	1.22770	0.1205
	600	80.9672	7.8351	9.3998	0.8430	0.9549	9.676700	1.04100	0.116
	700	80.5334	7.8280	9.7136	1.1694	0.7556	9.720100	1.45200	0.1206
	800	80.5409	8.2093	9.7296	1.0962	0.4240	10.192700	1.36100	0.1208
	900	80.4056	8.0393	9.7554	0.9029	0.8968	9.998400	1.12180	0.1213
霍林郭勒褐煤半焦	300	71.5379	5.0263	21.5691	1.3249	0.5418	0.070260	0.01852	0.3015
	400	76.3074	3.6637	17.8577	1.6572	0.5104	0.048010	0.02172	0.2340
	500	81.3170	3.3588	12.9648	1.6088	0.7505	0.041300	0.01978	0.1594
	600	86.2193	2.6225	7.9662	2.4038	0.7882	0.030420	0.02788	0.0923
	700	89.3549	1.8015	6.6505	1.4843	0.7088	0.020160	0.01661	0.07791
	800	91.1514	1.2609	5.6779	1.3031	0.6067	0.013830	0.01430	0.06229
	900	95.3469	0.6394	1.9945	1.0484	0.9708	0.006706	0.01100	0.02092

焦油的形成约于550℃结束，故510～600℃为低温热解的适宜温度。

实际生产过程的气态产物产率和组成与实验室测定值有较大出入，因为煤在工业生产炉中热加工时，一次热解产物在出炉过程中经过较高温度的料层、炉空间或炉墙，其温度高于受热的煤料，发生二次热解。当煤料温度高于600℃，半焦向焦炭转化。由600℃升到1000℃时，气态产物中氢气含量增加。当高于600℃时，如提高热解终温，则半焦和焦油产率降低，煤气产率增加。

2.4.3 升温速率

煤低温热解升温速率和供热条件对产物产率和组成有影响。提高煤的升温速率能降低半焦产率，增加焦油产率，煤气产率稍有减少。升温速率慢时，煤质在低温区间受热时间长，热解反应的选择性较强。初期热解使煤分子中较弱的键断开，发生了平行的和顺序的热缩聚反应，形成了热稳定性好的结构，在高温阶段分解少。而在快速加热时，相应的结构分解多。所以慢速加热时固体残渣产率高。

煤的快速热解理论认为，快速加热供给煤大分子热解过程高强度能量，热解形成较多的小分子碎块，故低分子产物应当多。

在慢速加热时，加热速率对低温热解产物产率和组成也有影响。气煤在不同升温速率下进行低温热解的结果见表2-11。

表 2-11 气煤在不同升温速率下的低温热解结果

项目			升温速率	
			1℃/s	20℃/s
产率/%	半焦		70.7	66.8
	焦油	轻油	4.1	1.9
		重油	5.4	8.2
		沥青	1.7	8.6
	热解水		8.1	7.5
	煤气		10.0	7.0
焦油组成/%	酚类		25.9	14.1
	碱类		2.5	0.3
	饱和烃		7.1	2.3
	烯烃		3.4	2.9
焦油密度/(g/cm^3)			1.007	1.140

由上述数据和表2-12可以明显看出，升温速率快时，焦油产率高。由表2-13可知，升温速率在350～15000℃/s范围内变化，烟煤热解产率之间相差很小。

表 2-12　600℃下煤热解产物的收率

产物	收率(占煤的质量分数)/%		快速热解与铝甑法收率之比
	快速热解	铝甑法(快速)	
气体	7.25	8.44	0.86
热解水	4.10	4.60	0.89
焦油和轻油(沸程如下)	26.40	14.82	1.78
馏分Ⅰ在140℃,133.3Pa下	6.5	8.02	0.81
馏分Ⅱ在140～230℃,133.3Pa下	2.87	2.71	1.06
残液在230℃,133.3Pa下	17.05	4.11	4.15
半焦	62.25	72.14	0.86

表 2-13　升温速率对烟煤热解产物收率的影响

产物	收率(占煤的质量分数)/%		
	350～450℃/s,试验3次	1000℃/s(基础条件),试验20次	13000～15000℃/s,试验2次
CO	2.4	2.4	2.3
CO_2	1.6	1.2	1.7
H_2O[①]	7.6	7.8	7.7
CH_4	2.2	2.5	2.4
C_2H_4	0.40	0.83	0.66
C_2H_6	0.59	0.51	0.59
C_3	1.1	1.3	1.2
其他烃类气体	1.1	1.3	1.4
液态烃	2.3	2.4	2.7
焦油	22.4	23.0	23.0
H_2	—[②]	1.0	—[②]
半焦	54.0	53.0	53.0
合计	95.7	97.2	96.7
误差(损失)	4.3	2.8	3.3

① 包括煤中水分(1.4%),可能还包括少量 H_2S; ② 未测定。

用气煤为原料进行不同升温速率下的低温热解,生成的煤气性质和组成见表 2-14。

表 2-14　气煤在不同升温速率下的煤气性质和组成

项目	指标		项目	指标	
升温速率/(℃/min)	1	20	煤气组成/%		
煤气密度/(kg/m³)	0.90	1.11	C_mH_n	3.8	10.5
煤气热值/(MJ/m³)	31.92	39.73	CO	8.7	12.1
煤气组成/%			H_2	22.6	14.7
CO_2	10.3	12.0	C_nH_{2n+2}	54.6	50.7

王晋伟用热重法对内蒙古褐煤的热解特性作了研究，其结果列于表 2-15。从表 2-15 中可以看出，随着升温速率的增加，其初始热解温度、最大热解速率对应温度和失重率基本呈现出增加的趋势，升温速率对热解参数均有一定的影响。这是因为升温速率不同，热量从试验坩埚外向内传递的速率也就不同，升温速率影响了坩埚壁与试样间的传热速率和升温梯度，如果升温速率较慢，试样就有足够的时间接受热量，提高了热解效率，使热解起始温度和终止温度均降低。随着升温速率的增加，最大热解速率明显增加，达到最大热解速率时对应的失重峰值温度也在增加。失重峰值温度代表了整个煤样结构的平均稳定程度。失重峰值温度越高，代表大分子结合越紧密，整个结构在热解过程中更不易被破坏。

表 2-15 不同升温速率下煤的热解特性参数表

升温速率/(℃/min)	初始热解温度/℃	最大热解速率/(mg/min)	最大热解速率对应温度/℃	失重率/%
5	290	0.129	445	43.72
10	302	0.136	456	45.35
20	310	0.142	475	46.76
40	319	0.147	490	46.14

2.4.4 热解压力

热解压力对煤的低温热解有影响。其压力升高焦油产率减少，半焦和气态产物产率增加，见表 2-16。

表 2-16 压力对低温热解产物产率影响

产物	产率/%				
	常压	0.5MPa	2.5MPa	4.9MPa	9.8MPa
半焦	67.3	68.8	71.0	72.0	71.5
焦油	13.0	7.9	5.1	3.8	2.2
焦油下水	12.0	12.2	12.4	12.1	11.3
煤气	7.7	11.1	11.5	12.1	15.0

压力增加不仅半焦产率增多，而且其强度也提高，原因是挥发物析出困难使液相产物之间作用加强，促进了热缩聚反应。

刘学智等对煤的加压低温热解进行了系统研究。在研究中采用四种不同的煤（沈北褐煤、大同弱黏煤、山东兴隆庄气煤和山西官地贫煤），粒度为 0.5~1.0mm，升温速率为 5℃/min，终温为 600℃，并在终温恒温 30min。

在进行热解时，随着压力的升高，其热解产物产率的变化如表 2-17 所示。由表 2-17 可知，除变质程度较深的官地贫煤煤气产率增加的较少外，其他三种煤热解煤气产率均随压力的升高而显著增加，特别是沈北褐煤增加的幅度最大。常压时，煤气产率（以煤计）在 50.7～78.2mL/g；当操作压力升至 2.5MPa 时，煤气产率增加到 52.2～84.8mL/g，平均每克煤增加了 1.5～6.6mL。

表 2-17 四种煤不同压力下热解产物的产率

项目	沈北褐煤				大同弱黏煤			山东兴隆庄气煤				山西官地贫煤			
压力/MPa	0.1	0.5	1.5	2.5	0.1	0.5	1.5	0.1	0.5	1.5	2.5	0.1	0.5	1.5	2.5
煤气产率 （以煤计）/(mL/g)	65.8	72.4	76.0	82.1	76.1	76.5	83.0	78.2	78.6	80.2	84.8	50.7	51.2	51.6	52.2
焦油产率 （质量分数）/%	7.0	5.7	4.2	—	6.5	4.7	3.2	9.0	7.4	6.2	6.0	1.5	1.2	1.1	1.0
半焦产率 （质量分数）/%	62	62	63	64	76	76.5	78	74	76	76	77	91	92	93	93

随着压力的升高，焦油产率均明显下降。三种变质程度较年轻的煤，焦油产率下降趋势相似，而官地贫煤焦油量少，其变化的量亦小。常压时，焦油产率在 1.5%～9.0%，当操作压力升至 2.5MPa 时，焦油产率却下降到 1.0%～6.0%。

四种煤的半焦产率均呈随压力的升高而增加的趋势。但与煤气和焦油产率相比，其变化较小。

显然，这是由于压力增高后，焦油在热解管中停留时间相对延长，为焦油的进一步裂解提供条件，使一部分焦油转化成煤气和半焦，结果导致煤气和半焦产率有所增加，焦油产率下降。由此可见，升高压力，既有利于焦油产率的减少，又有利于煤气产率的增加。

实验结果表明，操作压力对热解产物的性质有较大影响。特别值得注意的是热解煤气的组成、焦油和半焦性质的变化。表 2-18 为四种煤热解煤气组成随压力的变化情况。可见，随着压力的增高，煤气中 CH_4、CO_2 含量增加，而 CO、H_2 和 H_2S 含量呈减少趋势。煤气热值增加。与常压相比，在 0.5MPa 压力时，CH_4 增加了 6.96～12.43 个百分点，H_2 减少了 8.89～10.97 个百分点，CO 减少了 0.2～4.46 个百分点，H_2S 减少了 0.2～0.35 个百分点。1.5MPa 压力时，CH_4 增加了 10.36～19.63 个百分点，CO_2 增加了 1.66～8.0 个百分点，H_2 减少了 11.13～18.42 个百分点，CO 减少了 0.21～6.45 个百分点。

表 2-18　四种煤不同压力下热解产物性质

项目		沈北褐煤				大同弱黏煤			山东兴隆庄气煤				山西官地贫煤			
压力/MPa		0.1	0.5	1.5	2.5	0.1	0.5	1.5	0.1	0.5	1.5	2.5	0.1	0.5	1.5	2.5
煤气组成（体积分数）/%	H_2	24.46	14.75	12.05	9.23	28.39	19.50	12.21	23.71	14.74	12.58	9.84	39.16	28.19	20.74	19.15
	CO	9.79	6.30	4.88	4.29	10.11	5.65	3.66	9.23	5.94	4.57	3.32	1.00	0.80	0.79	0.46
	CO_2	26.26	31.24	33.87	34.01	15.27	19.01	21.67	9.20	14.25	17.20	18.77	3.30	2.56	4.96	6.53
	CH_4	31.21	38.17	45.40	44.23	35.97	46.70	52.99	39.87	47.24	50.35	55.29	45.01	57.44	64.64	73.50
	C_2H_6	4.21	4.86			6.47	5.29	5.33	4.37	7.12	8.85	3.84	5.54	4.65	3.64	
	C_3H_8	2.17	2.22			2.14	2.18	1.49	3.23	1.29	0.65	0.39	0.82	0.89	0.55	
	C_2H_4	0.75	0.64	0.18		0.45	0.42	0.32	1.37	0.77	0.72		0.52	0.15	0.09	
	N_2	0.86	1.25	1.90	1.90	1.0	0.95	1.94	4.24	4.24	4.24	4.24	4.49	4.49	4.49	4.49
	H_2S	0.90	0.55	0.42	0.36	0.95	0.75	0.45	1.73				2.58		2.39	1.59
煤气热值（标准状况）/(kJ/m³)		16980	17974	20294	19387	19420	21941	23074	20022	21393	22137	23759	23646	26601	29022	32098
半焦性质	抗压强度/(kg/cm²)								26.0	37.3	39.7	47.6				
	工业分析与元素分析（质量分数）/% A_d	41.56	40.07	39.23		13.15	11.78	13.22	14.93	15.92	14.65	14.82				
	V_{daf}	6.49	6.08	6.22		6.73	6.22	5.78	6.60	7.16	6.62	7.17				
	C	50.65	52.37	53.54		78.43	80.07	79.64	76.04	75.26	77.70					
	H	1.44	1.63	1.63		2.84	2.73	2.33	2.88	2.64	2.76					
	N	1.17	1.18	1.22		0.88	0.88	0.72	1.33	1.35	1.33					
	S	0.49		0.57		1.01	0.94	0.99	0.21	0.23	0.29					

2.4.5　煤的粒径

煤的粒径对热解产物有很大影响，一般煤的粒径增加，焦油产率降低。因为煤的热导率低，煤块（大粒径）内外温差大，外高于内。块内热解形成的挥发物由内向外导出时经过较高温度的表面层，在此一次焦油发生二次热解，组成发生变化，生成气态和固态产物。此外，挥发物由煤块内部向外部析出时受到阻力作用，在高于生成温度的区间停留也加深了二次热解的程度。

关于煤的块度对低温热解产物产率的影响，见表 2-19。

表 2-19　煤的块度对低温热解产物产率的影响

项目	指标		项目	指标	
煤块度/mm	20~30	100~120	焦油产率/%	10.3	8.1
半焦产率/%	41.4	46.5	半焦挥发分/%	8.8	10.3

朱适钰等选用反应性较好、挥发分较高的神木长焰煤（8～30目平均粒径 $1429\mu m$ 和 $50～75$ 目平均粒径 $251\mu m$），在流化床反应器中进行了粒径对热解产物影响的研究。在实验时为了防止煤样在热解过程中发生团聚，向煤样中添加了氧化钙。研究结果表明：

① 添加氧化钙后，在 $450～650℃$ 内，粒径增大气态产物产率增加。$650～750℃$ 范围内，粒径增大气态产物产率减小。这是由于当粒径增大时，存在加热效应，大粒径煤样达到反应终温所需时间较长；而且初始热解产物扩散到煤粒子表面的路径也较长，这就意味着大粒径粒子脱挥发分需要的时间较长，相当于延长了气体停留时间，促使气态产物产率增大、焦油产率减小。但粒径增大也会使初始热解产物扩散到氧化钙催化剂表面的阻力增大、时间滞后，不利于煤初始热解产物催化裂解反应的进行。

② 在两种粒径条件下，热解产物半焦中的碳含量差别不大，都随温度升高而提高，氢含量都随温度的升高而下降。粒径增大，半焦中氢含量略有下降，说明此时有更多的氢进入气、液相中，从这个意义上看，合理增大粒径有利于改善所得挥发分产物质量。两种粒径下，$550℃$ 以前，半焦中硫含量随温度升高呈上升趋势。$550℃$ 以后，虽然温度继续升高，但半焦中硫含量基本不变。两种粒径下，半焦中氮含量都随温度变化不大，这可能是由于在较低温度下，煤中的氮大部分缩聚为较为稳定的氮杂环结构。两种粒径下，半焦中的挥发分变化较为有趣，与同等反应条件下气态产物的变化正好相反。

周静等选用粒度分别为 $0.15～0.30mm$、$0.30～0.45mm$ 和 $0.90～1.43mm$ 的榆林煤考察煤粒度对快速热解的影响。从不同粒度榆林煤在 5 个温度快速热解失重曲线图可知，相同温度下煤粒度越小，其失重量越大；对相同的停留时间，挥发物产率的差别是由于大颗粒需要较长的加热时间，即煤样颗粒内部热量传递影响其热解过程。另外，大颗粒煤对挥发物逸出有较大阻力也是引起大粒度煤失重量少的原因。

边文对霍林河褐煤不同粒径下的热解产物产率进行了研究，由表 2-20 可知，在加压（2.1MPa）条件下进行热解，不同粒度对产物产率的影响不明显。

表 2-20　霍林河褐煤不同粒径下的热解产物产率

粒径/mm	热解产物产率(占原煤质量分数)/%			
	半焦	焦油	干馏总水	气体及损失
1.0～3.0	63.85	11.75	10.17	14.23
0.5～1.0	63.34	12.63	10.23	13.80
0.2～0.5	63.14	12.30	10.33	14.23
<0.5	63.05	12.20	10.80	13.95

注：热解气氛为 N_2；压力为 2.1MPa；热解终温为 $650℃$。

Anthony 等发现在 He 气氛下，当煤的粒度在 $53\sim1000\mu m$ 范围内变化时，挥发分产率随粒度的增大而缓慢降低。Gavalas 等的研究表明随烟煤粒度增加，焦油产量降低而气体产量升高。通过考察 12 种不同粒径的 Cayirhan 煤热解反应性和动力学参数，Kok 发现粒径在 $10\sim48$ 目范围变化时，热解活化能随粒径增加而增加，而粒径在 $48\sim400$ 目变化时，活化能随粒径增加而降低。

陈鸿等对不同粒径（$\geqslant200$ 目、$150\sim200$ 目、$100\sim200$ 目、$70\sim100$ 目）平顶山煤热解的挥发分产率进行了研究，实验结果表明挥发分产率依赖于颗粒尺寸。粒径减小，升温速率加快，挥发分释放提前，但变化范围不大，而在第一阶段的最大产率是相同的。

Suuberg 测定了颗粒粒度对 Pittsburgh 烟煤热解产物收率的影响，结果见表 2-21。当颗粒直径由 $74\mu m$（平均）增加到 $990\mu m$ 时，半焦产率稍有增加（即总挥发物收率下降），同时焦油产率下降而甲烷和碳的氧化物两者的收率增加。而且其毫无疑问反映出二次反应随粒子粒度增大而增强。

表 2-21　粒径对 Pittsburgh 烟煤在氢中加热的热解收率的影响

项目	收率（样品基，质量分数）/%			
	$53\sim88\mu m$（平均 $74\mu m$）	$89\sim300\mu m$	$301\sim830\mu m$	$831\sim990\mu m$
CO	2.4	2.7	3.2	3.0
CO_2	1.2	1.1	1.2	1.3
H_2O	7.8	5.4	5.3	7.2
H_2	1.0	—	—	0.99
CH_4	2.5	2.9	3.0	3.2
C_2H_4	0.83	1.0	1.1	1.3
C_2H_6	0.51	0.50	0.55	0.63
C_3	1.3	0.92	0.84	1.1
其他气态烃	1.3	1.4	1.1	1.2
轻质液态烃	2.4	2.5	2.6	2.7
焦油	23.0	24.2	21.3	18.4
半焦	53.0	57.1	56.5	55.8
合计	97.2	99.7	96.7	96.8
误差（损失）	2.8	0.3	3.3	3.2
试验次数	20	1	2	3

2.4.6　热解气氛

理论分析和大量的试验证明，气氛对热解有重要的影响。煤是大分子化合物，在加热至较高温度时，分子之间的桥键断裂生成大量自由基，它们从煤的颗粒内部向表面扩散。自由基极其活泼，在扩散过程中它们可能相互结合生成焦油或缩聚为半焦。自由基也可以与氢结合，生成小分子量的烷烃或芳烃化合物。煤是贫氢的，假如其在惰性气氛下的热解过程中，氢能够适当地分配给碳原子，则煤中的氢量几乎足以使之全部挥发，至少对中、低阶的煤来说是如此的。然而，由于煤的结构特点，氢主要以化合水（主要来源于羟基和羧基）以及高度稳定的轻质脂肪烃（甲烷及乙烷）的形式逸出，因而使急需氢的其余碳原子只好空着。由于内在氢的这种无效作用，即使是在最佳条件下热解，也会生成重质焦油和残余的半焦。在外部没有氢的情况下，芳香族似乎可免于内部裂解。事实上，高温下长时间加热，芳香族会进行缓慢的脱氢反应，进而发生聚合。除此之外，在热解过程中，劣质煤中含量很高的 O 和 S 与 C 争夺氢，生成 H_2O 和 H_2S，使氢量本就不多的煤更加缺氢，从而使煤得不到完全热解。为了使煤能完全热解，许多研究者对煤进行还原性气氛下的热解，如甲烷气氛、蒸汽气氛、焦炉煤气、合成气和氢气气氛下的热解。

2.4.6.1 氮气、二氧化碳和蒸汽气氛下的煤热解

王鹏等对大雁褐煤、协庄烟煤和昔阳无烟煤 3 种不同煤化程度的煤分别进行了 N_2、CO_2 和蒸汽气氛下的热解实验，得出如下结果。

（1）产物产率

在 600℃ 以前 3 种气氛条件下半焦产率相近，N_2 气氛下半焦产率最高，蒸汽气氛下半焦产率略高于 CO_2 气氛下；600℃ 后 CO_2 和蒸汽气氛下半焦产率较 N_2 气氛相比大幅下降，同时，蒸汽气氛下产率下降幅度超过 CO_2，从而半焦产率最低。3 种热解气氛下煤气产率对比明显，蒸汽气氛下要远高于 CO_2 和 N_2 气氛下，且热解温度越高，差值越大，CO_2 气氛下较 N_2 气氛下略高。焦油产率变化规律比较明显，蒸汽气氛下最高，CO_2 气氛下最低，N_2 气氛下焦油产率略高于 CO_2 气氛下，同时，随温度变化，焦油产率的峰值也发生了变化，N_2 和 CO_2 气氛下还是在 600℃，而蒸汽气氛下焦油产率达到峰值时的温度推后到 700℃。

CO_2 和蒸汽气氛条件下，CO_2 和 H_2O 的存在使煤样进行热裂解反应的同时，还发生了如下均相和非均相反应。

$$C + CO_2 \Longrightarrow 2CO \qquad\qquad +162kJ/mol \qquad （Ⅰ）$$

$$C + H_2O \Longrightarrow CO + H_2 \qquad\qquad +119kJ/mol \qquad （Ⅱ）$$

$$C + 2H_2 \Longrightarrow CH_4 \qquad\qquad -87kJ/mol \qquad （Ⅲ）$$

$$CO + H_2O \Longrightarrow H_2 + CO_2 \qquad\qquad -42kJ/mol \qquad （Ⅳ）$$

$$CH_4 + H_2O \Longrightarrow CO + 3H_2 \qquad\qquad -206kJ/mol \qquad （Ⅴ）$$

从上面反应式可以看出，CO_2、蒸汽气氛条件下煤热裂解反应是非常复杂的。从反应（Ⅰ）、反应（Ⅱ）和反应（Ⅲ）不难看出，由于 CO_2、H_2O 及其

副产物的存在，消耗了一定的 C，同时产生出煤气，因而半焦产率下降，煤气产率增加，H_2O 同时又与产生的 CH_4 发生了反应（Ⅴ），即甲烷化的逆反应。上述反应对热解过程的影响可通过煤气中各组分的浓度变化体现出来。不难理解，反应（Ⅱ）是上述反应中最重要的反应之一，也正是如此，蒸汽气氛下煤气产率最高，焦油产率也因富氢而增加。

（2）煤气组成

大雁煤在 N_2、CO_2 和蒸汽气氛条件下煤气组成的变化规律，与协庄、昔阳煤样相似。H_2 组分含量在蒸汽、N_2 和 CO_2 气氛中依次降低，且 700℃后，蒸汽气氛中 H_2 含量较 600℃时有一跳跃式升高，而在 CO_2 气氛中则由上升转为下降趋势；CH_4 组分含量在 N_2、CO_2 和蒸汽气氛中依次降低，且变化平稳，均呈下降趋势；CO 组分含量在 CO_2 气氛中最高，且随温度的升高变化趋势明显，在蒸汽和 N_2 气氛下随温度升高，基本不变，同时，蒸汽气氛下的CO 组分含量略低于 N_2 气氛；烃类组分 $C_2 \sim C_5$ 在 3 种气氛下随温度升高均呈下降趋势，且同 CH_4 组分一样，在蒸汽气氛下组分含量最低，煤气的低位热值受 CH_4 和 $C_2 \sim C_5$ 高热值组分的影响，总体趋势是在 N_2、CO_2 和蒸汽气氛下逐次降低，同时随温度升高，均呈下降趋势。

2.4.6.2 氢气、氮气、合成气和焦炉煤气气氛下的煤热解

廖洪强等对合成气和焦炉煤气氛下煤的热解进行了一系列研究，并与氢气、氮气不同气氛的热解进行了分析对比。实验结果表明，与相同总压的加氢热解相比，焦炉煤气与合成气气氛下煤热解总转化率及焦油收率均略有降低且水分有所增加，煤-焦炉气共热解焦油中 BTX（苯、甲苯、二甲苯）和萘的收率与之相当；与相同氢分压下的加氢热解相比，煤-焦炉气（合成气）共热解半焦和焦油收率以及焦油中 BTX、PCX（苯酚、甲酚、二甲酚）和萘的收率及含量均明显增加，但同时水分也增加。

（1）煤、合成气和焦炉煤气的组成

煤、合成气和焦炉煤气的组成如表 2-22 和表 2-23 所示。

表 2-22　云南先峰褐煤组成

工业分析（收到基,质量分数）/%			元素分析（干燥无灰基,质量分数）/%				
M（水分）	V（挥发分）	A（灰分）	C	H	N	S	O（差值）
18.5	39.6	2.4	68.7	5.0	2.3	0.3	23.7

表 2-23　合成气及焦炉煤气的组成（体积分数,%）

组成	H_2	CH_4	CO	N_2	CO_2	C_2H_4	C_2H_6	C_3H_6	H_2S
焦炉煤气（COG）	60.8	20.7	6.9	7.8	1.8	1.5	0.5	0.07	3.2×10^{-5}
合成气（SG）	64.9	2.4	31.6	0.5	0.6	—	—	—	—

（2）不同气氛下热解结果比较

热解实验选用典型的云南先峰褐煤（60～100目），在10g固定床反应器中进行，热解条件为：升温速率5℃/min，终态温度650℃，为取得相当的对比实验条件，3MPa压力下取气体流量为1L/min。

先峰褐煤分别在焦炉煤气、氢气、合成气以及氮气气氛下热解产物收率如表2-24所示。从表2-24可以看出，不同气氛下先峰褐煤热解半焦收率为N_2＞COG＞SG＞H_2，焦油收率为H_2＞SG＞COG＞N_2，水分含量为COG＞SG＞H_2＞N_2。说明加氢热解较惰性气氛下热解总转化率及焦油收率都显著提高，但同时水分含量也明显升高。不同气氛下先峰褐煤热解焦油中主要组分的含量及收率为：煤在富氢气氛下共热解焦油中BTX含量及收率比在惰性气氛下热解高，但PCX的含量明显降低。说明加氢热解将煤中部分氧转移到水分使得焦油中的酚类含量降低。煤-焦炉气共热解焦油中的BTX和萘的含量明显增加，而PCX含量降低。这说明焦炉煤气中的甲烷、一氧化碳和二氧化碳等气体与氢气在共热解过程中发生了某种相互作用使得BTX和萘含量增加，PCX含量降低可能与水分含量增加有关。煤-合成气共热解主要增加焦油中BTX和萘含量及收率，煤-合成气共热解焦油中PCX含量及收率比煤-焦炉气共热解高，这可能与其热解水分比煤-焦炉气共热解低有关。以上分析表明，热解水分含量与焦油中PCX的含量具有直接关系，即水分含量越高焦油中PCX含量就越低。

表2-24　先峰褐煤在不同气氛下热解产物的比较

气　　氛		H_2	SG	COG	N_2
热解产率(干燥无灰基，质量分数)/%	半焦	37.4	41.0	48.7	58.7
	焦油	29.6	26.9	24.2	11.6
	水	11.2	14.2	21.7	6.8

2.4.6.3　甲烷气氛下的煤热解

美国Brookhaven国家实验室的Steinberg开发出一种新的煤热解工艺，这种在加压甲烷气体下热解的工艺被称为快速甲烷热解。实验条件为：压力为0.35～7.00MPa，温度为825～925℃，停留时间为1～10s。他们发现，在甲烷气体中热解，乙烯和苯的产率较在氮气中有明显增加，研究还发现，在没有煤存在的反应器中，即使甲烷气体压力在1.5～3.5MPa下，也不会生成大分子气体或液态碳氢化合物。

Calkins也发现，在温度为700℃以上、压力略高于大气压力的流化床反应器中进行煤的快速热解，甲烷存在时热解所产生的乙烯和低分子碳氢化合物的量明显高于用氮气热解的量。而Nosa的研究表明：甲烷对于煤液化和热解在一定程度上起一种活性氢化剂的作用。这些研究表明，甲烷的存在必然改变了煤的热解过程中硫的析出规律。由于甲烷在一定程度上起着活性氢化剂的作用，它必然也会像氢一样促进硫的析出。

廖洪强等使用 H_2、CH_4 和 CO 的混合气体组成的模拟焦炉气进行的煤热解实验结果表明，高温时 CH_4 和 H_2 的协同作用提高了煤气和焦油的产量，CH_4 的存在使焦油组分轻质化，改善了焦油质量。Leppalahti 认为 CH_4 和 CH_4 的分解产物产生的活性含氢基团可以明显抑制 NH_3 的分解反应，在煤热解、气化过程中生成的 CH_4 含量较高时，NH_3 也较多，说明 CH_4 组分不仅影响煤热解产物的质量和产量，同时与煤氮的迁移变化也具有密切的关联。景晓霞等在固定床的反应器上采用程序升温法对碳含量不同的三种煤样进行了氩、甲烷、15%蒸汽/氩和 15%蒸汽/甲烷气氛下的煤加氢热解研究，对热解过程中产生的 NO_x、主要前驱物 NH_3 的释放规律及其影响因素进行了考察。实验表明，由于蒸汽、甲烷提供了活性含氢基，促进了热解过程中 NH_3 的生成；另外，甲烷和蒸汽之间的协同作用，可以提供更多的活性含氢基，煤特性、反应温度和反应时间是影响 NH_3 生成和半焦产率的主要因素。

高梅杉等利用热天平研究了龙口褐煤在甲烷气氛下的热解失重特性，研究表明：

①比较了褐煤在氮气和甲烷气氛下的热解失重特性，发现在低于 400℃ 时，甲烷对褐煤没有促进热解的作用；在 400～500℃ 范围内，甲烷促进了煤的热解；750℃ 以后煤在甲烷气氛下热解的 TG 曲线上升，出现增重，可以断定是甲烷裂解析碳造成的。②分析褐煤在氮气气氛下热解碳氢组分的析出规律发现，CH_4、C_2（乙烷和乙烯）、C_3（丙烷和丙烯）和 C_4H_{10} 都是在 350℃ 开始析出，到 550℃ 达到最大值，750℃ 时碳氢组分已基本全部析出。说明挥发分提供了能促进甲烷裂解的活性自由基，其析出规律能很好地解释褐煤在甲烷气氛下的热重特性。③比较褐煤在氮气和天然气气氛下热解硫的析出规律，发现在天然气气氛下，硫的析出量一直比在氮气气氛下多，说明甲烷能促进硫的析出。甲烷促进硫析出的原因是煤热解释放出的活性自由基促使甲烷在较低温度下（400℃左右）裂解，释放出活性甲基和活性氢自由基碎片，从而提供了更多与硫反应的氢，使原本难以析出的硫也转化为 H_2S，从而促进了硫的析出。

Egiebor 等的研究认为，煤对甲烷具有活化作用，使甲烷可在较低温度下裂解生成甲基和二甲基，以及提供氢活性基，该研究结果与高梅杉等的实验结果是一致的。在 300℃ 时煤开始热解产生活性自由基，但在 400℃ 以前未能使甲烷裂解，因而在 400℃ 以前，甲烷没有起到促进煤热解的作用。在 400～

750℃，甲烷在煤热解释放出的活性自由基碎片作用下开始裂解，释放出的活性甲基和二甲基以及氢活性自由基碎片，又反过来促进了煤的热解，因而在此温度范围内，煤在甲烷气氛下的 TG 曲线较在氮气气氛下 TG 曲线陡。750℃以后甲烷裂解程度加深，开始析碳，因而 TG 曲线开始上升，出现增重。也就是说，煤在热解时产生的活性自由基碎片可促进甲烷的裂解，而甲烷裂解产生的自由基碎片又反过来促进了煤的热解。

煤甲烷共热解工艺具有操作压力低、甲烷气可在常压下输送的特点，因此可省去压缩机同时也不需要制氢设备，所以投资低于煤加氢热解。甲烷在过程中并不消耗，气体可循环使用。但其存在操作温度较高的缺点。

参 考 文 献

[1] 虞继舜. 煤化学 [M]. 北京：冶金工业出版社，2000.

[2] 李宝. 新型煤富氧低温干馏基础研究 [D]. 西安：西安建筑科技大学，2016.

[3] 郭崇涛. 煤化学 [M]. 北京：化学工业出版社，1992：82-83.

[4] 廖洪强，李文，孙成功，等. 煤热解机理研究新进展 [J]. 煤炭转化，1996，19（3）：1-8.

[5] Suuberg R M，Peters W A，Howard J B. Product compostions in rapid hydropyrolysis of coal [J]. Fuel，1980，59（6）：405-412.

[6] Miura K. Mild conversion of coal for producing valuable chemicals [J]. Fuel Processing Technology，2000，62（2/3）：119-135.

[7] Solomon P R，Hamblen D G，Carangelo R M，et al. Models of tar formation during coal devolatiliziaton [J]. Combusiton and Flame，1988，71（2）：137-146.

[8] 大连理工大学科技开发中心. 1200 万吨/年褐煤低温热解项目可行性研究报告 [R]. 2011.

[9] 郭树才. 煤化工工艺学 [M]. 2 版. 北京：化学工业出版社，2006.

[10] 泽林斯基 H. 炼焦化工 [M]. 赵树昌，马志樵，刘玉璞，译. 北京：中国金属学会焦化学会，1993.

[11] 尤先锋. 煤热解产物的关联性研究 [D]. 太原：太原理工大学，2002.

[12] 埃利奥特 M A. 煤利用化学：上册 [M]. 徐晓，吴奇虎，译. 北京：化学工业出版社，1991.

[13] 王晋伟. 升温速率对煤热解特性的影响 [J]. 山西煤炭，2010，30（11）：66-67.

[14] 周静，何晶晶，于遵宏. 用热失重仪研究煤快速热解 [J]. 煤炭转化，2004，27（2）：30-36.

[15] 边文. 温度和压力对不同煤种干馏产物性质的影响 [J]. 煤质技术，2010（4）：53-55.

[16] 陈鸿，曾羽健，陈建原，等. 粉煤热解过程的温度相关模型 [J]. 华中理工大学学报，1994，22（3）：42-46.

[17] 王鹏，文芳，步学朋，等. 煤热解特性研究 [J]，煤炭转化，2005，28（1）：8-13.

[18] 廖洪强，李保庆，张碧江. 煤-焦炉气共热解特性的研究——温度的影响 [J]. 燃料化学学报，1998，26（3）：270-274.

[19] 廖洪强，李保庆，张碧江. 煤-合成气共热解的研究 [J]. 煤化工，1999（3）：22-25.

[20] 廖洪强，孙成功，李保庆. 煤-焦炉气共热解特性的研究：Ⅰ. 固定床热解反应特性 [J]. 燃料化学学报，1997，25（2）：104-108.

[21] 廖洪强，李保庆，张碧江. 煤-焦炉气共热解特性研究：Ⅲ. 甲烷和一氧化碳对热解的影响 [J]. 燃料化学学报，1998，26（1）：13-17.

[22] 廖洪强，孙成功，李保庆，等. 富氢气氛下煤热解特性的研究 [J]. 燃料化学学报，1998，26（2）：114-118.

[23] Steinberg M，Fallin P. Make ethylene and benzene by flash methanolysis of coal [J]. Hydrocarbon Processing，1982，61（11）：92-96.

[24] Calkins W H，Bonifaz C. Coal flash pyrolysis：5. Pyrolysis in an atmosphere of methane [J]. Fuel，1984，63（11）：1716-1719.

[25] 廖洪强，孙成功，李保庆. 焦炉气气氛下煤加氢热解研究进展 [J]. 煤炭转化，1997，20（2）：38-43.

[26] Leppalahti J，Koljonen T. Nitrogen evolution from coal，peat and wood during gasification：Literature review [J]. Fuel Processing Technology，1995，43（1）：1-45.

[27] 景晓霞，常丽萍，谢克昌. 反应气氛对煤热解过程中 NH_3 释放的影响 [J]. 煤炭转化，2005，28（1）：14-16.

[28] 高梅杉，张建民，罗鸣，等. 褐煤在甲烷气氛下热解特性及硫析出规律研究 [J]. 煤炭转化，2005，28（4）：7-10.

[29] Egiebor N O，Gray M R. Evidence for methane reactivity during coal pyrolysis and liquefaction [J]. Fuel，1990，69（10）：1276-1282.

[30] 周洋. 低变质煤热解特性原位表征及反应机理研究 [D]. 大连：大连理工大学，2019.

3

直立炉热解工艺

3.1 外燃内热式直立炉热解工艺

外燃内热式直立炉的主要特点是：煤气与空气混合燃烧的燃烧室位于直立炉炭化室外，由此产生的高温烟气送入炭化室内对煤进行热解反应。外燃分为直立炉外和直立炉内两种燃烧形式，鲁奇三段炉、SM-GF 炉为炉外燃烧，热能院 RNZL 型直立炉为炉内燃烧。

3.1.1 鲁奇三段炉热解工艺

鲁奇三段炉始建于 1925 年，1934 年产能达到 500t/d。第二次世界大战期间德国有 98 台炉子用褐煤生产液态烃，此外还有 27 台炉子用烟煤生产焦油和焦炭，由焦油加氢生产柴油和汽油。1950 年之后，因能源结构变化，在国外仅南非建了 2 台，印度建了 9 台。20 世纪 50 年代后期，为了缓解我国石油供应不足的压力，我国先后建成 4 台鲁奇三段炉，并使其生产能力达到 450t/d（1961 年 10 月停产）。鲁奇三段炉热解工艺流程如图 3-1 所示。

鲁奇三段炉见图 3-2，在鲁奇三段炉热解工艺中，煤在立式炉中下行，气流逆向通入进行热解。煤干馏过程分为干燥和预热、干馏、冷却三段。煤首先经过干燥和预热段，然后经过干馏段，最后经过半焦冷却段。在上段循环热气流把煤干燥并预热到 150℃。在中段，即热解段，热气流把煤加热到 500～850℃。在下段半焦（兰炭）或焦炭被循环气流冷却到 100～150℃，最后排出。排料机构控制热解炉的生产能力，循环气和热解气混合物由热解段引出，其中液体副产物在后续冷凝系统分出。大部分的净化煤气送入干燥段和热解段的燃烧室，有一部分直接送入半焦冷却段。剩余煤气外送，可以作为加热用燃料。冷凝系统包括前冷器、焦油分离槽、后冷器、终冷器以及洗苯塔。在前冷器用热解得到的约 85℃ 热氨水喷洒和蒸发使煤气冷却。焦油分离器一般采用

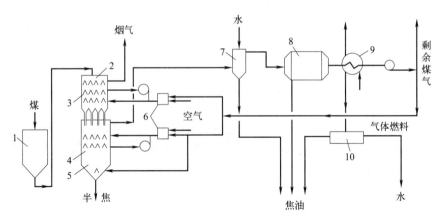

图 3-1 鲁奇三段炉热解工艺流程

1—煤槽；2—气流内热干馏炉；3—干燥段；4—低温干馏段；5—冷却段；6—燃烧室；
7—初冷器；8—电捕焦油器；9—冷却器；10—分离器

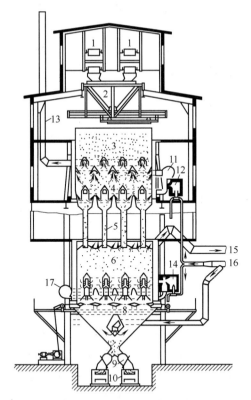

图 3-2 鲁奇三段炉

1—来煤；2—加煤车；3—煤槽；4—干燥段；5—通道；6—低温干馏段；7—冷却段；
8—出焦机构；9—半焦闸门；10—胶带运输机；11—干燥段吹风机；
12—干燥段燃烧室；13—干燥段排气烟囱；14—干馏段燃烧室；
15—干馏段出口煤气管；16—回炉煤气管；17—冷却煤气吹风机

电捕焦油器。经过这两步，焦油被分离下来，在后冷和终冷段分出残余油分，并使水凝结出来。在洗苯塔用焦油馏分的洗油把苯洗下来。一个炉子每天处理煤 $300\sim500t$（$9\times10^4\sim15\times10^4t/a$），加工成半焦 $150\sim250t$，焦油 $10\sim60t/d$，剩余煤气（以煤计）$180\sim220m^3/t$。煤气热值为 $5880\sim8820kJ/m^3$。

鲁奇三段炉热解用煤为块状褐煤、烟煤或型煤。在生产中多采用 $20\sim80mm$ 块状褐煤和烟煤（有些褐煤需要将粒径提高到 $50\sim150mm$）以及型煤进行热解，这种炉型不适用中等黏结性和高黏结性烟煤。

含水 15% 的褐煤型煤，鲁奇三段炉的操作参数见表 3-1，物料平衡和热量平衡计算见表 3-2 和表 3-3。

表 3-1 鲁奇三段炉操作参数

项 目	指标	项 目	指标
炉子处理型煤能力/(t/d)	450	冷却煤气压力/Pa	1100~2400
型煤性质		干馏煤气高热值/(MJ/m³)	7.8
焦油铝甑试验产率/%	14.8	N_2 含量/%	42.2
水分/%	16.3	气体流量/(m³/h)	
灰分/%	10.3	干馏段燃烧空气	3300
强度/MPa	4.2	干馏段燃烧煤气	3000
干馏段煤气循环量/(m³/h)	16500	干燥段燃烧空气	3400
干馏段混合气入口温度/℃	750	干燥段燃烧煤气	1500
干馏段气体出口温度/℃	240	半焦冷却用煤气	3500
干馏段混合气体入口温度/℃	300	焦油产率(对铝甑试验值)/%	88

表 3-2 物料平衡（以 100kg 湿型煤为基准）

	项目	质量/kg	质量分数/%		项目	质量/kg	质量分数/%
收入	(1)湿型煤	100.0	53.36	支出	(1)型煤	45.5	24.28
	(2)燃料煤气	16.2	8.65		(2)焦油	11.2	5.98
	其中:干燥段用	8.0	4.27		(3)气体汽油	1.3	0.69
	干馏段用	8.2	4.38		(4)焦油下水	9.0	4.80
	(3)燃烧用空气	30.7	16.38		(5)煤气	84.9	45.30
	其中:干燥段用	15.0	8.00		其中:低温干馏煤气	19.0	10.14
	干馏段用	15.7	8.38		燃烧产生烟气	25.4	13.55
	(4)半焦冷却用煤气	27.6	14.73		半焦冷却用煤气	27.6	14.73
	(5)下部补充煤气	12.9	6.88		下部补充煤气	12.9	6.88
	收入合计	187.4	100		(6)干馏段排出的烟气	21.5	11.47
					(7)干馏段排出的水蒸气	14.0	7.48
					支出总计	187.4	100

表 3-3 热量平衡

项目		热量/MJ	质量分数/%	项目		热量/MJ	质量分数/%
收入	(1)加热煤气燃烧热	114.806	90.30	支出	(1)型焦焓(220℃)	9.532	7.50
	其中:干燥段	56.695	44.59		(2)焦油和汽油焓(240℃)	6.285	4.94
	干馏段	58.111	45.71		(3)煤气焓	32.481	25.55
	(2)空气带入(30℃)	1.152	0.91		(4)焦油下水焓	9.553	7.51
	其中:干燥段用	0.565	0.44		(5)干燥段排气焓	33.177	26.09
	干馏段用	0.587	0.47		(6)散热	36.117	28.41
	(3)半焦冷却用煤气(30℃)	1.320	1.04		其中:干燥段	27.6	14.73
	(4)下部补充煤气焓(30℃)	9.867	7.75		干馏段	12.9	6.88
	收入合计	127.145	100		支出合计	127.145	100

1953—1955 年期间，我国在锦西石油五厂先后建成 4 台鲁奇干馏炉，在生产过程中，为了进一步提高生产能力和产物收率，对其作了如下改进。

① 改善固体原料分布。原料煤虽然事先经过筛选，但是粒度大小仍旧悬殊。传送和干燥过程中有许多大块煤继续在破碎。在移动过程中，颗粒大小不致会造成析离现象。为此对干燥仓煤的析离现象进行试验，离下料点地区愈远粒度愈大，下料点粒度最小，如图 3-3 所示。

石油五厂鲁奇炉原来的加料装置是由带式输送机把煤送进加料斗，通过活动式加料管加到贮煤槽内。用手拉动铁管布料，既费力又不能起到布料均匀作用，使粉末集中在中心，块煤分布在四周。这样在干燥段和干馏段均造成煤层严重不均。热载体从四周上窜，致使中心温度比四周低 100～200℃。为此在干燥层内加两排带交错缺口的拱道，通过拱道再次进行布料。经过这样四次重新布料的方式，使固体布料相对均匀（见图 3-4）。

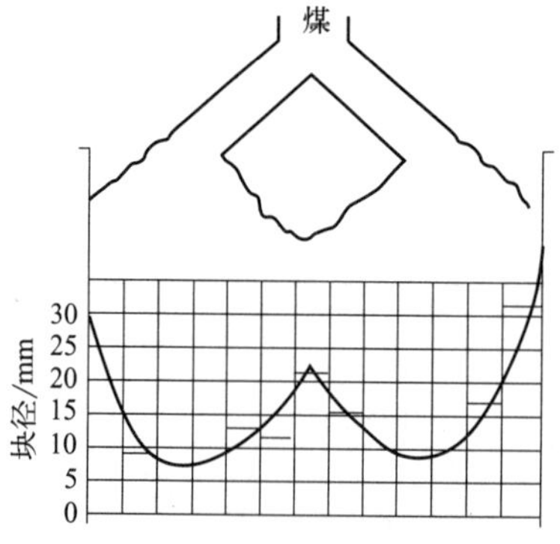

图 3-3 大小块煤分离情况

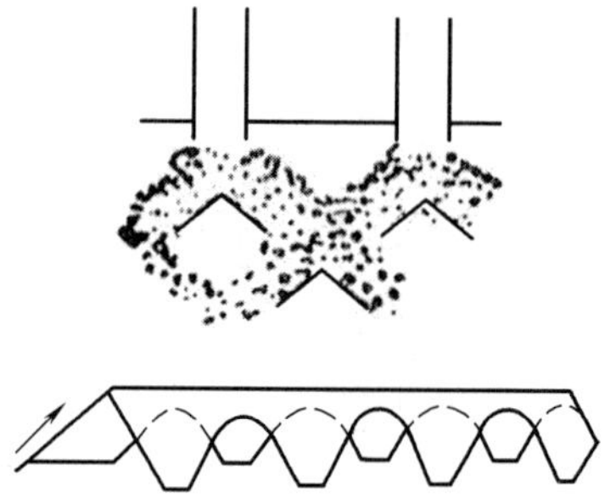

图 3-4 为改善煤块分布而加的拱道

②扩大干燥燃烧室的容积。要增大干燥段热负荷，必须扩大燃烧室。原有燃烧室容积 1.6m³，由于顶部是集气道，两侧又是热气通道，都不能缩小，只好向下延伸，使燃烧室扩大到 2.1m³。干燥燃烧室扩大方法如图 3-5 所示。实践结果表明，可使空气使用量由 1770m³/h 增加到 2800m³/h，比原来提高了 58%。

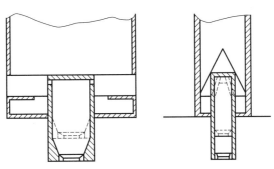

图 3-5　干燥燃烧室扩大方法

③改造干燥段集气道。干燥段集气道是用来集中各个抽气拱道的烟道气，经干燥循环风扇再和热烟道气混合，吹入干燥层下部。抽气拱道内抽入的烟道气中带有大量煤尘，进入集气道后由于容积扩大而流速减慢，使煤尘沉降下来。原来排除煤尘的方法是用链条拉刮灰板，将煤尘拉出炉外。这种方法既费力又常因灰和凝结水结成硬块，黏结在槽底，很容易拉断链条，被迫停炉检修。即使拉动顺利，拉出的灰尘飞扬也会污染操作环境。为此取消了刮灰板和集灰槽，在集气道底部安装人字形排灰拱道，使沉降出的煤尘再度流回干燥段炉内，随同煤块一并进入干馏段。在集气道顶部装有清扫孔五个，万一发生挂灰堵塞，还可以用铁钎进行通灰。经改造之后，集气道不再集灰尘。

集气道中不能沉降的煤尘，往往堵塞在干燥循环风扇入口，阻碍气流通过。或经风扇叶轮转动，煤尘部分附在风扇壳上，部分附在风扇叶轮上，日积月累，造成风扇震动和启动失败。甚至煤尘堵满叶轮间隙，使之失去鼓风能力。或堵满叶轮和风扇壳之间缝隙，这样就要进行停炉清理。为了解决这类问题，改装了风扇结构，增设了风扇进出口闸板，可以在正常生产中，把风扇和炉体隔开，拆下风扇进行清扫。干燥段两侧的风扇只要错开清扫时间，就可以保持生产正常进行。

干燥风扇外壳分上下两半，用螺钉连接，清扫时，只需将上壳吊起。清扫后恢复原状，抽开风扇前后闸板，即可进行正常操作。每 12 个星期清扫 1 次，每次清扫需要 10h。采取上述措施后，堵塞现象大为减少，运转周期延长到 215d。

④ 取消了干馏段循环风扇，扩大了干馏燃烧室。传统鲁奇式低温干馏炉，在干馏段耐火砖结构内，设有热循环风扇，用耐火砖制成风扇外壳，合金钢材料制成风扇叶轮和翅片，电动机安装在炉外。用长轴和叶片连接，两个轴承都在炉外，其长悬臂伸入耐火砖内。这台热风机的任务是把和热焦换热后的煤气再次送入炉内花墙中，与烧到 1100～1200℃ 的烟气混合到 700～800℃，用来加热干燥后的原料煤，使其达到干馏温度。叶轮是在 300℃ 下运行，又容易吸入焦粉和焦油，结在叶轮翅片上，造成震动以至停炉检修。这是全炉最薄弱的环节。为了解决该问题，在吸取国外经验的基础上，取消了这台容易出问题的热循环风扇，改变了炉内结构，使燃烧室的容积由 1.72m³ 扩大到 2.7m³，相应加大煤气和空气喷嘴，加大了供热量（图 3-6）。燃烧后的烟道气送进花墙通过花喷孔和预热后的原料煤接触，使原料煤达到干馏温度。干馏风扇取消后，不但消除了循环风扇本身所产生的种种故障，节约了电力，节省了检修费，而且不再把大量焦粉送入花墙。在未取消前，每次检修均发现焦粉把喷孔完全堵死。改造后这种现象已不复存在了。

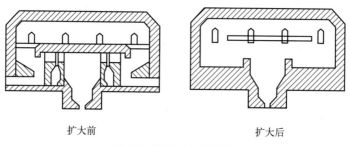

扩大前　　　　　　　　扩大后

图 3-6　干馏燃烧室扩大

⑤ 干馏集气道的改造。干馏集气道原来也是用链条拉动刮板来清除集灰，由于干馏炉出口的煤气中除了煤尘外还有焦油雾，粘在集气道四周，温度高时逐渐结成硬块，温度低时焦油又和煤尘结成黏块，造成堵塞。清灰时用手摇刮板，把灰拉到两侧的水封内再用人工从水封内掏出，劳动强度大，又污染环境。

为此取消了刮灰板，把槽底用光洁的瓷砖砌成斜坡形，一侧沿底部安装高压水喷头，定时启动高压水把油灰从集气道冲到另一侧水封内再流入水槽，把油灰沉淀与浮油分离。剩余热水用来循环冲灰。改造后的集气道结构如图 3-7 所示。

⑥ 出焦设备的改进。鲁奇炉的上下燃烧室都扩大了，从而加大了气体的转送量。要提高炉子的处理能力，还要加快固体物料的下降速度。出焦盘是调节固体物料的主要设备，扩大的主要措施是扩大通道，加快运行频率和增强设

备强度。在正常静止状态热焦堆积在焦盘上，由于分布板的阻挡，炉内的半焦不会跌入炉底焦箱内。当拉焦盘动作时，把半焦推到八字板中间空隙内跌入冷焦箱。分布板愈短，则每次推焦量愈大。将分布板由 600mm 宽缩窄到 550mm，相应地加宽了八字板的间隙，使其由 205mm 扩大到 250mm。在这项设备改造中，进行了冷模实验，可以防止出焦盘在静止状态下出现漏焦现象。为了防止八字板变形，还在八字板下各加三块支撑架，这样既不会影响半

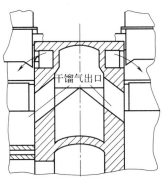

图 3-7 干馏气出口

焦通过又能延长八字板的寿命，效果很好，同时也加强了刮焦板。每座鲁奇炉有两个干馏室各长 5.6m、宽 3m，共用一台出焦设备，带动两个炉底的刮焦板。刮焦板使用型钢预制而成，在炉内用螺栓拼装成长方形，各装整拉焦板三块、半拉焦板一块，上面各装有铸铁的防磨板。由于刮焦板拉力加大，设备各部受力增大，因此采取了加固措施，在拉焦板中心增加拉筋一条，防止刮焦板变形。拉杆原用直径 50mm 轴钢，后加粗到直径 60mm。

　　近年来，霍海龙等以鲁奇炉实际运行工况为依据，基于 Merrick 提出的热解动力学模型，结合煤颗粒内部的传热建立了大颗粒煤热解的综合数学模型；在综合煤热解动力学模型和气固换热模型的基础上建立了鲁奇炉干馏段内煤热解过程的数学模型。应用所建立的数学模型，研究了大颗粒煤在热解过程中的升温特性、挥发分各组分的释放特性以及鲁奇炉干馏段内挥发分各组分的浓度分布特性。模拟结果如下。①大颗粒煤热解时，导热为煤热解的限制性环节。对于直径为 20mm 的单颗粒 Maltby 煤，煤粒内外温差由最初的 67℃ 逐渐减小，加热 1h 后的温差仅为 1.71℃，此时煤粒挥发分产率达到 29.2%，占最终产率的 89%。②煤热解过程中，挥发分中各组分的析出规律差异较大，焦油和 H_2O 的释放速率约为其他组分的 10 倍，释放速率峰值对应的温度为 476℃，完全析出温度约 560℃。其他组分中 C_2H_6 和 CO_2 析出较快，完全析出温度约 750℃，氢气析出最慢。③在鲁奇炉干馏段内，热解主要发生在干馏段底部 0~1m，对应的温度区间为 350~550℃，在 0.25~0.6m 床层段挥发分析出速率较快，对应温度区间为 430~500℃，该处热解混合气密度迅速增大。热载气流量增加对大颗粒煤的传热和热解有显著的促进作用。

3.1.2　SM-GF 技术热解工艺

　　由北京国电富通科技发展有限责任公司、锡林浩特国能能源科技有限公司

共同开发的以气体热载体外燃内热式直立干馏炉（国富炉，GF 炉）为核心设备的褐煤热解技术，在 2013 年 12 月通过了由中国化工学会组织的"50×10⁴t/a 褐煤热解工艺及关键设备"科技成果鉴定。

由于国富炉所产煤气中氮含量（体积分数）高达 60%，难以进行化工利用。为了提高煤气质量，使其成为生产化工产品的原料气，2016 年 10 月，陕西煤业化工集团有限责任公司与北京国电富通科技发展有限责任公司在榆林麻黄梁工业园区建成一套 50×10⁴t/a 煤气热载体分段多层低阶煤热解成套工业化技术（SM-GF）示范装置。2018 年 7 月 31 日，SM-GF 技术通过中国石油和化学工业联合会组织的科技成果鉴定。

3.1.2.1　生产工艺流程

SM-GF 技术主要包括国富炉热解单元、煤气冷却净化单元、加热炉单元和烟气净化单元，生产工艺流程如图 3-8 所示。

（1）国富炉热解单元

原料煤由带式输送机送入煤斗后进入国富炉热解单元，原料煤从炉顶煤仓进入干燥段，被来自冷却段的热烟气和干燥段燃烧后的烟气（烟气净化单元）加热。干燥后的原料煤进入干馏段，和高温富氢煤气（加热炉单元）换热，发生热解反应，去除煤中的游离水和化合水，并脱除干燥煤的部分挥发分，将原料煤转化成半焦，生成的干馏煤气随气体热载体一起从干馏段顶部集气阵伞引出，去往煤气冷却净化单元，半焦自干馏段下降到冷却段，被来自脱硫塔的低温冷烟气（烟气净化单元）冷却到 100℃左右，降温后的半焦经由带式输送机运送到筛分楼进行筛分，通过半焦筛分为粉料（<6mm）、小料（6~15mm）、中料（>15mm）三种粒度等级的成品半焦。

（2）煤气冷却净化单元

从干馏段顶部集气阵伞引出的煤气经煤气引风机引导依次经过旋风除尘器、急冷塔、初冷塔、横管冷却器、捕雾器、电捕焦油器：经旋风除尘器除去煤气中的粉尘；经急冷塔，用热氨水喷淋降温，脱除煤气中的部分焦油；经初冷塔，用冷氨水喷淋降温，脱除煤气中的部分焦油；经横管冷却器，由一、二段循环水降温脱除部分焦油；经捕雾器、电捕焦油器除去煤气中的剩余焦油。净化后的煤气经煤气引风机引导一路进入加热炉单元作为循环煤气，一路进入烟气净化系统作为干燥段的燃烧煤气，一路进入气柜作为加热炉的燃烧煤气，剩余的煤气作为富余煤气外送。

（3）加热炉单元

加热炉采用"两烧一送"制度，两台燃烧，一台通循环，三台加热炉的运行状态相互转换，保证循环煤气的连续和高品质。燃烧炉：来自气柜的燃烧煤气与加热炉烟气回兑混合后，作为燃料与助燃风机送入的空气在加热炉顶部充分燃烧，产生的高温烟气自上而下与格子砖进行换热，从炉底部排出，一路作为回兑烟气同燃烧煤气一并燃烧，另一路去往脱硫塔（烟气净化单元），燃烧炉烧炉完成，转成通循环状态。通循环炉：来自煤气风机的循环煤气从炉底引入通循环炉，自下而上流动，与高温格子砖换热后，变成高温富氢煤气，进入干馏混合室（国富炉热解单元），待通循环结束，转换成燃烧状态。

（4）烟气净化单元

从干燥段顶部集气阵伞（国富炉热解单元）引出的低温烟气，经旋风除尘器脱除烟气中粉尘，与来自加热炉（加热炉单元）的烟气一并进入脱硫塔采取湿法脱硫。脱硫后的烟气一路引到冷却段进行干熄焦，另一路经布袋除尘后排放。与热半焦换热后的冷烟气变为热烟气，经旋风除尘器脱除粉尘后进入干燥段混合室（国富炉热解单元），干燥段燃烧产生的高温烟气与来自冷却段的热烟气混合后进入干燥段，与干燥段的原煤换热，脱除原煤中的游离水，并与蒸汽一同从干燥段顶部集气阵伞引出。

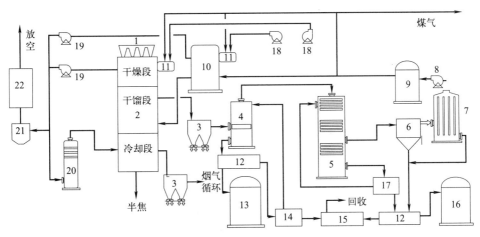

图 3-8　SM-GF 热解工艺流程

1—煤斗；2—热解炉；3—旋风除尘器；4—直冷塔；5—横管冷却器；6—捕雾器；7—电捕焦油器；
8—煤气风机；9—气柜；10—煤气加热炉；11—燃烧器；12—机械化澄清槽；13—重油罐；
14—氨水槽；15—LAB 水处理；16—轻油罐；17—集液槽；18—空气风机；19—烟气风机；
20—水膜除尘器；21—布袋除尘；22—脱硫塔

SM-GF 技术工艺装置的主要操作参数见表 3-4。

该技术工艺的主要特点是：

① 煤气热载体分段多层低阶煤热解技术，解决了 30mm 以下混煤热解工业化、油尘气分离、单套装置规模小等行业难题；采用自产富氢煤气作为热解

循环热载体，经蓄热式加热炉加热后对低阶煤实施中低温分级耦合热解，可有效提高焦油收率。

表 3-4　SM-GF 技术工艺装置主要操作参数

操作条件		参　　数
干燥段	混合室温度/℃	<350
	混合室压力/Pa	1000～1500
	出口压力/Pa	±100
	煤温度/℃	130～150
干馏段	混合室温度/℃	800～900
	混合室压力/Pa	1000～1500
	出口压力/Pa	−1500～−2500
	煤温度/℃	600～650
冷却段	进口压力/Pa	700～1000
	出口压力/Pa	−400～400
	半焦温度/℃	90～100
加热炉	燃烧室温度/℃	1150±100
	热煤气出口温度/℃	850～950

② 分段多层立式矩形热解炉装置，采用立式结构，无动力部件，实现热载体与物料逆、错流直接换热，效率高；热解炉从上至下依次采用干燥、热解和冷却三段结构，在干燥段脱除煤中水分及粒径小于 0.2mm 的煤尘，实现酚氨废水减量化，降低热解煤气粉尘脱除难度；在各段内部设置多层构件，降低床层阻力，实现炉内自除尘，并使焦油能够及时导出炉外，提高了焦油收率和品质；多层热解形式实现了中低温分级耦合热解，可生产出不同规格和性能的产品，实现煤气和焦油产率的最大化。

③ 开发了惰性烟气循环干法熄焦与热量回收再利用技术。利用循环惰性烟气与热半焦直接换热，将半焦冷却到 100℃ 以下，换热后的热烟气送入干燥段加热入炉煤除去水分，实现半焦热量的回收与利用，系统整体能效高。

④ 采用加热炉（蓄热炉）加热循环煤气，并以此循环煤气（850～950℃）为热载体，在热解炉内对煤进行热解反应，显著提高了煤气的品质，使煤气中氮含量（体积分数）由 60.90% 下降到 4.70%。可以此廉价煤气为原料生产多种化工产品。

3.1.2.2　物料平衡和能量平衡

① 物料平衡见表 3-5。

表 3-5　物料平衡

项　　目		日均产（耗）量/t	产率/%
输入	原煤	1722.67	70.75
	空气	712.08	29.25
	合计	2434.75	100.00
输出	半焦	1121.64	46.07
	焦油	138.01	5.67
	煤气	95.11	3.91
	烟气	803.70	33.01
	干燥段去除水分	162.28	6.67
	污水	88.33	3.63
	其他	25.68	1.04
	合计	2434.75	100.00

② 能量平衡见表 3-6。

表 3-6　能量平衡

项目		日均产（耗）量	折标煤/tce	热量/MJ
输入	原煤	1722.67t	1548.02	45294.73
	电	59000kW·h	7.25	207.09
	水	251.57t	0.01	0.35
	小计		1555.28	45502.17
输出	半焦	1121.64t	1197.17	35029.26
	焦油	138.01t	157.72	4614.94
	外送煤气（标准状态）	133952m³	67.90	1986.80
	小计		1422.80	41631.00
	损失		132.48	3871.17
	合计		1555.28	45502.17

注：tce 表示 "吨标准煤"，是能源行业常用能量单位，1tce=2.93×10⁴MJ。

3.1.2.3 原煤和产品

① 原料煤与产品半焦工业分析见表 3-7。

表 3-7　原料煤与产品半焦工业分析（质量分数）

项目	M_t/%	M_{ad}/%	A_d/%	V_d/%	FC_d/%	$Q_{net,ar}$/(kJ/kg)
原煤	11.50	4.28	4.54	33.48	61.98	26873.64
半焦	1.57	1.58	5.62	4.84	89.53	31179.04

注：M_t—全水；FC_d—干燥基固定碳；$Q_{net,ar}$—收到基低位发热量。

② 煤气组成见表3-8。

表 3-8　产品煤气组分

参数		体积分数/%									
		CH_4	C_2H_6	C_2H_4	C_3H_8	C_3H_6	C_mH_n	H_2	CO_2	CO	N_2
低位热值/(kJ/m^3)	20436.02	35.14	0.97	3.20	0.22	0.16	0.29	30.28	14.32	10.72	4.70
密度/(kg/m^3)	0.76										

③ 焦油的性质见表3-9。

表 3-9　产品焦油分析

序号	检测项目		检测结果
1	水分/%		3.64
2	密度/(g/cm^3)		1.043
3	灰分/%		0.12
4	甲苯不溶物(干基)/%		4.2
5	黏度(80℃)/(mm^2/s)		4.38
6	四组分	饱和分/%	28.15
		芳香分/%	22.79
		胶质/%	20.77
		沥青质/%	9.08

3.1.2.4　床层阻力的研究

吴鹏等为拓宽多段直立热解炉（GF炉）的适用范围，以陕北低阶碎煤为实验对象，搭建移动床层阻力测定装置和连续热解实验装置，研究不同因素对移动床层阻力和气体含尘量的影响，并分析热解产品的性质。结果表明：床层阻力分别随气体流速和床层高度的增加而增大，随下料速度的加快而减小，床层静态阻力比动态阻力高15％左右，气体流速影响最为显著，其次为床层高度和下料速度；当床层高度和下料速度一定时，气体含尘量随气体流速的加快而增大，粉尘平均粒径为87μm；热解实验所得半焦产率为66.21％，焦油收率为8.72％，达到格-金产率的85％，实验系统热效率为88％。

张旭辉等为进一步提高计算移动床（GF炉）床层压降的准确性，通过分别测试原煤的视密度和堆积密度，计算出固定床的空隙率。在固定床试验的基础上结合Ergun方程确定物料球形度，并在此基础上进一步利用移动床试验测试移动床中床层颗粒表观速度及表观气速与空隙率的关系，最后对其结果进行非线性拟合。结果表明：干馏炉内的床层阻力计算，可为炉内集气与布气相关结构的设计提供指导，也可用于判断实际生产过程中炉内气体分布情况及物料反应的均匀程度。在确定了床层特性参数球形度的基础上，考察了移动床颗粒的表观速度和气体表观速度对床层压降的影响，并针对床层颗粒表观速度对空隙率的影响情况进行非线性拟合。

①通过实验测得，所取物料陕西榆树湾长焰煤的球形度约为0.7097。

②在表观气速一定的情况下，床层压降随床层颗粒表观速度的增加而增加。

③在床层颗粒表观速度一定的情况下，气体表观速度对床层压降的影响很小。

④移动床空隙率与床层表观速度的拟合公式为 $\varepsilon = 0.0193\ln u + 0.3926$，利用该拟合公式并结合 Ergun 方程计算得到的床层压降与工业实际运行床层压降进行对比，数据误差约为10%。

3.1.3　RNZL 型直立炉热解工艺

中钢集团鞍山热能研究院有限公司（简称中钢热能院）于20世纪80年代研发了以长焰煤、不黏煤或弱黏煤块煤为原料的外燃内热式直立炉干馏工艺技术及装备，用于生产铁合金专用焦、电石专用焦和化肥用焦。2006年，中钢热能院开发出了外燃内热式直立炉——RNZL（原ZNZL）型直立炉，它是一种直接加热、连续操作的直立炉，气体热载体与原料在干馏室通过直接接触换热，将原料煤干馏成半焦。

3.1.3.1　RNZL 型直立炉工艺流程

RNZL 型直立炉工艺由备煤单元、干馏单元、筛焦单元、煤气净化单元和污水处理单元五部分组成。其主要工艺参数见表3-10。

表3-10　RNZL 型直立炉的主要工艺参数

项　　目	指　　标
单炉生产能力（半焦）	10^5 t/a
直立炉孔数	12
炭化室长度	3600mm
炭化室高度	8200mm
炭化室排焦口宽度	540mm
炭化室有效容积	21.23m³
每日每孔装干煤量	43.5t
回炉煤气热值（标准状况）	7524～8360kJ/m³
直立炉生产能力	28.4t/(d·孔)

由备煤工段运来的10～120mm块煤首先装入炉顶上部的煤仓内，再经电液滚筒放煤阀定期将煤装入炭化室内。加入炭化室的块煤自上而下移动，与燃

烧室送入的高温气体逆流接触。炭化室的上部为干燥预热段，块煤在此段被加热到200～300℃；块煤继续向下移动进入炭化室中部的干馏段，块煤通过此段被加热到700℃左右，并被炭化为半焦；半焦通过炭化室下部的冷却段时，被通入此段熄焦产生的蒸汽和熄焦水冷却到80℃左右，熄焦采用湿法熄焦方式或低水分熄焦方式，然后用刮板机连续排到带式输送机上。

块煤在过程中产生的荒煤气经上升管、桥管进入集气槽，荒煤气在桥管和集气槽内经循环氨水喷洒被冷却至70～80℃。冷却后的煤气经吸气管与冷凝下来的氨水、焦油一起进入煤气净化工段。

直立炉加热用的煤气是经过煤气净化工段进一步冷却和净化后的煤气；直立炉加热用的空气由空气鼓风机加压后供给。煤气和空气经烧嘴混合在水平火道内燃烧，燃烧产生的高温废气通过炭化室侧墙面上均匀分布的进气孔进入炭化室，利用高温气体的热量将块煤进行干馏。烧嘴设上下两层，下层以加热为主，上层主要起安全作用。

3.1.3.2 RNZL型直立炉结构、特点与应用

（1）RNZL型直立炉结构

中钢热能院RNZL型直立炉主要包括干馏室、烧嘴、煤气导出口等（图3-9）。炭化室从上至下分为干燥段、干馏段、冷却段。干馏室上部设有布料板，干馏室顶部设有煤气导出口，在直立炉内设有水平火道，在火道内设有气体分配砖，炉体侧面设有煤气烧嘴，四周设有护炉铁件，直立炉的每孔干馏室的横断面为变截面，炉内由异型耐火砖砌成多层耐火砖环形结构。

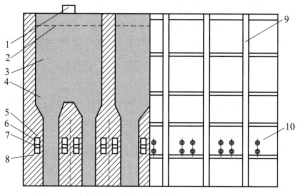

图3-9 中钢集团鞍山热能院RNZL型直立炉

1—排气口；2—炉顶分布板；3—煤料；4—干馏室；5—水平火道；6—气体分配砖；

7—调节板；8—耐火砖环形结构；9—护炉铁件；10—烧嘴

一定粒度的煤料经干馏室顶部的布料板进入干馏室，煤料自上而下移动，通过调节板和气体分配砖与来自水平火道的加热气体逆向接触。煤料被加热、

干馏成半焦后，由炉底排出。干馏煤气导出后经冷凝回收焦油，煤气再经过净化处理，一部分返回作为回炉煤气。

（2） RNZL 型直立炉特点

① 炉容大型化。炭化室长度及高度分别可达 3600mm 和 8200mm，炭化室有效容积可达 $21.23m^3$，为直立炉的稳产、高产提供了有利条件；

② 双火道设计。每孔炭化室两侧分别设有上下两层独立的水平火道，可灵活地调节每孔炭化室的温度分布，确保整炉产品质量均匀、稳定，下层火道以外燃内热方式加热为主，上层火道采用燃烧室燃烧辅助加热，起到安全生产作用；

③ 高效燃烧室。精确设计燃烧室容积和气孔数量，使煤气和空气在燃烧室充分燃烧，热烟气均匀进入炭化室，从而有效地防止挂渣和进气口的剥蚀；

④ 高效率换热。内热式直立炉主要靠高温气体与块煤直接接触进行对流换热，燃烧烟气与物料温差较小，传热效果好，热效率高。

（3） RNZL 型直立炉应用推广情况

中钢热能院通过不断研究与完善 RNZL 型外燃内热式直立炉，至今已承担陕西神木天元化工公司、内蒙古汇能煤电集团、新疆昌源准东煤化工公司等 20 多个国内外直立炉工程，业绩遍布陕西、内蒙古、新疆等地区，RNZL 型外燃内热式直立炉已成为半焦生产的主要炉型之一。

3.2 内燃内热式直立炉热解工艺

内燃内热式直立炉的主要特点是煤气与空气在直立炉下部的进气管（或烧嘴）中混合，通过气道进入直立炉炭化室内燃烧，用燃烧产生的高温热载体烟气对煤进行热解。

3.2.1 SH4090 型内燃内热式直立炉热解工艺

陕西冶金设计研究院有限公司成立于 1972 年，自 20 世纪 90 年代即从事晋、陕、内蒙古等区域低阶煤分级分质转化利用和直立炉热解工艺技术的研发设计。自主研发的 SH 型系列直立炉热解技术已在国内外得到广泛的推广应用。2018 年该公司在原有 SH2000、SH2005、SH2006、SH2007 型直立炉基础上进行改进和优化完善，设计出单炉年产半焦 $20 \times 10^4 t$ 的炉型，命名为 SH4090 型内燃内热式直立热解炉。自 2020 年 11 月以来，已有二十余家企业选用 SH4090 型直立热解炉。

SH4090 型直立热解炉单炉年产能力为 $20 \times 10^4 t$，设计时预留有 $5 \times 10^4 t$ 的余量，为了增加结构强度、布料均匀、混气均匀、加热均衡，采用 4 孔（炭化室）16 门（排焦口）的布置。根据地形和总体规模的特点，可以采取煤塔在炉组中间、炉组端头或者单对单的上煤方式。

3.2.1.1 炉体特点

SH4090 型内燃内热式直立热解炉炉体由 4 孔炭化室、16 门排焦口组成，炉体从内向外分别由内部的耐火砖布气花墙、耐火砖内墙、中心隔墙、保温隔热层和炉外墙组成。炭化室从上至下依次由预热段、干馏段和冷却段组成，直立热解炉采用异型耐火砖错缝砌筑，高温段采用高铝砖砌筑、低温段采用黏土砖砌筑。在炭化室干馏段外侧设置混配室，煤气与空气在混配室内充分混合均匀经炉壁设置的进气砖送入炉内，煤气与空气混合气在炭化室内燃烧，燃烧的烟气与原煤换热完成干馏反应。

该炉型有如下结构特点：

① 炉体结构简单、高效内燃、中温干馏，兰炭、煤气和中低温煤焦油产量和质量有保障。

② 耐火材料用量少，造价低，根据温度不同选用黏土质和高铝质致密性耐火砖，并在大空间内设置中心隔墙，保证炉体寿命。

③ 炉顶部安装有布料集气装置，可有效解决原煤透气性问题，确保热解效果。

④ 炉底部安装有火焰监测装置，中部和出口均装有测温装置。

⑤ 炉内供给加热煤气和空气均装有计量装置和燃气混合器。

⑥ 采用低水分装置熄焦，节能环保效果好；半焦冷却段主要由换热器和汽液分离器组成，换热器为立排多通道管状结构。换热器管内通入脱盐水，与管外的高温兰炭（约 650～700℃）换热后被加热汽化，然后进入汽液分离器，由汽液分离器分离出 0.7～1.25MPa 的饱和蒸汽，该蒸汽可外供使用。采用换热方式副产蒸汽，大幅度提高了系统热效率，使余热回收率达到 80% 以上，显著提高半焦产品品质。

⑦ 配套 DCS 控制系统，自动化水平高，可保证生产安全稳定、产品质量可控。

3.2.1.2 生产工艺流程

（1）备煤工段

原料煤进入直立热解炉前经一次筛分，以保证入炉煤的质量和粒度，合格粒度为 6～100mm，6mm 以下粉煤外送。

原料煤卸到卸煤坑内，在卸煤坑底部设有电液动插板阀和振动给料机，以便控制受煤量，各卸煤坑底部分别设带式输送机将卸煤坑卸下的煤收集转载至高架栈桥带式输送机，经高架栈桥带式输送机卸至煤棚。在各高架栈桥带式输送机下面分别设有受煤坑，各组受煤坑下均设电液动插板阀门和振动给料机，受煤坑下的带式输送机称量可实现配煤，称重后的原煤经带式输送机转运至原煤筛分室。经原煤筛分室振动筛筛分，筛上料运至直立热解炉顶部，筛下料经带式输送机卸至粉煤棚堆放后外送（图 3-10）。

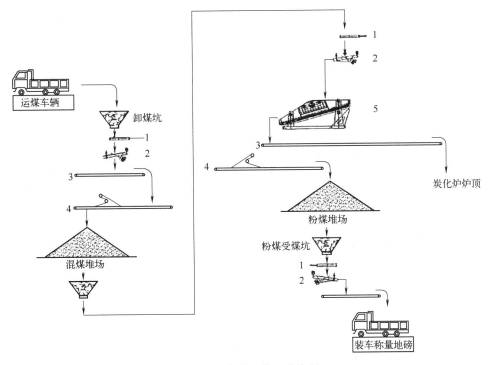

图 3-10　备煤工段工艺流程

1—电液动插板阀门；2—振动给料机；3—带式输送机；4—高架栈桥带式输送机；5—振动筛

（2）热解工段

由备煤工段运来的 6～100mm 合格入炉煤，卸入炉顶最上部煤仓，再经加煤上阀卸入中间料仓，中间料仓和辅助煤箱之间安装加煤下阀，通过两道加煤阀交替开关，将煤装入热解炉。根据生产工艺要求，约每半小时打开加煤阀向炉内加煤一次。块煤自上而下移落，与高温烟气逆流接触。炭化室的上部为预热段，块煤在此段被加热到 300℃ 左右；接着进入炭化室中部的干馏段，块煤在此段被加热到 700℃ 左右，并被干馏为半焦（图 3-11）。本装置采用低水分熄焦工艺技术，该工艺技术流程为：半焦经室下部的冷却段的冷焦箱降温至约 350℃，继续下行经水夹套换热冷却温度降至约 220℃；到下部的导料槽进入集焦仓，由推焦机控制半焦的排出落至刮板出焦机上，刮板出焦机置于集焦仓中；当推焦机推出的热焦接触到熄焦水时，水变为蒸汽时的快速膨胀力使蒸

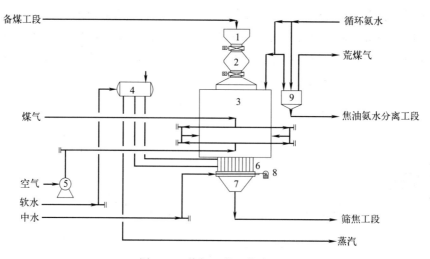

图 3-11　热解工段工艺流程

1—炉顶煤仓；2—辅助煤仓；3—直立热解炉；4—汽包；5—空气风机；6—冷焦箱；

7—低水分熄焦装置；8—推焦机；9—焦气槽

汽流动通过兰炭层，利用蒸汽对半焦进行熄焦。熄灭后的半焦温度低于100℃，由两层阀门交替开关控制兰炭的排出并落至运焦带式输送机上。余热锅炉产生的蒸汽可以外送使用。

煤热解过程中产生的荒煤气与进入炭化室的高温烟气混合后，荒煤气经上升桥管进入集气槽，80℃左右的混合气在桥管和集气槽内经循环氨水喷洒被冷却至70℃左右。混合气体和冷凝液送至煤气净化工段。

热解炉加热用煤气，是经煤气净化工段净化和冷却后的回炉煤气。空气由离心风机鼓入直立热解炉内，煤气和空气混合后进入炭化室燃烧，利用燃烧产生的高温烟气热量将煤料进行热解。

余热锅炉受热面与半焦通过直接接触的方式冷却半焦，锅炉为自然循环水管锅炉。受热面采用膜式壁箱形结构，设置于直立热解炉排焦口处，作为排焦口和出焦设备之间的连接通道。高温半焦在下行过程中通过水冷壁向管内介质放热，降低温度后排入出焦设备。

软水由给水泵送入锅筒，通过下降管进入各组膜式壁冷焦箱吸热，自然循环蒸发，产生的汽水混合物由引出管导入锅筒，经内部装置的汽水分离装置，使其中的蒸汽分离出来，蒸汽经主汽阀引出，送至用汽场所。该锅炉冷焦箱为膜式壁全密封焊接结构，与焦炉底座和出焦设备之间为焊接连接，密封性能好，既可以防止有害气体外泄，又可以防止空气漏入引起半焦复燃。余热锅炉的运行参数见表 3-11。

表 3-11　余热锅炉的运行参数

<table>
<tr><td colspan="4">锅炉型号（G35/750-6-1.25）</td></tr>
<tr><td>半焦质量流量</td><td>25t/h</td><td>额定蒸汽温度</td><td>193.4℃（饱和）</td></tr>
<tr><td>入口半焦温度</td><td>700℃</td><td>给水温度</td><td>104℃</td></tr>
<tr><td>出口半焦温度</td><td>350℃</td><td>排污率</td><td>2%</td></tr>
<tr><td>锅炉蒸发量</td><td>6t/h</td><td>锅炉安全稳定运行的工况范围</td><td>80%～100%</td></tr>
<tr><td>额定蒸汽压力</td><td>1.25MPa</td><td>锅炉满水容积</td><td>30m³</td></tr>
</table>

（3）筛焦工段

低于 100℃ 的半焦产品落至带式输送机上被运至筛焦楼顶部缓冲仓，缓冲仓下设电液动插板阀、振动给料机，根据来料量定期排至设置的振动筛，经过一次筛分后，分别筛出 36mm 以上的大料、16～36mm 中料和 16mm 以下混料。36mm 以上的大料经带式输送机送至带卸料车的带式输送机高架下储存，经过高架带式输送机下设置的受料坑、电液动插板阀和振动给料机输送至装车振动筛筛分。筛分合格的大料直接装车称量后外送，筛下料送至中料堆场堆放。根据市场变化和用户需求，也可以通过设置的三通分料器将大料送至破碎机进行破碎，破碎后的混料经带卸料车的带式输送机送至高架下储存。通过设置的受料坑、电液动插板阀和振动给料机送至振动筛筛分后装车称量外送。

一次筛分的中料经带卸料车的带式输送机卸至高架栈桥下与大料装车振动筛筛下料混合在一起堆放。其再经受料坑、电液动插板阀、振动给料机用带式输送机送至装车振动筛筛分，合格料装车外送，筛下料送至小料堆场堆放。

根据市场实际需求还可以筛出小料、米料和粉料，工艺流程与中料相同。见图 3-12 筛焦工段工艺流程。

（4）煤气净化工段

煤气净化工段采用间-直冷相结合的煤气净化工艺流程（图 3-13）。从热解工段直立炉顶部出来的荒煤气经过上升管、桥管后进入集气槽。在桥管、集气槽处用热循环氨水进行一次喷洒洗涤，将温度为 80℃ 左右的粗煤气冷却至 70℃ 左右后送入煤气净化工段的初冷塔。

初冷塔上部设有循环氨水喷淋装置，利用循环氨水进一步将煤气洗涤冷却至 60℃ 左右，洗涤后的焦油、氨水混合液从初冷塔底部自流到焦油氨水分离工段。初步冷却后的煤气由初冷塔顶部进入横管冷却器上部与一段 32℃ 的循环水进行间接换热和二段 26℃ 的循环水间接换热冷却至 30℃ 后进入捕雾器。进入捕雾器的煤气经捕雾器脱除一部分雾状凝液后进入电捕焦油器，利用电捕焦油器中的高压静电进一步脱除煤气中的焦油、杂质和粉尘。从电捕焦油器出来的净煤气经风机加压，一部分通过回炉煤气管道送至热解炉加热使用，剩余煤气送往后续装置。横管冷却器底部凝液、捕雾器底部凝液、电捕焦油器脱除

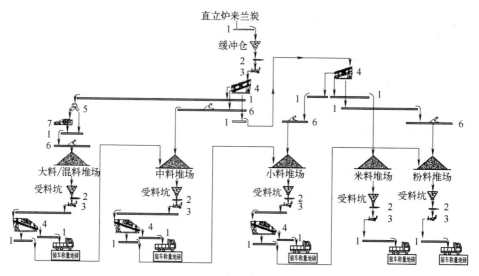

图 3-12　筛焦工段工艺流程

1—带式输送机；2—电液动插板阀；3—振动给料机；4—振动筛；5—三通分料器；

6—带卸料车的带式输送机；7—破碎机

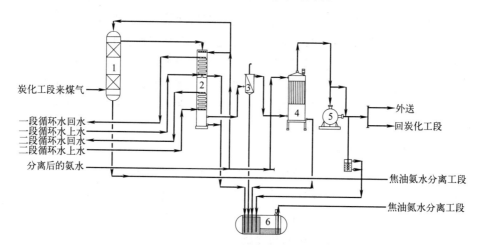

图 3-13　煤气净化工段工艺流程

1—初冷塔；2—横管冷却器；3—捕雾器；4—电捕焦油器；5—煤气鼓风机；6—水封溢流罐

的凝液与风机冷凝液均自流至水封溢流罐，水封溢流罐内冷凝液通过顶部设置的液下泵送至焦油氨水分离工段。

（5）焦油氨水分离工段

来自热解工段和煤气净化工段的焦油氨水混合液，进入焦油氨水分离工段的氨水除渣罐，混合液中的焦油渣在除渣罐中进行重力沉降分离，沉降于除渣罐底部，定期进行清理。经过除渣后的混合液与来自煤气净化工段的焦油氨水混合液一并进入焦油氨水分离槽。由于密度差异，混合液经过初步分离，分为轻油层、氨水层、重油层，得到含水焦油和氨水，焦油自流进入焦油中间罐，焦油中间罐达到一定液位后，通过焦油中间泵送往焦油罐；焦油氨水分离槽中部氨水进入氨水中间罐，在氨水中间罐中进一步除去氨水中所含的焦油，氨水通过循环氨水泵送往热解工段和煤气净化工段对煤气进行喷淋洗涤冷却，剩余氨水通过剩余氨水泵送往污水处理工段（图 3-14）。

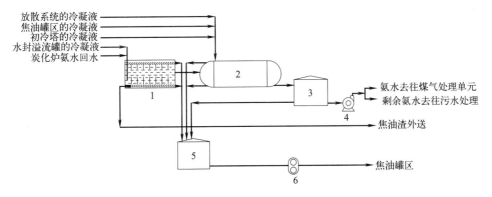

图 3-14　焦油氨水分离工段工艺流程

1—除渣罐；2—氨水焦油分离槽；3—氨水中间罐；4—循环氨水泵；5—焦油中间罐；6—焦油中间泵

（6）焦油储罐区工段

由焦油氨水分离工段焦油中间泵送入焦油储罐的焦油含水量约为 8%，在焦油储罐顶部设置氮气平衡系统，防止煤焦油挥发逸散。煤焦油在焦油储罐中静置，经焦油储罐内的蒸汽盘管加热之后进一步脱水。脱出的含油污水送回焦油氨水分离工段。脱水后的成品焦油含水量不大于 4%，经焦油装车泵、自动焦油装车系统装车外售（图 3-15）。

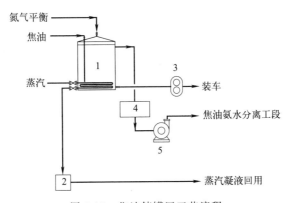

图 3-15　焦油储罐区工艺流程

1—焦油储罐；2—蒸汽凝液回收装置；3—焦油装车泵；4—含油污水收集罐；5—泵

3.2.1.3 物料平衡和热平衡

以陕西榆林地区某厂120万吨/年半焦项目为例，陕西冶金设计研究院有限公司对 SH4090 型内燃内热式直立热解炉进行了热工测试，在物料平衡和热量平衡计算的基础上，进行热工评价与分析。

（1）原煤基本分析数据（表 3-12）

表 3-12　原煤格-金干馏分析和工业分析（质量分数）

格-金干馏分析/%				工业分析/%				
焦油	干馏总水	半焦	产气量	M_t	M_{ad}	V_{ad}	A_{ad}	FC_{ad}
12.4	6.9	72	8.7	11	2.52	35.42	4.3	57.76

注：A_{ad}—空气干燥基灰分；FC_{ad}—空气干燥基固定碳；M_t—总水分；M_{ad}—空气干燥水分；V_{ad}—空气干燥基挥发分。

（2）总体物料平衡（表 3-13）

表 3-13　总体物料平衡

收入与支出	项目	数值/(t/h)	比例/%	备注
收入项	入炉煤	247.50	44.32	
	回炉煤气	152.86	27.38	
	入炉空气	102.11	18.29	
	熄焦补水	25.91	4.64	
	除盐水	30.00	5.37	
	合计	558.38	100.00	
支出项	半焦（干）	150.00	26.86	
	半焦带水	22.50	4.03	
	总煤气量	266.29	47.69	含回炉和剩余煤气
	焦油	21.01	3.76	
	焦油渣	0.56	0.10	
	剩余氨水	34.28	6.14	
	蒸汽	30.00	5.37	
	粗氨、苯等	3.42	0.61	
	损失	30.32	5.43	
	合计	558.38	100.00	

（3）直立热解炉的热平衡（表 3-14）

（4）原煤干馏物料平衡和热平衡分析

物料平衡和热平衡计算以实验室基本数据和实际生产过程数据为依据，客

表 3-14 直立热解炉的热平衡

收入与支出	项目	数值/(kJ/t)	比例/%
收入项	入炉煤显热	22449.00	1.66
	回炉煤气显热	35540.24	2.62
	空气显热	7303.29	0.54
	熄焦水显热	26281.79	1.94
	除盐水显热	52898.18	3.91
	燃烧热	1210112.05	89.33
	合计	1354584.55	100.00
支出项	半焦带走热量	310818.18	22.95
	煤气带走热量	129806.77	9.58
	水汽混合物带走热量	289597.93	21.38
	焦油带走热量	64071.20	4.73
	粗苯、氨等带走热量	45876.68	3.39
	蒸汽带走热量	337575.76	24.92
	热损失	176838.03	13.05
	合计	1354584.55	100.00

观地对工艺过程的物料收入和支出、直立热解炉的热量平衡进行了分析。由表 3-12、表 3-13 和表 3-14 可知：①实际生产半焦转化率和焦油产量均小于实验室数据，说明实际生产过程中炉内有少量半焦损失和焦油损失；②直立热解炉下排焦通过余热回收利用，半焦余热回收率达 80% 以上，有效提高了半焦质量的同时节约了能源。蒸汽产生量（以半焦计）大于 0.20t/t，蒸汽压力 1.25MPa，可大幅提高系统热效率达 85% 以上、节水 30% 以上。

3.2.2 SJ-Ⅴ型直立炉热解工艺

神木市三江煤化工有限责任公司成立于 1999 年，该公司一直致力于中低温干馏（低温热解）的技术研究与成果推广工作。如今，公司开发的 SJ 系列中低温干馏方炉已在陕北、内蒙古、新疆等省（自治区）广泛推广。

2019 年 4 月 14 日，中国煤炭工业协会组织专家在陕西神木市召开了"年处理 25 万吨小粒煤低温干馏试验示范装置"成果鉴定会。该试验示范装置由陕煤集团神木能源发展公司联众分公司投资，采用 SJ-Ⅴ型低温干馏工艺。

3.2.2.1 SJ-Ⅴ型炉的结构

SJ-Ⅴ型低温干馏炉如图 3-16 所示。

由图 3-16 可知，该低温干馏炉由原煤料入口与原煤入料口下方连接的一

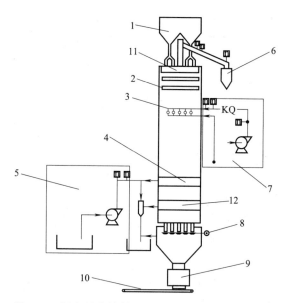

图 3-16　制备兰炭的低温干馏炉（SJ-Ⅴ型）的结构

1—煤料入口；2—导气伞装置；3—布气伞装置；4—喷淋管装置；5—供水系统；6—净化煤气装置；

7—气体输送装置；8—推焦机装置；9—兰炭出口装置；10—传送带；11—集气伞 a；12—集气伞 b；

KQ—空气

系列装置组成。

　　干馏炉炉内从上到下设置干馏段和冷却段。干馏段内从上至下设置有集气伞 a11、方便气体流通的导气伞装置 2，导气伞装置下方设置通入空气和煤气混合气体的布气伞装置 3。

　　集气伞 a11 是将干馏产生的荒煤气由煤层中收集起来，更好地排出干馏炉。导气伞使煤气、空气均匀地导入干馏煤层中，提高了干馏效率。布气伞装置 3 更好地将空气、煤气打入干馏煤层中。即使干馏的原煤粒径很小，也可以使空气、煤气与煤层保持均匀的接触。

　　在干馏炉的冷却炉段内从上至下设置通入冷却水的喷淋管装置 4，喷淋管装置 4 下方设置使兰炭均匀出料的推焦机装置 8。

　　在干馏过程中产生的荒煤气由集气伞 a11 收集后，进入与干馏炉顶部相连的净化煤气装置 6 中。在净化煤气装置 6 中，经过至少两次的水洗，洗去荒煤气中的粉尘等有害物质。随后干净的煤气一部分由气体输送装置 7 送回干馏炉内，供原煤干馏使用，一部分外供。

　　然后，干馏后的高温兰炭落入干馏炉内的冷却段。开启供水系统 5，冷水通喷淋管装置 4 后，喷洒在高温兰炭上进行熄焦。由于用对高温兰炭喷洒冷却水熄焦代替传统浸水熄焦的方法，故使得常温兰炭内水含量大幅度降低。

在喷淋管装置 4 的下方设置有收集并排出蒸汽的集气伞 b12，熄焦产生的蒸汽由集气伞 b12 收集，随后排出干馏炉外。

熄焦后的常温兰炭落在推焦机装置 8 上，由推焦机推出后，经兰炭出口装置 9 排出，落在传送带 10 上，最后由传送带 10 运走。

3.2.2.2　SJ-Ⅴ型炉生产工艺流程

SJ-Ⅴ型炉生产工艺流程主要由 4 个工段组成。

（1）备煤工段

生产兰炭所用的原料煤为粒径 3～30mm 的小粒煤，总含水率（包括内在和外在水分）不大于 10%。为了保证入炉煤的粒度要求，需将煤在筛分之前进行水洗，将粒径小于 3mm 的面煤、煤泥洗选出去。

原料煤由汽车运输入厂，汽车将煤自卸到煤厂储存，原料煤由铲车、移动式胶带输送机倒堆、堆高和向受煤坑供料，通过胶带运输机运输至筛煤楼，经振动筛筛选，合格小粒煤由胶带运输机经栈桥运输到干馏炉顶煤仓，然后经炉顶布料带式输送机运到储煤仓，小粒煤由进料口进入炉顶辅助煤箱，再进入干馏炉。筛下粒径 0～3mm 煤经胶带运输机输送到粉煤仓库储存，再外运销售。

（2）干馏工段

由备煤工段经带式输送机运来的合格装炉煤首先装入炉顶最上部的煤仓，再经进料口和辅助煤箱装入干馏室内；加入炉内的小粒煤向下移动，与布气花墙送入炉内的加热气体逆向接触，并逐渐加热升温，煤气经上升管从炉顶导出，炉顶温度应控制在 80～100℃。炉子分为三段，上部为干燥段，小粒煤逐步向下移动进入中部的干馏段，此段被加热到 650～700℃，完成低温干馏。高温兰炭通过炉子下部的冷却段时，和通入此段熄焦产生的蒸汽生成水煤气，被熄焦水冷却到 80℃左右，通过卸料器连续排出。

煤料在干燥段产生的蒸汽、干馏段产生的煤气、加热燃烧后的废气以及冷却兰炭产生的水煤气的混合气（荒煤气），通过炉顶集气罩收集，通过上升管，进入净化回收系统。

SJ-Ⅴ低温干馏方炉加热用的煤气是经过煤气净化工段进一步冷却和净化后的煤气。SJ-Ⅴ低温干馏方炉加热用的空气由空气鼓风机加压后供给。煤气和空气经支管混合器混合，通过炉内布气花墙的布气孔，均匀喷入炉内料层燃烧，给煤加热干馏。

干馏炉炉顶采用可逆式带式输送机定期、定量向炉顶煤仓加料，煤仓顶安装称计量。

炉底出焦采用自主研制开发的可调式推焦机，由一套电液动推焦装置将炉内兰炭排出，可灵活地调控干馏炉运行状况，控制兰炭的质量和产量。

（3）煤气净化工段

自炉内出来的荒煤气，由上升管进入桥管喷洒循环氨水初步冷却除尘，然后煤气进入横管冷却器冷却，冷却后再经管道进入静电捕焦油器，把煤气中的焦油、冷凝液回收，回收率达 98%，通过电捕处理后的煤气纯净度很高，热值（标准状态）7524～8360kJ/m³。煤气通过煤气风机加压后，一部分返回干馏炉加热燃烧，剩余煤气输出。剩余煤气可用于煤气发电或向外输送。

（4）筛焦工段

筛焦工段采用机械化封闭出焦、筛分，减少操作人员数量，改善操作环境。整个筛焦工段由兰炭运输、筛分和贮存组成。

小粒煤干馏炉的产品兰炭粒度的比例为：粉焦 15%，小块 60%，中块 25%。

3.2.2.3 物料平衡和能效

① 物料平衡见表 3-15。

表 3-15　物料平衡

项　目		日均产（耗）量/t
输入	原煤	803.00
	空气	323.19
	新鲜水	164.97
	合计	1291.16
输出	兰炭	523.00
	焦油	66.80
	煤气	545.36
	盈余氨水	156.00
	合计	1291.16

② 能效见表 3-16。

表 3-16　能效

项目		日均产（耗）量	折煤系数	折标煤/tce	热量/MJ
输入	原煤	803.00t	0.9247	742.55	21726.88
	小计			742.55	21726.88
消耗	电	10643kW·h	0.0001229	1.31	38.27
	水	164.97t	0.0000475	0.01	0.23
	小计			1.32	38.50

	项目	日均产(耗)量	折煤系数	折标煤/tce	热量/MJ
输出	兰炭	523.00t	0.8694	454.71	13304.85
	焦油	66.80t	1.143	76.35	2234.07
	外供煤气	545.36m³	0.2644	144.21	4219.56
	盈余氨水	156.00t	0.0000475	0.01	0.22
	小计			675.28	19758.70
损失				68.58	2006.70
总能耗		131.13kgce/t 兰炭			
能效		90.78%			

注: kgce 表示"千克标准煤",是能源行业常用能量单位;1kgce=29.288kJ。

3.2.2.4　原煤和产品

① 原煤和产品半焦的工业分析见表 3-17。

表 3-17　原料和半焦的工业分析（质量分数）

项目	$M_t/\%$	$A_d/\%$	$V_d/\%$	$FC_d/\%$	$Q_{net,ar}/(kJ/kg)$
原煤	8.9	5.64	38.13	55.57	27065.50
半焦	14.83	8.51	5.70	82.58	25283.44

② 煤气组成见表 3-18。

表 3-18　煤气组成（体积分数）

项目	CO /%	CH_4 /%	H_2 /%	CO_2 /%	C_nH_m /%	O_2 /%	N_2 /%	$H_2S/$ (mg/m³)	热值/ (kJ/m³)
荒煤气	15.62	7.15	24.3	10.04	0.78	1.06	41.05	1173.29	7904.38
净化后煤气	15.7	7.1	24.13	6.28	0.69	1.98	44.12	1019.19	7737.18

③ 焦油的性质见表 3-19。

表 3-19　焦油性质（质量分数）

项目	密度/(g/cm³)	水分/%	硫/%	残碳/%
焦油(重)	1.074	2.5	0.12	6.61
焦油(轻)	0.953	1.0	0.14	2.00

3.2.3　富氧热解技术研究

3.2.3.1　半工业试验

目前我国半焦生产主要是以低阶煤的块煤和小粒煤为原料,采用直立热解炉的中低温热解工艺，即将回炉煤气与空气混合燃烧直接加热煤的方式。燃烧废气混入煤气中，既降低了煤气的热值，增大了净化系统的处理压力，又不利于煤气的化工利用。为了提高煤气质量，在上述的 SM-GF 技术工艺中，将回炉煤气先在加热炉（蓄热炉）中加热到 800～900℃后，再送入炉内对煤进行热解，并实现了工业化生产。除上述工艺外，西安建筑科技大学和神木三江煤化公司还对富氧干馏技术进行了系统研究。

（1）富氧干馏工艺

从提高煤气化工利用可行性及提高热值方面看，降低煤气中的氮是关键。合成气组成（体积分数，%）一般为：H_2（32%～67%）、CO（10%～57%）、CO_2（2%～28%）、CH_4（0.1%～14%）、N_2（0.6%～23%）。陕北某兰炭厂的典型煤气成分如表 3-20 所示。由表 3-20 可知，煤气中的氮含量远高于作为合成气的成分要求，也是煤气热值低的主要原因。

表 3-20 陕北某兰炭厂煤气工业组成

项目	H_2	CH_4	CO	C_mH_n	CO_2	N_2	O_2
体积分数/%	12.1	14.2	10.6	0.4	6.5	54.8	1.4

现有兰炭生产由于采用的内热式工艺以空气作为助燃物，导致干馏炉煤气中含有大量的氮气，大大地降低了煤气热值，直接影响到煤气的综合利用价值，也成为这种低温干馏工艺发展的限制性环节。据实际检测，现行工艺煤气热值在 $7MJ/m^3$ 左右。降低加热介质，即助燃空气中的氮，将可望从根本上解决上述问题。为此，提出了以富氧空气或氧气替代空气助燃（氧气体积分数为 21%～100%），通过与冷煤气配气以满足低温干馏工艺要求的富氧干馏技术思路。以富氧或纯氧与煤气配合在炉内燃烧产生高温废气，作为煤干馏所需基础热源；通过将其和干馏过程产生的低温干馏煤气（脱除焦油后的冷燃气）混合，配制成符合煤低温干馏要求温度的高温还原性循环气，对炉内的煤进行加热，实现低温干馏；改变因鼓入空气燃烧带来的煤气有效成分含量低、氮氧气含量高、煤气热值低、产出量大以及进而带来的综合利用困难等问题。该技术为煤气的综合利用尤其是作为下游化工产品等的高效利用奠定基础。

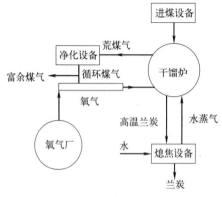

图 3-17 富氧干馏工艺

富氧干馏基本工艺如图 3-17 所

示。该技术可以和现有内热式低温干馏工艺结合，比较容易实施。

（2）富氧干馏半工业试验

① 试验设备。根据试验要求，在已经成功应用的年产 5×10^4 t 兰炭单体炉的基础上，设计和建设了处理量（煤）为 1t/h 的低温干馏装置半工业试验装置（图 3-18）。

通过调节空气风机和氧气瓶管道上的流量计及压力表可达到不同的富氧比。

数据采集采用自动记录仪对炉体状况进行测定，包括：入炉各种气体（煤气、氧气、助燃空气）流量、压力和温度测定；炉顶煤气的温度、压力、成分（取样测定）以及流量测定；炉身各点的温度（沿炉身高度，设置 11 组测温点）测定；记录煤耗、半焦产量和焦油产量，并取半焦和焦油试样进一步检测分析。

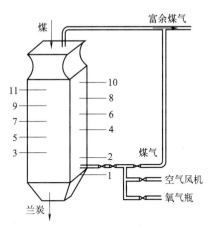

图 3-18　半工业试验装置
（1～11 为热电偶温度测点分布）

② 试验用原料。试验用煤为神木地方产块煤，成分如表 3-21 所示。

表 3-21　入炉煤工业分析表（质量分数）　　　　单位：%

M_t	M_{ad}	A_{ad}	V_{ad}	FC_{ad}
11.04	1.88	6.54	34.88	56.70

③ 试验结果。产品半焦的分析检测结果及试验时的煤气成分见表 3-22、表 3-23。

表 3-22　半焦成分分析检测结果（质量分数）　　　　单位：%

检验项目	鼓入空气状态下,半焦成分实测结果	富氧条件下,半焦成分实测结果
M_t	24.98	29.70
M_{ad}	1.83	3.59
A_{ad}	18.60	11.73
V_{ad}	6.06	4.54
FC_{ad}	73.51	80.14

从表 3-23 中可以看出，随富氧比的提高，有效成分含量大幅度提高。氮含量可由原来的 50.10% 降低到 5.85%。另外，氢、甲烷等含量也大幅度提高。

表 3-23　不同富氧比条件下煤气主要成分分析检测结果（体积分数）

单位：%

项目	富氧比 20%	富氧比 30%	富氧比 50%	富氧比 100%
氮气	50.10	43.46	26.33	5.85
一氧化碳	14.49	16.32	22.53	25.04
二氧化碳	7.41	10.68	11.87	12.46
氢气	20.99	23.08	29.32	40.49
甲烷	5.68	5.43	8.59	14.65

　　煤气成分变化趋势及煤气热值变化见图 3-19、图 3-20。可以看出，试验过程随着富氧比的增高，煤气中可燃组元，尤其是氢含量大幅度提高，热值明显增大。热值由原来空气助燃干馏的 $6.86MJ/m^3$，可提高到 $14.18MJ/m^3$。试验得到的煤气成分和理论计算结果基本一致。

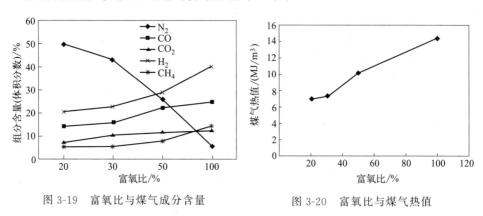

图 3-19　富氧比与煤气成分含量　　　　图 3-20　富氧比与煤气热值

　　富氧干馏煤气可为煤气的综合利用，尤其是为下游化工产品等有效利用奠定基础。但其中的 CO、CO_2 含量仍然偏高，且随富氧比的提高而有所提高。甲醇制备对原料气的要求见表 3-24。

表 3-24　制甲醇要求的煤气成分和试验所用的煤气成分比较

项　　目	煤气组成（体积分数）/%			备注
	$(H_2+CO_2)/(CO_2+CO)$	CO/CO_2	O_2	N_2
目标值	2.10～3.00	2.00～1.43	<0.40	N_2 越低越好
空气助燃（富氧比 20%）	0.62	1.96	0.50	50.10
富氧比 100%	0.74	2.00	0.26	5.85

　　由表 3-24 可知，与甲醇制备对原料气的要求相比，试验用煤气的氢含量仍然不足，或者说富氧干馏的结果大大提高了煤气的热值和可燃组分的有效含

量，但同时使煤气中的 CO、CO_2 含量有所升高，$(H_2+CO_2)/(CO_2+CO)$ 并没有大幅度提高，需要在后续工序中，对 CO_2 作进一步脱除或转化。

由于循环煤气量的加大，放散煤气量（以煤计），大幅度减少，由原来的 $996m^3/t$ 减少到 $187m^3/t$。可以有效解决目前一些干馏企业煤气产出量大、无法有效利用的问题。

根据试验过程及相关测定结果，可以看出，用该试验方案，实现富氧比为 $20\%\sim100\%$ 的稳定干馏过程是完全可行的。试验中干馏炉运行过程稳定，富氧比可灵活调整。在富氧干馏工艺设计中考虑到了保持炉内干馏介质总量与原空气助燃干馏工艺一致，以及氧气总量的一致，使得试验对比炉次炉内的温度场分布基本一致。

半工业试验结果表明，在现有干馏工艺和设备条件下，采用富氧干馏技术是可行的。工艺过程稳定可调，可以实现工业应用。

3.2.3.2 技术工艺研发

在专利 CN111607418A 中，公布了一种煤的富氧热解装置及其加工工艺，如图 3-21 所示。

由图 3-21 可知，该富氧热解装置包括：热解炉 19，热解炉 19 用于对煤进行热解；热解炉燃料气处理装置，热解炉 19 热解煤时产生荒煤气，热解炉燃气处理装置对荒煤气和燃料气进行调节混合、稳压处理，得到混合热解燃气，混合热解燃气通过燃气通道 18 传输至总管路 20，并通过总管路 20 传输至热解炉 19 进行回收利用，所述混合热解燃气包括但不限于荒煤气、制氢解吸气、液化气；富氧装置通过富氧通道 17 与总管路 20 相连通，并将富氧装置形成的富氧传输至热解炉 19 中。

在实际使用过程中，热解炉 19 的热解燃料来源于自产的荒煤气和外界的燃料气，因此热解炉燃气处理装置对荒煤气和燃料气进行调节混合、稳压处理，得到混合热解燃气，并将混合热解燃气进行回收利用。在再回炉过程中，向管路内通入富氧助燃气体，通过在煤热解装置的基础上增加富氧装置，向净化后的煤气以及制氧解吸气中通入氧含量为 $50\%\sim60\%$ 的富氧，相比于原有技术中的热解技术，通入的助燃气体中氮含量由 78% 降低到了 $30\%\sim45\%$，大大降低了富氧煤气中的无效成分，使热解炉中产生的煤气的品质得到了提升，同时减少了氮化物排放对环境造成的污染。

具体地，富氧装置包括空分装置 12、氧气存储罐 11 和空气鼓风机 10，空分装置 12 将空气中的氧气进行分离出来，氧气存储罐 11 将分离出的氧气进行存储，空气鼓风机 10 将空气输送至富氧通道 17；空分装置 12 分离出的氧气与空气鼓风机 10 中进入的空气在富氧通道 17 内进行混合形成富氧，富氧的氧

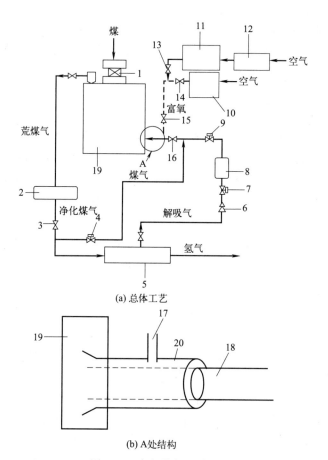

(a) 总体工艺

(b) A处结构

图 3-21　富氧热解工艺过程

1—卸料阀；2—煤气净化装置；3—第一流量调节阀；4—第一调节阀；5—制氢装置；6—减压阀；

7—第二调节阀；8—水封；9—第三调节阀；10—空气鼓风机；11—氧气存储罐；12—空分装置；

13—第二流量调节阀；14—第三流量调节阀；15—第四流量调节阀；16—第五流量调节阀；

17—富氧通道；18—燃气通道；19—热解炉；20—总管路

含量在 40% 以上。

　　进一步地，总管路 20 包括燃气通道 18 通道和富氧通道 17，燃气通道 18 通道套设于富氧通道 17 内，形成双通道，并延伸至热解炉 19 内。由于富氧中的氧含量还是比较高的直接将富氧与混合热解燃气在管路中混合容易造成事故，因此需分别送入炉中。但现有的热解炉 19 的燃气通道口只有一个，因此将通入热解炉 19 中的总管路 20 设计为环形管路，形成双通道，将富氧与混合热解燃气分别送入。这样既保证了安全又解决了一个通道送入两种气体的难题。

　　更进一步地，热解炉燃料气处理装置包括煤气净化装置 2 和制氢装置 5，制氢装置 5 通过管路与煤气净化装置 2 相连接，在该管路上还设置有第一流量调节阀 3。具体地，煤气净化装置 2 将热解炉 19 中产生的荒煤气进行净化，并将净化后的荒煤气一部分送入制氢装置 5，制氢装置 5 通过处理将煤气分解为 99.9％的氢气和制氢解吸气，制氢解吸气通过燃气通道 18 送入热解炉 19；净化后的荒煤气另一部分直接通过管路与制氢解吸气混合后进入热解炉进行回收利用。

由于经热解炉 19 处理后产生的荒煤气中含有 CO、CO_2、H_2 等物质，若将其直接输送至制氢系统中，则会造成制氢吸附剂失活等问题，从而影响制氢系统。因此，荒煤气需设置煤气净化装置 2，对荒煤气进行净化处理。

在专利 CN111187632A 中，公布了一种煤气分质回炉内热式低温富氧煤干馏工艺方法及系统，如图 3-22 所示。

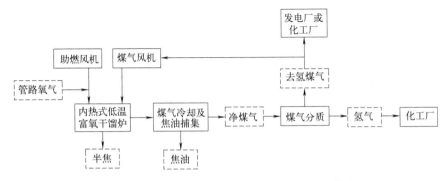

图 3-22　煤气分质回炉内热式低温富氧煤干馏工艺过程

由图 3-22 可知，该发明专利列出的煤气分质回炉内热式低温富氧煤干馏工艺方法，适用于富氧干馏，即采用富氧助燃气体与煤气燃烧，实现煤的内热式低温干馏。

在煤气冷却及焦油捕集装置后，设置煤气分质装置，将煤气中的氢气分离出来。分离得到的高纯度氢气通往化工厂或冶金厂等进行高附加值利用。

分离后的去氢煤气经煤气风机通入低温干馏炉内，与来自氧气管路及助燃风机的富氧助燃气在低温干馏炉火道内进行富氧燃烧，燃烧得到的高温烟气经布气管通往炉内干馏段，为干馏过程提供所需的热量。其中，空气和氧气在入炉时按照要求的富氧比混合，然后通过烧嘴进入炉内。

其中，上述回炉的去氢煤气主要成分为甲烷、一氧化碳等，不包含反应活性较强的氢气，可以保证其在富氧燃烧工况下的火焰长度与采用空气助燃干馏的全组分煤气在空气燃烧工况下的火焰长度基本一致，有利于减轻因富氧干馏高氢含量煤气燃烧速度过快而带来的局部温度过高的影响。

上述通入炉内的助燃气通过助燃风机和管道氧气混合而成，其中管道氧气来源于附近化工厂或自备制氧设备。助燃气中氧气体积分数为 $30\% \sim 100\%$，通过控制助燃风机和氧气管路的相对流量，可以调节助燃气中的氧气含量。采用富氧助燃气可以有效降低煤气中的无效成分（氮气），提高煤气热值及利用价值。

上述回炉的去氢煤气与富氧助燃气的流量比大于其完全燃烧的化学计量比。去氢煤气处于过量条件，可以保证炉内干馏段处于非氧化环境。另外，通过调整去氢煤气的过量比，可以调节其燃烧后的烟气温度及气流分布，确保满足低温干馏的温度和气氛要求。

上述煤气分质装置包括但不限于变压吸附（PSA）装置，可以由煤干馏企业自备或者与下游的化工企业共用设备。该煤气分质装置可以从煤气中分离得到高纯度氢气，供下游化工、冶金或氢能源等其他相关企业进行高附加值利用。

上述工艺方法可用于改造现行低温干馏企业或新建低温干馏企业。对现行低温干馏企业，由于该工艺可以保证炉内火焰长度及温度分布基本不变，因此无需对现行空气助燃干馏的干馏炉主体进行改造，仅需对烧嘴结构及操作参数进行适当调整，并新建或合作利用附近化工厂的制氧设备和气体分质设备及管道。

3.3 外热式直立炉热解工艺

由于多数内热式直立炉热解生成的煤气热值低、氮含量高，不能作为原料气进行化工利用，使其发展受到一定制约。为此，多年来我国一直对外热式直立炉热解技术进行研究，并实现了工业化生产。

3.3.1 中试技术工艺

单小勇介绍了 500kg/h 新型高效外热式直立炉的工作原理、结构特点及热解产品性能指标，分析了热解炉内温度的分布，阐述了末煤颗粒分布对热解工艺的影响。

（1）外热式热解工艺过程

粒径＜15mm 的末煤经带式输送机转运后送至外热式直立炉炉顶原煤缓冲仓。末煤经煤仓进入炭化室中，依靠自身重力自上而下移动，与燃烧室的高温烟气间接接触，被加热到 $500 \sim 650 ℃$ 后进入熄焦系统。燃烧室的高温烟气由自外输送而来的煤气与空气在火道里燃烧得到。烟气从燃烧室底部进入，顶部排出。干馏产生的煤气和焦油横向穿过煤层，进入设置在炭化室两侧的导气通道中，经氨水初步冷却后进入煤气直冷塔，在氨水的喷洒下降温使焦油与煤气分离。煤气随后进入电捕焦油器进一步分离出焦油后通过引风机送至火炬处理。

（2）外热式直立炉热解产品特点

以新疆淖毛湖地区粒径＜15mm 的末煤为原料开展试验，出焦温度控制在 500～650℃时，测试得到的技术指标如下。

热解煤气热值（标准状况）为 15.9～18.8MJ/m³；有效气成分约为 80%，氢气含量（体积分数）30%～45%；甲烷含量（体积分数）28%～45%；一氧化碳含量（体积分数）约为 13%；热解煤气组成可根据出焦温度进行调节。

煤热解的焦油收率＞80%；焦油几乎为水上油，密度比内热式直立炉热解液体产品低 20kg/m³ 左右；焦油中含尘（质量分数）1%以下。

与内热式直立炉相比较，热解半焦吨煤收到基热值提高 14.0%～22.4%，空干基热值提高 25.2%～33.2%；以收到基单位发热量计的全硫含量可降低达 3.8%～44.7%，可燃硫含量降低达 46.2%～80.1%，汞含量降低达 51.1%～75.8%。

（3）外热式直立炉温度分布

热解炉中用来加热煤的热量来自输送来的煤气在火道内的燃烧，热量输送介质为燃烧后的烟气。烟气从燃烧室底部进入，向上经过一系列气体分布器后从燃烧室顶部排出。在烟气自下而上通过燃烧室的过程中，烟气携带的热量通过燃烧室与炭化室连接的钢板传递给炭化室内的末煤，使依靠自重下落的末煤温度逐渐升高，进而在炉内发生一系列物理及化学变化过程，从而实现末煤的热解。

图 3-23 给出了在正常工况条件下，燃烧室中心与炭化室中心温度沿热解炉高度方向上的变化。燃烧室中心温度 4.8m 以上部分自上而下几乎呈线性增加，4.8～6m 部分缓慢增加。炭化室中煤层在 3.6m 以上部分温度变化平缓，在 3.6～4.8m 部分温度急剧升高，在 4.8～6.0m 部分温度升高又趋于平缓。

燃烧室与炭化室沿高度方向温度的变化与煤的热解过程有关，煤的热解通常分为三个阶段：干燥阶段、干馏阶段、干馏后的缩聚阶段。在干燥阶段煤的温度在 100～200℃，主要发生煤的脱水过程。干馏阶段煤的温度一般在 200～600℃，主要发生挥发分的脱除过程。干馏后的缩聚阶段开始的温度约在 600℃，主要发生半焦的热缩聚及焦油的二次分解反应。图 3-23 中炭化室温度发生剧烈变化的两个点也分别在 100℃和 450℃左右，这说明炭化室不同高度正经历不同的热解过程。炭化室 3.6m 以上基本在 100℃左右，说明此处的热

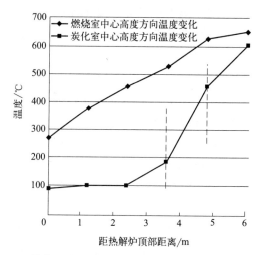

图 3-23　燃烧室中心与炭化室中心温度沿高度方向的分布

解阶段是干燥阶段；炭化室 3.6~4.8m 位置温度急剧上升到 450℃，说明此处的热解阶段是干馏阶段，在该阶段煤中的挥发分大量析出；在 3.6~4.8m 部分温度缓慢上升，在该阶段主要析出煤中较难分解的挥发分。上述结果表明，干燥阶段几乎占整个热解空间的一半。如果要进一步提高热解炉的产能，一个可行的办法就是缩短干燥时间。具体的方案是将干燥与热解分开，将末煤干燥后送入热解炉内干馏。按照这种方案，单台炉的产能将可提高至两倍左右。另一方面，干燥过程中炉内发生的变化是水蒸气的移出。如果将这部分水分先行收集起来，那么在干馏段产生的废水量将大大降低，这将有助于实现该项目工业化时废水的零排放。

（4）出焦温度对产品性质的影响

在干馏过程中，出焦温度对煤气和焦油产品的析出有重要影响。因此，试验过程中，在不同工况条件下考察各干馏产品的分布情况，结果见表 3-25。

表 3-25　出焦温度对各干馏产品分布的影响（质量分数）

出焦温度/℃	半焦产率/%	吨煤产气量（标准状况，以煤计）/(m³/t)	煤气产率/%	焦油产率/%	热解水产率/%
589	48.80	204.74	16.23	8.51	26.46
601	47.13	252.78	20.04	8.83	24.00
657	46.93	269.57	21.37	8.10	23.60

从表 3-25 中可以看出，淖毛湖地区的煤的焦油产率较高，超过 8%，半焦产率较低，不足 50%。

出焦温度对干馏各产品产率有着重要的影响作用，随着出焦温度的升高，半焦产率逐渐降低，热解程度逐渐加深。当出焦温度由589℃升高到601℃后，焦油产率提高了0.32%，分析是出焦温度升高后，煤中残余焦油继续析出所致。但当温度达到650℃后，煤焦油产率反而出现了降低，分析是燃烧室加热温度过高，煤焦油发生明显的二次分解，生成了小分子的气态产物，导致煤焦油产率降低。这与吨煤产气量随出焦温度升高而增大的趋势相符。热解水的产量虽然呈现随出焦温度升高而降低的趋势，但热解水产率主要取决于原煤含水量，原煤含水量的多少影响因素较多，较易发生波动。

在试验过程中，随着入炉燃料波动，燃烧室加热温度出现波动。出焦温度在510℃左右时，采集半焦样品进行工业分析和格-金干馏分析，发现半焦所含挥发分较高，并且有残存焦油未能全部析出。因此，若以追求最大焦油产率为主要目标，则出焦温度不能低于510℃，综合考虑煤气和焦油产率，最佳出焦温度为600℃。

① 出焦温度对半焦性质的影响。在试验过程中，发现原煤在干馏前后，体积明显缩小，同时由于磨损破碎现象的发生，其堆密度也产生相应变化。

原煤堆密度约为800kg/m³，干馏后的干基半焦的密度约为680kg/m³，小于原煤堆密度。但由于干基半焦的产率约为50%，由此可以看出，原煤在干馏过程中发生了明显的体积缩小。分析现象产生的原因：一是煤在干馏过程中，挥发分和水分析出，造成煤本身的体积缩小；二是挥发分和水分的析出、煤料在流动过程中的挤压和磨损，造成了煤块的破碎，煤堆孔隙率减小，煤堆体积缩小。

根据半焦堆密度和产量，计算得出半焦的堆体积。出焦温度在600℃左右时，半焦与原煤的体积比约为0.53。

由试验可知，在500～600℃的范围内，随着出焦温度的升高，半焦挥发分呈现线性下降的趋势。当出焦温度为515℃时，半焦挥发分达到15.96%，挥发分较高，有部分焦油未能完全析出；当出焦温度升高到600℃时，半焦中挥发分降低到6.38%，此时对半焦进行格-金干馏实验，未能检测出焦油存在。因此，可以认为当温度达到600℃时，煤焦油已充分析出，再提高出焦温度，已无法提高焦油收率，并且可能会因二次热解反应的加剧，焦油收率降低。

② 出焦温度对煤气组成的影响。与内热式直立炉不同，外热式直立炉中提供热量的烟气与炭化室自产煤气并不混合，这导致炭化室自产的煤气中不含有N_2，所以热值较高。在出焦温度为600℃时测得的煤气典型组成为36.0% H_2/32.2% CH_4/13.0% CO/17.4% CO_2/0.6% O_2/0.8% N_2，有效气含量高达

81%，热值（标准状况）为 $17.06MJ/m^3$，是传统内热式直立炉的 2 倍以上。在所考察的温度范围内，CO 与 CO_2 的含量基本维持在 13% 及 17% 左右，H_2 和 CH_4 的含量受出焦温度影响较大。随着出焦温度的升高，H_2 含量逐渐升高，而 CH_4 含量逐渐降低，这主要与焦油的二次分解有关。

③ 煤焦油品质的影响因素。500～650 ℃不同出焦温度下取得的焦油样品密度测试结果均在 $984kg/m^3$ 左右，比现在广泛使用的内热式直立炉焦油产品低 $20kg/m^3$ 左右。说明相比于内热式直立炉，外热式直立炉焦油产品中轻组分含量较高；在本次考察的温度范围内，外热式直立炉出焦温度对焦油的密度影响不大。

3.3.2 工业示范装置

外热式直立炉是中冶焦耐（大连）工程技术有限公司 20 世纪 70 年代至 90 年代设计的一种中高温连续干馏炉型，在大同市煤气厂、烟台煤气厂等十几家工厂得到广泛应用。原料煤在直立炭化室内由上至下缓慢移行，经过炭化室的干燥段、干馏段和冷却段完成干馏过程后排出，干馏段产生的荒煤气穿过料层由炉顶排出。其使用的原料煤主要有两种：一种是粒度 30～80mm 的无黏结性低阶块煤，经干馏后生成煤气和块状半焦（即块状进料，块状出料）；另一种是粒度<3mm 占 85% 左右的粉碎后炼焦配合煤，经干馏后生成煤气和冶金焦炭（即粉状进料，块状出料）。由于炭化室内物料以块状为主且运行缓慢，因此荒煤气和焦油中携带粉尘量很少。

由于粉状物料的透气性差且含尘量高，如果将外热式直立炉应用于低阶粉煤干馏，即粉状进料和粉状出料，则需要重点解决以下问题。

① 含有大量焦油的干馏气体快速导出，避免焦油在高温下裂解和炭化室内压力太高。

② 半焦排料均匀性和排料速度可控。外热式直立炉通过排料速度来控制干馏时间，稳定半焦质量，在炭化室长度和宽度方向上需要物料均匀下降且排料量可控可调。粉焦流动性好，原有直立炉的块状物料排料装置无法实现粉焦的均匀定量排料。

③ 半焦冷却及排出过程中密封防尘。原有直立炉熄焦系统采用水或蒸汽直接与高温半焦接触换热，产生大量蒸汽和扬尘，难以密封，直立炉下部操作环境差，难以满足环保要求。

依托原有成熟的外热式直立炉技术，针对低阶粉煤的分质利用特点，开发了全新结构和工艺装备的外热式低阶粉煤连续干馏炉，简称 JNWFG 炉。

在计算机仿真模拟取得成功后，又在江苏扬州和陕西府谷建设了冷态试验装置、热态生产试验装置和工业生产示范装置。在示范装置1年多连续稳定的工业生产过程后，于2014—2017年对陕西府谷和新疆淖毛湖的低阶粉煤进行的干馏试验取得了显著效果，验证了JNWFG炉炉体和全新开发的设备能够满足低阶粉煤干馏工艺技术要求（表3-26）。

表3-26　JNWFG炉工艺参数

序号	项目	参数
1	原料煤粒径/mm	0～30
2	加热方式	外热式
3	干馏温度/℃	600～750
4	炭化室尺寸	3120mm×350mm/450mm×10200mm
5	门数	2×3
6	单孔产能收到基/(t/a)	$0.75×10^4$
7	目标产品	半焦、煤气、焦油

3.3.2.1　装置特点

（1）JNWFG炉工艺特点

JNWFG炉工艺流程如图3-24所示。储存在炉顶煤仓的原料煤通过炉料装入系统连续装入炭化室，在室内进行隔绝空气热解，转化为煤气、焦油及半焦，热解温度为600～750℃，干馏气体（煤气和焦油）通过炭化室内专用的煤气导出装置汇集到设置在炉顶的集气系统，经过煤气管道送至煤气净化装置分离焦油并净化煤气；半焦通过设置在炭化室下部的冷却排出系统排至运焦系统。加热煤气在燃烧室内燃烧，通过燃烧室与炭化室之间的炉墙传热为炭化室

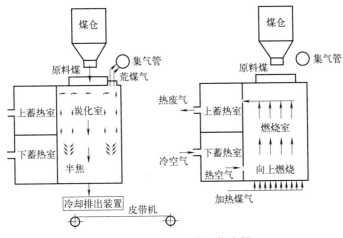

图3-24　JNWFG炉工艺流程

提供干馏所需热量，燃烧后的废气经过蓄热室换热后经烟囱排放。燃烧所需空气经蓄热室换热后进入燃烧室与煤气混合燃烧。

JNWFG 炉炭化室内的煤气导出装置可将干馏过程中产生的干馏气体快速导出，避免焦油裂解。特别设计的煤气导出装置使煤气导出过程维持着极低的气体逸出速度，从而有效避免了气体携带粉尘。荒煤气粉尘含量低，焦油质量好。冷却排出装置实现了均匀定量排出半焦，通过间接换热的方式将其冷却。通过调整排料速度可控制干馏时间，进而控制干馏产量和稳定半焦质量。

（2）热工制度

每组炭化室的两侧为燃烧室，3 组炭化室对应 4 个燃烧室，采用低热值煤气（热值约 5442kJ/m³）加热，加热交换周期为 2h。空气由下蓄热室进入与加热煤气混合向上燃烧 100min 后，空气由上蓄热室进入（此时不供应加热煤气）经燃烧室火道由下部蓄热室排出，20min 后继续向上燃烧。加热煤气压力为 500～700Pa，消耗煤气量约为 750m³/h。

3.3.2.2　府谷地区原料煤生产试验

经过工业示范装置长时间稳定生产运行，验证了 JNWFG 炉工艺能够处理低阶粉煤（陕北长焰煤），并可获得高品质焦油及煤气；研发的排料控制阀满足粉状半焦可控排料的要求，产品半焦挥发分可控可调；可提取原料煤含油（铝甑实验）约 85%，干馏煤气中有效气成分为 75%～80%。

（1）产品产率

JNWFG 炉工业试验装置及工业示范装置均采用府谷地区低阶煤（粒度 0～25mm）进行试生产，各种产品的产率如下：

半焦产率（干基）：60%。

吨煤产净煤气（干基）：200～250m³。

焦油产率（收到基）

轻焦油（俗称水上油）产率：≤3%。

重焦油（俗称水下油）产率：4%～6%。

（2）原料煤与半焦质量指标

原料煤及半焦工业分析见表 3-27。原料煤及半焦粒度分布见表 3-28。

表 3-27　原料煤及半焦工业分析表（质量分数）

项目	M_{ar}/%	A_{ar}/%	V_{ar}/%	V_{daf}/%
原煤	10.3	8.62	30.83	38.03
半焦	2.9	9.15	7.36	8.37

注：M_{ar}—收到基水分；A_{ar}—收到基灰分；V_{ar}—收到基挥发分；V_{daf}—干燥无灰基挥发分。

表 3-28　原料煤及半焦粒度分布表（质量分数）

粒度/mm	0~1	1~3	3~6	6~8	8~10	10~25	>25
原料煤/%	12.33	13.53	15.50	14.03	13.62	30.71	0
半焦/%	17.39	22.96	28.57	15.87	10.19	4.86	0

（3）焦油质量指标

轻焦油和重焦油特性分析见表 3-29。

表 3-29　轻焦油和重焦油特性分析（质量分数）

分析项目		测定结果	
		轻焦油	重焦油
水分/%		1.008	32.062
甲苯不溶物(无水基)/%		0.201	1.709
灰分(无水基)/%		0.048	0.088
密度(除水样)/(g/cm³)		0.956	1.031
运动黏度 (除水样)/(mm²/s)	40℃	29.172	45.682
	60℃	11.347	16.816
	80℃	5.924	7.306
	90℃	4.465	5.366

（4）煤气质量指标

煤气成分分析见表 3-30。根据煤气成分计算得出煤气热值为 $15530kJ/m^3$。

表 3-30　煤气成分分析（体积分数）　　　　单位：%

CH_4	C_2	C_3	C_4	H_2	O_2	N_2	CO	CO_2
22.38	2.68	1.06	0.36	39.47	1.29	11.34	12.61	8.80

注：取气位置为煤气风机出口。

（5）热工制度

采用上燃与下燃交换加热，废气经蓄热室换热后排出，空气经蓄热室换热后进入炉内。煤气经由下喷管与上喷管直接送入立火道。

上燃：空气经上部蓄热室预热后进入燃烧室，沿立火道由上而下运行，经由下蓄热室换热后排出；上燃时不供应煤气，无煤气燃烧；上燃加热时间为 25.5min。

下燃：空气经下部蓄热室预热后进入燃烧室，与下喷煤气在立火道底部汇合燃烧；废气沿立火道由下而上运行，再经由上部蓄热室换热后排出；下燃加热时间为 29.5min。

3.3.2.3 新疆淖毛湖地区原料煤工业生产评价

经过改进和完善的JNWFG炉工业示范装置第2阶段于2017年5月10日点火烘炉，2017年6月24日投产。2017年7月1日至8月5日对新疆淖毛湖地区低阶煤进行工业生产评价，历时36天，共收到原料煤1970.66t，入炉1710.66t。生产过程平稳，炉况顺行，荒煤气导出顺畅，炉温调整手段灵活，各系统运行状态良好。生产过程中每天进行常规标定工作，记录操作制度、热工情况，定期检测半焦、煤气指标。试验完成后进行半焦、焦油、煤气的总体计量和核算。

通过本次工业生产评价活动为用户提供了完整的评价报告，确定了淖毛湖地区低阶煤采用JNWFG炉分质利用的最佳工艺参数、产气率、产油率、焦油及半焦质量，同时也确定了JNWFG炉用于干馏淖毛湖低阶煤的单孔处理能力。

原料为淖毛湖地区粒度为0~40mm的低阶煤，产品包括半焦、煤气及焦油，半焦产率（收到基）40.71%，吨煤产气（收到基）312m^3。原料煤热稳定性见表3-31。原料煤及半焦工业分析见表3-32。原料煤及半焦粒度筛分见表3-33。煤气成分及热值见表3-34。焦油特性分析结果见表3-35。

表 3-31　原料煤热稳定性　　　　　　单位：%

热稳定性指标	样品1	样品2
TS_{+6}	13.5	30.7
$TS_{3\sim6}$	55.8	55.4
TS_{-3}	30.7	13.9

注：TS_{+6}、$TS_{3\sim6}$、TS_{-3}分别指粒度大于6mm、粒度在3~6mm和粒度小于3mm的残焦质量占各粒度级残焦质量之和的质量分数。

表 3-32　原料煤及半焦工业分析（质量分数）　　　　单位：%

项目	M_{ar}	A_{ar}	V_{ar}	FC_{ar}
原煤	20.88	5.02	38.08	36.02
半焦	4.42	8.26	8.21	79.11

注：FC_{ar}—收到基固定碳；M_{ar}—收到基水分；A_{ar}—收到基灰分；V_{ar}—收到基挥发分。

表 3-33　原料煤及半焦粒度筛分表

项目		0~1mm	>1~3mm	>3~6mm	>6~8mm	>8~10mm	>10~25mm	>25~40mm	总重
原料煤	质量/kg	0.08	0.18	0.3	0.52	0.38	4.38	4.84	10.68
	比例/%	0.75	1.69	2.81	4.87	3.56	41.01	45.32	

项目		0~1mm	>1~3mm	>3~6mm	>6~8mm	>8~10mm	>10~25mm	>25~40mm	总重
半焦	质量/kg	0.84	2.24	4.52	2.44	1.86	2.96		14.86
	比例/%	5.65	15.07	30.42	16.42	12.52	19.92		

表 3-34 煤气成分及热值（体积分数）

煤气成分/%						热值
CO_2	O_2	CO	H_2	CH_4	N_2	/(kJ/m³)
20.7	1.30	13.16	41.24	18.87	4.73	13014

表 3-35 焦油特性分析结果（质量分数）

项目	密度/(g/cm³)	喹啉不溶物/%	饱和分/%	芳香分/%	胶质/%	沥青质/%	实际收率/%
结果	0.9952	0.15	22.51	26.72	22.19	14.13	85.55

焦油产率约为 11%，工业示范装置可提取原料煤（含油）的 75%~85%，试生产过程中重焦油较少，95% 以上为轻焦油，轻焦油的密度为 0.98t/m³。

综上所述，其结果是：

① JNWFG 炉解决了粒度 0~30mm 低阶煤干馏的技术难题，可获得高品质的煤气和焦油，半焦质量稳定。

② 通过工业生产试验和标定，获得了工程化设计所需的全部工艺参数、生产操作数据、生产及热工管理制度，积累了烘炉、开工、生产调控及热工管理的经验，已具备全面推广应用的条件。

③ 客户评价该工艺成熟，没有风险，生产运行稳定，运行成本低（没有大型设备），控制简单，操作方便。

④ JNWFG 炉处理陕北长焰煤时半焦产率（干基）为 60%，半焦挥发分为 5%~10% 可调；可提取原料煤含油（铝甑实验）的 85% 左右，焦油密度为 0.96~1.03t/m³，煤气产率（干基）为 200~250m³/t，热值为 15530kJ/m³。

⑤ JNWFG 炉处理新疆淖毛湖低阶煤时半焦产率（干基）为 55%，半焦挥发分为 5%~10% 可调，可提取原料煤含油（铝甑实验）的 80% 左右，焦油密度为 0.98t/m³；煤气产率（干基）为 350~400m³/t，热值为 13014kJ/m³。

3.3.3 工业生产装置

3.3.3.1 英国的伍德炉

伍德（Uhde）炉是由英国伍德公司在 19 世纪开发设计的一种连续外热式

直立炉。20 世纪 80 年代伍德炉被我国引进并改造主要用于生产城市煤气（煤气产率为 350～400m³/t，热值约为 16.74MJ/m³），并副产半焦，基本结构如

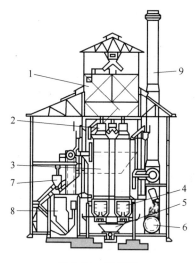

图 3-25 所示。其基本原理是将粒度为 13～60mm 的块煤通过加煤系统送入炭化室的顶部，沿着炭化室连续下降，并与燃烧室的高温废气间接换热，煤的下降速度控制在使煤逐渐并缓慢向下移动，并在到达炉底时转化为半焦或焦炭。干馏生成的荒煤气经过上升管和集气槽被输送到净化系统。该炉主要结构特征：①炭化室、燃烧室和炉体表面分别用硅砖和黏土砖砌筑而成，增加了炉体整体结构强度；②燃烧室可采用两种结构，直立火道向上或向下加热结构和迂回火道分段加热结构，前者气体流动阻力小，后者气体"蛇形"流动并逐渐传热，缩小了炭化室上下的温差；③该炉还配置有发生炉和废热锅炉，分别用于煤气加热和废气余热回收。以上结构特征使炉子具有整体结构强度高、温度调节方便、

图 3-25 伍德炉

1—煤仓；2—辅助煤箱；3—炭化室；4—排焦箱；5—焦炭运转车；6—废热锅炉；7—加焦斗；8—发生炉；9—烟囱

加热均匀、煤气中含 N_2 低和热值高等优点，且焦油产率为 2.66%～5.2%。但其存在砖型复杂、砌筑难度大、炉子底层耐火砖磨损严重、配置发生炉和废气锅炉成本高和系统热率效率低（耗热量为 3.2～4.1MJ/kg）等不足。

3.3.3.2 我国的 MWH 炉

内蒙古伊东集团采用北京众联盛化工工程有限公司的 MWH 外热式直立炉工艺技术在内蒙古准格尔伊东集团工业园区建设了 $60×10^4$ t/a 的干馏工程。由于外热式干馏炉所产煤气气体成分较好，可以直接用作原料气生产化工产品，该工程同时联产 $10×10^4$ t/a 甲醇，原料采用当地的长焰煤。装置于 2008 年 9 月投产运行。

（1）生产工艺过程

外热式直立炉工艺过程分为备煤、干馏和筛焦-储焦、煤气净化（冷凝回收）三部分。

原料煤经过备煤工序筛分出粒度＞25mm 的块煤进入直立炉，经过干馏生产出兰炭和荒煤气。荒煤气经过电捕焦油循环一部分用于熄焦，其余经过硫回收和洗脱苯工序等化产回收工序后分为两部分：一部分作为回炉加热煤气，在

燃烧室燃烧后产生高温烟气将热量通过隔墙传入炭化室内煤料；另一部分作为产品煤气送入煤气柜（图3-26）。

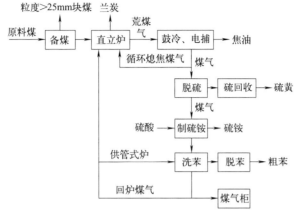

图3-26　外热式直立炉生产工艺过程

　　煤仓内的原煤通过滚筒阀进入辅助煤箱和炉体炭化室内部，在炭化室内由上至下历经预热、干馏、冷却三个阶段的连续缓慢移动过程。炭化室炉体的加热煤气来自脱硫处理后的煤气，加热方式为上部和下部间隔20min进行换向加热。煤气燃烧后的烟气进入侧面的蓄热室，与入炉的空气进行废气热交换，使空气预热到900℃进入燃烧室燃烧，以节约燃料煤气，烟气由120m的烟囱排至大气中。煤在炭化室内总停留时间不超过12h，生成的兰炭经过煤气降温，由炉底排焦箱和水封出焦机排出炉外，成为兰炭产品。粗煤气则由炉顶逸出，在升气管部位经氨水的喷淋作用，使煤气出炉温度由250℃降至80℃左右；再由炉顶集气管引入冷鼓工段的初冷器进行冷凝处理。60%的焦油由机械化澄清槽分离，上层为氨水，中层为焦油，下层为焦油渣。氨水部分可对煤气进行净化利用，部分煤气生产硫铵产品；焦油可以直接外售或进一步加工处理制成汽柴油、中油、重油等产品，焦油渣进一步加工分离，可直接作为电厂的燃料。在阀门站将一部分煤气经过冷鼓加压输送，将一部分煤气返回直立炉作为熄焦煤气，其余部分净化时用碱液对其进行脱硫、脱氨，生产硫膏外售。从煤气净化下来的多余氨经过硫酸处理，生成硫铵晶体产品外售。净煤气经进一步脱苯制成粗苯外售。净煤气还需通过有机硫水解，干法脱硫至含硫量小于1×10^{-7}，再经过部分氧化使甲烷转化成H/C比接近2.0的甲醇合成原料气，合成气经过压缩送至合成塔合成甲醇，经三塔精馏成精甲醇外售；出塔气经过变压吸附制氢返至循环气，解吸气作为转化炉的燃料气。

　　（2）主要技术指标

　　伊东集团60×10^{4}t/a干馏煤共设两间厂房，每间厂房有两座直立炉，每座直立炉有32门炭化室,设置32台水封出焦机。

MWH型直立炉在干馏过程中耗热小于2.3MJ/kg,炭化室干馏段温度大于900℃,燃烧室控制温度小于1350℃。煤在干馏段停留时间为5h,在炭化室停留时间为12h。炉底安全密封耗蒸汽为150kg/(h·门)。炉底水封出焦机循环水量为1t/(h·门),炉顶循环氨水量为2m³/(h·门)。直立炉日处理原煤量为24t/门,日产焦量为14.4t/门,熄焦煤气量为200m³/(h·门)。原料煤和产物组成见表3-36~表3-38。

表3-36 原料煤和兰炭的工业分析(质量分数) 单位:%

项目	M_t	FC_{ad}	A_d	V_{ad}
原料煤	13.97	48.38	21.32	29.23
兰炭	2.22	58.54	35.50	3.54

表3-37 粗煤气组成(体积分数) 单位:%

CO_2	O_2	CO	CH_4	H_2	N_2	C_nH_m
5.66	0.19	25.33	12.36	53.21	1.75	1.50

表3-38 煤焦油的组成与热值

焦油 /(g/m³)	粗苯 /(g/m³)	萘 /(g/m³)	氨 /(g/m³)	硫化氢 /(g/m³)	热值 /(MJ/m³)
30.9	12	0.05	3	2.5	13.80

注:以上参数均在标准状况下取得。

(3)出焦方式的改造设计

上述的水封出焦机的结构见图3-27,可以连续或间歇方式进行排焦。采

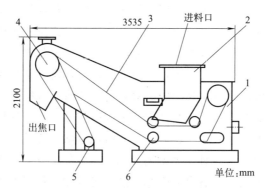

图3-27 水封出焦机

1—出焦机箱体组合;2—导料槽组件;3—刮板、耐磨板组件;
4—主动轴组装件;5—减速机链轮组件;6—导向轮组件

用间歇排焦时，每门炉底部储焦箱内的炭可在 10min 之内排完，500～600℃的半焦进入排焦箱内进行初冷却，降到 200℃左右进入水封出焦机，链条带动刮板将半焦从底部运到出料口进入带式输送机。水封出焦机水封有效高度为 300mm，由导料槽进入的水封水，由溢流口排到地沟。出焦机顶部采用密封盖，箱内水封中产生的水蒸气将通过箱体排气口接入车间内排气系统，引到厂房外。

水封出焦机优点在于直立炉炭化室底部出料系统能形成很好的密封，防止炉内煤气从炉底部泄漏，但是也存在一定的缺陷。一是采用水封出焦方式，水封水起到密封和熄焦的作用，但熄焦废水温度在 75℃左右时会散发有毒的气体，污染环境。二是由于半焦经水浸泡，其含水量会过高（有时甚至高于 30%），再加上煤粉比较多，容易形成泥煤，这样后续工序必须增加干燥装置，增加投资费用。三是内蒙古冬天温度很低，含水的半焦经过带式输送机输送时极易打滑，半焦煤泥含量比较大，带式输送机自带清扫装置不起作用，有大量的泥煤掉到地上，增加工人劳动强度，影响厂房内环境。

为此，米全勇提出将直立炉的水封出焦改为干法出焦，以解决半焦含水量过高的问题，并提高半焦的利用率，减轻水封出焦机出焦带来的生产车间内的环境污染，同时其可使带式输送机运输畅通，降低工人劳动强度，有利于连续化生产。

① 干法出焦结构。对装置进行改造设计是一个系统工程，可满足工作要求（下料顺畅、密封好、运转自如）、设备简单、故障率低、经济节能是衡量改造成功的标准。

改造后的干法出焦主体系统由液压站、拉杆装置，翻板阀、缓冲料仓及安全蒸汽五部分组成。立面布置见图 3-28。每座直立炉设置 4 套干熄焦系统，每套系统由 1 个液压油缸、1 套拉杆装置、16 个翻板阀组成。2 座炉中间设置液压泵房，配置 2 台液压机。每门炭化室对应 1 个缓冲料仓，共有 32 个缓冲料仓。

② 干法出焦装置工艺过程。干法出焦系统采用双层阀来控制物料的贮存和排出，使炉气与外面空气隔开，避免了炉气的泄漏。

传动系统带动阀门工作的原理：料仓的进口和出口分别设置翻板阀，阀的开启和关闭由油缸带动拉杆水平往复运动，拉杆上的拨杆固定件相应旋转 90°，通过中心轴带动翻板的旋转来实现开关。当半焦不排出时，下阀处于关闭，上阀处于开启状态；排焦时，上阀先行关闭，然后打开下阀，将半焦排出。

干法出焦流程为：首先关闭下阀，打开上阀，从排焦箱底部储焦箱排出的

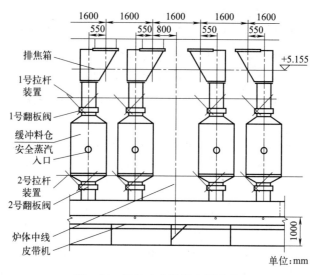

图 3-28 干法出焦装置立面布置

温度在 100℃ 左右的半焦进入缓冲料仓，同时控制蒸汽电磁阀开启，安全蒸汽充满仓内，避免炭化气进入仓内。缓冲仓容积为 2.5m³，能储存每门炭化炉 1.2h 产量；排焦每隔 0.5h 或 1.0h，关闭上阀，打开下阀，直接通过溜槽进入带式输送机输送到后续工段，蒸汽电磁阀关闭。排完焦后关闭下阀，完成一个排料过程。

熄焦主要发生在排焦箱部位，采用煤气及湿式熄焦，能很好地控制半焦的温度，落到缓冲料仓时温度基本能降到 100℃ 左右。

③ 干法出焦核心部件。干法出焦系统改造的关键在于翻板阀，翻板阀装置的设计有几大特点：一是阀板与密封腔材质选用低合金高强度结构钢（16Mn）的耐磨材料；二是阀的中心轴设置在密封腔的端部，这样阀开启时，能使整个物料孔畅通；三是阀板与密封腔的壳壁接触部位有一定的锥度，设置成倒锥形，大头在上，小头在下，阀板在关闭往下旋转时，接触越来越紧密，密封效果好；四是阀板上部，密封腔内设置蒸汽吹扫口，避免在阀体关闭时，阀板与壳壁接触部位有料，从而影响翻板阀的密封。

④ 外热式干法出焦特点。外热式出焦系统改造是由于原有出焦机系统存在诸多缺陷，在借鉴其他干法出焦方式的基础上，结合工程设计实践提出的，有以下特点。一是与原有水封出焦机相比，能显著降低半焦机耗材 2.7t，改造后的出焦系统设备耗材不到原来的一半，大大降低了设备投资费用。二是由于采用了"一带多"的设计思路，一个液压油缸带动 16 个翻板阀的动作，1 座炉只需要设置 4 套液压系统就能满足要求。现在很多炉型的干法出焦系统都

是一带一模式，即 1 个阀设置 1 套液控系统。按照这种思路设计的话，北京众联盛化工工程有限公司设计的外热式炉共需 64 套液控装置，这样不仅投资大，而且以后的维修量会急剧增大，造成维修费用增加，影响正常生产。新设计的干法出焦密封可靠、设备简单、故障率低，能有效降低运行成本，有利于大型化、连续化生产，对直立炉系统的稳定可靠有重要的作用。

3.3.4　传热模型研究

任文杰通过对目前外热式直立炉热解技术存在的热效率不高等问题进行分析，在研究热解炉内传热过程的基础上，建立了外热式中低温干馏炉炭化室的传热模型，其模型计算的结果和实际数值有较好的吻合性，证实炭化室传热效率会随装煤水分含量的提升以及煤料堆密度的降低而下降。

（1）建立炭化室传热模型

因为煤在低温干馏炉内反应过程复杂，所以需建立简化模型。建立的数学模型有以下几点假设前提：①对称性的炭化室结构，这样计算时，选择以炭化室中心截面为界，计算模拟一半炭化室即可；②假设干馏炉运行一直稳定；③对壁面效应以及热损失不计；④假设炭化室炉墙温度均匀；⑤对煤层空隙中的对流传热不计；⑥对产物的二次裂解忽略。

炭化室传热模型如图 3-29 所示。

（2）煤热解动力学方程

为了计算方便，将 H_2、CO 等热解产物生成析出过程认为是平行反应，满足一级反应动力学。其热解方程如下：

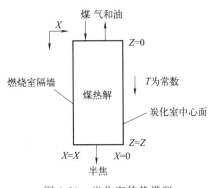

图 3-29　炭化室传热模型

$$\frac{\mathrm{d}\omega_j}{\mathrm{d}\tau}=k_{oj}\exp\left(-\frac{E_j}{RT_c}\right)(\omega_j^*-\omega_j) \tag{3-1}$$

式中，ω_j 为时间 τ 内 j 组分的质量分数，%；τ 为热解反应停留时间，s；k_{oj} 为 j 组分的反应速率常数，1/s；E_j 为 j 组分的反应活化能，J/mol；T_c 为煤层温度，K；R 为摩尔气体常数，取 8.31J/(mol·K)；ω_j^* 为格-金分析得出的组分最终产率，%。

各热解产物产率粗加等于煤的热解转化率，煤干馏炉运行过程保持连续稳定，所以 τ 为下降速度 u 的函数，因为下降速度保持不变，故 u 取常数，即：

$$\tau=z/u_s$$

式中，u_s 为煤料下降速度，m/s；z 为煤层高度，m。

代入式（3-1），得

$$\frac{\mathrm{d}\omega_j}{\mathrm{d}z}=k_{oj}\exp\left(-\frac{E_j}{RT_c}\right)(\omega_j^*-\omega_j)/u_s \tag{3-2}$$

热解模型计算用到的一些动力学参数如表 3-39 所示。

表 3-39　热解模型计算用到的一些动力学参数

组分	E_j/(J/mol)	k_{oj}/(1/s)	ω_j^*/%
CH_4	129581	1.7×10	2.16
C_2	139613	2.3×10^6	0.25
CO	75241	5.5×10	3.10
CO_2	81511	5.51×10^2	2.48
焦油	314755	2.0×10^{17}	3.82
H_2	93215	2.0×10	2.03
H_2O	167854	1.2×10^6	4.92

（3）炭化室控制方程

由假设条件，表示干馏炉稳态传热模型的数学方程如下：

$$\rho_c c_c u_s\left(\frac{\partial T_c}{\partial z}\right)=\frac{\partial}{\partial x}\left(\lambda_c\frac{\partial T_c}{\partial x}\right)+\frac{\partial}{\partial z}\left(\lambda_c\frac{\partial T_c}{\partial z}\right)+Q \tag{3-3}$$

式中，ρ_c 为煤料密度，kg/m^3；c_c 为比热容，J/(kg·K)；λ_c 为煤的热导率，W/(m·K)；Q 为内部热源，W/m^3；其余参数含义见上式。

边界取值：对于炭化室取值，顶部：$T=T_c$。底部：T 取 0。壁面：$T=T_w$，T_w 为壁面温度，℃。

（4）水分蒸发非线性迁移模型

水分蒸发潜热的处理选择水分蒸发非线性迁移模型，这样使计算值更接近实际值。研究时，把水分蒸发分为多个线性阶段。对外热式热解炉水分蒸发可分成两个阶段：一个是 20～100℃ 蒸发阶段；另一个是 100～120℃ 干燥阶段。

对于外热式热解炉，设炭化室在（t_1，t_2）温度内水分蒸发量是 m。该过程吸收的蒸发潜热方程为

$$Q=H_w m$$

$$m=R_{H_2O}z/u_s$$

式中，R_{H_2O} 为水分迁移变化率，%；m 为水分蒸发量，kg；H_w 为水分蒸发潜热，J/kg；其余参数含义见上式。

水分蒸发过程呈现非线性迁移。R_{H_2O} 有表达式如下：

$$R_{H_2O} = \begin{cases} \dfrac{dT_c}{d_2} u_s m_1/(100 - T_c) & T_c \leqslant 100℃ \\[2mm] \dfrac{dT_c}{d_2} u_s m_2/(120 - 100) & 100℃ < T_c \leqslant 120℃ \\[2mm] 0 & T_c > 120℃ \end{cases} \tag{3-4}$$

式中，m_1 为第一温度区水分蒸发量（总水分 85%），kg；m_2 为第二温度区水分蒸发量（总水分 5%~15%），kg；其余参数含义见上式。

（5）煤干馏化学反应热的处理

依据 Werrick 阐述的计算方法，根据反应热平衡，建立温度 T 时的热生产速率平衡式：

$$\frac{dq}{dT} \sum_{j=0}^{7} \frac{d}{dT}(\mu_j m_j) = 0 \tag{3-5}$$

式中，q 为热解反应热，J/kg；μ_j 为各组分生成热，J/kg，m_j 为质量分数，%；T 为温度，K；$j = 0 \sim 7$ 分别表示半焦焦油及其他 H_2、CO、CO_2、CH_4、H_2O 和 C_2 烃 6 种气体。

焦油及气相产物在不同温度 T 下的生成热：

$$\mu = \sum_{k=0}^{2} P_{jk} T^k \tag{3-6}$$

式中，P_{jk} 由物化性质标准计算得到。

热解反应过程煤料吸收热量可通过如下公式得到。

$$Q = H_c R_{j,z} z \tag{3-7}$$

式中，Q 为热解过程中煤料吸收热，J/kg；H_c 为热解化学反应热，J/kg，$R_{j,z}$ 为不同煤层高度下降挥发物产率，%；z 为煤层高度，m。

（6）模型验证和结果讨论

通过参照其中试装置的工艺参数，运用上述模型模拟计算。大致参数为：煤料温度 25℃；含水量 8%；密度 800kg/m³；段高度 6m；下降速度 0.5m/h；热解时间 12h。

通过模型计算出炭化室中心面温度的变化，模拟计算值很好地吻合实际数据，表明所建模型可以很好地应用于真实反映干馏炉预测中。

在炭化室传热过程中，其温度分布受煤的含水量、煤料的粒度影响显著，粒度大小决定了煤料堆密度。通过模拟分析可知，炭化室中心面温度与装炉煤水分含量及煤料堆密度变化曲线基本一致：炭化室的传热效率随装炉煤水分含量的提升而下降，使干馏时间增加；炭化室的传热效率随煤料堆密度的降低而下降。所以在工艺中要选择最佳进煤粒度。

3.3.5 技术工艺研发

多年来，国内对外热式直立热解炉的技术工艺进行了广泛的研发，在此对其作以概述。

3.3.5.1 畅翔型外热式干馏炉

畅翔型外热式中低温干馏连续兰炭炉，由山西畅翔科技公司于 1998 年开始试验，先后历经多年的研究与工业试验。该煤炭连续干馏炉经工业试验证明，既能用弱黏煤经冷态及热态加压炼制成高强度且热态性能良好的冶金焦，又能以高挥发分不黏煤为原料生产兰炭。该外热式干馏炉的主要特点是：

① 该外热式干馏炉类似于高温焦炉，由相同间排列的一系列燃烧室—炭化室—燃烧室组成，用煤气在燃烧室燃烧产生热量，通过炭化室炉墙间接加热炭化室中的煤料，来获得中温兰炭、焦油和高质量煤气（图 3-30）。

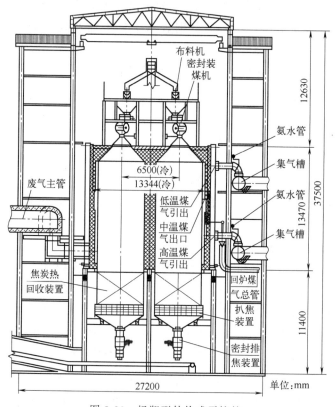

图 3-30　畅翔型外热式干馏炉

② 煤料连续从炭化室炉顶部经布料机、煤槽料斗和密封装煤机加入炭化室，实现冷态密封装煤，以防止煤气逸入大气。

③ 兰炭连续从炭化室底部排出，利用炽热兰炭下行预热进燃烧室空气（从常温预热至 500℃），以及通过软水冷却兰炭并生产蒸汽等装置，实现了兰炭干熄，不仅节能减排，还消除了湿熄焦产生的有害气体对环境的污染。

④ 在炭化室上、中、下部设有三组煤气导出口。上部低温段导出口，煤气产率较低而轻质焦油产率较高；在下部较高温段导出口，煤气产率较高，并使焦油中的轻质组分增多。

⑤ 由于荒煤气从炭化室导出时温度较高（500～700℃），可用余热蒸汽发生装置回收热煤气的余热，蒸汽可供发电。

⑥ 该炉生产过程具有连续性和稳定性，易于实现自动化控制。

3.3.5.2　高效采油外热式低温干馏炉

北京低碳清洁能源研究所（NICE）和太原理工大学煤科学与技术重点实验室共同开发了气态热解产物收集器和具有该收集器的高效采油外热式低温干馏炉。该收集器可使炭化室生成的气态产物迅速离开干馏环境，并被迅速激冷以凝结包含焦油的气态产物，从而大大提高了采油率。收集器、干馏炉和燃烧室的基本结构分别如图 3-31～图 3-33 所示。气态热解产物收集器采用长方体空腔结构，顶端密封，底部设置有与气体收集相连的气态热解产物出口，左右两侧面分布着若干具有螺旋状槽口的贯穿通道，利于气态热解产物及时导出；在每个通道上方安装有与壁外表面成 75°～85°的可调节挡料板和与壁内表面成 35°～55°的可调节气流导向板，有效地阻止固态物料进入器内和防止液态产物回流，且便于清洗收集器内部。

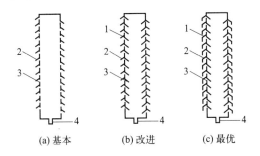

(a) 基本　　　　(b) 改进　　　　(c) 最优

图 3-31　气态热解产物收集器

1—气流导向板；2—挡料板；3—贯穿通道；4—气态热解产物出口

高效采油低温干馏炉主要结构特征在于：①顶部设置有通过轨道机构运行的加煤车，其下部设置有气动锁斗阀，便于控制，气密性好；②炭化室与燃烧室交错相向排布，在炭化室中间设置有气态热解产物收集器，荒煤气导出速度快、行程短、二次裂解小，显著地提高了采油率；③燃烧室的上下两端设置有一对燃烧喷嘴，在喷嘴附近装有大量的蓄热体，而蓄热体在一定的时间间隔内

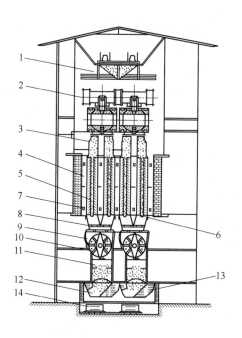

图 3-32 高效采油低温干馏炉

1—加煤车；2—气动锁斗阀；3—炭化室；4—燃烧室；5—气态热解产物收集器；
6—气态热解产物出口；7—燃烧喷嘴出口；8—冷却喷淋结构；9～14—排焦系统

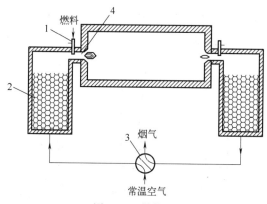

图 3-33 燃烧室

1—燃烧管道；2—蓄热体；3—换向阀；4—燃烧喷嘴

交替地预热常温空气和排出热交换后的废气。换向阀在控制系统的作用下，定期变换废烟气与空气的流向，一方面利于自动化控制，另一方面大幅度地提高了热效率。该炉型结构简单合理，适合低阶煤干馏，也适合劣质粉煤资源，此外回收的煤气中不含燃烧废气，即主要组成为 CH_4、H_2、CO、CO_2、C_mH_n 和 N_2，可作为合成原料气使用，组成如表 3-40 所示。

表 3-40　褐煤干馏气体组成（体积分数）　　　单位：%

CH$_4$	H$_2$	CO	CO$_2$	C$_n$H$_m$	N$_2$	其他
16.03	13.21	14.31	48.93	3.89	2.62	1.01

3.3.5.3　外热直立炉的专利技术

（1）外热式直立炉

在专利 CN202543140U 中，公开了一种外热式直立炉，其结构如图 3-34 所示。该实用新型是对传统炉的改造，在其炉体上增设一混合室，在混合室上连接热循环煤气导入管（热循环煤气是指能够循环利用的具有 700℃左右温度的煤气），通过外部加热设备形成热循环煤气。现将该热循环煤气通过炉体上的热循环煤气导入管导入混合室及干馏腔内，即煤低温干馏所需热量由原来的内部煤气燃烧产生烟气提供改为由外部热循环煤气提供。这样不仅保证了产生的净煤气热值为煤低温干馏产生的高热值煤气，而且提高煤气比热容，减少了荒煤气的体积流量，从而减轻冷鼓工段负荷。同时，加工产生的煤焦油可作为煤焦油深加工原料，而低温干馏产生的煤气确保能够为煤焦油深加工提供高热值煤气，无须另增加煤气源。

由图 3-34 可知，该炉包括炉顶料仓、炉体及出焦机。其炉顶料仓设置于炉体顶部，炉顶料仓的下部设置有一卸料阀，打开卸料阀，炉顶料仓内的料即可落入炉体内。出焦机设置于炉体的底部，出焦机内具有一水封槽。炉体的上部为预

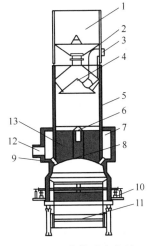

图 3-34　外热式直立炉
1—炉顶料仓；2—卸料阀；
3—导气管；4—振伞；
5—炉体；6—气体分布器；
7—混合室；8—拱形台；
9—渗气孔；10—冷却介质
导入管；11—出焦机；12—热
循环煤气导入管；13—隔墙

热段，炉体的中部为干馏段，炉体的下部为冷却段。在炉体的预热段内部设有一用于收集气体（荒煤气）的振伞，振伞通过一导气管连通至炉体外。在炉体的干馏段外壁设有混合室，混合室为环状结构，包覆于炉体干馏段的外壁，与炉体干馏段的外壁形成一体式结构；在混合室上连接一热循环煤气导入管；干馏段内通过隔墙形成多个干馏腔，在炉体内隔墙的底部设有一拱形台，隔墙设置于拱形台上，在隔墙上设有一将混合室与各个干馏腔连通的气体分布器，混合室上还设有与干馏段内部相通的渗气孔。炉体的冷却段连接有冷却介质导入管，可导入冷却介质加快兰炭的冷却。

（2）外热直立式圆形干馏炉

在专利CN203095971U中，公开了一种外热直立式圆形干馏炉，其结构如图3-35所示。该实用新型的工作原理是：将原料煤加入接料漏斗，原料煤经接料漏斗散落在带式输送机上，通过旋转给料装置的悬臂经360°旋转，通过带式输送机将原料煤输送至各个炭化室；原料煤从带式输送机上首先落入炭化室接料漏斗，通过炭化室接料漏斗落入储煤仓，储煤仓的底部设有加煤阀，通过加煤阀控制原料煤的输送量；从储煤仓落下的原料煤进入与加煤阀连接的辅助料仓，通过辅助料仓最终进入炭化室。在燃烧室内热烟气的间接加热作用下，原料煤在炭化室内缓慢向下移动，首先进入位于炭化室上部的预热段，原料煤在预热段预热到200～300℃后进入干馏段，干馏段温度为600～700℃，原料煤在干馏段分解并生成荒煤气和兰炭；荒煤气通过炭化室上端的干馏产物

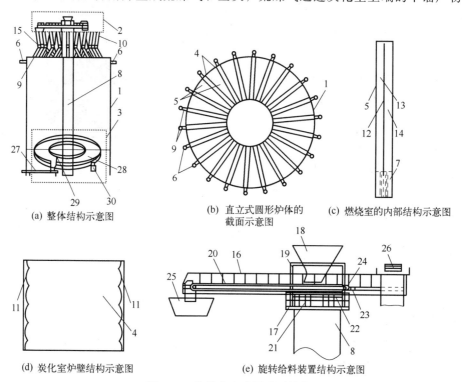

(a) 整体结构示意图　　(b) 直立式圆形炉体的　　(c) 燃烧室的内部结构示意图
截面示意图

(d) 炭化室炉壁结构示意图　　(e) 旋转给料装置结构示意图

图3-35　外热直立式圆形干馏炉

1—直立式圆形炉体；2—旋转给料装置；3—出料装置；4—炭化室；5—燃烧室；
6—干馏产物出口；7—蓄热室；8—支撑柱；9—辅助料仓；10—储煤仓；11—炉壁；
12—隔墙；13—燃烧通道；14—烟气通道；15—加煤阀；16—悬臂；17—支撑
平台；18—接料漏斗；19—接料漏斗平台；20—带式输送机；21—悬臂固定中柱；
22—旋转驱动电机；23—带式输送机驱动电机；24—主动轴；25—炭化室接料漏斗；
26—配重；27—出料带式输送机；28—出料圆盘；29—刮刀；30—旋转电机

出口进入冷却回收装置，得到焦油和荒煤气产品；兰炭继续下行，通过炭化室下部的冷却段，被冷却到250～350℃，而后进入排焦箱；通过排焦箱两侧设置的喷水冷却装置进行冷却，然后经过直立式圆形炉体底部的出料圆盘进入出料带式输送机，兰炭产品最终被送出系统。

其中，蓄热室的工作原理如下。煤气和助燃空气经过蓄热室［蓄热室箭头向上方向的一侧见图3-35（c）］预热后，进入燃烧通道进行燃烧，燃烧产生的烟气经过烟气通道进入蓄热室另一侧［如图3-35（c）中箭头向下方向的一侧］，放出热量后排出炉外。经过一定的时间后，蓄热室两侧的气体换向，即煤气和助燃空气经原烟气排出侧进入，吸收蓄热室的热量；烟气经原煤气和助燃空气进入侧排出，达到蓄热的目的。

其中，旋转给料装置的工作原理如下。根据所需加煤的时间和加煤量，调整好悬臂的转动速度及带式输送机转速，定时向接料漏斗内添加定量的原料煤。原料煤添加到接料漏斗后顺着接料漏斗散落在带式输送机上，带式输送机在驱动电机的带动下将原料煤输送到悬臂的炭化室接料漏斗（带式输送机与驱动电机之间可以通过链条传动也可以通过皮带传动）。按照设定好的时间，当悬臂经过炉上方的储煤仓时，精确定位并启动给料系统，定量的原料煤通过接料漏斗加入储煤仓中，储煤仓中的原料煤在加煤阀的作用下落入辅助料仓，进而加到炉内，另外，在带式输送机工作的同时，悬臂在旋转驱动电机的带动下做360°旋转（定点加料的时候悬臂停止旋转）。

（3）外热式干馏炉

在专利CN206486468U中，公开了一种外热式干馏炉，其整体结构如图3-36所示。

由图3-36可知，该外热式干馏炉，包括干馏炉炉体2，所述干馏炉炉体2从上至下依次为：预热段、干馏段、冷却段。其预热段和干馏段炉体内壁上固定设有加热管，加热管包括第一段5和第二段6，其中第一段5包括固定至炉体内壁的第一端7和远离第一端7的第二端8，第二段6连接至第一段5的第二端8；预热段和干馏段炉体2外周设有可转动的外加热套3，在外加热套3外部固定有多个向外加热套3供热的燃烧器4；干馏炉炉体2的顶端设置有与所述预热段连通的进料装置1，其冷却段从上至下设置通

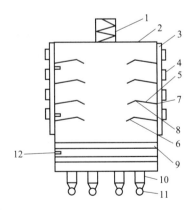

图3-36 外热式干馏炉整体结构
1—进料装置；2—炉体；3—外加
热套；4—燃烧器；5—第一段；
6—第二段；7—第一端；8—第二端；
9—喷淋装置；10—排焦箱；
11—星形卸料阀；12—热电偶

入冷却水的喷淋装置 9，喷淋装置 9 下方连接有多个排焦箱 10，在排焦箱 10 的下端连接有星形卸料阀 11；预热段、干馏段和冷却段均设有连接外部测温装置的高敏感热电偶 12。

所述加热管的第二段 6 与第一段 5 的第二端 8 在连接处的夹角为 115°～150°。加热管的第二段 6 长度是第一段 5 长度的 1/4～2/3。所在加热管之间的间距为 100～200mm，这样不仅有利于物料受热的均匀，还能防止卡料情况的发生。加热管为圆管、长圆管或异形管中的一种，这样可以提高该干馏炉的通用性，能对不同尺寸的粉煤有着更好的适应性。

该实用新型的工作过程如下：

原料煤进入干馏炉体 2 内，在下落过程中进入干馏炉预热段（温度在 300℃以下），在外加热套 3 以及加热管的作用下预热，同时加热管起到炒料板的作用，对物料搅拌使其均匀受热；预热后的原料煤下落至干馏段，此段温度为 300～500℃，以煤的分解、解聚为主，形成兰炭；兰炭进入下部的冷却段，此阶段温度为 100～550℃，冷水通喷淋装置 9 后，喷洒在高温兰炭上进行熄焦，由于用对高温兰炭喷洒冷却水熄焦代替传统的浸水熄焦，故常温兰炭内水含量大幅度降低，冷却后的兰炭由星形卸料阀 11 排出。设备在运行时，物料与设置在炉体内壁上的高敏感热电偶 12 接触，热电偶 12 受热后，温度通过与其连接的导线将信号送至中控系统，以便监控及调整温度，实现对干馏炉预热段和干馏段温度的准确控制。

3.4 内外热式直立炉热解工艺

3.4.1 德国考伯斯炉

考伯斯（Koppers）炉是德国考伯斯公司开发的一种内、外热结合的复热式立式炉，由炭化室、燃烧室及位于一侧的上、下蓄热室所组成。其基本结构如图 3-37 所示。其基本原理是：回炉煤气一部分进入立火道燃烧，产生的高温废气通过炉墙与煤料间接换热，然后进入蓄热室与耐火材料换热；另一部分煤气从炉子底部进入，并与熄焦产生的水煤气一道进入炭化室，煤料经过间接换热垂直连续干馏。该炉主要结构特征：①采用了直立火道上下交替的加热方式，使炭化室竖向温度均匀；②考伯斯炉设置有上、下蓄热室，用于回收废气余热；③炭化室采用大空腔结构，增加了炉子的容积；④炉底熄焦系统配置有回炉煤气管路，净煤气经过该管路直接进入炭化室，通过半焦沿炭化室上升，既冷却灼热半焦，又使煤料在炉内受热均匀。该炉不但加热均匀，生产的煤气热值高，而且耗热量低，较伍德炉低27％。其工艺特点：型煤从炭化室顶部的煤槽连续地装入炭化室，炭化后的型焦进入炭化室底部的焦槽，并定期卸入熄焦车。为了预冷型焦，部分净煤气在卸焦点以上部位进入炭化室，同时喷入水，产生的水煤气和返回的净煤气一道通过型焦沿炭化室上升，既冷却灼热型焦，又使型煤在炉内受热均匀，最后与干馏煤气混合，由炭化室顶部的上升管、集气管引出。但是该炉存在的问题是炉墙耐火砖磨损严重，基建费用高。

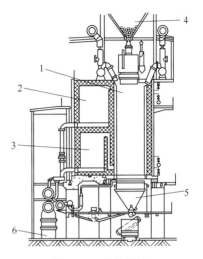

图3-37　考伯斯炉

1—干馏室；2—上部蓄热室；
3—下部蓄热室；4—煤槽；
5—焦炭槽；6—加热煤气管

3.4.2　技术工艺研发

3.4.2.1　中钢集团鞍山热能研究院有限公司

以内热式加热方式为主的直立炉一般用于弱黏结煤、不黏结煤和长焰煤。而对于黏结性较强的气煤，由于内热式炉加热速度快，块煤在过程中相互黏结、结成大块，导致物料在炉内卡料，物料下行受阻，影响炉正常运转。

针对以上特点，中钢集团鞍山热能研究院有限公司开发出一种以气煤为主煤炼焦的内-外热式直立炉。该直立炉上部为内-外热式加热，中下部为内热式加热，以使物料在热分解阶段慢速加热，在结焦阶段快速加热，有效防止物料黏结成大块。同时炭化室具有一定锥度，有利于物料下行，使物料在炉内运行顺畅。

以气煤为主煤炼焦的内-外热式直立炉的结构如图3-38所示。炉为立式炉，炭化室断面为锥体，炭化室两侧对称设有内热式燃烧室；内热式燃烧室内部有挡火砖，燃烧室的一侧设有烧嘴，内热式燃烧室与炭化室的隔墙上设有两排风口；在内热式燃烧室上部设有辅助供热的外热式燃烧室，炉体顶部设有辅助煤箱，炉体底部为排焦

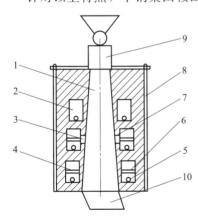

图3-38　内-外热式直立炉

1—炭化室；2—外热式燃烧室；3—炭化室的隔墙；4—内热式燃烧室；5—烧嘴；
6—挡火砖；7—风口；8—护炉铁件；
9—辅助煤箱；10—排焦槽

槽，在炉体四周设有护炉铁件。

工艺流程为：块煤由炉顶部进入，在炭化室内自上而下移动，炭化室的上部为干燥预热段，块煤在此段慢速加热到250℃左右；块煤继续向下移动进入炭化室中部的干馏段，同内热式燃烧室与炭化室隔墙上的风口送入的高温气体逆流接触，块煤在此段快速加热到700℃左右，并成为焦炭；焦炭继续下移至炭化室下部的冷却段，被通入此段的熄焦产生的蒸汽和熄焦水冷却到80℃左右，通过往复式推焦机，将半焦从推焦盘推入炉底熄焦水封槽内，由水封槽内的刮板排焦机连续排出。

过程中产生的荒煤气经上升管、桥管进入集气槽，经循环氨水喷洒被冷却至70~80℃后，送入煤气净化工段。

实践证明以气煤为主煤的物料在该炉内运行顺畅，无卡料、悬料现象，炉况运转正常。炉内透气性好、物料加热均匀、操作简单、产量大、投资低、易于推广。

3.4.2.2 太原理工大学

20世纪90年代初由太原理工大学煤重点实验室张永发和周建民等学者基于分段理论开发的两侧预热、中部回收和连续干馏的内外混热式直立干馏炉，是国内较早开发的炉型，并用于大同和陕北地区。

（1）结构与功能特性

如图3-39所示，该直立炉由炭化室、两侧燃烧室、圆柱形小烟道、空气预热室和顶部焚烧室等主要结构构成。其炭化室墙为薄壁格子砖，上部设有与焚烧室相通的烘炉孔道，炭化室顶部为带有液封的装料钟，下部开口与夹套水冷式出焦斗相连；燃烧室被分为多条立火道，立火道底部有与小烟道相通的跨越孔和立火道底部调节砖，在立火道隔墙上有抽出荒煤气孔道，这些孔道与外部集气管相通，抽出剩余荒煤气送至回收系统，焦炉底部立火道的隔墙上有输入内部空气道结构，立火道顶部有看火孔；在圆柱形小烟道之间留有空气预热室，且和外侧红砖炉壁上的可调节空气入口相通，这些空气入口也可用于观察燃烧室的燃烧情况；小烟道和焚烧室之间有小烟道顶部调节砖，焚烧室上面设有小烟道看火孔，并兼作二次风口；炉体外侧设有保温层，整个炉体置于支架支撑的焦炉顶板上。本焦炉还设计有护炉铁件、斗式提升机、液封熄焦槽、刮板出焦机、分烟道、分烟道插板、烟囱。

本炉型突破了国内外低温炉外加热或内加热的单一加热方式。该技术首次实现将煤气在燃烧室燃烧产生的热量通过炭化室墙给煤料间接加热的同时，把燃烧高温气体从燃烧室引进炭化室直接对煤料加热，形成了混热式技术，也形成了用燃烧废气直接加热煤料的基础。

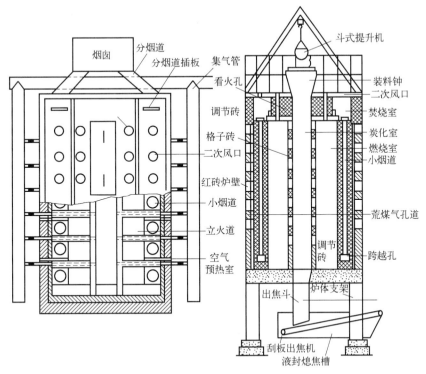

图 3-39　炉体结构

① 两侧预热室结构。为了节能和提高热效率，在焦炉的两侧（燃烧室外侧）设计了单向连续式垂直流空气预热室，使废气温度由 930℃（燃烧室出口温度）降低到 630℃（预热室出口温度），空气的温度由室温上升到 560℃ 左右。该结构有三种作用：a. 回收了大量的热能，提高了热效率；b. 煤气燃烧更完全，从而保护了环境；c. 减少了复杂庞大的换向设备。

② 单双孔炭化室墙。一般外热式焦炉的炭化室与燃烧室之间的隔墙均为密封墙，墙砖带有沟舌结构，保证无气体串漏。而间直混合加热连续式直立炉将炭化室和燃烧室之间的隔墙设计为格子结构，使炭化室与燃烧室相通。炭化室产生的煤气通过孔道直接进入燃烧室的立火道。这样，不仅减少了复杂的回炉煤气装置，而且形成了炉内独立的加热系统，该系统在烟囱的动力驱动下便能正常工作。因此，该炉在停电或无电的地区以及在复杂的回收系统停止工作的情况下仍能正常运行。

③ 多段供风结构。为保证焦炉垂直方向的加热具有一定温度梯度，采用了多段供风结构，该结构既可预热空气，又可调节焦炉垂直方向的温度分布。

④ 回收煤气、焦油和化学产品。该炉炉顶连续装煤，炉底连续出焦，采

用特殊的中部回收结构。

a. 燃烧室立火道可单独调节，保证了全炉横向加热均匀一致。

b. 由于隔墙为格子结构，使炭化室墙的结构强度大大提高，从而避免了炭化室墙变形、倒塌的问题。

c. 在立火道隔墙上设置煤气输出通道，可从不同的高度回收适量的煤气、焦油和化学产品。其煤气质量高，并可通过调节回收系统的吸力进行微调。而内热式焦炉无独立的燃烧室、烟道和烟囱等废气系统，燃烧产生的废气通过炉内煤料空隙上升，这些废气以及供氧时带入的大量氮气等不可燃成分都混入煤气中，所以煤气产量大，但热值低、质量差。

⑤ 内热空气供入通道。该焦炉除具有外加热（间接加热）的功能外，在燃烧室的隔墙上还设有输入内热空气道，具有内加热（直接加热）的功能，从而加速了传热，增加了产量。

⑥ 焚烧室。为保证环境、减少污染采取了以下措施：

a. 预热空气，有利于充分燃烧；

b. 在小烟道中供入适量空气使废气燃尽，另外在炉顶设有焚烧室，以减少烟气排放。采取这些措施后，排放的烟气达到了国家要求的环保标准。

⑦ 熄焦蒸汽导管结构。通过导焦槽将炽热的焦炭导入熄焦池，通过熄焦池中一定高度的液封保证炉内负压，并阻止空气进入炉内。熄焦时产生的蒸汽和部分水煤气通过熄焦蒸汽导管直接通入小烟道，经焚烧而外排，减轻了环境的污染。

⑧ 液封装煤口结构。装煤口冒烟、冒火是焦炉炉顶的一个重大污染源。本焦炉装煤口盖采用液封结构，防止了炉顶污染，保证了炉内正常工作压力。

⑨ 装煤提升机和出焦刮板机。焦炉装煤采用提升机，出焦采用刮板机。单炉生产对焦炉整体而言为连续生产，但对单一炭化室为间歇生产，本设计通过刮板机的连续出料保证单炉的连续生产。

出焦刮板机置于液封熄焦槽中，该液封槽阻止了空气进入炉内，并完成了熄焦工作。焦炭从液封熄焦槽中捞出，无一滴熄焦废水外排，彻底消除了水质污染。

（2）间直混合加热连续式直立炉工艺流程

由图 3-40 可知，煤焦流动途径为：块煤→破碎机（或人工破碎）→筛分（10～150mm）→提升机→炉顶装煤斗→炭化室→导焦槽→熄焦槽→刮板机→焦仓（产品）。

气体流动途径：炭化室（荒煤气）→荒煤气道（抽出孔）→集气管→回收系统；炭化室（荒煤气）→炭化室墙格子砖孔→燃烧室→跨越孔→小烟道→水平

焚烧室→分烟道→烟囱。

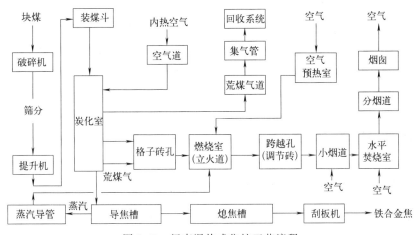

图 3-40　间直混热式焦炉工艺流程

3.4.2.3　华电重工股份有限公司

华电重工股份有限公司在专利 CN205933751U 中，公布了一种内外热式煤炭干馏装置，如图 3-41 所示。

由图 3-41 可知，该干馏装置包括：若干燃烧室 6 和若干炭化室 9，燃烧室 6 和炭化室 9 水平间隔设置于干馏炉炉腔内，用以通过燃烧室 6 燃烧产生的热量对炭化室 9 加热并炭化其内腔中的粉煤；还包括干燥室 2，设置于干馏炉上方，与炭化室 9 连通，并形成适于粉煤依靠重力下降至炭化室 9 的流通通道；若干烟气分布单元 4，设置于干燥室 2 内部，并与燃烧室 6 连通，用以将燃烧室 6 内产生的烟气与干燥室 2 中的粉煤进行热量交换。

在内外热式煤炭干馏装置中，通过在干馏炉上方设置与炭化室 9 连通的干燥室 2，使干燥室 2 和炭化室 9 形成适于粉煤依靠重力下降的流通通道；通过在干燥室 2 内部且与燃烧室 6 连通设置的若干烟气分布单元 4，燃烧室 6 内的烟气均匀分布于流通通道内，并与下降的粉煤进行热量交换。通过上述设置，利用粉煤重力使粉煤平稳下移，并与上升的烟气充分逆流换热，对粉煤进行预干燥，充分干燥掉粉煤中的蒸汽，而且依靠粉煤重力使粉煤平稳流动，运行速度小，无需搅拌，不会产生过多粉尘，提高了后续干馏过程中生产的煤气和焦油品质。预干燥后的粉煤再依靠重力平稳流动至炭化室 9，并利用炭化室 9 两侧燃烧室 6 的高温烟气对炭化室 9 中粉煤加热，充分提高了煤气和焦油品质，煤气和焦油的含尘量低。同时其也提高了整个干馏过程中的热量利用率。

燃烧室 6 和炭化室 9 的个数，可根据实际需要进行选择，如图 3-41 所示，在该实施例中，燃烧室 6 的个数可为 4 个，炭化室 9 的个数可为 3 个；在另一实施例中，燃烧室 6 的个数可为 5 个，炭化室 9 的个数可为 4 个。

在上述技术方案的基础上，各所述烟气分布单元 4 之间形成适于粉煤流通的通道。通过上述设置，粉煤在相邻烟气分布单元 4 间平稳流动，均匀分布在整个流通通道的烟气上升并与平稳下移的粉煤逆流换热，充分预干燥粉煤，提高后续煤气和焦油品质。而且与粉煤换热后的烟气不会夹带大量粉尘，降低了烟气除尘难度和除尘系统的成本，进而降低了含大量粉尘的烟气对空气的污染。

烟气分布单元 4 结构可根据实际需要选择，在该实施例中，烟气分布单元 4 包括：主烟气管，其横向贯穿干燥室 2 两端，且一端与燃烧室 6 连通设置；若干支烟气管，沿主烟气管轴向间隔开设于主烟气管上，且开口向下。通过上

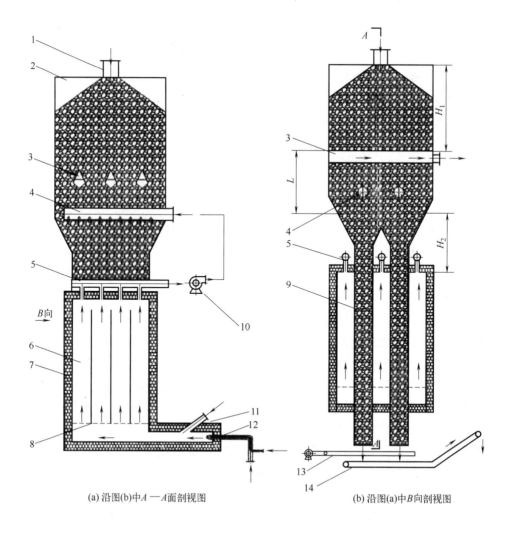

(a) 沿图(b)中 A—A 面剖视图　　　　　　(b) 沿图(a)中 B 向剖视图

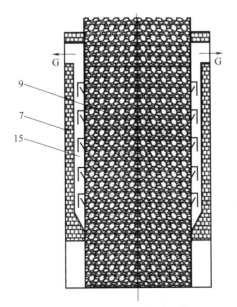

(c) 炭化室沿图(a)中B向剖视图

图 3-41　内外热式煤炭干馏装置的结构

1—干馏炉入料口；2—干燥室；3—集气单元；4—烟气分布单元；5—烟气收集管；6—燃烧室；
7—炉体保温隔热层；8—烟气分布器；9—炭化室；10—高温风机；11—调温烟气管；12—燃烧
喷嘴；13—推焦装置；14—熄焦及输焦装置；15—导气装置；L—高温烟气与粉煤直接接触段；
H_1—集气单元上方料层厚度；H_2—烟气分布单元下方料层厚度；G—煤气和煤焦油气析出口

述设置，使烟气向下吹扫，对粉煤再次干燥，然后烟气再上升与粉煤换热，换热更彻底，热量利用率高。

　　进一步地，支烟气管的开口方向与垂直于主烟气管轴向方向的夹角为 $40°\sim50°$。

　　具体地，烟气分布单元 4 可选择翅状分布管，可以有效地将高温烟气均匀分布在干燥室 2 中，确保了干燥过程的均匀性。

　　在上述技术方案的基础上，该装置还包括：若干集气单元 3，设置于干燥室 2 内部且位于烟气分布单元 4 上方，集气单元 3 内部形成开口朝下的空腔，用以收集与粉煤换热后的烟气；烟气引出管道，与空腔连通设置，用以将空腔内收集的烟气引至干燥室 2 外部。通过集气单元 3 收集换热后的烟气，外排或作为他用。

　　具体地，集气单元 3 可为正伞集气槽，将均匀分布在干燥室 2 的低温烟气完全收集，经管道引至烟气排放系统。

　　需要说明的是，粒度为 0～15mm 粉煤煤层透气性较差，较小的堆积厚度即可产生较大的气流阻力。依据原料煤的透气性 μ 合理控制流经干燥室的烟气压力 p 及料层的厚度 H_1 和 H_2，且保证料层厚度为 H_1 和 H_2 时产生的阻力 $p_1 > p$。因此，在干馏炉的结构设计时，需根据原料煤特性，测定其透气性 μ 和气流阻力 p_1，然后设定物料料层厚度 H_1 和 H_2 和烟气压力 p。在原煤粒度 $0 \sim 15\text{mm}$ 的条件下，控制料层厚度 $H_1 > 2\text{m}$ 和 $H_2 > 2\text{m}$，调节烟气压力 $p < 2000\text{Pa}$，即可实现该干燥过程。

进一步地，沿竖直方向，干燥室 2 由上至下分为：

集气单元 3 上方料层段，其底端与集气单元 3 的顶端平齐，顶端与干燥室 2 顶端平齐，其段长 $H_1 > 2000\text{mm}$；

高温烟气与粉煤直接接触段，其顶端与集气单元 3 的顶端平齐，底端位于烟气分布单元 4 下方且远离炭化室 9，其段长 $L < 1200\text{mm}$；作为优选的实施方式，其段长 $500\text{mm} < L < 800\text{mm}$；

烟气分布单元 4 下方料层段，其顶端与高温烟气与粉煤直接接触段底端平齐，底端与炭化室 9 顶端平齐，其段长 $H_2 > 2000\text{mm}$。

通过上述设置，使粉煤温度升高且水分蒸发的过程在高温烟气与粉煤直接接触段完成，利用集气单元上方料层段的粉煤，产生气体流动阻力，确保高温烟气不与干燥室顶部气体接触；利用烟气分布单元下方料层段的粉煤，产生气体流动阻力，确保高温烟气不与炭化室内部的煤气及焦油气进行接触，提高煤气和焦油品质。

在上述技术方案的基础上，该装置还包括：若干烟气收集管 5，设置于燃烧室 6 顶端；烟气分布器 8，设置于燃烧室 6 内腔底部，用于均匀分布进入燃烧室 6 内腔的烟气。通过设置烟气分布器 8 确保燃烧室在水平方向温度分布均匀，垂直方向温度递减，进而保证了炭化室的温度水平方向分布均匀，确保了煤炭干馏过程连续稳定。

进一步地，烟气收集管 5 包括主收集管，以及连通主收集管设置的若干副收集管；主收集管一端封闭，另一端与烟气分布单元 4 连通设置；副收集管远离主收集管的一端和燃烧室 6 连通设置。

进一步地，主收集管与烟气分布单元 4 连接的管道上设置有高温风机 10，通过高温风机 10 将烟气引入烟气分布单元 4 中。

在上述技术方案的基础上，该装置还包括：燃烧喷嘴 12，设置于燃烧室 6 底部且与燃烧室 6 连通设置；煤气管道以及助燃气管道，均与燃烧喷嘴 12 连通设置，用于将煤气和助燃气分别通过煤气管道和助燃气管道在燃烧喷嘴 12 混合点燃并产生高温烟气，流通上升至燃烧室 6，并将热量传递给炭化室 9；调温烟气管 11，设置于燃烧室 6 底部且与燃烧室 6 连通；沿燃烧喷嘴 12 产生的高温烟气的流通方向，调温烟气管 11 中的烟气出口设置于燃烧喷嘴 12 前方，用于将调温烟气管 11 烟气出口的低温烟气与燃烧喷嘴 12 产生的高温烟气混合调温，通过调温使烟气更适于干馏，提高煤气和焦油气品质；推焦装置 13，设置于炭化室 9 下部或底端的焦炭出口的下方，用以承接并输送焦炭；熄焦及输焦装置 14，设置于推焦装置 13 的下方，用于承接从推焦装置 13 下落的焦炭，并对焦炭进行熄焦，以及将熄焦后的焦炭输送出内外热式煤炭干馏装置。

燃烧室 6 的炉体可设置为炉体保温隔热层 7，最大限度地避免热量散失，提高热量利用率。在本实施例中，煤气管道中的煤气可来自干馏产生的煤气；在另外一个实施例中，煤气管道中的煤气可来自外界供应的煤气。

在上述技术方案的基础上，炭化室 9 的上部开设有煤气和煤焦油气析出口 G，用于导出炭化室 9 中的煤气和煤焦油气。在本实施中，煤气和煤焦油气析出口 G 可开设于炭化室 9 顶端周侧。

沿竖直方向上，靠近炭化室 9 内壁设置有若干导气装置 15，用于将炭化室 9 中粉煤内产生的煤气和煤焦油气导出，并使煤气和煤焦油气紧贴炭化室 9 内壁上升至煤气和煤焦油气析出口 G。在实施例中，导气装置 15 可为设置在粉煤内的透气孔。

需要说明的是，该装置还可包含一些辅助设施，如仪表、管道及阀门等。可根据实际需要设置到内外热式煤炭干馏装置的相应位置。

参 考 文 献

[1] 郭树才. 煤化工工艺学 [M]. 2 版, 北京：化学工业出版社, 2006.

[2] 张仁俊, 曾福吾. 煤的低温干馏 [M]. 北京：当代中国出版社, 2004.

[3] 张仁俊. 鲁奇式低温干馏炉的改进 [J]. 石油炼制, 1958 (7)：28-31.

[4] 霍海龙, 李钦晔, 周文宁, 等. 鲁奇炉干馏段内大颗粒煤的热解特性研究 [J]. 煤炭学报, 2019, 44（增刊 2）：665-672.

[5] 马宝岐, 张绍强. 褐煤提质及深加工技术发展报告 [R]. 北京：中国煤炭加工利用协会, 2014.

[6] 苗文华. GF（国富炉）富氢煤气热解工艺示范装置运行情况分享 [C]//第二届中国兰炭产业绿色发展与应用创新大会论文集. 神木：中国煤炭加工利用协会, 2018：174-193.

[7] 吴鹏, 苗文华, 滕济林, 等. 多段直立炉用于陕北低阶碎煤热解的适用性研究 [J]. 煤炭转化, 2018, 41 (1)：27-32.

[8] 张旭辉, 秦飞飞, 苗文华, 等. 煤热解中移动床床层阻力的试验研究 [J]. 化学工

程，2018，46（11）：35-39.

[9] 王丽丽，李念慈. RNZL 型煤干馏直立炉的技术特点与应用 [J]. 煤炭加工与综合利用，2015（2）：48-49，80.

[10] 尚文智，尚敏，张水军，等. 一种制备兰炭的低温干馏炉：CN205676418U [P]. 2016-11-09.

[11] 刘军利. SJ-Ⅴ型小粒煤（3～30mm）中低温干馏集成技术 [C]//第 11 届全国低阶煤分质高效利用技术及兰炭（半焦）产业发展论坛文集. 西安：中国煤炭加工利用协会，2018：302-314.

[12] 赵杰. SH4090 型煤干馏直立炉技术工艺 [R]. 2021-03-29.

[13] 赵俊学，李小明，崔雅茹. 富氧技术在冶金和煤化工中的应用 [M]. 北京：冶金工业出版社，2013.

[14] 宋如昌，李亚军，高宏寅. 一种煤的富氧热解装置及其加工工艺：CN111607418A [P]. 2020-09-01.

[15] 赵俊学，任萌萌，邹冲，等. 一种煤气分质回炉内热式低温富氧干馏工艺方法及系统：CN111187632A [P]. 2020-05-22.

[16] 单小勇. 新型高效外热式直立炉末煤热解技术开发 [J]. 中国设备工程，2017（7上）：111-112.

[17] 单小勇. 外热式干馏炉出焦温度改变对产品性质的影响分析 [J]. 科技经济导刊，2017（18）：132.

[18] 刘庆达，蔡承裕，李超，等. 低阶粉煤分质利用新技术——中冶焦耐 JNWFG 炉工艺 [J]. 燃料与化工，2020，51（1）：1-5.

[19] 米全勇. MWH 外热式直立炉出焦方式的改造设计 [J]. 科技创新与生产力，2012（11）：75-76，79.

[20] 马金山，赵守国，耿俊玲，等. 劣质煤生产兰炭及与化工产品联产的优越性 [J]. 煤炭加工与综合利用，2009（6）：37-39.

[21] 张贵有，马金山. 直立炉干馏煤气生产甲醇开车总结 [J]. 中氮肥，2010（4）：39-40.

[22] 任文杰. 外热式煤热解技术与其传热模型的建立 [J]. 能源技术与管理，2017，42（5）：163-165.

[23] 林蔚. 煤热解焦化和加氢脱硫的 ReaxFF 反应分子动力学分析 [D]. 北京：北京科技大学，2016.

[24] 王影. 低阶煤固定床和移动床脱水和低温热解过程中传热特性 [D]. 太原：太原理工大学，2016.

[25] 陈磊，张永发，刘俊，等. 低阶煤低温干馏高效采油技术研究进展 [J]. 化工进展，2013，32（10）：2343-2351，2354.

[26] 白建明，范莉娟，王汝贵，等. 一种外热直立式圆形干馏炉：CN203095971U [P]. 2013-07-31.

［27］ 赵剑龙，赵华，刘俊龙，等. 外热式直立炭化炉：CN202543140U［P］. 2012-11-21.

［28］ 闫龙，李健，杜美美，等. 一种外热式干馏炉：CN206486468U［P］. 2017-09-12.

［29］ 姚昭章. 炼焦学［M］. 2版. 北京：化学工业出版社，1994.

［30］ 段洋洲，单小勇，刘斌，等. 一种内外热式煤炭干馏装置：CN205933751U［P］. 2017-02-08.

［31］ 尚建选，马宝岐，张秋民，等. 低阶煤分质转化多联产技术［M］. 北京：煤炭工业出版社，2013.

［32］ 高严生. 煤的热解、炼焦和煤焦油加工［M］. 北京：化学工业出版社，2010.

［33］ 张相平，马宝岐，周秋成，等. 榆林兰炭产业升级版的研究［M］. 西安：西北大学出版社，2017.

［34］ 尚建选. 低阶煤分质利用［M］. 北京：化学工业出版社，2021.

4

高温半焦的余热回用

为了使高温半焦（兰炭）的余热得到回收利用，近些年来我国对其进行了一系列研究，并在半焦的生产过程中得到应用，获得良好的实际效果。

4.1 余热回用研究

4.1.1 半焦余热回收利用的方案

华建社等对神木四海煤化公司 JS 型直立式 4 号干馏炉进行了热工测试，在物料平衡和热量平衡计算的基础上，进行热工评价与分析。

该 JS 方形干馏炉的主要特点有：①炉体内部为空腔结构，由料仓、炉体、熄焦装置三部分构成；②采用内燃式加热，燃气由支管混合器供给，通过花墙布气实现均匀加热；③炉体上部设有集气阵伞，集气均匀；④结构简单、投资低。

原煤工业分析见表 4-1，物料平衡和热量平衡分析见表 4-2 和表 4-3。经分析可知：①物料平衡和热量平衡的误差均小于 5%，测量较为准确；②半焦转化率为 63.843%；③入炉煤水分为 6.00%，小于经验值 10%，入炉煤水分每降低 1%，每千克煤的炼焦耗热量就会相应降低 60%～80%；④炉体表面散热损失占总热量的 2.29%，炉体北侧墙散热量为 $83.54 \times 10^3 \mathrm{kJ/h}$，大于东侧墙散热量 $30.64 \times 10^3 \mathrm{kJ/h}$，需进一步改善炉墙保温材料，降低表面温度；⑤荒煤气带走热量为 $10.06 \times 10^4 \mathrm{kJ/t}$，约占总热量的 11.11%，说明废气带走热量多，空气过剩系数大。一般燃气烧嘴空气消耗系数控制在 1.05～1.20，提高燃烧度，可降低半焦生产的耗热量。

表 4-1 原煤工业分析（质量分数）　　　　　　　　单位：%

M_t	M_{ad}	A_{ad}	V_{ad}	FC_{ad}
10.01	4.03	3.54	33.35	59.09

表 4-2　物料平衡

收入与支出	项目	数值/(kg/t)	比例/%
物料平衡收入方	入炉干煤	899.90	53.90
	入炉煤水分	100.10	6.00
	入炉煤气体	304.57	18.24
	助燃空气	354.59	21.23
	差值	10.53	0.63
	合计	1669.69	100.00
物料平衡支出方	半焦	638.43	38.24
	焦油	38.90	2.33
	粗苯	12.18	0.73
	氨	1.62	0.10
	煤气	830.59	49.74
	化合水	47.87	2.86
	入炉煤水分	100.10	6.00
	合计	1669.69	100.00

表 4-3　热量平衡

收入与支出	项目	数值/(MJ/t)	比例/%
收入项	入炉煤气燃烧热	846.83	93.55
	入炉煤气显热	5.96	0.66
	助燃空气显热	10.26	1.13
	入炉干煤显热	31.69	3.50
	入炉煤水分显热	10.48	1.16
	合计	905.22	100.00
支出项	半焦带走热量	638.63	70.54
	煤气带走热量	100.60	11.11
	水分带走热量	19.45	2.15
	焦油带走热量	77.76	8.59
	粗苯带走热量	20.56	2.27
	氨带走热量	2.85	0.32
	炉体表面散热	20.74	2.29
	其他热损	24.63	2.73
	合计	905.22	100.00

由表4-3可知,高温半焦带走的热量占总输出热量的70.54%,对其进行回收利用,可显著提升生产过程中的节能减排效益。

徐鸿钧等对高温半焦余热回用方案进行了论述。

(1)循环水冷却及余热回收

图4-1为传统的冷却水循环系统,常温水经过半焦冷却装置,吸收高温半焦热量,将水加热后排出冷却半焦,被加热的冷却水经冷却塔或冷却水池降温后再循环。

图4-2在上述基础上,将循环冷却水通过换热器换热,产生低温热水,一般采用换热效能较高的板式换热器。该系统具有工艺、设备简单,投资少等特点。

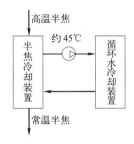

图 4-1 传统的冷却水循环系统

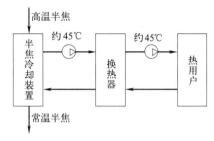

图 4-2 增加换热器的冷却水循环系统

(2)余热锅炉

余热锅炉是多年来在各行各业发展迅猛的高效节能设备,特别适用于中低温(介质温度450℃)余热回收。余热锅炉系统一般由吸热装置(省煤器、蒸发器、水冷壁和过热器)即锅炉、锅筒、水汽系统、电气系统等组成。而其中水汽系统较复杂,由水处理装置、补水水泵装置、除氧装置、加药装置、取样装置等组成,且设备阀门仪表多。

高温半焦余热锅炉系统如图4-3所示。高温半焦采用余热锅炉回收余热时,省煤器、蒸发器和水冷壁均设计在半焦余热回收装置本体上,采用自然循环余热锅炉。由于高温半焦的入口温度一般为550℃,故设计蒸汽参数时,一般为0.8MPa(175℃)的饱和

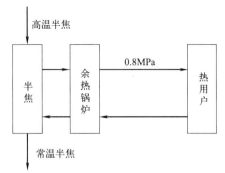

图 4-3 高温半焦余热锅炉系统

蒸汽,如有过热器,根据过热器加热方式和蒸汽输送距离,一般过热温度不超过30℃。

余热锅炉用于高温半焦余热利用的特点为：余热温度高、可远距离输送、耗水量小及系统较复杂。当半焦规模不小于 60 万吨/年时，采用余热锅炉形式进行余热回收，经济效益明显，否则蒸汽产量小，系统复杂且投资较大。

（3）热泵技术

热泵是把处于低温位的热量输送到高温位的机械，从热力学原理讲，热泵就是制冷机。在自然状态下，水只能从高处向低处流，通过水泵可以把水由低处输送到高处。根据热力学第二定律，同样在自然状态下，热量只能从高温传向低温，通过热泵则可以把热量从低温处传向高温处。

热泵的种类很多，其中机械压缩式热泵，以其热效率高、控制方便、技术成熟等优点，成为应用最为广泛的一种。机械压缩式热泵遵循热力学逆卡诺循环的原理，由压缩机、冷凝器、蒸发器、节流装置等部件组成，热泵工质在其中循环，并发生相变，实现热能由低温处向高温处的传递，热泵的基本性能用供热系数 COP 衡量。

$$COP = \frac{热泵的供热量}{热泵消耗的能量（机械能、电能等）}$$

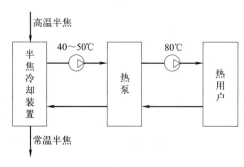

图 4-4　热泵工艺流程

热泵的工艺流程如图 4-4 所示。从其工艺流程可以看出，实际应用流程非常简单，只需把冷却循环水引到热泵机房，通过热泵机组提高品位，输送给热用户即可。

溴化锂吸收式冷水机组包括热水单效型机组、热水二段型机组和热水两级型机组，可提供 65℃ 以上热水和 10℃ 左右的冷水用于空调或工艺需求。各种热水型机组的制冷量范围、热源条件、使用范围等见表 4-4。

表 4-4　热水型溴化锂吸收式冷水机组选型

机型	制冷量/kW	热水温度/℃	使用范围
热水单效型	350～4650	90～97	冷却水出口温度≥7℃
热水二段型	350～5230	90～130	冷却水进口温度≥8～34℃
热水两级型	350～3490	65～85	

热泵技术用于高温半焦余热利用，其特点有：系统流程简单，运行可靠；降低冷却水蒸发损失，节约冷却水用量及水处理的费用；水为制冷剂，环保效果明显，可减少对环境的热污染，有利于减缓大气变暖趋势；可提供 7℃ 左右

的冷水用于空调及工艺冷却；一般适用于半焦规模 10 万～50 万吨/年，一次设备投资较大。

余热回收利用是节能环保的有效途径，在煤低温干馏工艺中应得到充分利用，将上述几种余热回收方案总结见表 4-5。

表 4-5　高温粉料半焦余热回收方案比较

项目	循环水换热器	余热锅炉	热泵
余热产物	低温热水	低压蒸汽	中高温热水、冷水
余热回收系统复杂程度	简单	复杂	较复杂
水的消耗量	大	小	中等
设备造价	低	中等	中等
高温半焦余热回收	小规模	大规模	中等规模

总之，在规模化高温半焦余热回收选取余热回收方案时，应根据项目地的资源条件（特别是水资源条件）、余热利用的目的、项目生产规模及投资、环保成本等选取最优方案。

4.1.2　气固换热的余热回收实验

宋晓轶等利用自行搭建的蒸汽-半焦气固换热实验系统，研究了整个料层内半焦与蒸汽的换热及余热回收特性，分析了颗粒平均粒径、料层厚度、蒸汽流量对半焦余热回收量和蒸汽㶲增的影响规律。实验结果表明：随着换热时间的增长，料层整体平均温度以先快后慢的趋势逐渐降低，有效换热系数逐渐减小，热回收量和蒸汽的㶲增上升；增加料层厚度、减小半焦颗粒的粒径、提高蒸汽流量有利于有效换热系数的增加，有效换热系数的范围在 $3.5～52.0W/(m^2 \cdot K)$。此外，拟合出了粒径、料层厚度、蒸汽流量、料层整体平均温度与有效换热系数的实验关系式。

4.1.2.1　原理与操作

在半焦生产过程中，炽热的半焦颗粒由上往下缓慢运动，经过熄焦后在兰炭炉底部排出。在熄焦过程中，引入部分饱和蒸汽由底层向上运动，以强化半焦颗粒换热。由于半焦向下缓慢运动，运动速度约为 20cm/h，与蒸汽速度相比可以忽略，因而实验在研究蒸汽-半焦换热时，令半焦静止，温度升到工作温度（600℃），蒸汽从底部经过，对 1h 内半焦冷却的对流换热特性进行研究。

在实验启动过程中，既要保证半焦能够达到工作温度，又要防止半焦颗粒的氧化，而在温度较低的时候蒸汽容易凝结在实验系统内，影响系统的稳定运行和有效换热系数的测定。实验采用预先向实验筒内通入氮气将空气排出后再加热升温的方式解决上述问题，在温度达到工作温度后通入蒸汽进行实验。

实验采用自行设计并搭建的蒸汽-半焦换热实验台，实验系统结构如图 4-5 所示。其中，p 为压力，Δp 为压差。

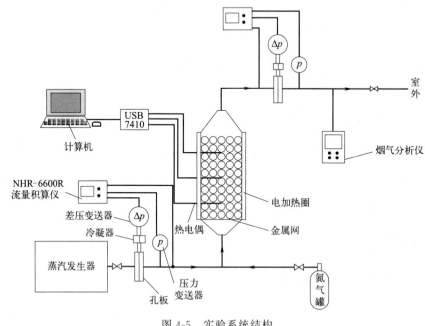

图 4-5　实验系统结构

实验所用半焦产自神府地区，其工业分析和元素分析见表 4-6，半焦物性参数见表 4-7。

表 4-6　半焦工业分析和元素分析（质量分数）

煤样	工业分析%			元素分析/%				
	M_{ad}	A_{ad}	V_{ad}	C_{daf}	H_{daf}	N_{daf}	S_{daf}	O_{daf}
神府半焦	0.82	5.85	9.99	90.68	2.67	1.09	0.59	4.97

注：C_{daf}—干燥无灰基的碳；H_{daf}—干燥无灰基的氢；N_{daf}—干燥无灰基的氮；S_{daf}—干燥无灰基的硫；O_{daf}—干燥无灰基的氧。

表 4-7　半焦物理特性

筛分直径/mm	床层空隙率/%	质量分数/%	平均粒径/mm
6～13	0.46	0.08	9.0
13～25	0.54	0.17	19.0
25～50	0.59	0.75	37.5

在环境温度为 18℃、蒸汽和半焦初始温度分别为 105℃和 600℃的条件下进行交叉实验，共有 7 组实验。实验工况如表 4-8 所示。

表 4-8　实验工况

工况	平均粒径/mm	料层厚度/mm	蒸汽流量/(kg/h)
Ⅰ-1	19.0	400	7.5
Ⅰ-2	19.0	500	7.5
Ⅰ-3	19.0	600	7.5
Ⅱ-1	19.0	500	4.5
Ⅱ-2	19.0	500	6.0
Ⅲ-1	9.0	500	7.5
Ⅲ-2	37.5	500	7.5

4.1.2.2　结果及讨论

（1）颗粒粒径对换热特性的影响

选择工况 Ⅲ-1、Ⅰ-2、Ⅲ-2，即料层高度为 500mm，蒸汽流量为 7.5kg/h，颗粒平均粒径分别为 9.0mm、19.0mm、37.5mm，对各工况下的料层整体平均温度、热回收量和㶲增进行分析。其料层整体平均温度变化情况如图 4-6 所示，热回收量和㶲增如图 4-7 所示。

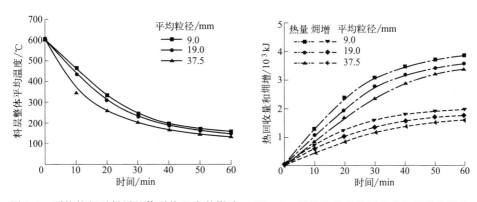

图 4-6　颗粒粒径对料层整体平均温度的影响　图 4-7　颗粒粒径对热回收量和㶲增的影响

由图 4-6 和图 4-7 可以看出，料层整体平均温度的变化规律是先急剧下降，然后温降变化速率逐步减缓。以平均粒径为 19.0mm 的料层温度变化为例，在 0～20min、20～40min、40～60min 的时间范围内，平均温降速率分别为 14.6℃/min、6.0℃/min、1.9℃/min。这是由于随着实验的进行，气固两相之间的平均温差降低，导致换热减慢，热回收速率下降。

在相同的料层厚度和蒸汽流量条件下，随着粒径的增大，半焦温度降低加快，熄焦时间缩短，熄焦时间分别为 24min、21min、15min，即粒径越大，完成熄焦所需时间越短，但热回收量增加越慢。Ⅲ-1、Ⅰ-2、Ⅲ-2 这 3 个工况回收热量依次降低，回收总热量分别为 3.9×10^3kJ、3.6×10^3kJ、3.4×10^3kJ，㶲增分别为 2.0×10^3kJ、1.8×10^3kJ、1.6×10^3kJ。这是因为颗粒粒径越大，空隙率越大，相同料层高度条件下，料层内的半焦质量较小，初始蓄热量低；而且颗粒越大，物料与蒸汽的有效换热面积越小，所以热量回收得越慢。在Ⅲ-1、Ⅰ-2、Ⅲ-2 工况下，单位质量的半焦热回收量分别为 $8.9\times10^2kJ/kg$、$8.6\times10^2kJ/kg$、$8.5\times10^2kJ/kg$，㶲增分别为 $4.5\times10^2kJ/kg$、$4.3\times10^2kJ/kg$、$4.0\times10^2kJ/kg$。这是由于随着粒径的增大，单位质量的半焦颗粒有效换热面积减小，故热回收量和㶲增变小。

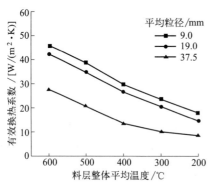

图 4-8　颗粒粒径对有效换热系数的影响

为进一步揭示蒸汽与半焦的换热特性，通过粒径影响实验结果计算得到蒸汽与半焦的有效换热系数，如图 4-8 所示。

当料层整体平均温度相同时，颗粒粒径越小，实验筒内的气固有效换热系数越大。在不同温度段中，料层整体平均温度越高，有效换热系数越大。这是因为颗粒温度越高，蒸汽体积流量越大，气固间相对流速越快，对流换热增强。同时颗粒温度越高，颗粒对蒸汽的辐射传热越强，所以料层整体平均温度高时的有效换热系数比较大。

（2）料层厚度对换热特性的影响

选择工况Ⅰ-1、Ⅰ-2、Ⅰ-3，即颗粒平均粒径为 19.0mm，蒸汽流量为 7.5kg/h，料层厚度分别为 400mm、500mm、600mm，对各工况下的料层整体平均温度、热回收量和㶲增进行分析。

图 4-9 和图 4-10 分别给出了料层厚度对料层整体平均温度、热回收量和㶲增的影响，在相同粒径和蒸汽流量的条件下，各个料层厚度的半焦温度均在前 40min 急速降低，且料层厚度越小，温度下降越快，热量回收越慢。以 0~40min 为例，料层厚度为 400mm、500mm、600mm 的料层整体平均温降分别为 10.9℃/min、10.3℃/min、9.7℃/min。在 40min 之后，随着气固平均温差的减小，两者之间的换热减弱，料层整体平均温降速率较为缓慢，热回收量增加较慢。

在相同的粒径和蒸汽流量的条件下，随着料层厚度的增大，料层整体温度降低越慢，熄焦时间越长，熄焦时间分别为 20min、22min、28min。且热回收量增大，回收总热量分别为 2.8×10^3kJ、3.6×10^3kJ、3.9×10^3kJ，㶲增分

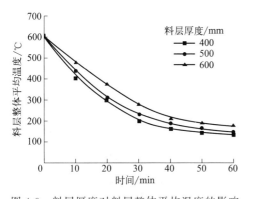

图 4-9　料层厚度对料层整体平均温度的影响

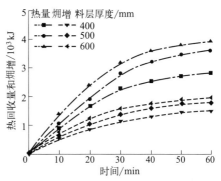

图 4-10　料层厚度对热回收量和㶲增的影响

分别为 1.5×10^3 kJ、1.8×10^3 kJ、2.0×10^3 kJ。这是因为随着料层厚度的增大，整个料层的初始蓄热量会增加，且气体在料层中流动时间增长，进而气体

与颗粒的换热量增大。为进一步揭示蒸汽与半焦的换热特性，通过半焦的料层厚度影响实验结果计算得到蒸汽与半焦的有效换热系数，如图 4-11 所示。

料层整体平均温度相同时，料层厚度越大，有效换热系数越小。这是因为料层越厚，气体在料层中的流动时间越长，随着气体的流动，气固之间的平均温差逐渐减小，换热减慢，

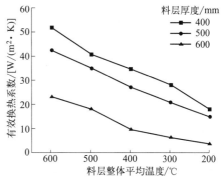

图 4-11　料层厚度对有效换热系数的影响

导致料层整体有效换热系数减小。随着料层整体平均温度的降低，有效换热系数减小。

（3）蒸汽流量对换热特性的影响

选择工况 Ⅱ-1、Ⅱ-2、Ⅰ-2，即颗粒平均粒径为 19.0mm，料层厚度为 500mm，蒸汽流量分别为 4.5kg/h、6.0kg/h、7.5kg/h，对各工况下的料层整体平均温度、热回收量和㶲增进行分析。

图 4-12 和图 4-13 分别给出了蒸汽流量对料层整体平均温度、热回收量和㶲增的影响。料层整体平均温度的变化规律是先急剧下降，然后温降变化速率逐步减缓。在相同的粒径和料层厚度条件下，蒸汽流量越大，单位时间内的料层温降越大，热回收量增加。以 0～20min 为例，蒸汽流量为 4.5kg/h、6.0kg/h、7.5kg/h 时的温降速率分别为 11.5℃/min、14.6℃/min、15.2℃/min；随着蒸汽流量的增大，熄焦时间减少，熄焦时间分别为 56min、

33min、21min；在整个换热过程中回收热量分别为 $2.7\times10^3\,kJ$、$3.0\times10^3\,kJ$、$3.6\times10^3\,kJ$，㶲增分别为 $1.2\times10^3\,kJ$、$1.5\times10^3\,kJ$、$1.8\times10^3\,kJ$。这是因为随着蒸汽流量的增加，换热效果增强，单位时间内气体带走的热量增加。

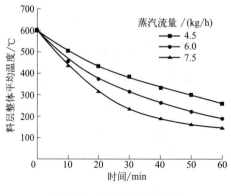

图 4-12 蒸汽流量对料层
整体平均温度的影响

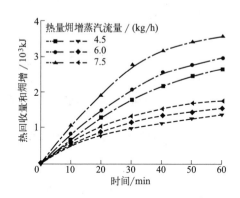

图 4-13 蒸汽流量对热回
收量和㶲增的影响

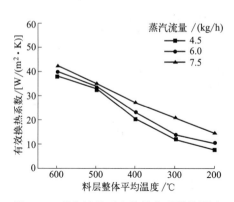

图 4-14 蒸汽流量对有效换热系数的影响

为进一步揭示蒸汽与半焦的换热特性，通过蒸汽流量影响实验数据计算得到蒸汽与半焦的有效换热系数，如图 4-14 所示。

当蒸汽流量较大时，实验筒内气体流速较快，蒸汽与颗粒之间的对流换热增强，换热系数较大。随着料层整体平均温度的降低，有效换热系数降低。

将上述实验所得数据做非线性曲线拟合，可得出粒径、料层厚度、蒸汽的质量流量、料层温度与有效换热系数的关系式，平均误差为 12.9%。经检验，半焦混料与蒸汽的有效换热系数依然符合如下关系式：

$$h_e=0.003d^{-0.366}H^{-1.492}q_m^{0.065}t^{1.093}$$

式中，h_e 为气固有效换热系数，$W/(m^2\cdot K)$；H 为料层厚度，mm；t 为料层整体平均温度，℃；d 为半焦颗粒直径，mm；q_m 为蒸汽质量流量，kg/h。

综上所述，气固换热的前期，热量交换比较剧烈，料层整体平均温度下降较快，热回收量和㶲增显著增加。随着实验的进行，有效换热系数减小。其蒸汽可回收热量范围为 $2.7 \times 10^3 \sim 3.9 \times 10^3 \, kJ$，㶲增的范围为 $1.2 \times 10^3 \sim 2.0 \times 10^3 \, kJ$，熄焦时间为 $15 \sim 56 \, min$。

料层厚度和蒸汽流量不变，随着粒径的增大，料层整体的温降速率增快，热回收量减少，蒸汽㶲增量减少。颗粒粒径和蒸汽流量不变，随着料层厚度的增加，料层整体的温降速率减慢，热回收总量增大，蒸汽㶲增量增大。料层厚度和颗粒粒径不变，随着蒸汽流量增加，料层整体温降速率加快，热回收量增大，蒸汽㶲增量增大。

随着料层整体温度的降低，有效换热系数减小；随着料层厚度与颗粒平均粒径的减小、蒸汽流量的增大，气固有效换热系数均增大。气固有效换热系数范围为 $3.5 \sim 52.0 \, W/(m^2 \cdot K)$，获得最大有效换热系数的工况：蒸汽流量为 $7.5 \, kg/h$，料层厚度为 $400 \, mm$，颗粒平均粒径为 $19.0 \, mm$，颗粒温度为 $600 \, ℃$。

4.1.3　半焦余热回用的颗粒流动

半焦物料在换热器内冷却卸料过程是一种典型的颗粒流动过程，相比传统的流体运动更加复杂，颗粒流动表现出明显的"散、动"的特征。离散单元法（discrete element method，DEM）是由 Cundall 等于 1979 年首次提出，将研究介质看作一系列离散单元（粒子）的集合，根据离散特性建立数学模型，这与颗粒物料的性质相一致，对于揭示颗粒流动规律具有重要意义。基于离散单元法，国内外许多学者对固体物料在移动床、筒仓内的流动特性开展了一定的研究，但对于换热器内颗粒运动行为尚未有相关报道。

梁浩天基于离散单元法，分析了换热器内颗粒流动模式以及流动过程中颗粒瞬态特征，考察了内换热器对颗粒流动的影响，以便为换热器的改进优化、余热回收效率的提高提供理论依据。

4.1.3.1　模型建立

（1）计算模型

接触模型是离散单元法的重要基础，介质为半焦颗粒，其在换热器中干熄的过程含水率很低，将其视为非黏性体。故在此颗粒间及颗粒和壁面间接触模型均采用 Hertz Mindlin 无滑移接触模型，该模型是在接触力学的研究基础上建立的，核心是允许颗粒间发生弹性接触，在接触位置根据颗粒间重叠量计算颗粒间接触力，包括法向力和切向力。

（2）换热器及颗粒模型

图 4-15 为换热器结构图，多区域型半焦余热回收换热器由外换热器及内换热器两部分组成。外换热器是颗粒物料的主要流动通道。内换热器深入物料内部，采

用双排布置，进出口横管之间均布有四根换热竖管。以换热器宽度 L 为当量尺寸 1，高度 H 为 0.62，两内换热器间距、内换热器与侧壁面间距均为 1/3L。

实际生产中换热器入口上方接低温干馏炉，经干馏后的高温半焦流入换热器进行冷却降温，随后经换热器出口由刮板输送装置向外排料，排料速度保持恒定。在换热器入口上方加装储料仓以保证一定的储料高度，出口处以卸料挡板的匀速下移保证卸料速度。换热器部分由两个内换热器分为三个区域，内外换热器之间为Ⅰ、Ⅲ区，内换热器之间为Ⅱ区，创建后的换热器及颗粒 DEM 模型如图 4-16 所示。

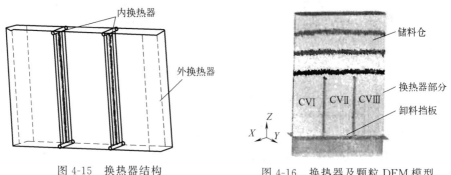

图 4-15　换热器结构　　　　图 4-16　换热器及颗粒 DEM 模型

将半焦颗粒简化为直径 40mm 的均匀球形颗粒，所用颗粒总数为 10900。依据离散单元法中对一储料仓迭代时间步长的计算准则，现确定时间步长为 4×10^{-5}s，模型所用其他物理参数如表 4-9 所示。

表 4-9　模型所用物理参数

参　　数	数　　值	参　　数	数　　值
颗粒泊松比	0.5	颗粒间恢复系数	0.5
颗粒剪切模量/GPa	0.1	颗粒间静摩擦系数	0.6
颗粒密度/(kg/m³)	1000	颗粒间滚动摩擦系数	0.05
壁面泊松比	0.3	颗粒壁面间恢复系数	0.5
壁面剪切模量/GPa	70	颗粒壁面间静摩擦系数	0.4

4.1.3.2　研究结论

根据模拟计算结果，研究分析了换热器内半焦颗粒流动均匀性、速度分布、内换热器区域颗粒流动情况及颗粒流动的瞬态特性，主要得出如下结果：

① 换热器内颗粒流动由内换热器分为三个区域，各分区内颗粒相对独立向下流动。换热器内颗粒流动均为整体流，内换热器间区域颗粒流动均匀性优于内外换热器间区域。

② 内换热器上方颗粒在流经进出口横管时有明显绕流现象，宽度方向影响颗粒范围为 3～4 倍粒径长度，距横管约 6 倍粒径长度处受到横管影响，横管上方颗粒流速减缓。而在横管下方空隙率较大，形成三角形的无粒子区，颗粒流速增快，出口横管下方空隙率大于入口横管，颗粒流速也更快。

③ 颗粒流动过程存在着自下而上传递的速度波，使得颗粒竖直方向速度实际为不断脉动过程，且越接近料层顶部的颗粒，速度脉动越剧烈。

④ 颗粒间接触力及相邻颗粒层间相对位置也处于不断脉动过程中，颗粒间的力链结构是不断打破又迅速重构的过程，颗粒的这种受力特性造成颗粒速度的不断脉动。

主要研究了颗粒壁面间静摩擦系数、颗粒粒径和颗粒间静摩擦系数对颗粒流动特性的影响规律，并得到了以下结果：

① 随着颗粒壁面间静摩擦系数的增大，颗粒流动均匀性降低，在外换热器壁面及内换热器两侧形成明显的带状减速区域，内换热器横管影响范围有小幅扩大。竖直方向速度波动幅度及频率均增大且频率并非稳定，出现多峰多谷的不规则的速度波。局部集中拱形力链的断裂，会造成较大区域内颗粒的加速流动，这会引发一次类似卸料过程中的速度波传递过程。颗粒壁面间静摩擦系数越大，换热器内更易形成拱形力链，加剧颗粒脉动。

② 颗粒直径由 40mm 增加至 80mm，颗粒在内换热器两侧流动逐渐减缓，而在横管下方颗粒流速加快，换热器内颗粒流动指数（MFI）从 0.9 降至约 0.8，流动均匀性降低。随粒径增大，受横管影响颗粒范围有所扩大。在颗粒粒径为 40～80mm 范围内，随着粒径的增大，颗粒越容易在内换热器间及换热器壁面间形成拱形强力链，速度波动幅度逐渐增大，不规则波形逐渐增多。

③ 随着颗粒间静摩擦系数的增加，同一高度上颗粒速度梯度逐渐降低，颗粒流动均匀性提高，而在内换热器进出口横管周围，速度分布无明显区别。颗粒间静摩擦系数由 0.2 增加到 0.8，颗粒流动过程中竖直方向速度脉动越剧烈，强力链集中分布方向逐渐向水平方向偏移。

还主要研究了换热器卸料速度、内换热器横管直径和内换热器数量对颗粒流动特性的影响规律，并得到如下结果：

① 流速对颗粒流型及颗粒流动均匀性都无明显影响，控制流速增快，换热器内颗粒流速相应增快，但对换热器内竖直方向和水平方向速度分布规律无明显影响。当控制流速由 0.4mm/s 增大至 0.7mm/s 时顶层颗粒竖直方向速度脉动标准偏差由 0.12 增加到 0.28，随颗粒流速的增快，颗粒速度脉动越剧烈。

② 内换热器横管直径的增大对换热器内颗粒流动影响范围有限，主要集

中在内换热器周围。随管径增大，横管上方颗粒流速减缓，同时横管影响范围扩大，MFI值小幅降低，换热器内强力链方向无明显变化。管径越大，横管下方空隙越大，颗粒回流呈塌落式流动，容易引发新的速度波传递。当横管直径由57mm增加至92.5mm时，顶层颗粒竖直方向速度脉动标准偏差由0.20增加到0.34，颗粒脉动越剧烈。

③ 内换热器数量的增加，有利于提高颗粒流动均匀性，当内换热器数量为3时，继续增加内换热器数量，MFI值变化较小。随着内换热器数量的增加，强力链集中分布方向逐渐偏向水平方向，拱形力链增多，加剧了颗粒速度的脉动。

4.1.4 氮气干熄焦技术工艺研究

陈静升针对碎煤热解半焦粒度小、床层阻力大、换热能效低等问题，提出并设计了一套适合碎煤热解半焦的氮气干熄焦工艺，该熄焦工艺采用高温半焦薄层直接接触换热方式，可实现冷却介质循环利用、半焦余热高效回收等。针对干熄焦过程中气焦比、床层压降、熄焦时间、热量回收等核心问题进行了理论计算。结果表明，所设计的碎煤热解半焦干熄焦工艺气焦比为$1.28 \mathrm{m}^3/\mathrm{kg}$，床层压降为268Pa，熄焦时间为0.68h，吨焦可回收热量446MJ以上。

4.1.4.1 高温半焦氮气干熄焦工艺流程

该干熄焦工艺流程如下：碎煤热解后的高温半焦末从进料装置进入熄焦炉，通过布料装置，将高温半焦均布于传送带上，在干熄炉中，高温半焦末与循环氮气直接接触换热，热解半焦末被冷却至60℃以下，经排焦装置排出系统。冷却介质氮气由循环风机从炉底鼓入熄焦炉，与高温半焦末充分换热后，温度升高至450℃以上，从熄焦炉排出的循环氮气通过除尘装置除去细粉尘后，进入热回收装置进行热量回收，最终进入洗涤冷却装置，进一步除尘和冷却。冷却后的循环氮气经过循环风机，再次送入熄焦炉，依次循环。具体工艺流程见图4-17。

4.1.4.2 干熄焦过程工艺计算

（1）工艺数据

碎煤热解半焦干熄焦工艺的设计参数及半焦床层特性参数见表4-10。

表4-10　工艺设计参数及半焦床层特性参数

熄焦炉处理能力/(t/h)	半焦床层厚度/mm	高温半焦温度/℃	循环风入口温度/℃
1	150	650	30
半焦粒径/mm	半焦床层堆密度/(kg/m³)	排焦温度/℃	循环风出口温度/℃
3～25	606	60	473

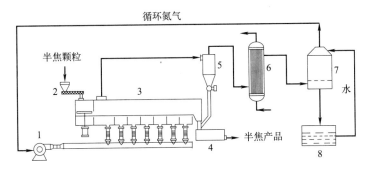

图 4-17　碎煤热解半焦干熄焦技术工艺流程

1—循环风机；2—进料装置；3—熄焦炉；4—排焦装置；5—除尘装置；

6—热回收装置；7—洗涤冷却装置；8—沉淀池

（2）干熄焦工艺热工计算

① 气焦比。干熄焦过程的热量平衡是计算熄焦炉生产能力和冷却所需循环气量的理论基础。该熄焦炉设计的处理能力为 $m_{焦}$，熄焦炉入口高温半焦温度为 T_1，排焦温度为 T_2，焦炭在 T_1 和 T_2 范围内平均比热容为 $c_{焦}$，氮气循环量为 $m_{气}$，氮气进口温度为 t_1，出口温度为 t_2，氮气在 t_1 和 t_2 范围内平均比热容为 $c_{气}$。干熄焦炉的换热过程进一步简化为图 4-18。根据热量守恒定律，得到式（4-1）：

$$m_{焦}\, c_{焦}(T_1-T_2)=m_{气}\, c_{气}(t_2-t_1) \tag{4-1}$$

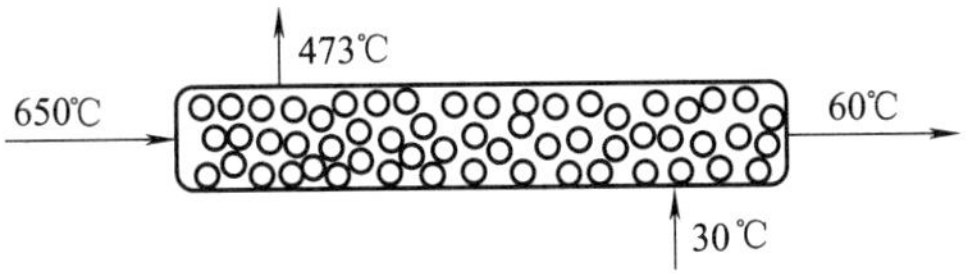

图 4-18　干熄焦换热过程

由表 4-10 可知，熄焦炉设计处理能力为 1000kg/h，半焦由 650℃冷却至 60℃，30℃循环氮气与高温半焦换热后，温度相应升高至 473℃。

根据焦炭比热容计算公式 $c_p = 0.836 + 1.53 \times 10^{-3}T - 5.4 \times 10^{-7}T^2$，650℃和60℃时焦炭的比热容分别为 $c_1 = 1.60$kJ/(kg·℃) 和 $c_2 = 0.91$kJ/(kg·℃)，由此得到焦炭的平均比热容为 $c_{焦} = 1.26$kJ/(kg·℃)。循环氮气的平均比热容为 1.31kJ/(m³·℃)，将上述值代入式（4-1）：

$$1000 \times 1.26 \times (650-60) = m_{气} \times 1.31 \times (473-30)$$

计算得到 $m_{气} = 1281$m³/h。即所设计的 1t/h 干熄焦炉所需的循环氮气量为 1281m³/h，即该熄焦工艺的气焦比为 1.28m³/kg。

② 床层压降。计算干熄炉内的流体阻力时，通常采用苏联国立焦化设计院提出的布鲁克-盖鲁曼公式或雅瓦良柯夫公式，其中布鲁克-盖鲁曼公式可表述为式（4-2）：

$$\frac{\Delta p}{\Delta L} = \frac{29\nu^{0.45} v^{1.55} S^{1.45} \rho}{g V_{CB}^3} \qquad (4-2)$$

式中，$\Delta p / \Delta L$ 为单位高度料层的压降，Pa/m；ν 为平均温度下气体的运动黏度，m^2/s；v 为平均温度下气体的 Darcy 速度，m/s；S 为床层的比表面积，m^2/m^3；V_{CB} 为床层自由体积，m^3/m^3；ρ 为流体的密度，kg/m^3；g 为重力加速度，为了方便，实际计算中取 $10m/s^2$。

已知：$\Delta L = 0.15m$；熄焦炉内氮气平均温度为 $251.5℃$，此温度下对应的氮气的运动黏度 $\nu = 2.65 \times 10^{-5} m^2/s$；此温度下对应的氮气密度 $\rho = 0.65kg/m^3$。

经计算：氮气在 $251.5℃$ 下，Darcy 速度 $v = 1.3m/s$，床层自由体积 $V_{CB} = 0.329$，床层的比表面积 $S = 138.05m^2/m^3$。

将上述值代入式（4-2），得到床层压降 $\Delta p = 268Pa$。

③ 熄焦时间。适用于堆积焦炭层熄焦时间的计算公式为

$$\tau = \frac{(c_1 T_1 - c_2 T_2)\rho_k}{1.1\Delta t_{cp} K S} \qquad (4-3)$$

式中，τ 为熄焦时间，h；T_1 和 T_2 为焦炭冷却前后的温度，$℃$；c_1、c_2 为 T_1 和 T_2 时焦炭的比热容，$kJ/(kg \cdot ℃)$；Δt_{cp} 为焦炭和气体的对数平均温度差，$℃$；ρ_k 为焦炭的密度，kg/m^3；1.1 为运动层中堆积焦炭的体积疏松系数；S 为堆积焦炭的比表面积，m^2/m^3；K 为焦炭和气体的传热系数，$W/(m^2 \cdot ℃)$。

碎煤热解半焦熄焦工艺的熄焦原理和工艺条件与堆积焦炭层熄焦工艺类似，故采用苏联国立焦化设计院推荐的式（4-3）对本熄焦工艺的熄焦时间进行计算。

干熄焦炉循环气体进出口温度分别为 $30℃$ 和 $473℃$，半焦进出口温度分别为 $650℃$ 和 $60℃$，此温度下对应半焦的比热容分别为 $1.60kJ/(kg \cdot K)$ 和 $0.91kJ/(kg \cdot K)$；由上述讨论可知，半焦床层的比表面积 $S = 138.05m^2/m^3$，半焦床层平均气体速度 $v = 1.3m/s$。此外，通过试验，可以得到堆积半焦的密度 $\rho_k = 606kg/m^3$。

经计算：半焦和氮气的对数平均温差 $\Delta t_{cp} = 82.8℃$。依据相关半经验公式计算，得知 $K = 19.3W/(m^2 \cdot ℃)$。

将上述数值代入式（4-3），计算得到本熄焦工艺的熄焦时间 $\tau=0.68h$。

④ 热量回收。干熄焦技术的核心是干熄炉内半焦的冷却过程，其本质是循环气体与高温半焦之间的强对流换热，在该熄焦系统中，回收热量来自高温半焦携带的显热，忽略熄焦过程中半焦烧损率，吨高温半焦释放的热量为：

$$Q=m_{焦}c_{焦}(T_1-T_2)=1000\times1.26\times(650-60)=743（MJ）$$

其中，热回收效率 η 按 60% 计算，干熄焦过程吨焦回收热量为 $Q_{回收}=446MJ$。

4.1.5 螺旋熄焦机内的颗粒流动

张忠良等基于离散单元法，模拟仿真并分析半焦余热回收型螺旋输送机料斗内颗粒的流动状态、螺旋转速对其内部颗粒运动的影响、颗粒运动速度在其内部的分布以及颗粒在输送过程中的混合状态。

4.1.5.1 初始模型的建立

由兰炭干馏方炉流出的高温半焦颗粒经一级换热器干熄并冷却至 200℃ 左右，进而经由二级换热器冷却至 80℃ 以内，在输送高温半焦颗粒的过程中对其进行余热回收。相比传统的水冷熄焦方法，干熄法拥有保证半焦高质量、节省能源和水资源、污染小的优点。图 4-19 为半焦余热回收型螺旋输送机示意图。

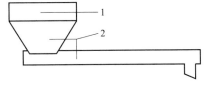

图 4-19 半焦余热回收型螺旋输送机
1—一级换热器；2—二级换热器

该模拟所采用的螺旋输送机模型以实际运行中的半焦余热回收型螺旋输送机为原型建立，螺旋转速选用 5r/min、10r/min、15r/min 和 20r/min 进行模拟，输送机的结构参数如表 4-11 所示。

表 4-11 输送机结构参数　　　　　　　　单位：mm

管壳内径 ϕ_1	机体长度 L	螺旋直径 ϕ_2	螺距 S	轴径 ϕ_3
309	3992	300	200	108

接触模型基于离散元中的软球模型建立，将颗粒看作刚体，不考虑颗粒的变形。接触处，刚性颗粒允许重叠，重叠量的大小与接触力有关。模拟中将半焦颗粒简化为粒径为中 $\phi40mm$ 的均匀球形颗粒，具体物性参数如表 4-12 所示。表 4-13 为颗粒之间、颗粒与边界之间的碰撞参数。

表 4-12　材料的属性参数

材料	泊松比	剪切模量/GPa	密度/(kg/m³)
半焦	0.5	0.1	1400
钢	0.3	70	7800

表 4-13　颗粒的碰撞参数

参数	恢复系数	静摩擦系数	滚动摩擦系数
颗粒与颗粒	0.5	0.6	0.05
颗粒与边界	0.5	0.4	0.05

4.1.5.2　结果与分析

（1）料斗内颗粒流动状态

图 4-20 为料斗内颗粒运动速度矢量图，颜色深浅表示颗粒速度大小。由图 4-20 可以看出，随着输送机螺旋体的旋转，料斗内颗粒进入输送机机壳内，所有的颗粒均发生运动。料斗内颗粒流动的高速区域沿 H 轴方向呈扩散式增加，顶部面料呈现周边高中间低的状态，由于输送机壳体内颗粒与料斗内颗粒的相互作用，位于 $L>650mm$、$H<1000mm$ 区域内的颗粒运动呈现紊乱状态。图 4-21 为料斗内颗粒下落速度分布曲线，图中轴向速度分布为 $700mm<H<800mm$ 区间内颗粒下落速度沿 L 轴的分布，纵向速度分布为 $400mm<L<500mm$ 区间内颗粒下落速度沿 H 轴的分布，交接处速度分布为 $500mm<H<600mm$ 区间内颗粒下落速度沿 L 轴的分布。结合图 4-20 和图 4-21 可以看出，当 $500mm<H<600mm$ 时，交接处颗粒的下落速度沿 L 轴不断降低，由 $400mm<L<500mm$ 内的 0.062m/s 降至 $800mm<L<900mm$ 内的 0.006m/s，之后趋于稳定，其入料有效区域主要集中于 $400mm<L<650mm$ 内。由轴向和纵向速度分布可以得出，位于有效入料区域上方的颗粒下落速度随 H 方向的升高而降低并趋于平缓，底部颗粒的下落速度为顶部颗粒下落速度的 8.6 倍，料斗内颗粒沿 L 轴方向的下落速度分布呈现有效入料区域上方高两侧低的状态。

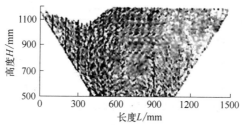

图 4-20　料斗内颗粒运动速度矢量图

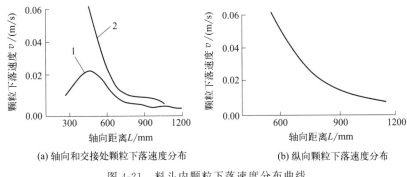

(a) 轴向和交接处颗粒下落速度分布   (b) 纵向颗粒下落速度分布

图 4-21 料斗内颗粒下落速度分布曲线

1—轴向速度分布；2—交接处速度分布

由此可见，输送机料斗内的颗粒流动呈现漏斗流形式，颗粒流动的高速区域自下而上呈扩散式增大。位于高速区域中间部位的颗粒流动速度较快，料斗底部的颗粒运动速度大于上部颗粒的运动速度，其有效入料区域主要集中在料斗与输送机起始端交接处起约 1 个螺距长度的范围内，其并不会随进料口与输送机交接区域的增大而增大。螺旋输送机在输送颗粒的过程中，料斗内颗粒的流动情况直接影响干馏炉内物料的流动均匀性，对半焦的质量好坏起决定性作用。为实现兰炭炉的均匀落料，可采用配有多个小型料斗的变螺距水冷螺旋输送机。

（2）输送机内颗粒运动速度分析

螺旋输送机在输送颗粒的过程中，颗粒在其内部的运动十分复杂，受自身重力、输送机壳体以及螺旋体摩擦的影响，颗粒在做空间三维运动的同时，其自身还做旋转运动。输送机达到满填充输送状态时，研究颗粒的运动速度在输送机轴向、周向以及径向方向的分布情况以及转速对颗粒运动的影响。

颗粒的运动速度随螺旋转速的变化如图 4-22 所示，由图 4-22 可以看出颗粒运动的平均合速度和平均轴向速度随着螺旋转速的增加呈线性增加，其中平均合速度的增长速率约为平均轴向速度增长速率的 2.4 倍。图 4-23 为颗粒运

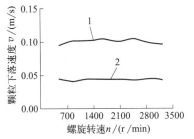

图 4-22 颗粒的运动速度随螺旋转速的变化

1—平均合速度；2—平均轴向速度

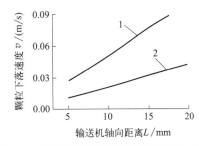

图 4-23 颗粒运动速度沿输送机轴向的分布

1—合速度；2—轴向速度

动速度沿输送机轴向的分布，由图 4-23 中可以得出，输送机满填充状态输送颗粒时，颗粒沿输送机轴向的运动速度分布均匀。

输送机周向和径向区域划分以及颗粒运动速度沿输送机周向和径向的分布如图 4-24 和图 4-25 所示，结合图 4-24 和图 4-25 可以得出输送机满填充输送颗粒时的周向和径向速度分布。中层和外层的合速度沿输送机径向范围基本重合，内层颗粒的合速度最小；颗粒运动的轴向速度沿输送机径向呈先增高后降低趋势变化。在输送机周向范围内，A、B 区域内颗粒的运动速度沿输送机径向的变化均匀度高于 C、D 区域内的变化均匀度，这是由于 C、D 区域位于输送机的底端，所受压力较大引起颗粒间以及颗粒与输送机之间正应力和剪切应力变化。

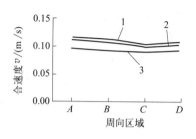

(a) 颗粒运动合速度沿输送机周向和径向的分布

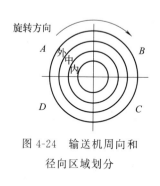

图 4-24 输送机周向和
径向区域划分

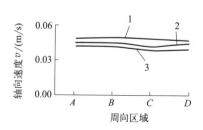

(b) 颗粒运动轴向速度沿输送机周向和径向的分布

图 4-25 颗粒运动速度沿输送机
周向和径向的分布

1—外层；2—中层；3—内层

（3）输送过程中颗粒的混合状态

混合质量评价方法较合理且应用较广泛的有变异系数法、Lacey 指数算法以及接触数法，其在混合度评价上各有优劣，且适用范围不同。其中变异系数法比较适合评价工业混合及轴向混合，Lacey 指数算法比较适合评价径向混合，接触数法能很好地反映出不同区域内的混合程度。基于以上混合度评价方法，采用接触数法对颗粒混合进行评价。混合指数越小表明混合效果越差，越

大表明混合效果越好，数学表达式为

$$q = c_{sl} / c_{total}$$

式中　q——混合指数；

　　c_{sl}——2 种颗粒的接触数；

　　c_{total}——颗粒总的接触数。

为定量分析颗粒的混合程度随螺旋输送机输送进程的变化，在此以单个螺距跨度范围内的颗粒为研究对象，跟踪并定量分析颗粒的混合程度随螺旋输送机旋转转数的变化。均等布料情况如图 4-26 所示。

图 4-27 为颗粒的混合曲线。由图 4-27 可以看出，在混合开始时，2 种颗粒是完全分离的，混合指数为 0，随着旋转周期的增加，混合指数呈近似线性迅速增大，随后趋于稳定。为便于分析，将颗粒在输送机内部的混合过程分为 2 个阶段，即 6r 之前的混合阶段和 6r 之后稳定阶段。第 1 阶段为混合阶段，混合初始，颗粒群随螺旋体的旋转而转动，2 种颗粒首先于螺旋叶片处相互渗入对方群体，随着旋转周期的增加，在颗粒空间运动和自身旋转运动的作用下，混合程度不断升高。第 2 阶段为稳定阶段，随着旋转周期的增加，颗粒混合达到一定混合程度并于混合指数 0.475 上下波动，保持相对稳定。

图 4-26　均等布料情况

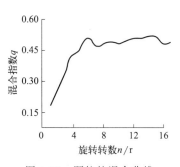

图 4-27　颗粒的混合曲线

这说明螺旋输送机对于颗粒有很好的混合特性，于旋转初期就能达到很好的混合程度。颗粒与输送机内部混合达到均匀后，颗粒之间的相对位置依然不断变化，使得颗粒之间、颗粒与螺旋体以及颗粒与壳体之间均匀接触，有利于输送机对高温半焦颗粒的余热回收以及保持出料温度的均匀性。

综上所述，得出如下结果：

① 螺旋输送机在输送物料时，输送机料斗有效入料长度为 240mm，约 1 个螺距长度的范围；

② 满填充状态时，颗粒的运动速度随转速的增加而呈线性增加，同一螺旋转速下，颗粒的运动速度沿轴向分布均匀，沿输送机周向和径向分布波动较大；

③ 水冷螺旋输送机对于颗粒有很好的混合效果，于旋转初期就能达到很好的混合程度。

4.2 竖置式余热锅炉

4.2.1 技术特点

为了使高温半焦的余热能够得到合理利用，榆林半焦企业引进半焦余热利用技术，经在生产过程中不断改进和完善，现该技术已得到推广应用，并获得良好的效果。

半焦余热回收装置由换热器和汽液分离器组成，其换热器为竖排多通道管状结构见图 4-28。脱盐水在换热器管内，与管外的高温半焦（约 650℃）换热后，被加热汽化，然后进入汽液分离器，由汽液分离器分离出 0.8MPa 的饱和蒸汽，该蒸汽可外供使用。高温半焦经换热器冷却后，可由 650℃降温到 200℃，然后再进入水雾熄焦装置。

图 4-28　竖排多通道管状换热器外形结构

山东昊通节能服务股份有限公司对高温半焦竖置式余热锅炉的技术特点作了介绍，主要内容是：

（1）半焦干熄及余热利用的系统构成

① 余热利用汽水循环系统：由 20 台一级换热器、一台疏水器（含内外附件）和循环管路组成。疏水器内的饱和水下降至一级换热器，在一级换热器吸收高温半焦的热量，变成汽水混合物，在疏水器内进行汽水分离，形成蒸汽，蒸汽可外供发电或他用，并将半焦冷却至 200℃左右。

② 排焦系统：由推焦机和推焦密封箱构成，推焦机用于控制排焦量。

③ 密闭输送及排料系统：由密封式埋刮板输送机、排料密闭仓、电动排料阀和安全防护系统组成。密封式埋刮板输送机将半焦送至排料仓，再通过电动排料阀排至带式输送机上。排料仓内安装上、下限料位计和报警料位计，用于控制电动排料阀的自动开启与关闭。安全防护系统包括泄爆装置、水封装置和水位控制装置。密封式埋刮板输送机的机体上设有泄爆装置。水封装置与埋刮板输送机结合在一起，可以给水封装置内的水传热，防止冬天结冰。

④ 雾化系统：在一级换热器和二级换热器之间向半焦喷少量的水。其目的：用于调节半焦含水量（含水量可根据用户要求进行调节和控制），以便安全运输和储存；强化对大块半焦的冷却。

⑤ 软化水和补水系统：包括软化水系统、补水泵、补水自动调节阀和管路等。

⑥ 测控系统：对蒸汽产量和半焦温度进行监测；对密封式埋刮板输送机链速、水泵进行控制；对补水自动调节阀、电动排料阀进行自动控制。

（2）主要技术指标

① 干熄后半焦含水率不高于 8%。

② 蒸汽饱和压力：0.8MPa。

③ 半焦平均温度不高于 90℃。

④ 蒸汽产量。当进入换热器内半焦温度为 650℃时，每吨半焦生产 0.8MPa 的饱和蒸汽 0.2t；当进入换热器内半焦温度 600℃时，每吨半焦生产蒸汽 0.175t；当进入换热器内半焦温度 550℃时，每吨半焦生产蒸汽 0.15t；当进入换热器内半焦温度 500℃时，每吨半焦生产蒸汽 0.125t。

⑤ 所产半焦与原工艺产品相比降低了粉焦量；实现了物料的自动排放；汽水循环系统实现自动连续补水，自然循环；实现推焦系统和排焦系统启停的联锁控制；其系统的全密封，避免煤气泄漏；具备放散和泄爆功能。

（3）技术经济性

2 台炉按年产 20×10^4 t 半焦计算：

① 增加了半焦余热利用收入：利用半焦显热，可以生产 0.8MPa 的饱和蒸汽 4×10^4 t 左右。如果按照每吨蒸汽 125 元计算，则年增收 500 万元。

② 减少了煤气消耗：烘干半焦消耗煤气（标准状况）5000×10^4 m^3/a，采用半焦干熄技术，可以节省出这些煤气。如果每立方米煤气（标准状况）按 0.03 元计算，则年节支 150 万元。

③ 年总增收：650 万元。

4.2.2　装置特点

国内一些研究者，对高温半焦竖置式余热锅炉进行了研究，其装置的结构各有其特点。

刘永启等在专利 CN104710995B 中，公布了一种适用大料半焦干熄及余热利用的装置。目前采用低温干馏方炉生产半焦的炉型分为两种，一种是用于生产小料和中料半焦，其直径小于 38mm；另一种是用于大料半焦，其直径为 38～150mm。该发明技术适合大料半焦低温干馏方炉的半焦干熄及余热利用，该装置的结构如图 4-29 所示。

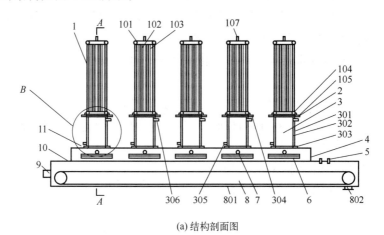

(a) 结构剖面图

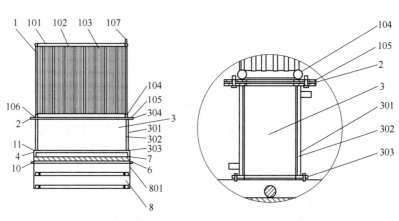

(b) 图(a)A—A剖面图　　　　　(c) B处局部放大图

图 4-29　适用于大料半焦干熄及余热利用的装置

1—换热器；101—上集箱；102—换热管；103—导热挡板；104—下集箱；105—换热器法兰；

106—换热器进水管；107—换热器出水管；2—第一密封垫；3—水冷夹套；301—外套；302—内套；

303—水冷夹套下法兰；304—水冷夹套上法兰；305—水冷夹套进水管；306—水冷夹套出水管；

4—密封箱；5—喷嘴；6—托焦板；7—推焦杆；8—密闭式刮板机；801—机壳；802—下料口；

9—引风系统；10—第三密封垫；11—第二密封垫

实施例中换热器 1 包括一个环形的上集箱 101 和一个环形的下集箱 104，多根换热管 102 分别与上集箱 101 和下集箱 104 固定连接并相通，相邻的两根换热管 102 之间均固定有导热挡板 103，导热挡板 103 上下两端分别与上集箱 101 和下集箱 104 固定连接。上集箱 101、换热管 102、导热挡板 103 和下集箱 104 围成半焦流动通道，上集箱 101 上设有换热器出水管 107，下集箱 104 上设有换热器进水管 106，下集箱 104 的下端设有换热器法兰 105。换热器进水管 106 与汽包的下降管连通，换热器出水管 107 与汽包的上升管连通，因而，换热器 1 与汽包结合可以生产蒸汽，实现半焦余热的高品位利用。

水冷夹套 3 由内套 302、外套 301、水冷夹套上法兰 304 和水冷夹套下法兰 303 构成。内套 302 用于围成半焦流动的通道，外套 301 设置在内套 302 的外侧，外套 301 和内套 302 之间的环形缝隙为冷却水通道，外套 301 和内套 302 的上端与水冷夹套上法兰 304 固定连接，下端与水冷夹套下法兰 303 固定连接。水冷夹套 3 的一侧下部设有水冷夹套进水管 305，另一侧上部设有水冷夹套出水管 306。采用水冷夹套 3 对半焦进行二次换热，可以进一步降低半焦的温度，同时回收的热量用于预热除氧器的补水，提高了半焦余热的回收效率。

水冷夹套上法兰 304 与换热器法兰 105 之间设有第一密封垫 2，采用螺栓和螺母紧固连接；水冷夹套下法兰 303 与密封箱 4 之间设有第二密封垫 11，采用螺栓和螺母紧固连接；密封箱 4 与密闭式刮板机 8 之间设有第三密封垫 10，采用螺栓和螺母紧固连接。

在运行过程中，推焦杆 7 在驱动装置的驱动下，在托焦板 6 上做往复运动。低温干馏方炉内炭化后的半焦在重力作用下进入换热器 1，在换热器 1 内下行过程中与换热管 102 内的换热介质进行换热而逐渐降温。降温后的半焦进入水冷夹套 3 内，与水冷却通道和冷却水管的水进行第二级冷却换热而进一步降温。半焦进入密封箱 4，落在托焦板 6 上。推焦杆 7 将托焦板 6 上的半焦前后推动，半焦从托焦板 6 两侧落到密闭式刮板机 8 的机壳 801 底部。密闭式刮板机 8 的刮板将半焦刮至下料口 802，从下料口 802 排出。在密闭式刮板机 8 的刮板将半焦刮至下料口 802 的过程中，风从下料口 802 进入密闭式刮板机 8 的机壳 801 内，在机壳 801 内与半焦做逆流运动，与半焦进行对流换热，对半焦进行第三级冷却。水在水冷夹套 3 内吸热升温后，供给除氧器。汽包内的工质经换热器进水管 106 进入换热器 1 的换热管 102，在换热管 102 内被加热，一部分水蒸发变成蒸汽，从换热器出水管 107 流出来的汽水两相混合物经过上升管进入汽包进行汽水分离。

张炜银在专利 205155907U 中，公布了一种半焦干熄焦余热利用装置。

该装置仅需采用冷焦箱将 800℃ 热焦降到 200℃ 以下，达到熄焦的目的即可，经计算半焦在 800℃ 的比热容为 $1.5kJ/(kg \cdot K)$。从 800℃ 降为 200℃，按年产 $136 \times 10^4 t$ 半焦计，其换热效率为 85%～90%，可节约标准煤 38250t。通过冷焦过程中产生的蒸汽能用在其他用汽场所，不仅大幅度降低炭化炉生产过程中自身对煤气的消耗量，还可产生大量蒸汽，在半焦的生产环保、节能减排和清洁生产等方面有十分积极的意义。

该装置的结构如图 4-30 所示。由图 4-30 可知,半焦干熄焦余热利用装置包括:锅筒 1,锅筒 1 上通过电动调节阀连接有供水母管 3,供水母管 3 上连接有若干供水支管,每根供水支管均连接有冷焦箱 4;冷焦箱 4 的入焦口通过集箱连接至炭化炉的热焦排放口,且集箱与炭化炉的热焦排放口之间设有导流装置,冷焦箱 4 的出焦口汇集至出焦设备;冷焦箱 4 顶部的蒸汽出口通过蒸汽管连接至蒸汽母管 2,冷焦箱 4 中设有膜式水冷壁,所述蒸汽母管 2 连接至锅筒 1;锅筒 1 中设有用于分离蒸汽的汽水分离装置,锅筒 1 上部设有用于将蒸汽排至用汽场所的汽阀,锅筒 1 上部还设有全启式弹簧安全阀,安全阀上装有消声器。

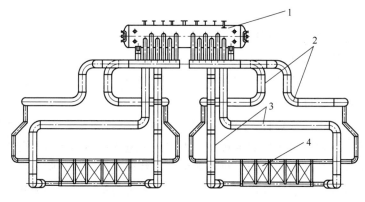

(a) 主视图

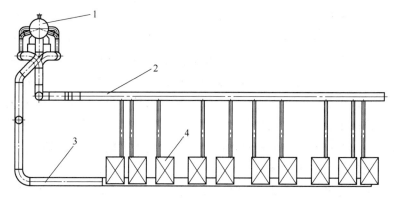

(b) 侧视图

图 4-30　半焦干熄焦余热利用装置

1—锅筒;2—蒸汽母管;3—供水母管;4—冷焦箱

锅炉适用于陕西地区半焦产业干法熄焦,每两台炭化炉配套一台锅筒,每台炉的循环回路各自独立,两台炭化炉可单独运行,也可同时运行。其中冷焦箱 4 设置于炭化炉热焦排放口,作为炭化炉和出焦设备之间的连接通道,冷焦箱 4 中设有膜式水冷壁。冷焦箱 4 与炭化炉热焦排放口和出焦设备之间为焊接连接，密封性能好，既可以防止有害气体外泄，又可以防止空气漏入引起焦炭复燃。热焦在下落过程中通过水冷壁向管内介质放热，降低温度后排入出焦设备，管内介质吸收焦炭显热，产生蒸汽供工业生产使用。

所用锅筒 1 内径为 1000mm，壁厚为 16mm，锅筒直段长度约为 4540mm，设计材料为 Q245R（GB 713），锅筒 1 内布置有疏水器、给水分配管、排污管、加药管和下降管保护装置等内部设备。

所用膜式水冷壁管规格：$\phi42mm \times 6mm$，材质为 20（GB 3087），节距为 100mm。集箱规格：$\phi133mm \times 10mm$，材质为 20（GB 3087）。

供水母管 3 管子规格有 $\phi377mm \times 10mm$、$\phi325mm \times 10mm$、$\phi159mm \times 6mm$、$\phi133mm \times 5mm$，材质均为 20（GB 3087）。配套锅炉装有各种必要的监视、控制装置，如水位表、平衡容器等，在锅筒 1 上装有两台全启式弹簧安全阀，安全阀上装有消声器，为监督给水、炉水及蒸汽品质，配套锅炉装设有给水、炉水、饱和蒸汽取样装置和汽水取样冷却器。

使用时，首先冷焦箱 4 壁内通过供水母管 3 注满水，当炭化炉内的热焦通过热焦排放口进入冷焦箱 4 时，热焦在下降过程中通过冷焦箱的膜式水冷壁向水放热，使得冷焦箱 4 壁内的水产生蒸汽；蒸汽通过冷焦箱 4 上部的蒸汽支管汇集入蒸汽母管 2，然后通过蒸汽母管 2 导入锅筒 1，经锅筒 1 内部的汽水分离装置使蒸汽分离出来，送至用汽场所。

刘永启等在专利 CN104236337B 中，公布了半焦余热利用换热器，该半焦余热利用换热器如图 4-31 所示。

实施例的半焦余热利用换热器包括围成高温物料通道的外换热器和位于物料通道中心的内换热器。外换热器包括两个环形的外下集箱 2 和一个环形的外上集箱 10，多根外换热管 11 分别与外上集箱 10 和外下集箱 2 固定连接并相通。相邻的两根外换热管 11 之间都设有导热挡板 8，导热挡板 8 分别与两根外换热管 11、外上集箱 10 和外下集箱 2 固定连接。

外上集箱 10 为长方形，或者外上集箱 10 还可以是窄边或弧形的类长方形，在外上集箱 10 的环内，沿外上集箱 10 长度方向上布置一个连接管 13。连接管 13 的中心轴与外上集箱 10 的长轴垂直，连接管 13 的两端分别与外上集箱 10 的两个长边固定连接并相通，外上集箱 10 与连接管 13 一起形成两个矩形环。两个环形的外下集箱 2 分别位于两个矩形环的正下方。在连接管 13 的下面倾斜布置两排外换热管 11，每一排外换热管 11 的上端与连接管 13 固定连接并相通，下端与外下集箱 2 固定连接并相通。在每一排外换热管 11 中，相邻的两根外换热管 11 之间都设有导热挡板 8，每个导热挡板 8 与所述的两

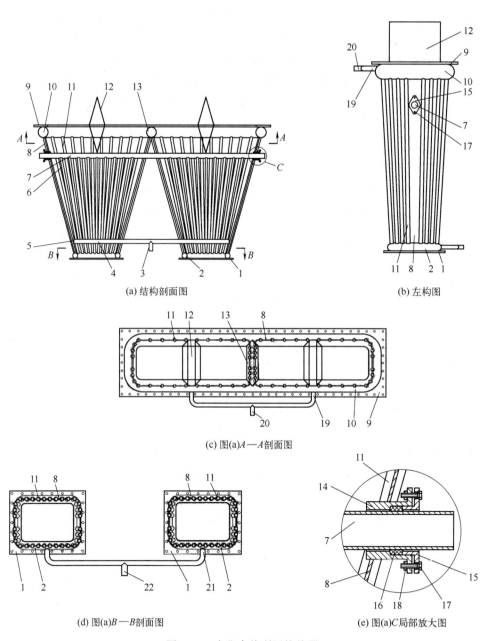

(a) 结构剖面图   (b) 左构图

(c) 图(a)A—A剖面图

(d) 图(a)B—B剖面图   (e) 图(a)C局部放大图

图 4-31　半焦余热利用换热器

1—下法兰板；2—外下集箱；3—内换热器供水管；4—内下集箱；5—封板；6—内换热管；
7—内上集箱；8—导热挡板；9—上法兰板；10—外上集箱；11—外换热管；12—导料装置；
13—连接管；14—套管；15—压盖；16—密封填料；17—螺栓；18—螺母；19—外换热器出水支管；
20—外换热器出水总管；21—外换热器供水支管；22—外换热器供水总管

根换热管 11、连接管 13 和外下集箱 2 固定连接。外上集箱 10、连接管 13、外下集箱 2、外换热管 11 和导热挡板 8 一起围成两个半焦流动通道。将较宽的半焦换热器分割成两条半焦流动通道，在保持整个换热器外形尺寸不变的情况下，一方面大大增加了换热面积，另一方面有效缩短了换热器内物料与外换热管 11 之间的传热距离，从而大幅提高了换热器的换热能力和物料冷却均匀性，解决了半焦干馏炉排料口的排料量过大、单个物料流动通道换热器的换热能力不足的问题。

在外上集箱 10 的上部固定连接一个上法兰板 9，用于换热器与半焦干馏炉排料口的连接安装。在每个外下集箱 2 的下部固定连接一个下法兰板 1，用于换热器与二级冷却装置（图中未画出）的连接安装，使其安装方便。

内换热器包括一个内上集箱 7、一个内下集箱 4 和多根内换热管 6。内上集箱 7 为一个直钢管，沿外上集箱 10 长度方向穿过每一条半焦流动通道的两块导热挡板 8，其两端分别伸到外换热器的外部与回水管相连接；内上集箱 7 与连接管 13 下部的两块导热挡板 8 直接固定连接。通过内换热器能够进一步缩短传热距离，提高换热效果，当然也可以单独采用外换热器进行换热。

内下集箱 4 为一个直钢管，深入到每一条半焦流动通道内并与导热挡板 8 固定连接。内下集箱 4 的两端设有封板，将内下集箱 4 的两端堵住。在内下集箱 4 的中部设有一个内换热器供水管 3，内换热器供水管 3 与内下集箱 4 固定连接并相通。多根内换热管 6 平均分成两组，每一组的内换热管 6 位于一条半焦流动通道内，内换热管 6 的两端分别与内上集箱 7 和内下集箱 4 固定连接并相通。

在每一条半焦流动通道的上部设置一个菱形的导料装置 12。导料装置 12 上部位于上法兰板 9 的上面，导料装置 12 下部位于半焦流动通道内并与上法兰板 9、外上集箱 10、导热挡板 8 和外换热管 11 固定连接，其轴线与连接管 13 的轴线平行。

在由外换热管 11 和导热接板 8 组成的、每条半焦流动通道的四个侧面中，内上集箱 7 所穿过的两个侧面都为倾斜面，倾斜面从上至下逐渐向半焦流动通道内倾斜。优选的，倾斜面与垂直面之间的夹角为 5°～15°，试验表明当倾斜面与垂直面之间的夹角大于 15°时，半焦在半焦流动通道内倾斜面处流动性变差，不利于换热。菱形的导料装置 12 的两个下侧面分别与其相对的倾斜面平行，在半焦流动通道内导料装置 12 两侧的流动通道面积上下保持局部不变，因而半焦在该部分流动均匀，进一步克服半焦流动通道中心半焦下降速度大于两侧半焦下降速度的问题，保证换热的均匀性。

在外换热器另一侧的两个矩形环上各设有一个外换热器出水支管 19，外换热器出水支管 19 一端与外上集箱 10 连通，另一端与外换热器出水总管 20 连通。

在外换热器一侧的每一个外下集箱 2 上都设有一个外换热器供水支管 21，也就有两个外换热器供水支管 21，外换热器供水支管 21 的一端与外下集箱 2 连通，另一端与外换热器供水总管 22 连通。

内上集箱 7 两端在穿过相应的导热挡板 8 时，在内上集箱 7 和导热挡板 8 之间设有套管 14，套管 14 与导热挡板 8 固定连接，内上集箱 7 通过套管 14 的内孔穿过导热挡板 8。在套管 14 与内上集箱 7 之间的环形缝隙内充填密封填料 16，压盖 15 在螺栓 17 和螺母 18 的作用下将密封填料 16 压紧，这样既使内上集箱 7 可以在套管 14 内伸缩，又在套管 14 与内上集箱 7 之间形成密封。换热器上部的半焦温度较高，内上集箱 7 的热膨胀与外换热器的热膨胀不一致。内上集箱 7 通过伸缩机构与导热挡板 8 连接，内上集箱 7 与导热挡板 8 可以相对滑动，既解决了内上集箱 7 与外换热器的热膨胀不一致问题，提高了换热器工作可靠性，又解决了煤气泄漏的问题，提高了换热器工作安全性。密封填料 16 充填在套管 14 与内上集箱 7 之间的环形缝隙内，利用压盖压紧密封填料 16，能够使密封填料 16 变形从而压紧内上集箱 7 外侧，保证了密封的可靠性，结构简单。

4.3 横置式余热锅炉

4.3.1 研发与设计

白林波对半焦余热利用横置式余热锅炉的研发与设计进行了论述。

4.3.1.1 余热锅炉设计依据

① 进口固体颗粒流量：140t/h。

② 进口固体颗粒直径：0.3～30mm。

③ 进口固体颗粒温度：550～600℃。

④ 额定蒸发量：20t/h。

⑤ 额定蒸汽压力：3.82MPa。

⑥ 额定蒸汽温度：400℃。

⑦ 给水温度：104℃。

⑧ 排污率：2%。

⑨ 出口固体颗粒温度：小于 215℃。

⑩ 锅炉效率：大于 55%。

4.3.1.2　余热锅炉结构

　　锅炉为单锅筒横置式的自然循环水管锅炉，结构见图 4-32。高温固体颗粒从上部进料口往下进料，依次经过过热器、对流管束、省煤器、软水加热器后落入物料回收设备。

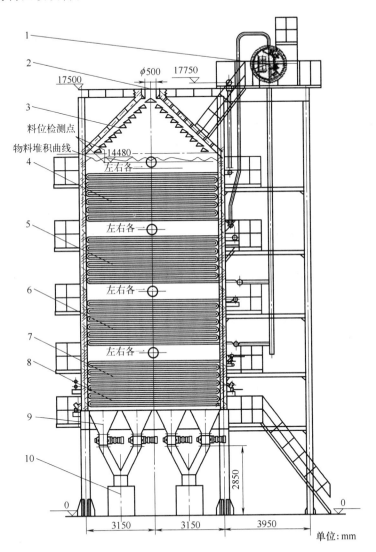

图 4-32　锅炉结构

1—锅筒；2—半焦进口；3—分流挡板；4—过热器；5—对流管束Ⅰ；6—对流管束Ⅱ；

7—省煤器；8—软水加热器；9—出料机；10—刮板加湿机（半焦出口）

　　锅筒规格为 φ1400mm×42mm，材料为 Q245R。

　　过热器采用 φ32mm×4mm 的锅炉管，材料为 12CrMoVG，可耐 580℃的管壁温度，而物料进口温度仅为550～600℃，管子的安全性可以充分保证。过热器管束采用顺列布置，横向间隔90mm，纵向间隔100mm，做成膜式结构。锅筒饱和蒸汽经过饱和蒸汽连接管接入过热器进口集箱，经过热器管束过热后由过热器出口集箱上的主蒸汽出口闸阀接入用户发电设备。过热器出口集箱上设有喷水减温器，可以保证蒸汽参数。过热器进口集箱为 $\phi 159mm \times 10mm$，材料为20，出口集箱 $\phi 159mm \times 40mm$，材料为15CrG，可耐热550℃的管壁温度，从而保证安全。

对流管束两级布置，两级均为 $\phi 42mm \times 4mm$ 的锅炉管，材料为20，横向冲刷顺列布置，横向间隔100mm，纵向间隔160mm。锅炉水经锅筒下部集中下降管分别接入每一级对流管束下集箱，受热后，汽水混合物经导气管进入锅筒。经水动力计算，对流管束循环倍率为5.1倍，循环流量102.7t/h，重位压差可以克服流动阻力，水循环安全可靠。

省煤器为 $\phi 32mm \times 4mm$ 的锅炉管，材料为20，横向冲刷顺列布置，横向间隔90mm，纵向间隔100mm。蛇形管采用膜式结构，有效提高换热面积，除氧器来水经过给水母管接入省煤器进口集箱。给水经省煤器管束加热后经省煤器出口集箱通过给水连接管引入锅筒。

软水加热器采用 $\phi 32mm \times 4mm$ 的锅炉管，材料为20，横向冲刷顺列布置，横向间隔90mm，纵向间隔100mm，蛇形管采用膜式结构，有效提高换热面积，脱氧水经过软水加热器加热后进入除氧器。

4.3.1.3 关键技术

① 进料均匀性问题：由于系统结构所限，余热锅炉进料口直径只有500mm，而受热面截面尺寸为6000mm×6000mm，下落高度只有2.2m；为保证进料均匀，在2.2m的高度上设置多层挡板，采用落料层层分流的方式来保证进料均匀，同时配有料位检测装置监控料位。

② 出料均匀性问题：只有保证进料均匀和出料均匀，才能保证半焦颗粒在受热面中均匀流动，不留死角；所以在锅炉底部均匀布置了16台出料机，出料机料仓的斜角大于半焦的自然堆积角，保证出料均匀畅通无死区，出料速度通过控制出料机的电机频率来保证。

③ 受热面磨损问题：为了防止半焦颗粒运行时磨损受热面管子，在锅炉设计时选用非常低的半焦颗粒流速，半焦颗粒流经各受热面的流速均不超过0.03m/s，移动非常缓慢，颗粒从进入到离开锅炉大约需要60min，对受热面磨损非常轻微；另外受热面管子采用膜式结构，迎风面上部焊有鳍片，管子采用厚壁管等，都可以起到防磨耐磨的作用。

④ 锅炉密封性问题：由于半焦颗粒中含有煤气，压力为3000～5000Pa，

所以在使用过程中绝对不能漏气；该锅炉采用的是管箱结构，护板设计时考虑了密封和膨胀，锅炉运行前必须做气密性试验。

4.3.1.4　余热锅炉受热面传热特性

在半焦余热锅炉的设计中，半焦堆积床的表观热导率是一个重要的物性参数，该参数与半焦的物质构成、粒径、温度、孔隙率等因素有关，因此在进行锅炉设计前，需要对半焦的表观热导率进行精确测量。然后利用流体力学软件GAMBIT 建模分析计算，确定半焦颗粒的终端温度和各受热面的传热系数。

（1）半焦表观热导率的测量

根据相关研究报告，测量半焦表观热导率的试验按照《耐火材料 导热系数、比热容和热扩散系数试验方法（热线法）》（GB/T 5990—2021）进行（导热系数现称热导率），试验系统如图 4-33 所示。半焦试样在加热炉内加热至测量温度并在此温度下保温，然后用沿半焦试样长度方向埋设在试样中的热线局部加热试样，通过测量热线两端的电压和两个时间间隔热电偶焊接在热线中间的热端和参比端的温度差，计算半焦在规定温度下的表观热导率。

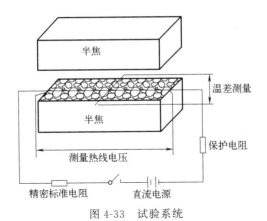

图 4-33　试验系统

按以上试验方法，测量计算了 50～500℃范围内半焦的表观热导率，每隔50℃测量计算 3 次，将 3 次测量计算数据进行平均得到该温度点下的试验数值。该试验共进行了 2 组。各温度点半焦表观热导率数据见表 4-14，半焦表现热导率和温度的关系见图 4-34。

表 4-14　各温度点半焦表观热导率

温度/℃	50	100	150	200	250	300	350	400	450	500
第一组表观热导率 /[W/(m·K)]	0.28	0.31	0.36	0.41	0.40	0.43	0.45	0.46	0.50	0.52
第二组表观热导率 /[W/(m·K)]	0.35	0.38	0.42	0.46	0.49	0.55	0.59	0.64	0.75	0.78

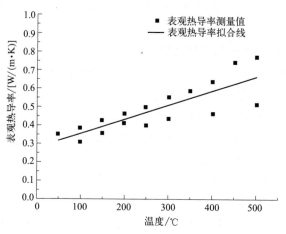

图 4-34　半焦的表观热导率与温度的关系

将第一次与第二次试验的测量计算值进行拟合，得到全样本的热导率与温度关系的试验关联式：

$$\lambda = 0.27217 + 0.000781103T$$

式中　λ——半焦的表观热导率，$W/(m \cdot K)$；

　　　T——半焦的温度，℃。

（2）半焦颗粒终端温度和锅炉各受热面传热特性的模拟计算

锅炉各受热面传热结构如图 4-35 所示，半焦颗粒沿受热面管束的上方均匀落下缓慢流经管束，管内工质为水或者蒸汽，半焦颗粒的热量通过管壁传向管内工质。由于管束的结构在横向和纵向排列呈现周期性的特点，因此在忽略受热面的边缘效应后，仅考虑图中虚线内的区域作为计算单元。由于换热管的长度远大于横向间距和纵向节距，因此数值模拟只选计算单元的截面，采用二维模型进行计算。

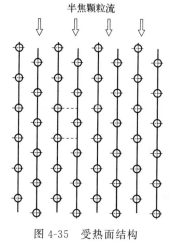

半焦颗粒流

图 4-35　受热面结构

该公司设计的半焦颗粒流经各受热面所用的时间和流速见表 4-15。半焦颗粒流在锅炉换热面管外通道的流速很低，为了便于计算，假设半焦颗粒在计算单元内静止不动，不计算颗粒的流动，只计算热传导。

采用流体力学软件 GAMBIT 生成计算网格，如图 4-36 所示。中间的区域为半焦固体颗粒，左右两侧的区域为换热管和鳍片。

表 4-15　半焦颗粒流经各受热面的流速与时间

受热面名称	颗粒流速/(m/s)	半焦流经时间/min
过热器	0.002765	11.8
蒸发器	0.002849	21.5
省煤器	0.002756	6.3
软水加热器	0.002756	4.8

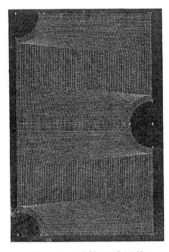

图 4-36　计算区域网格

采用非稳态计算，时间步长为 1s，能量方程采用一阶迎风格式，迭代过程中当残差小于 10^{-6} 时，进行下一个时间步长的计算。各受热面计算至半焦流经总时间值时停止求解。

余热锅炉各节点半焦温度和各受热面平均传热系数见表 4-16。

表 4-16　余热锅炉各节点半焦温度和各受热面的平均传热系数

节点名称	数值模拟半焦中心温度/℃	数值模拟半焦平均温度/℃	平均传热系数/[W/(m²·K)]
进口半焦温度	550.00	550.00	—
过热器出口半焦温度	495.61	395.56	43.66
蒸发器出口半焦温度	317.92	296.45	59.32
省煤器出口半焦温度	282.51	236.34	66.67
软水加热器出口半焦温度	230.86	194.84	63.56

（3）锅炉受热面结构参数对换热效果的影响

实验还对横向间距、纵向节距、鳍片厚度、管径对受热面换热性能的影响做了研究，得出如下结论：横向间距的减小、纵向节距的减小、鳍片厚度的增大、管径的增大，均有利于半焦的换热，增强对半焦的冷却效果。

减小横向间距和纵向节距可以增强换热效果，但是横向间距和纵向节距不能无限减小。在设计余热锅炉时，要在保证半焦能够正常流动的前提下，尽可能地减小横向间距，纵向节距由弯管工艺确定，应尽可能小。

较厚的鳍片有利于余热锅炉的换热，但是鳍片过厚会使锅炉的耗钢量变得很大，投资较大，因此要在成本增加不大的情况下，选用较厚的鳍片。

受热面管径的尺寸越大，换热效果越好，但管径尺寸对换热效果的影响较小，因此在设计时，应主要考虑管内工质的流动阻力够小并且管外通道足以保证半焦颗粒的正常流动即可。

4.3.2　横置式锅炉

赵玉良等在专利 CN105910448B 中，公布了一种复合式小颗粒半焦冷却及余热回收装置，该装置的结构如图 4-37 所示。

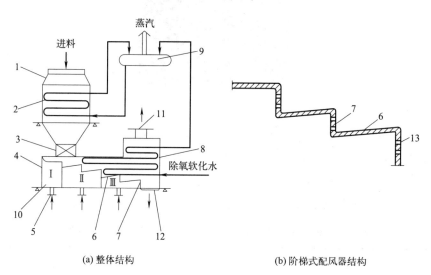

(a) 整体结构　　　　　　　　　(b) 阶梯式配风器结构

图 4-37　装置结构

1—竖直段壳体；2—第一换热器；3—进料器；4—水平段壳体；5—注风口；6—配风器水平段；
7—配风器直立段；8—第二换热器；9—汽包；10—配风器；11—排风口；12—排料口；13—通风口

由图 4-37 可知，该装置包括呈上下结构设置的竖直段和水平段。其竖直段包括：开设有进料口和出料口的竖直段壳体 1，竖直段壳体 1 内设置有第一换热器 2；由第一换热器与汽包 9 相连构成循环回路，第一换热器 2 采用竖直立管或螺旋管。竖直段主要功能是承接高温物料，同时通过和预热后的水换热产生蒸汽。汽水混合物由导出管导至汽包，进行汽水分离后，蒸汽送至主蒸汽管供工艺系统使用，饱和水则继续回到换热管换热汽化。即本直立部分为整个预热回收装置的蒸发区。

该装置的水平部分则承接由直立部分下落，并且温度降到 200～250℃ 的半焦。其水平段包括：开有进料口和排料口 12 的水平段壳体 4，水平段壳体 4 的进料口上设置有进料器 3 并与竖直段壳体 1 的出料口连接；在水平段壳体 4 内，进料口下方设置有用于将由进料器 3 落下的物料吹起抛撒的配风器 10；配风器 10 采用阶梯式配风器，阶梯由水平段壳体 4 进料口处依次降低；阶梯式配风器的各级配风器水平段 6 向上倾斜，与水平面的倾斜角度为 5°～15°；配风器直立段 7 开有通风口 13，通风口为圆形或长条形，宽度一般为 4～10mm，通风口开孔率占立板面积的 20%～40%。配风器 10 外表面堆焊耐磨层。

在水平段壳体 4 内，配风器 10 上方还设置有第二换热器 8，第二换热器 8 的出口与汽包 9 连接，进口连接有水箱。水平段壳体 4 上部开设有排风口 11，排风口 11 连接有除尘装置。

通过通风口将温度为 15～30℃、压力 4～10kPa 的冷却风或烟气送至 I、II、III 各风室，并经由阶梯式配风器上的吹风口向外喷出，由此将由进料器落下的半焦吹起抛撒，以和布置于配风器上部换热管中的冷却水实现强化换热。同时，借助高差半焦由下料端向另一端移动，换热后升温到 60～80℃ 的热风由排风口排至系统的除尘装置，经处理后排放。在此过程中，将经软化脱氧的水通入冷却水管，经和抛撒起的半焦换热后升温到 50～80℃ 送至汽包，进一步去蒸发段汽化换热，半焦则在此过程中冷却降温至 70～100℃，并由排料口排出并运送至堆场。

阶梯式配风器下部的风室，根据宽度和长度尺寸，可沿宽度和长度两个方向分割成多个不同尺寸的小风室，再由风管向各风室供风，更有利于冷却风的均匀分布。

竖直段壳体 1 和水平段壳体 4 外表面设置有保温层；保温层采用硅酸铝或岩棉。水平段壳体 4 的宽度为 2～6m，长度 8～10m。第一换热管和第二换热管根据各部分所需的传热面积不同，分别由不同组数构成。

在运行过程中，来自热解炉温度为 400～550℃ 的半焦由进料口进入换热器竖直段壳体 1 内，并依靠重力向壳体下部移动。随着物料的不断下移，第一换热器 2 逐渐被颗粒半焦淹埋，来自汽包 9 的热水通过第一换热器 2，借助其外壁和热态颗粒物完成换热。热水在升温过程中形成汽水混合物，并沿管路上升进入汽包 9，进行汽水分离，产生的蒸汽外排，水则继续进入换热管蒸发汽化。在竖直段壳体 1 内不断下移并经过换热后冷却的半焦，通过进料器 3，再进入水平段壳体 4 内，通过阶梯式配风器直立段的吹风口，在分别来自 Ⅰ、Ⅱ、Ⅲ风室喷吹风的作用下，将物料沿配风器水平段喷向斜上方，以便与第二换热器 8 强化换热，同时向排料口方向移动。在此过程中，来自供水系统经除氧软化处理的水进入第二换热器 8，并通过管壁和管外喷吹抛撒起的颗粒半焦换热，使半焦进一步冷却降温至 70～100℃排出，水则升温到 50～80℃送至汽包，成为蒸发水源。换热后升温到 60～80℃的冷却风由排风口排至系统的除尘装置，经处理后排放。上述过程持续循环，使连续不断的热解半焦余热得以回收产生蒸汽，同时半焦也得以冷却。

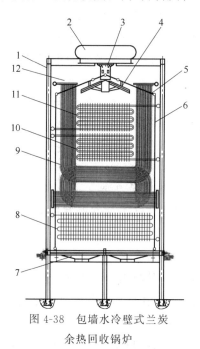

图 4-38　包墙水冷壁式兰炭余热回收锅炉

1—钢架结构；2—锅筒；3—进料口；4—布料器；5—顶棚水冷壁；6—膜式水冷壁；7—排料装置；8—省煤器；9—蒸发器；10—一级过热器；11—二级过热器；12—炉膛

汪庆等在专利 CN207556293U 中，公布了一种包墙水冷壁式兰炭余热回收锅炉，如图 4-38 所示，一种包墙水冷壁式兰炭余热回收锅炉，锅炉外部设置钢架结构 1 用于支撑和吊挂受热面，钢架结构 1 顶部设置有锅筒 2，钢架结构 1 中央为炉膛 12。炉膛 12 内由下至上设置有省煤器 8、蒸发器 9、一级过热器 10 和二级过热器 11；炉膛 12 四周炉墙采用膜式水冷壁 6，炉膛 12 顶部为顶棚水冷壁 5，水冷壁的换热水管之间通过扁钢焊接密封，炉膛 12 底部安装有排料装置 7。膜式水冷壁 6 和顶棚水冷壁 5 可以增加锅炉的受热面面积、提高空间利用率，又能使锅炉上端的膨胀、密封问题得到解决。顶棚水冷壁 5 呈三角形结构，顶部开有长方形口，开口内设置有进料口 3，进料口 3 下方设置有布料器 4，布料器 4 通过连接板焊接在顶棚水冷壁 5 上。

郭岱昌等为了探明内设横管束型换热器内半焦颗粒流动特性，利用离散元法建立换热器数值计算模型，模拟了换热器内颗粒流动过程，分析了换热器内半焦颗粒流型演化过程、流动区域分布及速度分布。结果表明：

① 管束对半焦颗粒流动影响明显，但是换热器内颗粒流动均匀性良好。上层管束决定了颗粒流型及流动不均匀程度，以上层管束为分界线，颗粒流动

分为流型发展阶段和流型稳定阶段。

② 换热器内半焦颗粒流动分为主流区、绕流区及边界层，其中，主流区分为中心主流区和左右主流区。管束两侧各 3 倍颗粒径范围为绕流区；边界层厚度为距离壁面 4 倍粒径；绕流区与边界层之间为左右主流区，绕流区之间为中心主流区。

③ 主流区内半焦颗粒运动较快，其中，中心主流区内颗粒运动最快，绕流区及边界层内颗粒运动最慢。管束改变了流动通道，导致主流区内颗粒流速较快；颗粒绕流管束过程中，颗粒与管束相互作用的结果是颗粒旋转运动和水平方向运动增强，导致颗粒竖直方向运动能力减弱，颗粒运动较慢；边界层内存在一定的速度梯度，颗粒竖直方向速度按照速度梯度减缓，因此，边界层内颗粒运动较慢。

4.4　余热回用方法

我国在直立炉的半焦生产过程中，对高温半焦余热的回用方法进行了一系列研究。在比对其主要方法方面作出以下叙述。

4.4.1　余热回收型螺旋输送机

刘永启等在专利 CN104355071B 中，公布了一种半焦余热回收型螺旋输送机，如图 4-39 所示。

半焦余热回收型螺旋输送机的工作原理是：高温半焦由进料口进入该半焦余热回收型螺旋输送机内，半焦在螺旋叶片的旋转推动下移动，同时与水冷壳体内和冷螺旋体内的水进行换热。由于后侧内筒体段内螺旋叶片每节距间的容积依次大于前侧的内筒体段内螺旋叶片每节距间的容积，能够保证前侧内筒体段内的半焦进入后侧内筒体段后，后侧内筒体段进料口的半焦也能进入后侧内筒体段，并刚好使后侧内筒体段内充满物料，达到满料输送的目的，从而有效防止煤气泄漏等危险事故发生。

由图 4-39 可知，在内筒体中有两个内筒体段，为沿输送方向的第一内筒体段 9 和第二内筒体段 13。相应的螺旋叶片有第一螺旋叶片 8 和第二螺旋叶片 14，第一螺旋叶片 8 位于第一内筒体段 9 内，第二螺旋叶片 14 位于第二内筒体段 13 内。第二内筒体段 13 的内径大于第一内筒段 9 的内径，且第二螺旋叶片 14 的节距大于第一螺旋叶片 8 的节距，两者相结合使一个节距的第二螺旋叶片 14 与螺旋基管 7 的外圆面、第二内筒体段 13 的内圆面所围成的容积为一个节距的第一螺旋叶片 8 与螺旋基管 7 的外圆面、第一内筒体段 9 的内圆面

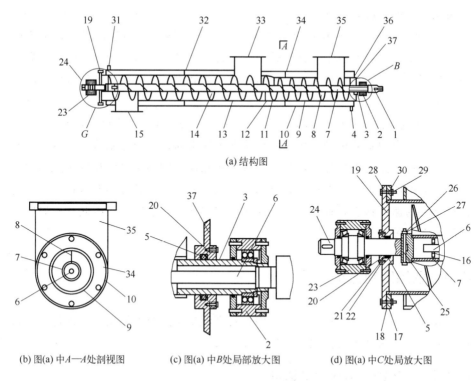

(a) 结构图

(b) 图(a)中A—A处剖视图　　(c) 图(a)中B处局部放大图　　(d) 图(a)中C处局部放大图

图 4-39　半焦余热回收型螺旋输送机

1—旋转水接头；2—第一轴承座总成；3—空心轴；4—出水管；5—密封填料；6—内管；7—螺旋基管；8—第一螺旋叶片；9—第一内筒体段；10—外筒体；11—过渡段螺旋叶片；12—过渡内筒体段；13—第二内筒体段；14—第二螺旋叶片；15—出料口；16—支撑圈；17—筒体法兰；18—密封垫；19—法兰盖板；20—压盖；21—第一螺栓；22—第一垫圈；23—第二轴承座总成；24—动力输入轴；25—第二螺栓；26—第一螺母；27—第二垫圈；28—第三螺栓；29—第二螺母；30—第三垫圈；31—进水管；32—第二均水板；33—第二进料口；34—第一均水板；35—第一进料口；36—水套封板；37—筒体封板

所围成容积的（2±0.2）倍。优选的，一个节距的第二螺旋叶片 14 与螺旋基管 7 的外圆面、第二内筒体段 13 的内圆面所围成的容积应为一个节距的第一螺旋叶片 8 与螺旋基管 7 的外圆面、第一内筒体段 9 的内圆面所围成容积的 2 倍。第一内筒体段 9 与第二内筒体段 13 通过一个圆锥管形的过渡内筒体段 12 固定连接。第一螺旋叶片 8 与第二螺旋叶片 14 通过过渡段螺旋叶片 11 固定连接，过渡段螺旋叶片 11 的外径沿输送方向逐渐增加，过渡段螺旋叶片 11 位于过渡内筒体段 12。出料口包括连通第一内筒体段 9 的第一进料口 35 和连通第二内筒体段 13 的第二进料口 33。从第一进料口 35 进入第一内筒体段 9，再进入到第二内筒体段 13 内的半焦，只能占第二内筒体段 13 内容积的一半，留下另一半的空间给从第二进料口 33 进入的半焦。这样不但实现了两个进料口都能同时进料，而且两个进料口的进料量也一致，保证了排焦箱内的排料速度均匀。

出水管 4 设置在外筒体 10 输入端的下侧，进水管 31 设置在外筒体 10 输出端的上部，逆流换热，同时水从上方进入圆筒形水套内，能够促进水从内筒体的上方经过，避免水直接从下方流动，提高换热效果。

第一内筒体段 9 的输入端伸出外筒体 10，并通过筒体封板 37 密封，其空心轴 3 穿过筒体封板 37 并伸到水冷壳体外部，再穿过第一轴承座总成 2 后与旋转水接头 1 连接并相通。旋转水接头 1 的内管 6 为旋转式，内管 6 穿过空心轴 3 的内孔并深入到螺旋基管 7 内部。

第二内筒体段 13 的输出端伸出外筒体 10 并固定有筒体法兰 17，筒体法兰 17 外侧固定连接一个法兰盖板 19。在法兰盖板 19 与筒体法兰 17 之间设有密封垫 18，采用第三螺栓 28、第二螺母 29 和第三垫圈 30 将法兰盖板 19、密封垫 18 和筒体法兰 17 压紧。动力输入轴 24 穿过法兰盖板 19 的轴孔并伸到水冷壳体的外部，再穿过第二轴承座总成 23 后与驱动装置连接。在动力输入轴 24 与法兰盖板 19 之间、空心轴 3 与筒体封板 37 之间的环形缝隙内都填有密封填料 5。法兰盖板 19 与筒体封板 37 的外侧分别设有压紧密封填料 5 的压盖 20，用压盖 20 通过第一螺栓 21 和第一垫圈 22 将密封填料 5 压紧，防止煤气泄漏。螺旋基管 7 通过第二螺栓 25、第一螺母 26 和第二垫圈 27 与动力输入轴 24 紧固连接。

较佳的，在内管 6 的外表面固定有多个环形的支撑圈 16，支撑圈 16 与螺旋基管 7 的内表面接触，支撑圈 16 上设有多个通孔，用于连通两侧的水路。支撑圈 16 对内管 6 进行支撑同时使水沿内管 6 外侧与螺旋基管 7 之间的环形腔均匀流动，提高换热效果。

进一步地，在第一内筒体段 9 的外表面固定有多个环形的第一均水板 34，第一均水板 34 与外筒体 10 的内表面接触，将第一内筒体段 9 与外筒体 10 围成的圆筒形水套分割成多个腔室。第一均水板 34 上设有多个通孔，用于连通第一均水板 34 两侧的腔室，第一均水板 34 能够对第一内筒体段 9 和外筒体 10 进行支撑，提高强度。同时通过第一均水板 34 能够使第一内筒体段 9 与外筒体 10 之间的水流过第一内筒体段 9 的上侧，防止水走近路，迫使水均匀流过第一内筒体段 9 的外表面，提高换热效果。

在第二内筒体段 13 的外表面固定有多个环形的第二均水板 32，第二均水板 32 与外筒体 10 的内表面接触，将第二内筒体段 13 与外筒体 10 围成的圆筒形水套分割成多个腔室。第二均水板 32 上设有多个通孔，用于连通第二均水板 32 两侧的腔室。第二均水板 32 能够对第二内筒体段 13 和外筒体 10 进行支撑，提高强度，同时通过第二均水板 32 能够使第二内筒体段 13 与外筒体 10 之间的水流过第二内筒体段 13 的上侧，防止水走近路，迫使水均匀流过第二内筒体段 13 的外表面，提高换热效果。

4.4.2　传动式热管换热干法熄焦

张俊霞等对传动式热管换热干法熄焦装置进行了研究，其工作过程如下。

热管余热回收装置由加热段、冷却段和绝热段组成，热管的加热段可布置在熄焦炉内，冷却段可连接在荒煤气锅炉的空预器上。加热段和冷却段之间用绝热段相连接。由于加热段和冷却段是独立的，可实现热管的灵活布置。同时，热管可以把分散的热流集中，又可把集中的热流加以分散。与其他形式的换热器相比，其具有高导热性的特点，在热能利用、废热回收、节约原料，降低成本等方面效果显著。在专利 CN204803262U 中，公布了一种传动式热管换热干法熄焦装置，如图 4-40 所示。

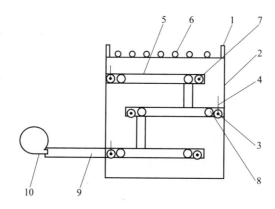

图 4-40　传动式热管换热干法熄焦装置

1—半焦下落口；2—直立炭化炉尾部；3—热空气排出管；4—转动辊；5—传动带；
6—半焦；7—辊子；8—热管；9—进空气管；10—风机

由图 4-40 可知，在直立炭化炉尾部 2 的上方是半焦下落口 1，其上放置半焦 6，有三层热管 8 等间距垂直安装在直立炭化炉尾部 2 的侧墙上，每排两侧分别安装转动辊 4 和辊子 7，每排热管用传动带 5 包裹起来。热管 8 的下方是进空气管 9，它与风机 10 连接在一起，热管 8 的上方是热空气排出管 3。

工作前，通过风机 10 将外界的空气从进空气管 9 送入到布置在直立炭化炉尾部 2 传动带中央的热管 8 中。此时，半焦 6 从半焦下落口 1 落入到传动带 5 上，在转动着的辊子 7 的带动下，包裹在热管 8 外层的传动带 5 被转动辊 4

和辊子 7 带动而顺时针转动，在传动带 5 上的半焦 6 便被依次从上层输送到下层传动带上，热管 8 中的空气吸收半焦 6 热量后，从热空气排出管 3 送出。半焦 6 从高处被传送到低处，余热被热空气吸收后冷却。

该传动式热管换热干法熄焦装置，不需对立式炭化炉做太多改动，仅需要将下部熄焦水池移出，加装传动装置和热管，利用半焦熄焦余热加热热管中的空气，然后将该热空气通入燃气锅炉中用于发电。热管采用多层 Z 字形传动系统来移送半焦，为的是延长半焦在炉内的停留时间，实现充分换热。该装置结构简单紧凑，易于改造，半焦不用水冷，不会产生水污染，所产生的热空气通入电锅炉内，提高了锅炉发电的热效率。其不仅使半焦生产符合节能和环境友好的要求，还为燃气发电厂提供了热空气，一举两得。

4.4.3　半焦干法熄焦回转冷却炉

何建祥等在专利 CN202440462U 中，公布了一种用于半焦干法熄焦的回转冷却炉，如图 4-41 所示。

该回转冷却炉的特点是：

① 回转冷却炉采用间接冷却方式，半焦与冷却介质不接触，保证了半焦被冷却后基本不含水，提高了半焦品质。

② 半焦与冷却介质不接触，保证冷却介质不被污染。

③ 在设备炉头采用波纹膨胀节、机械密封组合，出料段采用鱼鳞密封，使设备具有良好的密封性，减少了环境污染，保证了设备运行的安全性。

由图 4-41 可知，回转冷却炉的主体是筒体 6，在筒体 6 上按照等弯矩原则设置有滚圈 4 和滚圈 7，它们分别由托轮装置 14 和挡托轮装置 16 支撑，一起用来支撑筒体 6 及操作重量；大齿圈 5 设置在滚圈 4 后部与大齿圈座 20 连接在一起，大齿圈座 20 焊接在筒体 6 上，大齿圈 5 通过与传动装置 15 上的小齿轮啮合传动，带动筒体 6 及其上部件转动；筒体 6 前端为进料密封装置 2，其上设有进料管 1；筒体 6 前段装有水淋夹套 3，水淋夹套由支腿 17 支撑；出料箱 9 位于筒体 6 后段，其上设有出料口 12；出料箱由支架 13 支撑；出料箱 9 与筒体 6 之间用鱼鳞密封 8 密封。

筒体 6 是设备的主体，为了使物料快速进入冷却区且不在筒体前端堆积，在筒体内的前端部设计了导料螺旋 19；在筒体 6 内布置有数排管架 21，用来支撑换热系统的第一换热管 22、第二换热管 23、第三换热管 24，每排管架分为数块交错排列在筒体内壁，这样可保证物料在筒体内顺利流动；在筒体前段外部水淋冷却部位设有挡水板 18，用来防止外部水淋水沿筒体流向后部；筒体在安装出料箱部位开有网格状出料口 26，在其后设有挡料板 27，以避免物

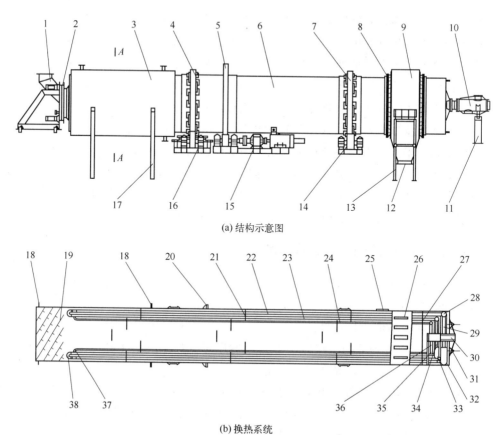

(a) 结构示意图

(b) 换热系统

图 4-41　半焦干法熄焦的回转冷却炉

1—进料管；2—进料密封装置；3—水淋夹套；4,7—滚圈；5—大齿圈；6—筒体；8—鱼鳞密封；
9—出料箱；10—旋转接头，11—支座；12—出料口；13—支架；14—托轮装置；15—传动装置；
16—挡托轮装置；17—支腿；18—挡水板；19—导料螺旋；20—大齿圈座；21—数排管架；
22—第一换热管；23—第二换热管；24—第三换热管；25—筒体密封环板；26—网格状出料口；
27—挡料板；28—出水环管；29—出水管；30—中心管；31—蒸汽排放阀；32—支撑板；
33—第一进水环管；34—第一进水管；35—第二进水环管；36—第二进水管；37,38—弯头

料进入换热系统环管区。

　　换热系统安装在筒体6内，换热系统主要由第一换热管22、第二换热管
23、第三换热管24、出水环管28、出水管29、中心管30、第一进水环管33
和第二进水环管35、第一进水管34和第二进水管36等组成。中心管30与筒
体尾部法兰连接，第一进水管34、第二进水管36、出水管29一端与中心管
30连接，另一端与第一进水环管33和第二进水环管35、出水环管28连接，
出水环管28通过支撑板32与筒体6连接在一起；第一换热管22、第二换热
管23、第三换热管24后端均匀分布在第一进水环管33、第二进水环管35和

出水环管 28 上，第一换热管 22、第二换热管 23、第三换热管 24 通过管架 21 的支撑一直通向筒体 6 头部，在头部第一换热管 22、第二换热管 23、第三换管 24 被弯头 37 和弯头 38 连接形成回路，冷却水在形成的密闭回路中循环；出水环管 28 接有蒸汽排放阀 31，以便随时排放冷却水中的蒸汽；第一换热管 22、第二换热管 23、第三换热管 24 活套在管架 21 上以便热胀冷缩时能自由伸缩。

在筒体 6 的网格状出料口 26 外部装有出料箱 9，冷却后的半焦通过网格状出料口 26 进入出料箱 9 后由出料口 12 流出进入下道工序；出料箱 9 与筒体 6 之间通过鱼鳞密封 8 来密封。

4.4.4 联合冷却高温半焦系统

刘银河等在专利 CN110906763A 中，公布了一种基于联合冷却高温固体颗粒的余热回收系统及方法，如图 4-42 所示。

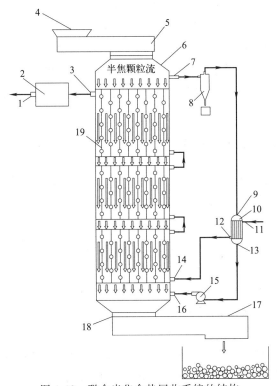

图 4-42 联合半焦余热回收系统的结构

1—冷凝水出口；2—下端装置；3—蒸汽出口；4—螺旋给料机进口；5—螺旋给料机；6—膜式壁换热器；7—出风口；8—除尘器；9—入风口；10—外部换热器；11—冷水入口；12—出水口；13—出风口；14—膜式壁换热器入水口；15—送风机；16—膜式壁换热器入风口；17—螺旋出料机；18—连接法兰；19—膜式壁

由图 4-42 可知，其工作过程为：螺旋给料机 5 将半焦颗粒送入膜式壁换热器 6 中，半焦颗粒流在重力的作用下，向下流动，通过膜式壁换热器下部的螺旋出料机 17，控制出料速度。冷风经由送风机 15 从膜式壁换热器入风口 16 送入换热器内部腔室，与半焦颗粒流逆向流动，形成强制对流，从换热机理上，强化了半焦颗粒流与换热器的换热效果；充分换热后，冷风变为热风，从膜式壁换热器出风口 7 送出，进入除尘器 8，去除携带的固体颗粒。

接下来，热风进入外部换热器 10，与冷水进行热交换；换热结束后，冷风送往送风机，冷水送往膜式壁换热器入水口 14，这一过程实现了热风的热量回收，以及冷风的循环利用。冷水在膜式壁换热器 6 内的管道中流动，充分换热后，变为蒸汽，从膜式壁换热器上端的蒸汽出口 3 进入下端设备进行利用，达到回收半焦显热的效果。

高温半焦颗粒流进入系统的温度为 600℃，在膜式壁换热器中冷却，出口温度降低到 250℃ 以下（针对不同的高温固体颗粒，冷却温度可以通过调节冷水流量与物料流量的参数冷却至需要的温度）；外部换热器冷水入口温度为室温，冷水出口温度为 40℃ 左右，然后进入到膜式壁换热器预热段中，充分换热后，达到 90℃ 左右进入蒸发段；在蒸发段，是热水蒸发为蒸汽的主要环节，蒸发段出口热水全部变为饱和蒸汽由出口进入过热段再次加热；在过热段，蒸汽充分吸收高温固体颗粒的显热变成高温高压的蒸汽，通过出口送入下端设备加以利用。

4.4.5 导热油回收半焦的余热

姜永涛等在专利 CN106010591A 中，公布了一种高温粉焦有机热载体余热回收系统，其中的有机热载体为导热油，高温粉焦为半焦，该系统如图 4-43 所示。

由图 4-43 可知，在该系统中低温储罐 1 的出管线连有第一油泵 3，该油泵出口分为两路：一路通过管线与低温储罐 1 相通，该管线上依次设有第一阀门 4、加热器 2；另一路通过管线和第二阀门 5 与换热器 6 最下端的换热管进口相通。换热器 6 最上端换热管出口通过管线连有第三膨胀箱 14，该膨胀箱出口连接有高温储罐 15，高温储罐 15 出口与第四油泵 16 相接。

第四油泵 16 的出口分为两路：一路通过管线进入用热设备 19 后回流至低温储罐 1，其中第四油泵 16 和用热设备 19 之间设有第三阀门 17，用热设备 19 和低温储罐 1 之间设有第六阀门 21；另一路通过管线连接水冷却器 22，第四油泵 16 和水冷却器 22 之间设有第四阀门 18。

低温储罐 1 用于储存有机热载体（导热油）。在系统工作前，将导热油加

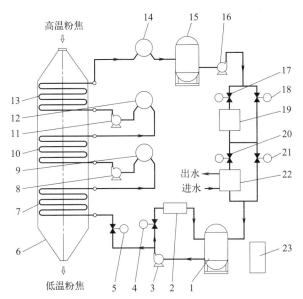

图 4-43 高温粉焦有机热载体余热回收系统

1—低温储罐；2—加热器；3—第一油泵；4—第一阀门；5—第二阀门；6—换热器；7—一级换热管；
8—第二油泵；9—第一膨胀箱；10—二级换热管；11—第三油泵；12—第二膨胀箱；13—三级换
热管；14—第三膨胀箱；15—高温储罐；16—第四油泵；17—第三阀门；18—第四阀门；
19—用热设备；20—第五阀门；21—第六阀门；22—水冷却器；23—控制柜

注于低温储罐 1 中，开启第一阀门 4，关闭第二阀门 5，启动第一油泵 3 和加热器 2，按照导热油升温曲线进行升温，脱除导热油中的水分和烃，经煮油后的导热油储存于低温储罐 1。其中，加热器 2 为电加热器或燃气燃油式加热器。

换热器 6 开始进料前 15min，关闭第一阀门 4，打开第二阀门 5，依次开启第一油泵 3 以及上下相邻两组换热管中的下换热管出口与上换热管进口之间管线上的油泵，导热油经第一油泵 3 增压通入最下端的换热管。高温粉焦开始进料后，最下端的换热管内的导热油换热升温后进膨胀箱，储存于该膨胀箱的导热油经油泵增压后进入上面的换热管，和高温粉焦换热升温后进入膨胀箱并储存。依次类推，高温粉焦和导热油换热后，导热油进入第三膨胀箱 14 后进入高温储罐 15，储存待用。高温粉焦变为低温粉焦后由换热器 6 底部出料。

待高温储罐 15 内导热油储存至一定量，启动第四油泵 16，开启第三阀门 17、第四阀门 18，关闭第六阀门 21，系统为用热设备 19 供热，经换热后的冷油回流至低温储罐 1，完成余热回收循环。其中，视用热设备 19 出油的温降状况开启水冷却器 22。

4.4.6 回收半焦余热的蒸发器

张俊霞在专利 CN107794062A 中，公布了一种回收半焦熄焦余热的膜式
蒸发器，如图 4-44 所示。

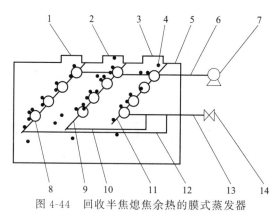

图 4-44 回收半焦熄焦余热的膜式蒸发器

1—落焦口Ⅰ；2—落焦口Ⅱ；3—落焦口Ⅲ；4—半焦；5—熄焦池；6—进水管；7—水泵；8—膜式管Ⅰ；
9—膜式管Ⅱ；10—蒸汽管Ⅱ；11—膜式管Ⅲ；12—蒸汽管Ⅰ；13—总蒸汽管；14—阀门

由图 4-44 可知，在炭化炉下方熄焦池 5 内的落焦口Ⅰ1、落焦口Ⅱ2 和落
焦口Ⅲ3 下方布置倾斜膜式管Ⅰ8、膜式管Ⅱ9 和膜式管Ⅲ11。高温的半焦 4 从
落焦口Ⅰ1、落焦口Ⅱ2 和落焦口Ⅲ3 沿着其下方的膜式管Ⅰ8、膜式管Ⅱ9 和
膜式管Ⅲ11 缓慢滑落，并覆盖在膜式管Ⅰ8、膜式管Ⅱ9 和膜式管Ⅲ11 的上表
面，而膜式管Ⅰ8 和膜式管Ⅱ9 的下表面分别受其右侧相邻膜式管Ⅱ9 和膜式
管Ⅲ11 上面覆盖的半焦的辐射换热。水从膜式管Ⅰ8、膜式管Ⅱ9 和膜式管Ⅲ
11 内的上方被泵入，经高温半焦导热和辐射换热，吸收半焦余热，变为蒸汽，
从蒸汽管流出。由于膜式管Ⅰ8、膜式管Ⅱ9 和膜式管Ⅲ11 可以双面受热，受
热效果好，其内部的水加热速度快，高温半焦沿着膜式管下滑，可以延长在炉
内释热时间，充分吸收半焦余热。

4.4.7 隧道式半焦干熄焦系统

张智芳等在专利 CN107254323A 中，公布了一种熄焦炉及隧道式半焦干
熄焦系统，该系统如图 4-45 所示。

由图 4-45 可知，A 是干馏段，B 是熄焦炉，C 是排焦装置。干熄焦炉顶
部开口与干馏段底部出焦口连通，干馏段生成的半焦直接从熄焦炉 B 顶部进
入熄焦炉预存室 1，在预存室 1 缓冲后再到放焦机 9，经过放焦机 9 熄焦。熄
焦炉 B 底部开口与排焦装置 C 相连，已彻底熄焦的半焦直接进入排焦装置 C，

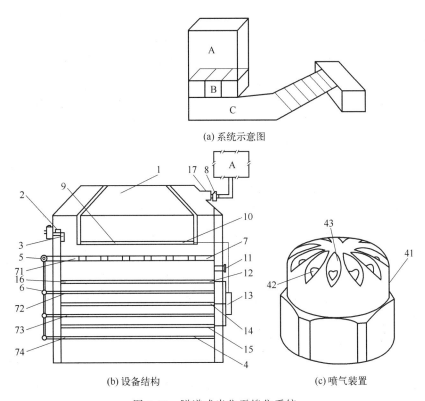

(a) 系统示意图

(b) 设备结构　　　　　　　　(c) 喷气装置

图 4-45　隧道式半焦干熄焦系统

1—预存室；2—泄压阀；3—旁通管；4—喷气装置；5—鼓风装置；6—流量球阀；7—喷淋管；

8—除尘装置；9—放焦机；10—第一放焦机；11—人孔；12—第二放焦机；13—PLC 控制模块；

14—第三放焦机；15—第四放焦机；16—支撑板；17—气体通道；71—第一喷淋管；72—第二喷淋管；

73—第三喷淋管；74—第四喷淋管；41—喷气嘴；42—喷气孔；43—缓冲槽

干馏段 A 的底部出焦口连接 3 个同样的熄焦炉 B。

熄焦炉 B 顶部开口与干馏段 A 底部出焦口连通，熄焦炉 B 上部设有预存室 1，预存室 1 设置在熄焦炉 B 顶部开口与第一放焦机 10 之间，预存室 1 用于对来自干馏段的半焦进行缓冲；预存室 1 正下方设置放焦机 9，放焦机 9 从上往下依次设置了四层，相邻两层放焦机 9 之间的间隔为 50cm，对应的每级放焦机 9 下方都设置有喷淋管 7，每级放焦机 9 与其对应的喷淋管 7 的间距为 20～30cm；放焦机 9 包括若干块并排平铺的支撑板 16，支撑板 16 上固定有转轴，转轴一端连接使其转动的驱动装置；支撑板 16 在转轴的带动下倾斜，半焦向下落，同时喷淋管 7 喷出荒煤气，荒煤气吸收半焦的热量，气流上升；与喷淋管 7 管道连接的鼓风装置 5，以及每根喷淋管 7 安装的流量球阀 6 对荒煤气流量与流速有影响，鼓风装置 5 能有效提高荒煤气的流速，流量球阀 6 准确控制通入熄焦炉 B 内的荒煤气流量；熄焦炉的侧壁设置有泄压阀 2，泄压阀 2 有利于确保熄焦炉内压力稳定，提高熄焦炉及半焦干熄焦系统运行的安全性。

每根喷淋管 7 上装有若干用于将熄焦气体分散喷出的喷气嘴 41，喷气嘴的上半部分为半球形，下半部分为进气腔，喷气嘴 41 上部球面上均匀开设有与进气腔相连通的喷气孔 42，喷气孔 42 为喇叭形，喇叭口朝向球体外表面，喷气孔 42 的四周开设有缓冲槽 43，缓冲槽 43 极大程度地扩大了喷气孔 42 喷出口的开口，进一步提高喷气嘴的雾化效果，使喷出的气体更加均匀，且与半焦的接触面积更大。

该发明还包括用于控制支撑板 16 的转轴转动角度的 PLC 控制模块 13，PLC 控制模块 13 还连接有用于监测放焦机上堆放半焦重量的监测装置。根据放焦要求在监测装置内设置一个合理的半焦堆放重量值，支撑板 16 平铺状态时，半焦下落后堆放在放焦机 9 的支撑板 16 上，监测装置监测半焦堆放重量达到放焦要求时，监测装置向 PLC 控制模块 13 传送信号，通过 PLC 控制模块 13 控制转轴转动；转轴转动时带动支撑板 16 一起转动预设的角度，相邻两块支撑板 16 之间均产生供半焦下落的空隙，半焦顺利下落至下一放焦机或最终下落至排焦装置，进而实现放焦过程的自动化。

放焦机 9 设置有四层，从上往下分别为第一放焦机 10、第二放焦机 12、第三放焦机 14 和第四放焦机 15，且每层放焦机下对应设置有喷淋管 7。喷淋管 7 包括第一喷淋管 71、第二喷淋管 72、第三喷淋管 73 和第四喷淋管 74，且均与喷淋管 7 的主管道相连通，喷淋管 7 的主管道与鼓风装置连通，荒煤气从鼓风装置 5 入口通入喷淋管 7，每根喷淋管 7 上均安装有流量球阀 6，且每根喷淋管上安装有若干喷气嘴 41，熄焦介质从喷气嘴 41 喷出。从干馏段 A 出焦口出来的半焦首先到达熄焦炉 B 顶部开口与一级放焦机之间的预存室 1，预存室 1 与第一放焦机 10 连通，半焦从预存室 1 放至第一放焦机 10 的同时，第一喷淋管 71 喷出荒煤气，荒煤气吸收半焦热量之后流入旁通管 3，半焦则下落至第二放焦机 12。当堆放量达到设定的重量时，PLC 控制模块 13 控制转轴一端的驱动装置，驱动转轴带动第二放焦机 12 的支撑板 16 转动预设的角度，相邻的两个支撑板 16 之间出现空隙，进行放焦，第二喷淋管 72 喷出荒煤气，进一步吸收半焦热量。同样的，半焦经过第三放焦机 14 和第四放焦机 15 时，从第三喷淋管 73 和第四喷淋管 74 喷出的荒煤气充分吸收半焦的余热，实现对半焦进行彻底的熄焦。吸收半焦热量的荒煤气向上流动，最终经过熄焦换热的荒煤气达到 500～600℃，从熄焦炉炉体侧壁的气体通道 17 排出，进入布袋式的除尘装置 8 进行除尘。最后荒煤气从除尘装置 8 进入干馏段，熄焦完成后的半焦落到排焦装置中，运到存储设备中进行储存。另外熄焦炉的侧壁还开设有人孔 11，使工人能进出熄焦炉，便于安装和维护熄焦炉。

参 考 文 献

[1] 华建社，陈海波，王建宏. 低温干馏炉热工评价与分析 [J]. 洁净煤技术，2012，18 (4)：65-67.

[2] 侯吉礼，马跃，李术元，等. 兰炭生产过程中热平衡和物料平衡理论计算 [J]. 洁净煤技术，2018，24 (2)：56-61.

[3] 郭岱昌，郑斌，梁浩天，等. 内设横管束型换热器内大粒径颗粒流动分析 [J]. 广西大学学报（自然科学版），2018，43 (5)：1713-1722.

[4] 宋晓轶，孙鹏，王延遐，等. 蒸汽-兰炭换热与余热回收特性实验研究 [J]. 上海理工大学学报，2019，41 (2)：123-129.

[5] 张相平，周秋成，马宝岐，等. 榆林兰炭内热式直立炉工艺现状及发展趋势 [J]. 煤炭加工与综合利用，2017 (4)：22-26.

[6] 梁浩天. 多区域型兰炭余热回收换热器内颗粒特性研究 [D]. 淄博：山东理工大学，2018.

[7] 徐鸿钧，朱国莉，姜永涛，等. 规模化高温半焦余热回收工艺简述 [J]. 化工设计通讯，2016，42 (7)：9，30.

[8] Cundall P A，Strack O D L. A discrete numerical model for granular assemblies [J]. Geotechnique，1979，29 (1)：47-65.

[9] 孙石，蒋芳洲，杨静. 基于夹点分析的煤低温干馏余热回收方法研究 [J]. 节能技术，2017，35 (1)：54-56.

[10] 张忠良，刘永启，郑斌，等. 兰炭余热回收型螺旋输送机内颗粒流动特性研究 [J]. 煤矿机械，2016，37 (1)：63-66.

[11] 陈静升. 碎煤热解半焦干熄焦工艺的研究与开发 [J]. 煤化工，2018，46 (6)：8-10，18.

[12] 张俊霞，李鹏腾，成宗恒. 热管在榆林兰炭生产中熄焦余热回收的应用分析 [J]. 榆林科技，2015 (4)：12-14.

[13] 山东昊通节能服务股份有限公司. 兰炭干熄及余热利用技术 [R]. 2017-02-22.

[14] 刘永启，卞玉峰，王佐峰，等. 一种能适用于大料兰炭干熄及余热利用的装置：CN104710995 B [P]. 2017-05-10.

[15] 张炜银. 一种兰炭干熄焦余热利用装置：CN205155907U [P]. 2016-04-13.

[16] 刘永启，王佐任，郑斌，等. 兰炭余热利用换热器. CN104236337B [P]. 2016-04-06.

[17] 白林波. 直接利用兰炭显热发电锅炉技术的研究 [J]. 电器工业，2017 (12)：76-78.

[18] 白林波. 一种直接利用兰炭余热的发电锅炉研究 [J]. 工业锅炉，2018 (1)：29-

32，36.

[19] 赵玉良，王高峰，徐鸿钧，等. 一种复合式小颗粒半焦冷却及余热回收装置：CN105910448B［P］. 2018-06-12.

[20] 汪庆，弋治军，张旭海，等. 一种包墙水冷壁式兰炭余热回收锅炉：CN207556293U［P］. 2018-06-29.

[21] 刘永启，郑斌，王延遐，等. 兰炭余热回收型螺旋输运机：CN104355071B［P］. 2017-02-15.

[22] 张俊霞，吴晅，刘晓峰. 一种传动式热管换热干法熄焦装置：CN204803262U［P］. 2015-11-25.

[23] 何建祥，许泽华，绳新安，等. 一种用于兰炭干法熄焦的回转冷却炉：CN20440462U［P］. 2012-09-19.

[24] 刘银河，周耀，林啸龙. 一种基于联合冷却高温固体颗粒的余热回收系统及方法：CN110906763A［P］. 2020-03-24.

[25] 姜永涛，徐鸿钧，赵玉良，等. 一种高温粉焦有机载体余热回收系统：CN106010591A［P］. 2016-10-12.

[26] 张俊霞. 一种回收兰炭熄焦余热的膜式蒸发器：CN107794062A［P］. 2018-03-13.

[27] 张智芳，张秦龙，宋恒. 一种熄焦炉及隧道式半焦干熄焦系统：CN107254323A［P］. 2017-10-17.

5

内燃内热式直立热解炉工艺的主要设备

5.1 SH 型内燃内热式直立热解炉

5.1.1 研发历程

陕西冶金设计研究院有限公司（简称"陕西冶金院"）自 20 世纪 90 年代开始，投身于晋、陕、内蒙古接壤区及新疆部分地区长焰煤、弱黏煤、褐煤的加工转化和综合利用技术的研发，对低阶煤直立热解炉型和技术工艺进行了系统的研发、设计，长期致力于低阶煤干馏热解工艺及装置的研发和推广，不断完善现有工艺技术，先后开发出外燃内热式直立热解炉（立火道、平火道）及内燃内热式直立热解炉。

20 世纪 90 年代应神木县政府邀请，陕西冶金院多次与当地煤炭局及有关单位讨论研究榆林煤炭就地转化、土焦取缔、污染治理等工作，并参与了神木县焦化厂的技术方案论证审查，通过深入系统的调研，对长焰煤干馏的探索取得了一定经验。在总结神木县焦化厂经验教训的基础上，参考国内外连续直立热解炉文献资料等，陕西冶金院成功研发出单炉 1.5 万吨/年的立火道 SH1999L 型和平火道 SH1999P 型直立热解炉，热解炉构造简图如图 5-1 和图 5-2 所示。其间陕西冶金院神木煤焦化技术服务部与茂名曾福吾先生合作，在总结油页岩和鲁奇炉干馏技术的基础上，成功研发 SH2002 型内燃内热式大空腔热解炉，单炉产能达到 5 万吨/年。SH2002 型热解炉构造简图如图 5-3 所示，由于该炉型具有结构简单，操作方便，半焦（兰炭）产量大，占地面积小，耐火材料用量少，投资低见效快等诸多优点，因此其迅速在晋、陕、内蒙古及新疆地区推广应用。随着半焦行业逐步形成，陕西冶金院又成功开发单炉

179

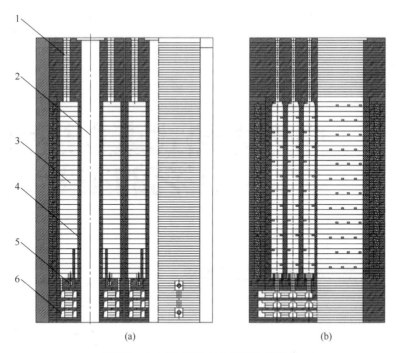

(a)　　　　　　　　　　(b)

图 5-1　立火道 SH1999L 型直立热解炉

1—看火孔；2—炭化室；3—立火道；4—进气孔；5—煤气道；6—空气道

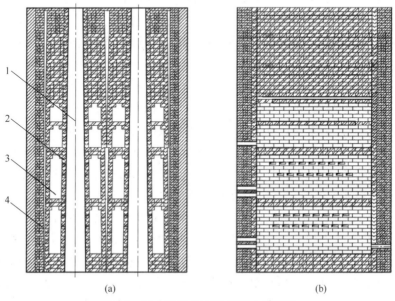

(a)　　　　　　　　　　(b)

图 5-2　平火道 SH1999P 型直立热解炉

1—炭化室；2—进气孔；3—平火道；4—膨胀缝

产能达到 7.5 万吨/年、10 万吨/年的 SH2005、SH2007 型热解炉。2018 年在 SH2007 型直立热解炉基础上进行改进和优化完善，设计出单炉产能 20 万吨/年（实际生产 25 万吨/年）的 SH4090 型直立热解炉，如图 5-4 所示。

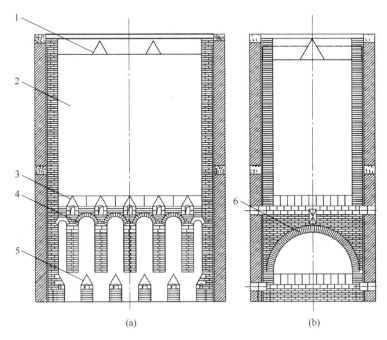

图 5-3　SH2002 型内燃内热式直立热解炉

1—集气罩；2—大空腔；3—上花墙；4—小拱；5—下花墙；6—大拱

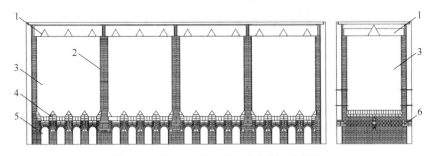

图 5-4　SH4090 型内燃内热式直立热解炉

1—集气阵伞；2—中间隔墙；3—大空腔；4—花墙；5—出焦段；6—混合气道

5.1.2　SH4090 型内燃内热式直立热解炉构造

SH4090 型内燃内热式直立热解炉外形尺寸为 22060mm×5520mm× 9000mm，构造从上至下依次由预热段、干馏段和冷却段组成。热解炉采用异型耐火砖错缝砌筑，高温段采用高铝砖砌筑、低温段采用黏土砖砌筑。在干馏段外侧设置混配室，煤气与空气在混合气道内充分混合均匀后经花墙进气孔送入炉内，混合气在炉内燃烧，燃烧的烟气加热原煤完成干馏反应。SH4090型直立热解炉构造如图5-5所示。

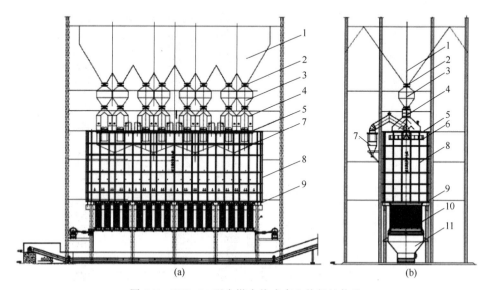

图 5-5　SH4090 型内燃内热式直立热解炉构造

1—炉顶料仓；2—电液动平板闸门；3—中间煤仓；4—连体辅助煤箱；5—炉顶钢架；6—集气罩；
7—集气槽；8—护炉柱；9—基础平台；10—排焦箱（水冷壁系统）；11—出焦系统

5.1.3　热解炉附属设备

SH4090 型内燃内热式直立热解炉附属设备主要有中间煤仓、连体辅助煤箱、炉顶钢架、集气罩、集气槽、护炉柱、基础平台、排焦箱（水冷壁）、出焦系统，各附属设备描述如下：

中间煤仓：中间煤仓为连接炉顶料仓和连体辅助煤箱的中间部件，其上部入口和下部出口分别安装电液动平板闸门，上下阀依次开启和关闭用来控制原料煤进入热解炉，并实现连体辅助煤箱和炉顶料仓之间的密封。

连体辅助煤箱：从中间煤仓下部出口来的原料煤通过连体辅助煤箱进入热解炉顶部。

炉顶钢架：炉顶钢架是热解炉顶盖，由花纹钢板和型钢组成的，炉顶钢架上分布有进料口和出气口，原料煤通过进料口顺利进入热解炉，热解炉内产生干馏气经出气口导出。

集气罩：原料煤通过连体辅助煤箱进入热解炉首先落在集气罩上，原料煤通过集气罩上部的布料板来实现在热解炉内部的均匀分布；热解炉内产生的干馏气通过集气罩汇集到一起经上升管输出到热解炉外再经桥管进入集气槽内。

集气槽：集气槽的主要作用是把从集气罩导出的热干馏气在桥管和集气槽中通过循环氨水进行喷洒，达到对热干馏气降温除尘的效果。集气槽具有收集煤气、冷却除尘和切断水封的作用。

护炉柱：护炉柱是用型钢和钢板焊接包裹在热解炉砖体外侧的钢结构，可以实现对热解炉的密封、保护和固定。

基础平台：基础平台由热解炉铺底钢板和工字钢组成，其作用是支撑整个热解炉的炉体及其附属钢构部件和炉内物料。

排焦箱（无余热回收）：排焦箱由外部钢板和浇注料（或耐火砖）组成，热解炉底部炽热的半焦可以通过排焦箱顺利进入熄焦出焦系统。

水冷壁（有余热回收）：水冷壁受热面采用膜式壁箱形结构，设置于直立热解炉炭化室排焦口处，作为炭化室和出焦系统之间的连接通道，炽热的半焦在下落过程中通过水冷壁向管内介质放热，降低温度后排入出焦系统，管内介质吸收半焦显热，产生的蒸汽供厂内利用。

出焦系统：从热解炉底部排焦箱（或水冷壁）出来的炽热半焦经下部的导料槽进入集焦仓中，由推焦机控制半焦的排出并落至刮板出焦机上，刮板出焦机置于集焦仓中，底部设有一定高度的水位，当推焦机推出的热焦接触到熄焦水时，水变为蒸汽时的快速膨胀力使蒸汽流动通过半焦层，利用蒸汽对料仓内半焦进行熄灭。

5.1.4 推焦机

（1）概述

推焦机在直立热解炉排焦箱（或水冷壁）的下部，其主要功能是均匀推出直立热解炉的半焦进入熄焦和排焦装置。推焦机作为直立热解炉热解工艺和装置的重要设备，其推焦速度决定直立热解炉内热解温度的变化以及炉顶荒煤气的温度。

（2）推焦机的结构形式

推焦机主要由传动装置、推焦机架和推焦机密封组成。

推焦机传动装置有电机传动和液压传动两种形式。电机传动形式是电机通过减速机驱动偏心轮，偏心轮通过连杆与推焦机架连接，使推焦杆前后移动。推焦机电机传动形式目前多采用变频调节速度，使推焦过程实现无冲击推焦。液压传动为近几年在半焦行业推焦机上新采用的传动形式，主要是通过液压缸驱动连杆，连杆与推焦机架连接，使推焦杆前后移动。

推焦机架由钢管焊接而成，管内采用循环水冷却降温。机架头部通过连杆与传动装置连接。

推焦机密封指机架与熄焦仓之间的密封，主要由填料、填料箱和填料固定件组成，保证推焦机在推动生产过程中焦仓的密封。

曾明明等在专利 CN209923252U 中，公布了一种用于直立炭化炉的推焦机，该装置的整体结构如图 5-6 所示。推焦机工作原理是：驱动机构通过推焦机横梁带动推焦机长轴移动，继而带动推焦杆在水平方向往复运动，通过推焦杆将托焦盘上的半焦均匀推落。

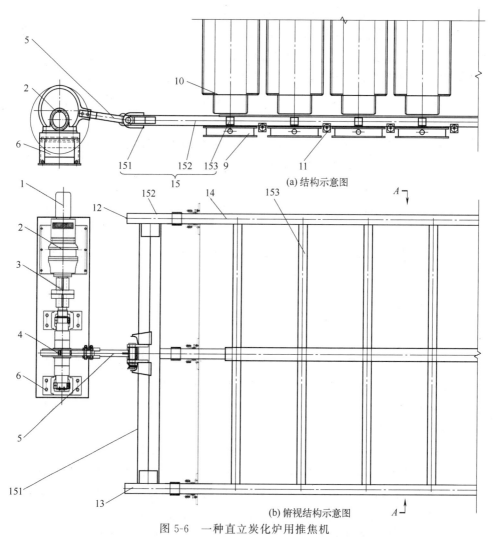

图 5-6　一种直立炭化炉用推焦机

1—电机；2—针轮摆线减速机；3—柱销联轴器；4—偏心轮机构；5—连接杆；6—安装座；
9—托焦盘；10—导焦槽；11—导轮；12—进液口；13—出液口；14—冷却液流道；
15—推焦机架；151—推焦机横梁；152—推焦机长轴；153—推焦杆

由图 5-6 可知，一种用于直立炭化炉的推焦机，包括往复驱动机构。往复驱动机构输出端设置有推焦机架，推焦机架下方设置有多个托焦盘，推焦机架上装有导轮，起到支撑推焦机架并导向的作用，其特征在于：推焦机架一端设置为进液口，另一端设置为出液口，推焦机架内设置有冷却液流道，并与进液口和出液口连通。

赵兴凯在专利 CN109777451A 中，公布了一种兰炭炉推焦机，结构如图 5-7 所示。

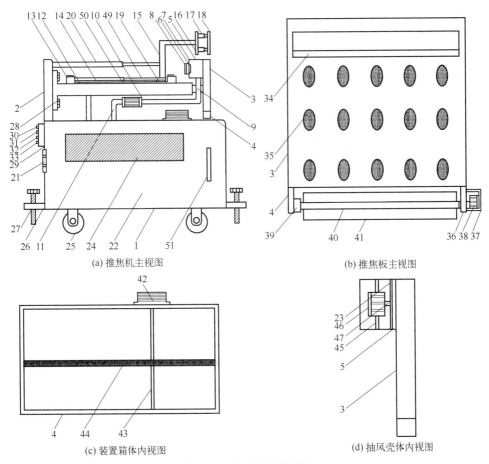

图 5-7　一种兰炭炉推焦机

1—装置箱体；2—固定板；3—推焦板；4—第一连接板；5—抽风壳体；6—第一门轴；7—第一门板；8—第一把手；9—第一管道；10—抽风机；11—第二管道；12—凹槽；13—第二固定螺栓；14—第一液压缓冲杆；15—支撑杆；16—第三连接板；17—第二液压缓冲杆；18—第四连接板；19—滑动块；20—第三液压缓冲杆；21—第二门轴；22—第二门板；23—抽风扇叶；24—观察窗口；25—转轮；26—第五连接板；27—第三固定螺栓；28—第一固定螺栓；29—工作电源；30—第一控制开关；31—第二控制开关；32—第三控制开关；33—第四控制开关；34—抽风孔；35—橡胶块；36—第二连接板；37—电机保护罩；38—第二电机；39—轴承；40—旋转杆；41—刮板；42—振动电机；43—传导杆；44—过滤网；45—固定杆；46—第一电机；47—第一电机轴；48—第二电机轴；49—电动液压杆；50—固定块；51—第二把手

图 5-7 可知，一种兰炭炉推焦机的结构包括装置箱体，装置箱体顶部左侧固定连接有固定板，固定板右侧中间固定连接有电动液压杆，电动液压杆右侧上下两端均安装有第一固定螺栓，第一固定螺栓左侧贯穿电动液压杆连接有固定板，电动液压杆右侧固定连接有推焦板，推焦板底部前后两侧分别固定连接有第一连接板和第二连接板，电动液压杆顶部左侧固定连接有固定块，固定块顶部左右两侧均安装有第二固定螺栓，固定块顶部开设有凹槽，凹槽内部安装有第一液压缓冲杆，第一液压缓冲杆顶部右侧固定连接有支撑杆，支撑杆右侧固定连接有第三连接板，第三连接板右侧上下两端均通过第二液压缓冲杆连接有第四连接板，支撑杆左侧底部通过第三液压缓冲杆连接有固定板，第二液压缓冲杆底部右侧固定连接有滑动块，推焦板前侧底部安装有橡胶块，推焦板前侧顶部开设有抽风孔。

（3）推焦机的安装和维护

① 推焦机的安装要求。

a. 在设计传动机构和机架的时候，遵循"三化"（标准化、通用化和系列化）的原则，由此可使其零部件的互换性得到保证，大大降低制造和使用维护的费用，并使所需零件和部件的备品量缩减到最少。

b. 安装时，推焦杆在托焦盘中间位置，确保推焦杆中心线与推焦机传动轴中心线保持在同一水平面上。

c. 安装时注意传动装置输出轴和推焦机推杆的平行度，误差不得超过 $0.3 \sim 0.5 \mathrm{mm}$。

d. 传动机构采用减速器式传动装置时，安装时须考虑偏心轮与轴承的润滑。

e. 推焦机调试：轴承间隙按 1‰，偏心轮间隙 0.5‰，对轮之间间隙 2～4mm，端面和径向偏差不超过 0.09mm；调试转速在 800～840r/min（24h 后不发热，即各部温升不超 50℃）。

f. 安装后要求推焦机在运行过程中无变形、不堵、不卡、无噪声、无泄漏，设备运行安全平稳无故障。

② 推焦机的维护规程。

a. 推焦机应维持正常。如果推焦机停止或速度减慢，可导致炉顶温度升高；如果发生机械故障或停电，应尽快恢复，平时注意经常加润滑油维护；如果推焦机速度过快，会使炉顶温度过低，影响半焦及焦油产量和品质。

b. 定期检查钢结构各部连接处的螺栓和焊缝有无松动和裂纹，特别是推焦机架和钢结构主体，以便随时修复，确保安全生产；经常检查推焦的电动机、减速机等处的连接螺栓有无松动现象，发现松动及时处理；经常检查各联轴器有无损坏。

c. 经常检查推焦杆的连杆处，防止污物卡住不灵活，以免推焦杆在推焦时脱开而发生事故。

d. 为防止推焦传动装置中的偏心轮及偏心轮外套之间磨损严重，应定期检查并向油杯注油，对干油分散润滑点要求每班加油一次。

e. 如果采用液压传动，经常检查液压是否有泄漏现象，如有泄漏随时排出，确保各液压机构能正常运行。

f. 经常检查推焦杆与焦仓处密封是否有漏气，如有需检查密封问题。

g. 经常检查推焦机循环水管中金属软管是否有损坏或松动。

5.2 煤-焦输送设备

5.2.1 概述

煤-焦输送设备是将散装货物或成件货物以连续的方式沿着一定的输送路线从取料点运送到落料点的机械设备，可形成物料的水平、倾斜和垂直输送流程，具有输送能力大、运距长等特点，广泛用于冶金、煤炭和化工等行业。

5.2.2 煤-焦输送设备的分类

半焦领域输送煤、焦的设备属于机械输送设备，应用较多的有带式输送机、刮板输送机、斗式提升机，板式输送机和埋刮板输送机不常见。

（1）带式输送机

带式输送机主要由皮带、驱动装置、逆止器、滚筒、托辊、拉紧装置、清扫器、除铁器、机架、头部漏斗、导料槽、卸料装置及安全保护装置构成。其种类很多，如 DTⅡ型带式输送机、大倾角带式输送机、圆管带式输送机等，如表 5-1 所示。带式输送机由其运输能力大、运行阻力小、噪声低、能耗低、安装便捷、使用寿命长、结构简单、工作可靠、适应性广、维修保养简单等优点决定了其在煤-焦运输中的主导地位。带式输送机的典型整机结构如图 5-8 所示。

表 5-1 带式输送机的分类（根据结构差异）

带式输送机	名称	特征	备注
普通型	TDⅡ型固定式带式输送机	输送能力大(可达 30000t/h),适用范围广(可运送矿石、煤炭、岩石和各种粉状物料),安全可靠,自动化程度高,设备维护检修容易,爬坡能力强	运输物料的过程中,上带呈槽形,下带呈平形,输送带有托辊托起,输送带外表几何形状均为平面

带式输送机	名称	特　　征	备注
普通型	QD80轻型固定式带式输送机	与DTⅡ型相比,皮带较薄、载荷也较轻,运距一般不超过100m	运输物料的过程中,上带呈槽形,下带呈平形,输送带有托辊托起,输送带外表几何形状均为平面
	DX型钢绳芯带式输送机	属于高强度带式输送机,其输送带的带芯中有平行的细钢绳,单台运输机运距可达几公里到几十公里	
	U形带式输送机	又称为槽形带式输送机,明显特点是将普通带式输送机的槽形托辊角由30°~45°提高到90°使输送带成U形,输送带与物料间产生挤压,导致物料对胶带的摩擦力增大从而输送机的运输倾角可达25°	
特种结构型	管形带式输送机	U形带式输送带进一步成槽形成圆管状,即为管形带式输送机,由于输送带被卷成一个圆管,故可以实现闭密输送物料,可明显减轻粉状物料对环境的污染,并且可以实现弯曲运行	结构与普通型相比明显不同
	气垫带式输送机	输送带不是运行在托辊上的,而是在空气膜(气垫)上运行,省去了托辊,用带有气孔的气室盘形槽和气室取代托辊运动,减少了部件,总的等效质量减少,阻力减小效率提高,并且运行平稳,可提高带速,但一般其运送物料的块度不超过300mm	
	波状挡边带式输送机	除了用托辊把输送带强压成槽形外,也可以改变输送带本身把输送带的运载面做成垂直边的,并且带有横隔板,以增大运输物流断面,一般把垂直侧挡边做成波状故称为波状带式输送机,这种机型适用于大倾角,倾角在30°以上,最大可达90°	
	钢绳牵引带式输送机	既具有钢绳的高强度、牵引灵活的特点,又具有带式运输的连续、柔性的优点;可做水平运输倾斜向上(16°)和向下(10°~12°)运输,也可以转弯运输,输送带伸长率为普通带的1/5左右;其使用寿命比普通胶带长;其成槽性好,运输距离大	
	压带式带式输送机	用一条辅助带对物料施加压力,这种输送机的主要优点是输送物料的最大倾角可达90°,运行速度可达6m/s,输送能力不随倾角的变化而变化,可实现松散物料和有毒物料的密闭输送,但其结构复杂,输送带的磨损增大,能耗较大	

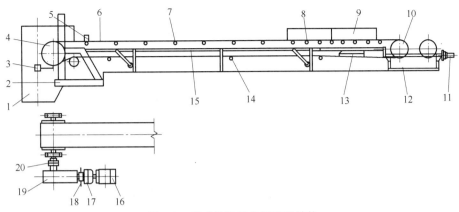

图 5-8　带式输送机典型整机结构

1—头部漏斗；2—头架；3—头部清扫器；4—传动滚筒；5—安全保护装置；6—输送带；7—承载托辊；
8—缓冲托辊；9—导料槽；10—改向滚筒；11—螺旋拉紧装置；12—尾架；13—空段清扫器；
14—回程托辊；15—中间架；16—电动机；17—液力耦合器；18—制动器；19—减速器；20—联轴器

带式输送机的用途较多，如输送、手选、活动配仓等。其布置形式如图 5-9 所示。

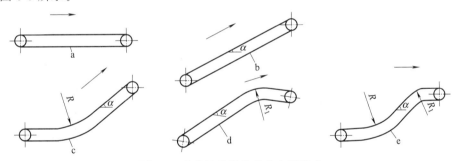

图 5-9　胶带输送机的基本布置形式

a—水平输送机；b—倾斜向上输送机；c—带凹弧段输送机；
d—带凸弧段输送机；e—带凹弧和凸弧段输送机

图 5-9 中的凹弧半径 R 和凸弧半径 R_1 的数值列于表 5-2。

表 5-2　凹弧半径 R 和凸弧半径 R_1 的数值

带宽 B/mm	凸弧半径 R_1/m	凹弧半径 R/m
500	12	80
650		
800	18	100
1000		
1200	22	120
1400	26	

为了适应高产高效集约化生产的需求，带式输送机的输送能力要加强。长距离、高带速、大运量、大功率是今后发展的必然趋势，也是高产高效运输技术的发展方向。

带式输送机螺旋拉紧装置的拉紧行程有 500mm 和 800mm 两种，500mm 行程用于机长在 30m 以下的输送机，800mm 行程用于机长在 30～60m 的输送机；车式拉紧装置用于机长 60～120m 的输送机；垂直拉紧装置用于机长在 120m 以上的输送机，或用于在机尾无法布置车式拉紧装置的地方。为防止输送带在传动滚筒上打滑，垂直拉紧装置应尽量布置在靠近传动滚筒的地方。输送浮选尾煤等黏性较大的物料时，不宜采用垂直拉紧装置。

（2）刮板输送机

刮板输送机由机头部、机身、机尾部和辅助设备四部分组成。固定在链条上的刮板作为牵引构件，当机头传动部启动后，带动机头轴上的链轮旋转，刮板链绕过链轮作无级闭合循环运行，带动物料沿着槽体移动，完成物料的输送。刮板输送机主要用于煤矿的回采工作面及半焦领域热解炉炉底半焦的输送。由于其特殊的结构和工作环境，刮板输送机迄今为止仍是热解炉下输送产品半焦的关键运输设备，其可靠性、稳定性和高效性对于热解炉工作效率和半焦生产企业的经济效益至关重要。

刮板输送机结构简单可靠、便于安装、维修方便，适用于温度在 250℃ 以下的粉粒、小块物料的密闭输送，但不宜输送黏性大的、要求破碎率低的易碎性物料。其可用于水平运输，亦可用于倾斜运输，通常以水平运输为主，当水平运输时可分为单、双层运输，倾斜时只可单层运输，沿倾斜向上运输时，物料倾角不得超过 20°，当物料倾角较大时，应安装防滑装置。刮板输送机可弯曲刮板，允许在水平和垂直方向做 2°～4° 的弯曲。

（3）斗式提升机

斗式提升机的工作原理是牵引带围绕头轮和底轮，料斗按一定间隔固定在牵引带上，外壳将料斗和牵引带密封，物料进入移动料斗，以大倾角或垂直方向完成粉状、颗粒状及块状物料的连续输送。

斗式提升机主要部件由头部、底部、壳体、牵引带、料斗组成，对物料的种类、特性及块度的要求少，不仅可提升粉状、粒状和块状物料，还可提升磨琢性的物料，具有结构简单、运行平稳、重量小、价格低、噪声小、工作速度快等优势。斗式提升机常用于干燥、低温、含油量低的物料的提升，可在全封闭的外壳内工作，密封性好，环境污染少。但其过载敏感性大，料斗和牵引件易损坏，不适合输送大块物料，必须均匀加料，否则容易堵塞。

5.2.3 输送设备在半焦领域的应用现状

输送设备主要应用在半焦领域的备煤及筛焦工段。以陕北某半焦厂为例，汽车外运的原料煤通常卸到受煤坑内，再经带式输送机运至筛分室顶层。在受煤坑底部设有阀门和振动给料机，以便控制受煤量。带式输送机卸下的原料煤经三通分料器一路经高架带式输送机送往堆场，由卸料车连续均匀地给煤场堆料；另一路进入振动筛，进行筛分，筛上粒度合格的原料煤经带式输送机输送至炉前分料转运站，筛下的粉煤由粉煤带式输送机转运往粉煤堆场存放。在分料转载站内设分料缓冲仓，仓下部漏嘴处设有电液动插板阀和振动给料机，可将原煤卸入热解炉顶部的带式输送机上，经卸料车给热解炉连续布料。

入炉的块煤被干馏为半焦，从热解炉排焦箱进入集焦仓中，集焦仓底板设浅水层。当推焦机推出的热焦接触到熄焦水时，水变为蒸汽时的快速膨胀力使蒸汽流动通过半焦层，利用蒸汽对料仓内半焦进行熄灭。熄完后半焦由密封的刮板输送机送至炉前焦仓，炉前焦仓设出焦上阀和出焦下阀，通过出焦上阀和出焦下阀交替开关控制半焦的排出并落至运焦带式输送机上，半焦经带式输送机上运至筛焦楼筛分后，不同粒度的半焦通过各自的带式输送机通过高架卸料至焦棚内对应堆场内。焦棚内高架带式输送机下设置受焦坑，由电液动平板闸门和振动给料机控制给料至带式输送机，送往装车筛分站，筛上料装车外售，筛下料输送至焦棚储存。

输送机布置时应工艺流程（料流）合理，生产操作、设备维修、取样及生产管理便捷。需注意以下要点：

① 尽可能保证物料自流，减少输送设备；

② 考虑同类型机械的互换性和机械联系的灵活性；

③ 尽量减少输送物料的转载点和装卸点；

④ 同类型设备所用非标准件的布置尽可能相同，以便于制造和安装；

⑤ 易产生煤尘的设备，应考虑防尘措施；

⑥ 设备穿过楼板和跨间，必须考虑梁柱尺寸，以免发生碰撞；

⑦ 输送机尾部机架距墙一般为 2m；

⑧ 有操作部件（如操作杆、操作轮、闸阀等）的设备操作件水平中心线距楼板面高度一般为 1000～1400mm，以便于操作；

⑨ 设备操作面的一边为固定设施或墙时，操作面净宽一般不小于 1.5m，如小设备或不经常操作时，净宽可减小至 1.0m 左右，但最小不小于 0.8m，两台设备共用一个操作面时，净宽一般为 1.5～2.0m；

⑩ 输送机所有外露的转动部件（尤其是高速转动部件），应设置防护罩；

⑪ 输送机通廊和地道的人行通道不小于0.8m；另一侧为0.5m左右。

5.2.3.1 带式输送机在半焦领域的应用现状

半焦领域常用的带式输送机有DTⅡ（A）型带式输送机、波纹挡边带式输送机，圆管带式输送机应用较少。

DTⅡ（A）型带式输送机基本满足半焦生产物料输送的工艺要求，便于实现运输系统的电气自动化控制，是煤、焦生产企业的应用最广泛的输送设备之一。但由于受到物料与输送带摩擦系数的限制，其输送物料的倾角不能过大，一般最大倾角只能达到 $16°\sim20°$，且密封性差，仍需进一步提升运输能力、增大带宽及倾角、增加单机长度和水平转弯，亟待探究合理使用胶带张力和降低物料输送能耗的最佳方法。

波状挡边带式输送机和圆管带式输送机是实现大倾角输送物料的重要形式，尤其是圆管带式输送机可以满足长运距、大运量、绿色环保、实现空间三维弯曲和智能化控制的需求。其在国外已得到广泛应用，国内也已运用于工厂、矿山、码头等，但应用场所局限在地面以上。张钺等人提出对圆管带式输送机的理论设计需要进一步深入研究，薛成等人介绍了管状带式输送机在煤矿井下的应用情况，证明了管状带式输送机在井下运行平稳，安全可靠。将圆管带式输送机应用于半焦领域，可以减少环境污染、改善工作环境，具有一定的经济和社会效益。

带式输送机开机率的高与低主要取决于其部件的性能和可靠性。除了进一步完善和提高现有元部件的性能和可靠性，还要不断地开发研究新的技术和元部件，如高性能可控软起动技术、动态分析与监控技术、高效贮带装置、快速自移机尾、高速托辊等，使带式输送机的性能得到进一步的提高。

5.2.3.2 刮板输送机在半焦领域的应用现状

刮板输送机是一种以挠性体作为牵引机构的连续动作式运输机械。近年来，由于刮板链传动系统各元件在运行过程中受到时变载荷作用，导致刮板输送机停机事故频发。显然，刮板输送机链传动系统的工作能力与可靠性直接影响到热解炉的安全与生产效率。刮板输送机驱动链轮结构复杂，链轮规格众多，运行工况恶劣，导致驱动链轮和圆环链受力情况复杂多变，经常发生断链、卡链和飘链事故。因此，国内外研究机构和学者基于刮板输送机的安全性和可靠性开展深入研究。王季鑫等人基于接触力学基本理论，探究了刮板链节距、刮板链圆弧段曲率半径对传动系统啮合接触的影响；张行等人基于虚拟样机技术研究了链传动系统的受力特性，为刮板输送机的结构优化以及状态监测提供有效依据。进一步完善刮板输送机现有元部件的可靠性，并不断地优化其结构，是提升刮板输送机使用性能的有效方式之一。

5.2.3.3 斗式提升机在半焦领域的应用现状

广泛应用于半焦领域的带式输送机运送物料的倾角不宜过大，而斗式提升机是有效解决这一问题的输送机械之一。近年来高强度牵引构件的开发应用，在很大程度上扩展了斗式提升机在半焦领域的应用范围。其因结构简单、运行平稳、噪声小、工作速度高等优点，受到了半焦生产企业的青睐。

斗式提升机在运行的过程中，其元件会对提升机产生某一方向的倾斜力，造成滚筒的放置位置和卸料位置出现变动，进而影响其皮带松紧度，使斗式提升机的皮带发生跑偏。为调节斗式提升机的松紧程度，通常在斗式提升机正底轮轴承设置连接丝杆，调整其头轮和底轮之间的距离。

斗式提升机内的诸多料斗均按照特定的速度由里而外将底部的矿粉和材料装进斗中，在进行装料操作时料斗一直处于挤压物料的状态，有时候还出现挤压机壳壁的现象。为确保其安全、可靠运行，需尽最大可能减少和避免对轴颈周围矿粉的挤压。通常情况下，大多数斗式提升机底部从动轴密封性的确保主要是通过填料密封结构来实现的。当斗式提升机的从动轴密封处出现物料向外泄漏的现象时，操作工人的健康和安全会受到不同程度的威胁。因此，对斗式提升机密封结构的技术改造亟须重视。车洪新、张守海等人通过借助理论研究，对斗式提升机下料料斗与接料板的位置进行了调整，有效解决了回料问题，提高了斗式提升机的密封性。

5.3 破碎机

5.3.1 概述

物料的破碎是很多行业产业生产不可缺少的工艺过程。针对破碎作业，许多学者试图采用定量分析的方法，建立破碎理论假设，揭示能量消耗与物料粉碎状态之间的联系。在破碎理论的研究中，主要有面积学说、体积学说和裂缝学说。以这三大学说为代表的传统破碎理论在粉碎领域中起着重要的指导作用，促进了物料破碎技术的发展。然而，三大粉碎理论都有各自的适用范围，具有一定的片面性。粉碎过程是一个十分复杂的物理化学过程，因此需要在多学科支持下，建立更完整、系统的粉碎功耗理论，全面揭示物料粉碎机理。深入研究破碎理论并研制开发新型、高效、节能和环保的现代碎磨设备具有非常重要的现实意义。

破碎机被广泛用于化工、环保、冶金、矿山、煤炭、水利、电力和建材等领域。在大型煤化工厂及发电厂，用于破碎粉磨的生产费用通常占全部费用的

30%以上。破碎过程在相应生产工艺中起着重要的作用，更为重要的是，破碎过程还决定着后续工艺能否有效进行。影响破碎过程的因素有很多，都与破碎设备性能相关联。因此，设备性能的优劣将极大地影响到工作效率和能耗的高低。随着我国经济的高速发展，这些行业每年需经过碎磨工艺处理的物料呈现几何级数增加，物料碎磨作业的重要性日益凸显。

5.3.2　破碎机的分类

目前工业中广泛应用的物料破碎方法为机械力破碎，主要有挤压、劈碎、折断、研磨和冲击破碎等。根据破碎机械施力方式和设备形式，常用的破碎设备可分为颚式破碎机、圆锥破碎机、辊式破碎机和冲击式破碎机等几大类。各类设备各有其特点，在实际中如何选择使用，有赖于对各种设备的结构、原理、工作特点和应用特性的了解。各类型破碎机的结构和工作原理简述如下。

（1）颚式破碎机

颚式破碎机主要用于原料的粗碎作业，其破碎比通常为3～5。根据被破碎物料的物理性质、企业生产规模、工艺流程布置及地形等不同条件，选用适合的设备规格型号。如在金属选矿厂，颚式破碎机常作为第一段破碎工序，布置于破磨工艺流程中，处理从采矿场运送过来的矿石，为后面的中细碎设备提供原料。

颚式破碎机的工作原理和方式属于典型的劈裂破碎。颚式破碎机结构如图5-10所示。破碎机动颚板上部直接套在偏心轴上，下部与推力杆连接，推力杆通过螺栓顶杆调节动颚下部安装位置，实现动颚板与静颚板之间距离的变化，保证下料口满足工艺生产要求。偏心轴两端安装有飞轮，其中一边的飞轮

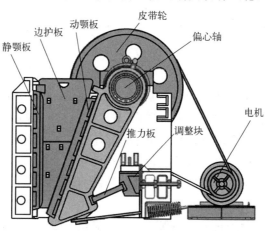

图5-10　颚式破碎机结构简图

为皮带轮,传递动力。当电机驱动皮带轮,带动偏心轴逆时针旋转时,动颚板做复杂往复摆动。动颚板上部分做近似圆形运动,下部分做椭圆形运动。这种复合运动不但提供压碎力,还产生磨碎力。当物料喂料时,从动颚板顶部进入破碎室,破碎室即动、静颚板之间的空间。电机驱动皮带,带动皮带轮,皮带轮通过偏心轴传递力矩给动颚板,使动颚板上下往复运动:上升时动颚板向静颚板靠近,物料被压、搓、碾后被劈裂成小颗粒;下降时,动颚板在外力作用下离开静颚板,两者之间距离扩大,刚才破碎的物料即可从此下料口排出。电机持续工作,破碎机周期性破碎和排除,实现批量生产。其工作特点和性质也决定了颚式破碎机的磨损较大,关键易损零部件需定期更换。

颚式破碎机按动颚运动轨迹分为两类。第一类为简摆颚式破碎机,其工作原理是由电动机驱动皮带轮组成的传动机构,并将动力传递给偏心轴,其相当于曲柄使得连杆运动。如图 5-11 所示,连杆开始向上移动时,动齿板与固定齿板间夹角逐渐变小,此时矿物受多重作用破碎,达到破碎矿物的目的。当其开始向下运动时,动颚逐渐远离定颚,动颚齿板与定颚齿板间夹角变大,动颚齿板在自身重力以及拉杆弹簧拉紧力的双重作用下远离定颚齿板,此时粒度变小的矿物靠重力和动颚的推动作用从排料口排出。电动机输出轴的转动转化为动颚的周期性摆动,实现对物料的破碎。

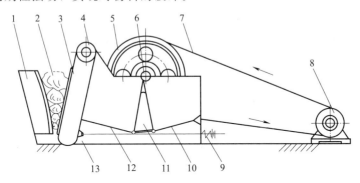

图 5-11 简摆颚式破碎机结构示意图

1—固定齿板;2—物料;3—动颚板;4—动颚悬挂轴;5—皮带轮;6—偏心轴;7—皮带;
8—电动机;9—拉杆弹簧;10—后肘板;11—连杆;12—前肘板;13—机架

第二类为复摆颚式破碎机,见图 5-12。当颚式破碎机不设置动颚悬挂轴、前肘板及连杆时,就由六杆机构变成曲柄摇杆机构。并且利用偏心轴直接带动动颚运动,由此动齿板的运动轨迹变成椭圆形,形成一种复杂的平面运动,通过对物料的多种作用实现破碎。这种破碎设备称为复摆颚式破碎机。

简摆颚式破碎机中动颚的垂直行程比较短,能在一定程度上减缓齿板的磨损,延长齿板使用寿命,维修相对容易。其存在的缺点主要是整机质量重、体积大、机

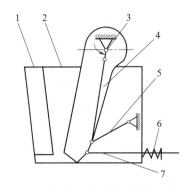

图 5-12　复摆颚式破碎机结构示意图

1—定颚；2—机架；3—偏心轴；

4—动颚；5—肘板；6—弹簧；7—拉杆

构烦琐，并且运动轨迹不理想，成本高。复摆颚式破碎机结构紧凑、杆件较少，但运动轨迹复杂，能很好地实现对物料的挤压、弯曲、磋磨、剪切作用，生产效率比较高。

针对简摆和复摆颚式破碎机各自的优缺点，创新出一种新型颚式破碎机——综合摆动（也称混合摆动）颚式破碎机。该机动颚运动轨迹是简摆型和复摆型运动轨迹的综合，动颚上部和下部的运动轨迹都是椭圆形，且椭圆的长轴朝着排料方向，这样可促进排料。可见这种运动轨迹是非常合理的，这既能像简摆型那样减少衬板的磨损，也能像复摆型那样有较高的生产效率。除了结构复杂外，是比较理想的、非常有发展前景的颚式破碎机。

国外对于颚式破碎机的研究应用长期处于领先地位，尤其是大中型的颚式破碎机在美国、俄罗斯等国家应用十分广泛。美国 Eagle 公司发明研制了一种颚式破碎机，该机特点是机体倾斜设计，能够有效降低整机高度，称为外动颚式破碎机，如图 5-13 所示。该机在传统复摆颚式破碎机的基础上，将作为动颚体的连杆部件加以演化，通过边板的连接，将四杆机构中的连杆以某一点为轴进行旋转，形成一种倾斜布置的动颚体。静颚的布置也与传统复摆颚式破碎机有较大区别，通过上部水平轴悬挂在机架上，静颚整体倾斜放置在破碎机内部。另外，肘板的安装位置也由动颚体转移到静颚体上。新的结构使设备整体高度明显降低，尤其适用于井下作业，优化后的动颚具有优良的运动学轨迹，能够实现大破碎比，降低衬板磨损。

俄罗斯圣彼得堡工程科学院研制出一种振动颚式破碎机，如图 5-14 所示。

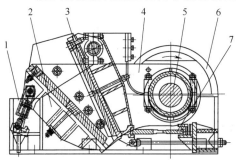

图 5-13　外动颚式破碎机结构简图

1—机架；2—动颚；3—静颚；4—侧护板；

5—偏心轴；6—皮带轮；7—肘板

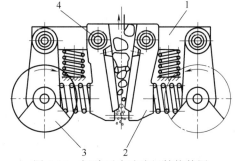

图 5-14　振动颚式破碎机结构简图

1—机架；2—齿板；3—不平衡振动器；4—扭力轴

振动颚式破碎机的主要结构是动颚和激振装置，两个动齿板布置成 V 形的结构形式，这种布置使在破碎腔内的物料下落顺畅、对物料破碎的振动力更充分，动力更足。振动颚式破碎机的主要部件是激振装置。它利用离心力和高效的振动频率实现对物料的破碎，这种方式能达到"多破少磨"的破碎目的，减少了磨碎产生的粉尘，被广泛应用在破碎较硬金属、硬质矿等破碎行业。

双腔颚式破碎机分为简摆双腔颚式破碎机与复摆双腔颚式破碎机，最早分别由东德与美国研制。复摆双腔颚式破碎机的特点在于：偏心轴装置布置在破碎机下部，动颚机构分为左右两个工作面，分别与相对布置的定颚组成两个独立的破碎腔。随着偏心轴旋转，左右两个破碎腔交替完成物料破碎任务，即在动颚摆动的任意时刻，都存在着破碎行程与排料行程的运动过程，如图 5-15 所示。双腔颚式破碎机以其独特的结构，将复摆颚式破碎机每个工作周期内的破碎行程与排料行程分解为两个破碎行程与两个排料行程，通过运动学分析与机构优化设计，能够得到较为理想的动颚运动轨迹。但是该设备结构复杂，检修工作量偏大，另外产量、能源利用率仍有待提高。

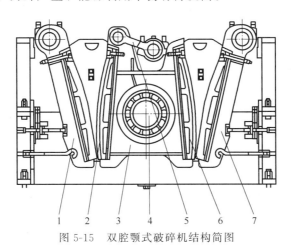

图 5-15　双腔颚式破碎机结构简图

1—定颚齿板；2—动颚齿板；3—动颚体；4—偏心轴；5—摇杆；6—动颚齿板；7—定颚齿板

（2）圆锥破碎机

圆锥破碎机是一种依靠内锥相对外锥做旋摆运动，使破碎腔中的物料受到挤压、剪切、弯曲和拉伸等作用而破碎成小块产品的设备，广泛用于矿山、冶金、建材等行业中矿岩物料的破碎作业。相比于其他类型破碎设备，圆锥破碎机具有破碎比大、产品粒度均匀、生产效率高、能耗低以及排料口便于调节等特点，易于实现自动控制，常布置于破碎工艺流程的末端，对控制最终破碎产品尺寸和粒形起到关键作用。圆锥破碎机的规格型号一般由动锥衬板所覆盖的动锥工作面的底部直径确定。

物料是在定锥体和做旋回运动的动锥体之间形成的破碎腔内完成破碎的，当挤压力超过物料颗粒之间的内聚力时，物料就产生破碎。圆锥破碎机结构如图 5-16 所示。

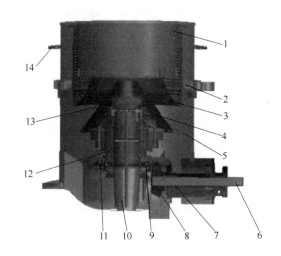

图 5-16　圆锥破碎机结构示意图

1—给料斗；2—调整环；3—定锥；4—动锥；5—机架；6—水平轴；7—水平轴铜套；
8—小齿轮；9—推力轴承；10—主轴；11—大齿轮；12—偏心套；13—球面瓦；14—齿圈

圆锥破碎机工作时，电机通过皮带轮驱动水平轴，偏心套在水平轴和齿轮的作用下绕定锥中心线旋转。动锥在偏心套的驱动下不但绕定锥中心线旋转，而且由于物料与衬板的摩擦力作用，动锥还绕自己的轴线旋转，使得动锥衬板表面时而靠近定锥体表面，时而远离定锥体表面。当动锥体靠近定锥体表面时，物料被挤压破碎；当动锥体远离定锥体时，物料沿衬板表面滑落或自由下落。

根据结构和工作原理，圆锥破碎机主要分为弹簧圆锥破碎机、底部液压圆锥破碎机和振动类型圆锥破碎机，其中液压圆锥破碎机又可分为单缸液压圆锥破碎机和多缸液压圆锥破碎机。

弹簧圆锥破碎机由美国的 Symons 兄弟发明，又称西蒙斯圆锥破碎机。弹簧圆锥破碎机主要特点是定锥与机壳周向采用一组预张紧状态的螺旋弹簧作为过铁释放的保险装置，当破碎腔中出现不可破碎物体时，定锥部件克服螺旋弹簧的弹性力，允许排料间隙短时间增大以排出不可破碎物，保护机械部件不受损坏，其结构如图 5-17 所示。

弹簧圆锥破碎机为典型的第一代圆锥破碎机，依靠机械方式实现排料间隙

的锁紧与释放，结构与工作原理相
对简单，应用广泛。其破碎方式主
要为单颗粒破碎，因此破碎效率偏
低，产品粒度控制能力较差，同时
操作与检修自动化程度低、劳动强
度大，目前逐渐被新型液压圆锥破
碎机所取代。

　　与比较成熟的弹簧圆锥破碎机
相比，单缸液压圆锥破碎机与多缸
液压圆锥破碎机具有明显的先进性
（图 5-18 与图 5-19）。由于单缸液
压圆锥破碎机采用液压保护和液压

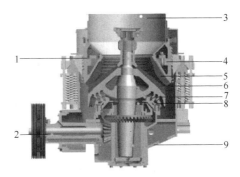

图 5-17　弹簧圆锥破碎机结构简图

1—动锥；2—传动轴套；3—进料斗；
4—定锥；5—定锥衬板；6—动锥衬板；
7—球面瓦；8—配重盘；9—主轴衬套

调整排料口，简化了破碎机结构，减轻了重量，并且易于实现破碎机的自动控
制，这类破碎机正在逐步取代弹簧圆锥破碎机。

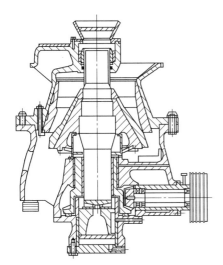

图 5-18　单缸液压圆锥破碎机结构简图

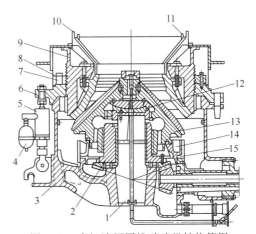

图 5-19　多缸液压圆锥破碎机结构简图

1—主轴；2—偏心轴套；3—机架；4—蓄能器；
5—液压保险杠；6—支撑环；7—锁紧液压缸；
8—锁紧螺母；9—调整环；10—进料斗；11—进料筒；
12—轴承座；13—动锥体；14—配重；15—密封圈

　　多缸液压圆锥破碎机是在西蒙斯圆锥破碎机和旋盘圆锥破碎机的基础上发
展而来，主要特点为将传统的弹簧组件替换为若干套液压油缸以及蓄能器，其
作用与弹簧基本相同，优点是能够实现排料口的自动调节、过载保护以及清腔

等功能，易于实现自动控制。

上述几种圆锥破碎机的工作部件主要为定锥、动锥及其传动机构，工作中动锥遵循固定运动轨迹往复摆动，工作频率较低，机体相对稳定。振动类型圆锥破碎机的结构与工作原理与上述设备有明显区别，其工作部件或者动力产生部件依靠振动方式激发，最常见的是由单个或多个偏心转子装置组成，通过高速旋转产生惯性离心力，驱动工作部件高频振动产生破碎力。振动类型圆锥破碎机大多基于振动理论研制，一般需要减振装置实现振动隔离，某些设备还具备转子自同步特性，使设备结构简化。惯性圆锥破碎机是振动类型圆锥破碎机的代表，如图 5-20。惯性圆锥破碎机整体坐落于减振弹簧上，工作部件由动锥与定锥组成，锥体表面装有衬板，衬板相对表面构成破碎腔。动锥轴的轴套上装有偏心激振器，激振器在皮带轮和万向传动装置的带动下产生惯性离心力，迫使动锥绕球面瓦做旋摆运动，完成物料破碎。

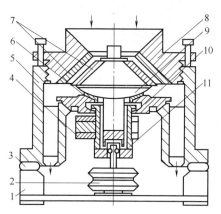

图 5-20　惯性圆锥破碎机结构简图
1—底架；2—皮带轮；3—减振器；4—激振器；
5—机壳；6—球面瓦；7—衬板；8—定锥；
9—动锥；10—动锥支撑；11—轴套

根据使用范围，圆锥破碎机又可分为粗碎、中碎和细碎三种，其中粗碎圆锥破碎机又叫旋回破碎机。旋回破碎机的生产至今已有百年的历史，由于其生产能力要比颚式破碎机高 3～4 倍，所以是大型矿山和其他工业部门粗碎各种坚硬物料的典型设备。相对颚式破碎机而言，旋回破碎机的优点是：破碎过程是沿着圆环形的破碎腔连续进行的，因此生产能力较强，单位电耗较低，工作较平稳，适于破碎片状物料，破碎产品的粒度比较均匀，可广泛用于粗碎、中碎各种硬度的矿石。但是其缺点在于：结构复杂、价格较高；检修比较困难、修理费用较高；机身较高，使厂房、基础建设的费用增加。

旋回破碎机的工作原理与圆锥破碎机一样，只是为适应破碎大块料的要求在破碎腔结构上有所区别。旋回破碎机的结构如图 5-21 所示，它的主要工作部件是可动圆锥（简称动锥）和固定圆锥（简称定锥），它们之间形成的空间即破碎腔。主轴和动锥联为一体，它的上端置于横梁铜套孔内，它的下端插在偏心轴套中。随着偏心轴套的转动，动锥同主轴一起围绕破碎机中心线做旋摆运动。破碎机工作时，在破碎腔内，位于动锥向定锥靠近部位的物料，由于受到挤压和弯曲作用而破碎；位于动锥退离定锥的部位，已经破碎了的物料在自

身重力的作用下排出。偏心轴套的
转动是通过电动机带动圆锥齿轮副
和三角皮带轮实现的。

旋回破碎机有三种类型：固定
轴式、斜面排矿式和中心排矿式。
由于前两种的使用有许多限制，所
以多采用中心排矿式旋回破碎机。
由于液压技术的应用，在普通旋回
破碎机的基础上又出现了液压旋回
破碎机。

液压旋回破碎机的破碎原理、
构造与普通旋回破碎机基本相似，
所不同的是液压旋回破碎机在其底
座最下部安装了一套液压装置，液

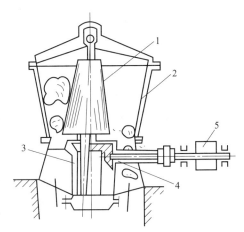

图 5-21　旋回破碎机结构简图

1—动锥；2—固定锥；3—偏心套轴；
4—圆锥齿轮副；5—三角皮带轮

压缸的柱塞上放有摩擦盘，其上支承着动锥主轴。因此，动锥部的自重和破碎
矿石时破碎力的垂直分力均由液压缸承担，而横梁不再承受垂直分力，其主轴
在悬挂部分也改为光轴。

（3）辊式破碎机

辊式破碎机是一种常用的破碎设备，具有结构简单紧凑、工作可靠、成本
低廉、调整破碎粒度比较方便等特点，主要用于对脆性和韧性中硬的物质进行
中、细碎加工，如煤、焦炭、石灰石和盐等。辊式破碎机按辊面形式可分为平
（光）辊、齿辊和槽形辊破碎机；按辊筒数目可分单辊破碎机（图 5-22）、双
辊破碎机（图 5-23）、多辊破碎机。

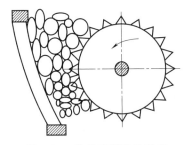

图 5-22　单辊破碎机示意图

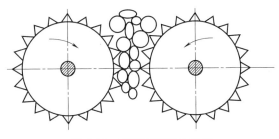

图 5-23　双辊破碎机示意图

单辊式破碎机是由一个旋转的辊子和一个颚板组成，又称为颚辊式破碎
机。辊子外表面与悬挂在心轴上的颚板内侧曲面构成破碎腔，物料进入破碎腔
上部被转动的齿辊咬住后带进破碎腔，在间隙逐渐减小的区域受挤压、冲击和

劈裂作用而破碎，最后从底部排出。这种破碎机可用于中等硬度黏性矿石的粗碎。

双辊破碎机也叫对辊式破碎机，主要工作部件为齿辊，两齿辊轴线平行，并且沿齿辊轴线方向布置一定数量的齿环。工作原理：两齿辊沿相反方向旋转，此时落入齿辊之间的物料，在旋转力作用下，被卷入齿辊内并破碎，从而获得要求颗粒度的物料。双辊破碎机的优点是：结构简单、工作可靠、动力消耗小；双辊破碎机的辊面有较高的耐磨性及可修复性，确保在工作中对辊间隙的稳定性；由于物料是靠两辊挤压破碎，因此，对物料的含水率有较宽的适应范围。缺点是破碎比不大，生产能力不高，工作时有振动以及要求喂料均匀。

为满足破碎粒度要求，往往一些工艺需要选用二级破碎，而四齿辊破碎机的应用，满足了大破碎比的要求。它实质是将两个双齿辊破碎机上下串联起来，上一个破碎机的出料，是下一个破碎机的入料。破碎机从上到下分为两个破碎阶段（图5-24），物料进入一级破碎腔时，两辊相向运动，进行主动机械进料，而硬度较低且脆性较好的物料首次被选择性破碎，经过上、下两套辊子破碎后，其粒径满足整机粉碎粒径分布要求，能够无障碍地自破碎机下方排出。

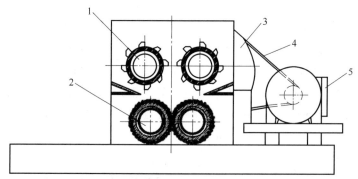

图 5-24　四齿辊破碎机结构简图

1—上段齿辊；2—下段齿辊；3—皮带轮；4—皮带；5—电机

（4）冲击式破碎机

冲击式破碎主要有两种形式：一种是物料与金属壁冲击碰撞使物料破碎，被称为"石打铁"；另一种是物料与物料碰撞使之破碎，俗称"石打石"。它们具有相同的特点，就是物料从垂直轴上的转子入料口进入转子，当转轴高速旋转时，物料从喷口抛出去，冲向撞击板或物料垫层。所谓物料垫层就是在破碎机的破碎腔内滞留的物料形成的自然垫层，在保证物料相互冲击的同时，起到保护破碎腔的作用。属于冲击式破碎机理的破碎机有立轴冲击式破碎机（图

5-25)、锤式破碎机（图 5-26）和反击式破碎机（图 5-27）。

立轴冲击式破碎机（简称立轴破），是一种利用冲击破碎原理实现物料粉碎的破碎设备，由于使用能耗低、能量利用率高、磨损件少等优点，在采矿、制砂、冶金等方面的应用越来越广泛。立轴破是由一个安装在立轴上水平旋转的转子和转子外部一个筒体内放置一个环形破碎腔组成。转子是立轴破内实现物料加速的功能部件，其作业性能直接影响整机的破碎效率。工作时，将物料由上方给入高速旋转的转子，物料受到离心惯

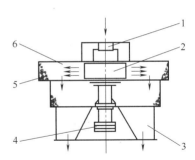

图 5-25　立轴冲击式破碎机
结构示意图

1—入料口；2—转子；3—出料口；
4—皮带轮；5—物料垫层；6—破碎腔

性力的作用，通过分料盘改向从垂直变成水平螺旋形的沿流道板前进，至转子外圆圆周出口被抛出，并在破碎腔内受到破碎；在破碎腔内，物料之间产生一系列能量交换的连锁反应，且会形成一种砂喷现象，使部分物料形成粒子云，环绕破碎腔汹涌地流动，直至失去足够的速度而离开破碎腔。

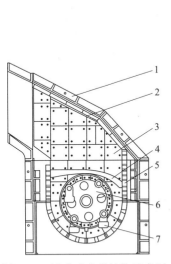

图 5-26　锤式破碎机结构示意图

1—壳体；2—反击板；3—衬板；4—栅条；
5—筛板；6—锤盘；7—锤头

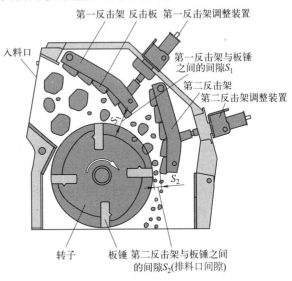

图 5-27　反击式破碎机结构示意图

锤式破碎机也属于冲击式破碎机，主要靠机体内高速旋转的锤头、锤柄对原料进行撞击，并使原料之间相互撞击、原料与壁板撞击，达到原料的破碎。

物料进入锤子工作区后，被高速回转的锤子冲击破碎。被破碎的物料从锤头处获得动能，以高速向破碎板和箅条筛上冲击而被第二次破碎。此后，小于箅条筛缝隙的物料，便从缝隙中排出，而粒度较大的物料，弹回到衬板和箅条上的粒状物料，还将受到锤头的附加冲击破碎，在物料破碎的整个过程中，物料之间也相互冲击粉碎。其非常适应于块状和质地较硬的原料破碎，如炉渣、煤矸石、页岩等原料的破碎。

反击式破碎机（简称反击破），也是一种利用冲击能来破碎物料的破碎机械，主要由转子、破碎锤和反击板组成。由带轮带动转子高速旋转，固定在转子上的板锤将进入机内的物料破碎，同时抛向第一反击架和第二反击架上，进行二次破碎然后又弹回板锤作用区，再破碎；此过程重复进行，直到物料直径小于排料口间隙 S_2 时，物料从排料口排出。调整反击架与转子架之间的间隙可达到改变物料出料粒度和物料形状的目的。反击式破碎机能处理粒度 $120\sim500mm$ 的各种粗、中、细物料矿石，广泛应用于水电、高速公路、人工砂石料等行业。

5.3.3 破碎机在半焦领域的应用现状

我国褐煤和长焰煤、弱黏煤、不黏煤等低阶煤资源丰富，占全国煤炭产量的 55%，占陕西、内蒙古和新疆煤炭产量的 80% 以上。低阶煤通过中低温热解方式可实现其分级分质转化，获得煤气、煤焦油和半焦三种能源产物。目前我国半焦生产普遍采用内热式直立热解炉，由于工作环境的需要，热解炉的原料须选用固定规格以上的煤；而半焦作为优质的清洁燃料，以其低硫、低灰、高热值等特点，可替代煤炭或焦炭，广泛用于化工、冶金、电力、供热、民用型煤、污水处理、电极材料制备等领域，不同行业选用的半焦粒度规格也不尽相同。

半焦装置粉体物料的处理一般包含破碎、筛分、输送及存储等工序，按处理物料的种类分为备煤工段和筛焦工段。备煤工段是对直立热解炉提供合格入炉煤的准备工段；筛焦工段是对半焦产品进行粒度分级的加工储运工段。半焦装置里最常用的破碎机就是双齿辊破碎机，其次有颚式破碎机、单辊破碎机等。

（1）双齿辊破碎机

同其他破碎机相比，双齿辊破碎机不仅维修方便，且在机器外形与工作性能等方面都具有明显优势，具有生产率高、功耗低、破碎比大、排料粒度均匀、体积小、质量轻等诸多优点，符合破碎机高效率、低成本、优质量的发展方向，是半焦行业里使用最广泛的破碎设备，主要用于原煤和半焦的粗、中、细破碎作业。

双齿辊破碎机的主要组成部件有电动机、液力耦合器、减速器、齿辊和壳体，且两个齿辊之间需要同步齿轮来保证一对齿辊以相同的转速转动。电动机为双齿辊破碎机的工作提供动力，是双齿辊破碎机的一个关键部件，其优劣直接影响着双齿辊破碎机的破碎性能。由于双齿辊破碎机对物料破碎的过程中不可避免地会产生一些粉尘，这就要求用于双齿辊破碎机的电动机必须具有较好的密封性。同时，双齿辊破碎机工作的过程中如遇到难破碎物料则会发生卡转现象，所以用于双齿辊破碎机的电机还应该有较大的过载系数。液力耦合器可以优化电动机和齿辊之间的匹配，同时具有过载保护的作用，一般安装在电动机和减速器之间。电动机输出的转速较高，而齿辊则需要以较低的转速转动，所以电动机和齿辊之间需要连接减速器。齿辊作为双齿辊破碎机的主要破碎部件，与物料直接发生作用，影响物料的受力和运动，其设计的合理与否直接影响双齿辊破碎机的工作性能和使用寿命。

双齿辊破碎机是利用相向旋转的两齿辊来破碎物料的，物料进入破碎腔后，受到破碎齿的刺破作用，使其沿自然裂隙、层理等脆弱面破碎。煤和半焦均属脆性物料，其抗拉强度和抗剪强度大大低于抗压强度，在剪切力作用下，料块裂纹和晶界面处产生应力集中，促使料块首先沿脆弱面破碎。因此该破碎机破碎效率高、能耗低、粒度均匀、过粉碎少。

双齿辊破碎机也叫"可筛分破碎机"，即物料进入破碎机后可通过两齿辊间、齿辊与箱体间的间隙，将小于排料粒度的物料直接排出，而经过破碎的只有大于排料粒度的物料，这样小于排料粒度的物料不破碎，极大降低了过粉碎量。

一般进场原煤多为 300mm 以下粒度的混煤，而入炉煤的粒度要求为 20～100mm 范围，为控制入炉煤的合格粒度，需要对＞100mm 的原煤进行破碎筛分。根据入炉煤的块度，产出的半焦粒度一般在 60mm 以内，一般按四种粒级（＞25mm、15～25mm、6～15mm、＜6mm）将半焦分成大块、中块、小块和末料，按市场或不同行业需求，有时会将大、中块半焦破碎至中、小块。由于原煤和半焦的硬度低、易碎的特性，希望在破碎中尽量降低过粉碎率，以减少原料成本、提高产品的成品率，因此选用双齿辊破碎机对其进行破碎。

以某半焦厂备煤工段为例。

汽车来煤（≤300mm）卸至受煤坑，经坑下带式输送机送往原煤破碎筛分楼。如图 5-28 所示，原煤先经过一次筛分，将＞100mm 的原煤筛出，送往破碎机进行破碎，将原煤破碎至＜100mm 排出，与筛下＜100mm 的原煤混合，送往二次筛分。经二次筛分后，＜20mm 的粉煤筛除，筛上 20～100mm 合格粒度的原煤直接送往热解炉组。

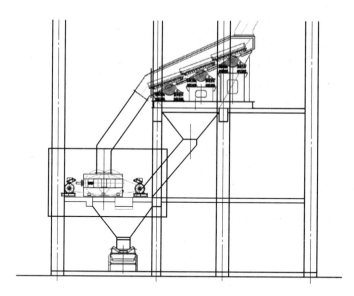

图 5-28　双齿辊破碎机布置简图

该厂在此破碎过程中，选用的是 2PGC-6075 型双齿辊破碎机。因双齿辊破碎机带有自清理的梳齿板，可以防止黏湿物料的堵塞。实践表明，原煤表面含水率高达 15％时，双齿辊破碎机仍能正常稳定运行；双齿辊破碎机采用低转速，破碎齿与物料采用点接触，故齿板磨损较慢，而且由于齿板本身材质选用优质耐磨钢，其硬度值＞HRC50，冲击韧性（AK）＞80J，因而能延长正常寿命，从而大大减轻了工人的维护量，降低了设备的配件费用；由于双齿辊破碎机采用剪切破碎原理，物料一次性通过，并不存在反复击打过程，所以设备的振动与噪声都比较小；双齿辊破碎机齿辊转速低，因而其运行过程中溢出的粉尘量要比其他类型破碎机少得多；双齿辊破碎机为开放式出料，对物料实行选择性破碎，小于要求粒级的部分直接通过，而只对大于要求粒级的部分进行剪切破碎，故其生产能力大，破碎能耗低，过粉碎量小。

当进场原煤粒度较大（500～1000mm）时，也可选用双齿辊破碎机。目前，国内最大的双齿辊破碎机进料粒度可达 1200mm，部分实验数据可达 1500mm。当做为粗碎时使用，双齿辊破碎机主要用于原煤的破碎，相比而言，不会有这么大块度的半焦产出。

随着行业对双齿辊破碎机的要求越来越高，双齿辊破碎机将会有如下的发展趋势：双齿辊破碎机处理能力越来越强；双齿辊破碎机必须控制过粉率，降低能耗；产品结构逐渐优化，产品制造质量不断改进；对物料的各种破碎形式进行深入研究，对双齿辊破碎机容易发生破损的部件进行优化。国内很多学者和生产制造厂家正是围绕这些目标进行优化完善，有力地推动了双齿辊破碎机的发展，使国内的双齿辊破碎机制造水平进一步提高。

（2）颚式破碎机

针对原煤的粗破，除选用上文所述的双齿辊破碎机外，更多的是选用颚式破碎机。

颚式破碎机在半焦领域一般不单独使用，其主要作为粗破（一级破碎），将原煤破碎到一定粒径，以便胶带机输送、筛分及二级破碎。低阶煤的硬度低，非常容易碎，为了避免原煤在入炉前产生过多的粉量，一般会控制一级破碎的排料粒径。作为一级破碎，我们希望颚式破碎机的生产能力大，允许进料粒径大，尤其是有超大块来料时，希望破碎比大，排料粒径能便于下段破碎机作业；同时也希望设备的可靠性高、维护简单方便、衬板寿命长、能耗低等。

由于颚式破碎机的破碎机理是依靠动颚相对于定颚的挤压运动来破碎物料，因此使用过程中颚板的磨损相当严重。目前广泛使用的颚板也就是齿板材料为水韧处理的高锰钢，由于挤压造成加工硬化，其硬度可以由 240HB 达到 340HB，在一定程度上减少磨损颚板。

以陕北某半焦厂为例。

如图 5-29 所示，汽车来料为含 1000mm 大块的混煤，在卸车台进行翻车，原煤经筛子将粒度 300mm 以下的筛出，＞300mm 的原煤进入颚式破碎机。此举一是减轻颚式破碎机的处理压力；二是降低过粉碎量，避免＜300mm 的物料在粗碎中挤压、撞击而产生新的破碎。原煤经颚式破碎机粗破至 300mm

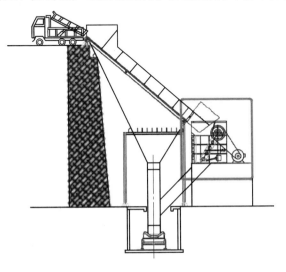

图 5-29 颚式破碎机布置简图

后，输送至下一级筛分破碎系统，二次破碎即选用上文所述的双齿辊破碎机；将 300mm 的原煤，破碎至＜100mm，经过筛分筛除 20mm 以下的粉煤，20～100mm 的合格煤送往热解炉组。

目前市场上的颚式破碎机主要有两种：一种是国内常见的 PE 系列破碎机，技术较为简单，造价较低，生产厂家众多；另一种是根据国外产品借鉴和改进的 CJ 系列破碎机，技术较为复杂，生产厂家只有国外的一些企业，如特雷克斯、美卓、山特维克等，和国内的龙头企业，如山宝、山美、黎明、徐工等。

随着信息技术、传感技术、控制技术、电子科技的进步与完善，同步发展的新材料、新工艺、润滑、液压等机械技术，促进了机械和电子、自动控制技术的结合，有力地推进了破碎设备的机电一体化、智能化。将这些相关学科、交叉学科的新技术应用于颚式破碎机，改进已有机型、创新新机型，力求产品达到高效节能、绿色环保，是近年来国内外颚式破碎机创新发展的方向。颚式破碎机吸取高能圆锥破碎机的发展思路，也在向高能化方向发展，即在基本不改变破碎机规格尺寸、不明显增加破碎机体积重量的情况下，对破碎机内部的设计参数进行优化组合，然后给破碎机输入高能量（即增大电动机功率），从而使破碎机生产率大幅度提高，或者使产品粒度大幅降低，也就是大幅提高了破碎机的工作能力，得到了高效能，达到了"高能"。颚式破碎机的高能化也是其进一步创新发展的方向。可以预见节能环保的新式颚式破碎机具有向高产能、高适用性、轻量化、方便维护等方向发展的特点。

（3）单辊破碎机

相比双齿辊破碎机而言，单辊破碎机更多地用于要求不高的粗破，且通常与重板输送机联用。在半焦行业，这种破碎机的选用，往往与卸车系统的要求相关。

以新疆某半焦厂为例。

如图 5-30 所示，汽车来煤为含 800mm 大块的混煤，卸车仓采用槽形受煤坑，坑下设置重板输送机，在机头位置（落料前段）设置一台单辊破碎机，用来破碎从受煤坑下拉出的大块混煤，借助辊轴的旋转，物料通过齿辊与板式给料机输送面设定的间隙而完成粗破。小于间隙的混煤直接通过，大于间隙的则通过破碎齿咬入间隙，进行挤压、剪切破碎。经过粗破的混煤，经过重板输送机输送至下一级破碎。二级破碎选用前文所述双齿辊破碎机。

传统的单辊破碎机传动多数采用电机、定扭矩联轴器、平行齿轮减速器、大小齿轮传动，这种传统系统结构比较复杂，成本比较高，启动要求也比较高。随着科技发展，单辊破碎机传动系统在近几年，采用液力联轴器取代定扭

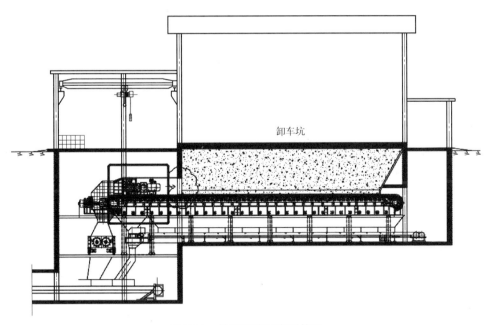

卸车坑

图 5-30　单辊破碎机布置简图

矩联轴器，降低了电机的启动要求，慢慢无效大小齿轮传动部分，采用行星减速器代替平行轴减速器，通过滚珠联轴器直接连接到辊轴上，精简机构，节省成本，这种结构已被越来越多的厂家所接受。

　　目前陕西冶金设计研究院有限公司针对物料输送已获授权多项发明和实用新型专利，如"一种低阶煤输送加工及储煤系统联用的方法及其装置""一种双系统原煤储运加工系统及其工艺""一种半焦筛分破碎分级工艺及装置"等，专利中涉及的破碎机即包含目前半焦行业常用的双齿辊破碎机、颚式破碎机和单辊破碎机。

5.4　振动筛

5.4.1　概述

　　筛分是利用多孔工作面将颗粒大小不一的混合物料进行分级的过程。近年来，随着我国焦化装备的推陈出新和产业技术的迭代升级，振动筛分技术装备在产品研发、装备制造等方面取得了一系列成果。其中，振动筛具备结构简单、振幅稳定、生产能力大、筛分效率高、价格低等特点，现已广泛应用于煤炭、冶金、化工、建筑等行业。

由于处于煤炭资源主要集中地，美国、加拿大、俄罗斯、德国以及澳大利亚等国家对煤炭筛分设备的研究较早，所生产的设备具有较高的可靠性、稳定性、生产效率和质量，且在新型筛分设备的理论研究和技术应用中走在前列。我国振动筛的研究和生产起步较晚，改革开放以来，振动筛随着工业体系的升级而不断更新，目前国内约有几百家煤炭筛分设备的生产厂家，各种新型振动筛更是层出不穷，电磁振动筛、高频振动筛和曲面振动筛都是该领域的先进产品，基本满足了我国现阶段各个行业的需求。

5.4.2　振动筛的分类

（1）按用途分类

按照作业用途的不同，振动筛可分别用于准备筛分、预先筛分、最终筛分、检查筛分和选择筛分等。

① 准备筛分。准备筛分是指将松散物料按粒度分为若干个级别，分别将各粒级物料送至下道工序进行处理的过程。例如，在选矿厂中采用重力选矿、电磁选矿等方法时，要求矿石有一定的粒度范围。因而在选择作业以前，须将矿石分成若干级别，然后分别处理，可以提高选矿或选煤指标。某些钨矿在重力选矿前，将矿石为 6～12mm、2～6mm 和＜2mm 三个粒级，分别送往粗粒跳汰机、中级跳汰机和水力旋流器进行选别。原煤通常也分为粗粒级和细粒级分别入选。

② 预先筛分。预先筛分是指物料进入破碎机之前，经物料中小于破碎机排料口宽度的细粒级物料筛分出去，进而将大于排料口宽度的粒料送入破碎机进行破碎。通过预先筛分，可以减少破碎机的负荷，节省基建投资，一般在破碎机前均设有预先筛分装置。

③ 最终筛分。最终筛分又称为独立筛分，是指将物料按用户要求分成若干粒度级别，直接作为出厂产品的过程。例如，在选煤厂，将选煤筛分成几种不同级别后直接供给用户使用；在化肥工业中将最终成品筛分（2～4mm）后装袋供给用户。其他如建材、冶金、化工等部门，都对物料粒度有要求，在供给用户（出厂）前都设置最终筛分装置。

④ 检查筛分。检查筛分是指对破碎机破碎后的产品进行的筛分。由于破碎物中还存在部分产品的尺寸大于排料口宽度，所以需从破碎物中分出粒度不合格的筛上物料（大于规定的产品粒度）。返回破碎机再行破碎、筛分，构成闭路粉碎工艺流程。

⑤ 选择筛分。选择筛分是指对有用成分起选择作用的筛分过程。选择筛分实质上就是一种选别工序，也称为"筛选"。当物料中有用成分在各个粒级

中的分布有显著差别时，可将有用成分富集的粒级同含有用成分较少的粒级分开，前者作为粗精矿，后者作为尾矿丢弃或送后续工序，从而提高设备工作效率。在铁矿磁选流程中采用的细筛就是选择筛分。

（2）筛分顺序分类

用振动筛将物料筛分为若干个粒级时，可以按筛出粗粒级、中粒级及细粒级的顺序（筛序）分为以下三类。

① 由粗到细。将不同筛孔的振动筛重叠起来，筛孔大的在上面，越往下则筛孔越小。这种筛分顺序的优点是物料先在大筛孔的筛面上筛分，大孔筛的筛面坚固耐磨。通过几层筛面的分流，使少量细粒级的物料送至小筛孔筛面上，因而脆弱的小筛面不易损坏。这种装置结构紧凑，占地面积小。但该装置各下层筛面上的筛分工作情况看不见，且筛面的更换不方便，由于产品都由筛子末端排出，运送这些筛下产品困难。

② 由细到粗。由细到粗筛分顺序的最大优点是筛分作业在单层上进行，操作简便，更换筛面方便；此外，各级筛下产品分别在不同料斗中排出，运送方便。但粗粒级及中等粒级的物料都需要经过小筛孔的筛面，使筛面的磨损高，而小筛孔的筛面是最不耐磨的。目前国内小型复合肥厂的回转筛即是使用此种筛分顺序，脱水筛由于筛面上设置喷水嘴，必须用这种筛分顺序。

③ 混合筛序。为部分克服上述两种筛序的缺点，并保留其优点，混合筛序将最易磨损的小孔筛面安排在中等粒级筛面的下部，这样安排便于安装与检修。

5.4.3　振动筛在半焦领域的应用

振动筛一般由振动器、筛箱、隔振装置、传动装置等部分组成。振动筛具有长方形的筛面，安装在筛箱上。筛箱和筛面在振动器的作用下，产生圆形、椭圆形或直线轨迹的振动。由于筛面的振动使筛面上的物料层松散并离开筛面抛起，使细粒级能透过料层下落并通过筛孔排出，并将卡在筛孔中的颗粒振出，除产生筛分作用外，还使物料向前运动。在半焦工艺生产过程中，筛分是其中重要的工序，经过振动筛的筛分，可以实现对原煤、半焦的分层及筛选，从而满足不同的客户需求，提高煤炭的利用率。但为了提高煤炭洗选的效率，对筛分效率提出了更高的要求。下面对广泛应用于半焦工艺生产、具有不同运动轨迹振动筛的功能和筛分效率进行分析。

（1）圆振动筛

圆振动筛属于单轴振动筛，运动时筛箱做圆形或近似圆形运动，筛面有较大的倾角，一般为 15°～25°。目前，成熟应用到现场的圆振动筛分为单层、双层和三层。圆振动筛通过电动机作为激振源，经装置上的三角带动偏心块产生高速旋转。在电机上、下两端分别安装有偏心重锤，通过偏心重锤把电机的旋转运动转变为水平、垂直、倾斜的三次元运动，由此将运动传递给筛面，使得筛面产生一定周期的圆周运动，而筛上物料在倾斜的筛面上受到筛箱传给的动力而产生连续的抛掷运动，在物料与筛面相遇的过程中逐步使小于筛孔的颗粒透过筛面，从而实现了物料分级，如图 5-31 所示。

　　为了提高筛分效率和处理能力，大型圆振动筛采用多组激振器强迫同步驱动，以达到所需要的振动强度。根据处理物料的性质，筛板选用重型筛板、耐磨编织筛网、特殊防堵孔筛网等，筛分效率可达到 90％以上。

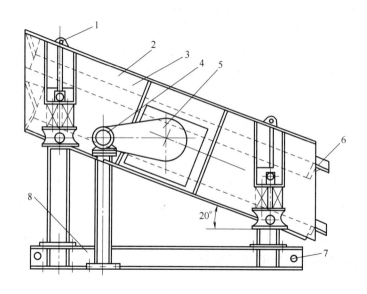

图 5-31　振动筛外形图

1—吊耳；2—弹簧减震装置；3—筛箱；4—电机；
5—振动器；6—排料口；7—起吊孔；8—支承底架

（2）直线振动筛

　　直线振动筛通过筛箱两边偏离重心轴系统产生动力使筛箱振动，偏心轴系统方向同步运转，进而在转动瞬间，两组偏心质量产生的离心力偏差使沿振动方向的分力总是在平行方向叠加，而在其垂直方向，离心力的分力总是相互抵消，通过此运动形成单一的沿振动方向的激振力，促使筛箱做来回直线运动，如图 5-32 所示。

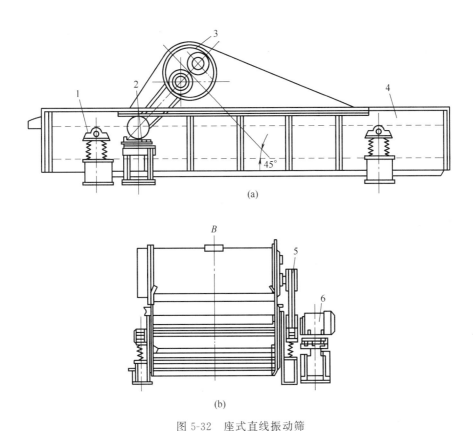

图 5-32　座式直线振动筛

1—弹簧及支承装置；2—电动机座；3—筒式激振器；4—筛箱；5—V 带；6—电动机

近年来，直线振动筛在自同步驱动技术的基础上，开发出了可靠性高的强迫同步型直线振动筛，并逐步取代了传统的自同步型直线振动筛。强迫同步型直线振动筛采用强迫同步型激振器激励，该激振器采用一对大螺旋角斜齿轮传动，承载能力强，传动平稳，噪声低。

（3）高频振动筛

高频振动筛是一种以"高频率、高振动强度、小振幅"为主要特征的振动筛，高频振动筛采用振动电机或强迫同步型激振器作为激振源，具有抵抗横向变形的能力，侧板各部位通过合理布置加强角钢及加强板，确保各部件之间相互作用形成封闭式结构，从而保证筛箱整体的刚度和强度，降低了设备的参振质量。

（4）高幅振动筛

高幅振动筛又称高幅筛，筛机整体不振动，筛网振动。高幅筛既有粗筛的形式也有细筛的形式，应用在细筛状态下，高幅筛有多种自清理筛网技术。高幅筛粗筛的筛网一般采用 60Si2Mn 的棒材，直径 16～18mm，该材料耐磨程度比碳钢高 6 倍，长条形筛孔的开孔率达到 60%～70%，筛分效率可以维持在 80%～95%。

（5）香蕉筛

香蕉筛是国外近年来研制的一种新型筛分机，筛面为多层结构，有不同的坡度和倾角，并采用复式激振结构，以适应振动力较大的筛分作业。该筛筛分效率高，处理能力强（为相同筛分面积普通水平筛的两倍），且特别适合处理难筛分的各种物料。

5.5 直接冷却塔

5.5.1 概述

塔设备是化工、石化、炼油等生产中的重要设备之一，它可以使气液两相之间进行紧密接触，达到相际传质及传热的目的。作为主要用于传质过程的塔设备，必须使气液两相能充分接触，以获得较高的传质效率。为满足工业生产的需求，还需考虑设备的生产能力、操作稳定性、操作弹性、流体流动阻力、结构、材料耗用、耐腐蚀性和不易堵塞。

直立热解炉所产荒煤气含有大量的粉尘、重质焦油、轻质焦油等，直接冷却塔采用生产氨水与煤气直接接触，在冷却煤气的同时可以洗涤煤气中的粉尘和重质焦油。粗煤气在塔内用氨水喷淋冷却至 55～60℃。塔底排出的氨水和冷凝液经水封槽流入焦油氨水分离装置区。

5.5.2 直接冷却塔的分类

塔设备经过长期的发展，形成了很多型式的结构，以满足各方面的特殊需求。从不同的角度塔设备有不用的分类，可按操作压力、单元操作、塔釜类型、塔内件结构等进行分类。半焦行业用的直接冷却塔主要有旋流板塔、文氏管塔和填料塔。

（1）旋流板塔

旋流板塔盘是 20 世纪 70 年代开发的一种新型塔盘，旋流板最初试用于湍球塔顶除雾，在除雾实验取得成效的基础上，依据旋流板的特点，用于气液接触可突破一般塔的负荷上线。气流通过旋流板后旋转上升，液体从全封闸板分配到各叶片上，形成液膜并被气流吹散成液滴，其中的液滴在离心力的作用下甩向塔壁，形成液膜流下，经集液槽、降液管流到下层塔盘的全封闸板上。由于开孔率大，在高负荷下的除雾效果好，结构简单，具有负荷高、压降低、弹性大、自除雾、自液封等优点。由于气速高、离心力大，塔内空间未能充分用于气液接触，因而作为气液接触传热和快速反应的化学吸收塔板效率低，对除尘、除雾塔板效率高。旋流板塔的结构见图 5-33 和气液接触模型如图 5-34 所示。

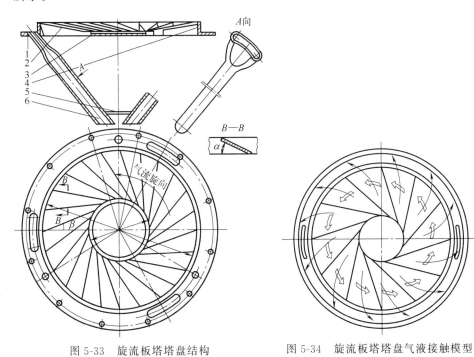

图 5-33　旋流板塔塔盘结构

1—底板；2—叶片；3—全封闸板；

4—罩筒；5—固定板；6—降液管；

α—叶片仰角；β—板片径向角

图 5-34　旋流板塔塔盘气液接触模型

旋流板塔的进气管和底端呈切线方向，可以使气流分布较均匀，旋转方向与各板相同。在对除雾要求高时，可以在塔顶加一块除雾板，除雾板与塔板不同处在于：①板片为外向；②板片数可以少些；③溢流管可以比较细，不用异型管，溢流槽也可以较窄。

（2）文氏管塔

文氏管塔的作用原理同文氏管洗涤器一样，塔中间的文氏管由收缩管、喉管、扩散管三部分组成。含有粉尘、焦油粒的粗煤气在文氏管中经过收缩，流速提升，通过喉管与文氏管上的喷嘴喷入的循环氨水，使气体中的粉尘、焦油粒凝聚成较大的颗粒，然后进入到扩散管内。由于气体在这里减速，使水和粉尘、焦油凝聚成较大颗粒，经减速后，水、粉尘、焦油混合物经塔底排出，煤气进入后续系统进一步净化。

文氏管塔煤气和氨水从塔顶进入，氨水经喷嘴同煤气并流经过文氏管，经文氏管洗涤降温后，煤气从塔中部流出进入后续净化设备，氨水从塔底流出经水封流至焦油氨水分离工段。文氏管塔结构如图5-35所示。

（3）填料塔

在填料塔中，塔内装填一定段数和一定高度的填料层，液体沿着填料表面呈膜状向下流动，作为连续相的气体自下而上流动，与液体逆流传质。填料塔具有结构简单、压降小、易于用耐腐蚀非金属材料制造等优点。目前用于半焦行业的填料选用波纹填料，由于波纹填料是规整填料，具有压降小、生产能力大、结构紧凑、比表面积大、操作弹性大等优点。且填料的结构能促进气液分布均匀化，使传质效率提高。

在填料塔操作时，保证气液在任一截面上的均匀分布极为重要，氨水在塔顶经分布器均匀喷淋，煤气从塔底经分布器均匀进入塔内，氨水与煤气在塔内均匀逆流接触传质传热。在喷淋液体沿填料层向下流动时，不能保持喷淋装置所提供的原始均匀分布状态，液体有向塔壁流动的趋势，导致壁流增加，填料主体的流量减小，影响了流体沿塔横截面分布的均匀性，降低传质效率。为了提高塔的传质效果，填料层必须分段，在各段填料之间，安装液体再分布装置，用于收集上一填料层来的液体，并为下一填料层建立均匀的液体分布。

为减少液体的夹带损失，保证后续设备的正常操作，在塔顶设置丝网除沫器，丝网除沫器具有比表面积大、重量轻、空隙率大、除沫效率高、压降小等特点。填料塔的结构如图5-36所示。

5.5.3　直接冷却塔在半焦领域的应用现状

煤气的初冷有直接初冷工艺、间接初冷工艺、间-直混合初冷工艺。在半焦厂发展初期，单炉产量低，旋流板塔、文氏管塔、填料塔在生产过程中均有应用。随着直立热解炉的发展，单炉产量目前最大能达到20万吨/年，煤气净化的处理量也增加。限于结构方面的原因，单块旋流板的直径不宜太大，且旋流板塔板放大后，旋流板开缝增大，离心力变弱，塔体流态、传热传质规律变化较大。随着单炉产能的增加，需开发一种大型化的旋流板塔，以克服旋流板塔板放大后气液接触传质、传热效果变差的问题。

随着煤气处理量与塔径的增加，填料塔的投资成本也随之增加，为保证气液两相在填料塔内均匀分布，对塔的气体分布装置、液体分布装置、液体再分布装置等要求高。文氏管塔具有结构简单、投资低、运行成本低，随着煤气净化的处理量增加，文氏管塔的应用更加广泛。

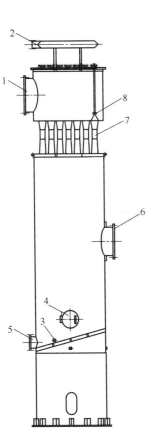

图 5-35 文氏管塔结构图
1—煤气入口；2—氨水入口；
3—蒸汽清扫口；4—人孔；
5—氨水出口；6—煤气出口；
7—文氏管；8—喷嘴

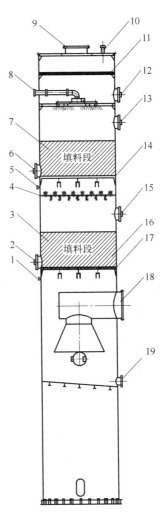

图 5-36 填料塔结构
1,5—蒸汽清扫口；2,6,12,13,15—人孔；
3,7,16—填料；4—中间分布器；
8—氨水入口；9—煤气出口；10—放散口；
11—丝网除沫器；14,17—填料支撑；
18—煤气入口；19—氨水出口

5.6 管壳式冷却器

5.6.1 概述

冷却器在化工领域应用十分广泛，是一种实现物料之间热量传递的重要设备。冷却器可按传热原理、传热种类、设备结构、密封形式、材料等进行分类。目前，在冷却设备中使用量最大的是管壳式冷却器。管壳式冷却器虽然在换热效率、设备的体积和金属材料的消耗量等方面不如其他新型的冷却设备，但它具有结构坚固、操作弹性大、可靠程度高、使用范围广等优点，故仍被普遍采用。

管壳式冷却器为间接式冷却器，在半焦生产过程中，其荒煤气经管壳式冷却器冷却至 25～35℃，随着粗煤气的冷却，煤气中的大部分轻质焦油、蒸汽被冷凝下来，这些混合冷凝液经水封槽流入焦油氨水分离装置区。根据生产工艺要求的不同，管壳式冷却器可采用一段冷却，也可以采用两段冷却。

5.6.2 管壳式冷却器的分类

管壳式冷却器按用途分为无相变传热的冷却器和有相变传热的冷凝冷却器及重沸器。随着煤气的冷却降温，煤气中的水分也冷凝下来，因此煤气的换热过程属于有相变传热过程。管壳式冷却器按形式分为固定管板式、浮头式、U形管式、外填料函式、填料函滑动管板式等。半焦行业应用的为固定管板式，分为横管式冷却器和立管式冷却器。在冷却器内，煤气走管外，冷却水走管内，两者通过逆流或者错流经管壁间接换热，使煤气冷却。

（1）立管式冷却器

立管式间接初冷器的横断面呈长椭圆形，直立的钢管束装在上下两块管栅板之间，被 5 块纵挡板分成 6 个管组，因而煤气通道也分成 6 个流道。煤气走管间，冷却水走管内，两者逆向流动。冷却水从冷却器煤气出口端底部进入，依次通过各组管束后排出器外。6 个煤气管道的横断面积是不一样的。为使煤气在各个流道中的流速大体保持稳定，所以沿煤气流向，各流道的横断面积依次递减，而冷却水沿其流向各管束的横断面积依次递增。

立管式冷却器一般均为多台并联操作，煤气流速为 3～4m/s，煤气通过阻力为 0.5～1.0kPa。立管式冷却器传热管垂直配置在冷却器的筒体内，立管式冷却器水箱为敞开式，水在管内流速低（约 0.1m/s），传热效率低，总传热系数仅为 116.3～174.5W/(m²·K)。由于水流速度低，在热水出口前的一个行程（即煤气尽快流向的第一格），存在因水的热浮力而产生水的逆流现象，在实际操作中会出现上部水温反而比下部水温高，起不到冷却传热作用，影响传热效率。立管式冷却器结构如图 5-37 所示。

（2）横管式冷却器

横管式冷却器见图 5-38，具有直立长方体形的外壳，冷却水管与水平面呈 3°角横向配置。管板外侧管箱与冷却水管连通，构成冷却水通道，可分一

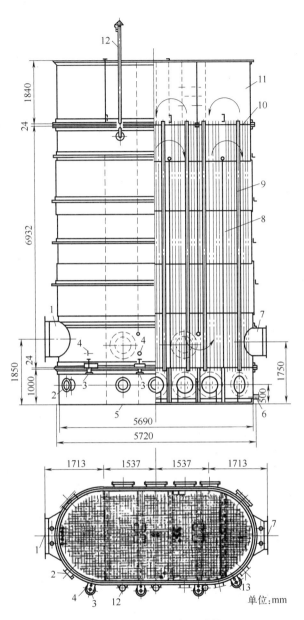

图 5-37 立管式冷却器结构

1—煤气入口；2—热水出口；3—冷凝液出口；4—蒸汽清扫口；
5—下水箱；6—放空口；7—煤气出口；8—隔板；9—冷却水管；
10—管板；11—上水箱；12—放散口；13—冷却水入口

段、两段或三段供水。煤气自上而下通过横管冷却器。冷却水由每段下部进入，低温水供入最下段，以提高传热温差，降低煤气出口温度。在冷却器壳程

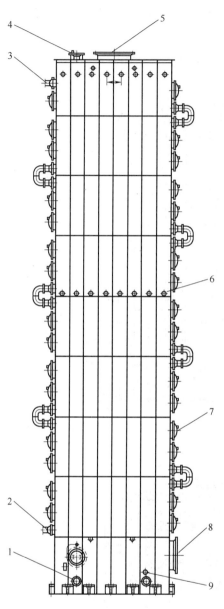

图 5-38　横管式冷却器结构图

1—冷凝液出口；2—冷却水入口；3—热水出口；
4—放散；5—煤气入口；6—氨水入口；
7—管箱；8—煤气出口；9—蒸汽清扫口

各段上部，设置喷洒装置，中、上段可用氨水间歇喷洒，下段用冷凝液连续喷洒，以清洗管外壁沉积的焦油。

横管冷却器用直径 $\phi 54mm \times 3mm$ 的钢管，管径细且管束小，横管冷却器提高了水流速度（一般为 0.5～0.7m/s）。又由于冷却水管在冷却器断面上水平密集布设，使与之成错流的煤气产生强烈湍动，从而提高了传热效率，并能实现均匀的冷却，煤气可冷却到出口温度只比进口水温高 2℃。煤气流向与冷凝液流向一致，总传热系数可达到 232.6～290.8W/(m² · K)，比立管式冷却器的传热系数提高了一倍多，处理同样的煤气量，横管冷却器的传热面积较立管冷却器可大大减少。

横管冷却器虽然具有上述优点，但水管结垢较难清扫，要求使用经过处理的冷却水。

5.6.3　管壳式冷却器在半焦领域的应用现状

由于立管式冷却器传热效率低，会出现水的逆流现象等不能克服的缺陷，目前设计上已经较少采用。横管冷却器保持高的水速和湍流，煤气流向与冷凝液的流向一致。对于高温湿煤气而言，冷却管上形成的冷凝液膜在传热上起着决定性的作用。在正常操作时，冷凝液与煤气顺流而下，起到了冲洗和冷却管壁的双重作用。鉴于横管冷却器的优势，目前在半焦领域应用广泛。半焦生产产生的荒煤气萘含量低，目前半焦领域应用的横管式冷却器多采用一段式和二段式横管冷却器，均采用循环水冷却。一段式横管冷却器采用一套循环水系统，初期投资低，但运行成本高。二段式横管冷却器采用两套循环水系统：当在夏季时，两套循环水系统同时使用；在冬季时，仅开一套循环水系统即可满足工艺要求。虽其投资成本高，但运行成本低。

5.7 电捕焦油器

5.7.1 概述

电捕焦油器是煤气净化的主要设备之一，主要作用是除去经洗涤、冷却后的煤气中的焦油雾。荒煤气中的焦油在冷凝冷却过程中大部分进入冷凝液中，还有一部分焦油以焦油气泡或焦油雾滴的形式悬浮于煤气气流中，焦油雾滴的沉降速度与其质量成正比而与其表面积成反比。小颗粒的焦油雾滴沉降速度小于煤气流速，所以悬浮于煤气中被带走。为了最大限度地清除煤气中的焦油雾，需选用电捕焦油器去除煤气中的焦油雾。

电捕焦油器具有捕油效率高、阻力损失小、煤气处理量大等特点，可符合后续工序对煤气质量的要求，提高焦油回收率，电捕焦油器的捕油效率可高达99.8%。电捕焦油器的工作原理如图5-39所示，在金属导线与金属管壁（或平板）间施加高压直流电，以维持足以使气体产生电离的电场，使阴阳极之间形成电晕区。正离子吸附于带负电的电晕极，负离子吸附于带正电的沉淀极，所有被电离的正负离子均充满电晕极与沉淀极之间的整个空间。当含有焦油雾滴的煤气通过电场时，吸附了负离子和电子的杂质在电场库仑力的作用下，移动到沉淀极后释放出所带电荷，并吸附于沉淀极上。当吸附于沉淀极上的杂质量所受重力增加到大于附着力时，利用重力向下流淌，从电捕焦油器底部排除。净化后的煤气从顶部逸出。电捕焦油器的结构如图5-40所示。

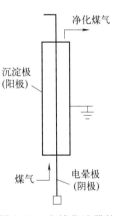

图 5-39 电捕焦油器的
工作原理图

5.7.2 电捕焦油器的分类

电捕焦油器有同心圆式、管式、蜂窝式三种。设备结构包括简体、煤气进出口及气体分布器、电晕极、沉淀极及其吊挂装置、高压直流电引入及其绝缘装置、焦油出口等。

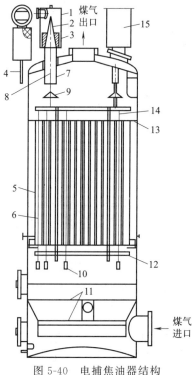

图 5-40　电捕焦油器结构

1—馈电箱；2—绝缘子；3—加热器；
4—高压电缆；5—沉淀极管；6—电晕线；
7—保护管；8—上吊杆；9—阻气罩；
10—重锤；11—气体分布板；12—吊架；
13—管板；14—下吊管；15—绝缘箱

（1）同心圆电捕焦油器

同心圆电捕焦油器由数个不同直径的钢板圆筒组成，以同一垂直轴为圆心，并以同一间距套在一起而组成沉淀极。由于电晕极之间的同性相斥，会使电场出现空位小空洞，即场强洞穴，易造成气体在洞穴中短路流失，降低捕集效率。同时，同心圆电捕焦油器的制造精度要求高、安装调试极为严格，在制造、安装和运输中较易使同心度、水平度和垂直度产生变化，均会造成阴阳极之间或其他部件间产生放电现象，难以达到要求的电压，直接影响焦油的捕集效率，还易使电瓷瓶击穿毁坏。因场强的电压变化值为 400V/mm，所以，阴阳极间即使出现 1mm 的偏差，其场强电压的变化值可高达 400V。同心圆电捕焦油器具有流通面积大、气体流速低和耗钢材少等优点。

（2）管式电捕焦油器

由于钢管与电晕线单独组成电场，其场强电压取决于钢管的半径，其值为半径的 400 倍。由于管式电捕焦油器在每个管截面内形成等极间距电场，而管与管之间则是空位，由管板盲区堵住这些空穴，这就降低了圆筒内有效空间的利用率，减少了净化通道的截面积。这种形式的电捕焦油器的钢材耗量较大，但具有制造容易、等极间距电场、材料易得和安装调试比较方便等优点。

（3）蜂窝式电捕焦油器

蜂窝式与管式的结构相同，是将通道截面由圆形改为正六边形。两个相邻正六边形共用一条边，即靠中间的正六边形的六条边均被包围它的六个正六边形所共用。用 2～3mm 的钢板制成的蜂窝板即可满足工艺和机械强度的要求。虽然蜂窝式电捕焦油器具有结构紧凑合理、没有电场空穴、有效空间利用率高、重量轻、耗钢材少和捕集特性好等优点，但也存在制造难度大、在运输安装过程中易产生误差等缺点。

5.7.3 电捕焦油器在半焦领域的应用现状

内热式直立热解炉产生的煤气中焦油含量占8%～10%，是常规焦炉的2倍多，加之近年来石油类产品的价格上涨，因此非常有必要使用电捕焦油器捕集更多的焦油，这样既能使鼓风机安全运行，保证后续工段正常工作，也为企业带来可观的经济效益。随着设备制造工艺水平的提高，蜂窝式电捕焦油器越来越受到人们的重视，逐步取代同心圆式和管式电捕焦油器。

5.8　焦油氨水分离装置

5.8.1　概述

焦油氨水分离装置是基于各组分间密度的差异，根据重力沉降原理将来自上游工段的焦油氨水混合液进行分离。荒煤气经过氨水喷淋洗涤后产生的焦油氨水混合液以及煤气净化冷凝过程中产生的混合液送往焦油氨水分离装置，混合液经过初步分离，分为焦油渣、重油层、氨水层、轻油层。重油、轻油作为产品送往焦油罐区进一步脱水；焦油渣属于危险废物，外送危废处理装置进行处理；其氨水循环利用，用于喷淋洗涤荒煤气；剩余氨水送往污水处理站进行蒸氨脱酚、生化处理。

5.8.2　焦油氨水分离装置的分类

根据自动化程化程度、操作方法、设备形式，焦油氨水分离装置可以分为以下4种形式。

（1）机械化焦油氨水澄清槽

机械化焦油氨水澄清槽是一端为斜底，断面为长方形的钢制焊接容器，如图5-41所示。其由槽内纵向隔板分成平行的两格，每格底部设有由传动链带动的刮板输送机，两台刮板输送机由一套电动机和减速机组成的传动装置带动。焦油氨水混合液由入口管经承受隔室进入澄清槽，均匀分布在焦油层上部。澄清后的氨水经溢流槽流出，沉积于槽下部的焦油经液面调节器引出，沉积于槽底的焦油渣由刮板运送至前端头部漏斗内排出。刮板线移动速度为0.03m/min，速度过高容易带出焦油和氨水。为了阻挡水面的焦油渣，在氨水预留槽附近设有高度为0.5m的挡板，为了防止悬浮在焦油中的焦油渣团进入焦油引出管内，在氨水澄清槽内设有焦油渣挡板及活动筛板。机械化焦油氨水澄清槽除渣过程连续操作，自动化程度高，操作方便。缺点是放渣漏斗连续放渣时下部接口处无法进行密封处理，挥发性有机物（VOCs）容易逸散，异味较大，环保效果差。

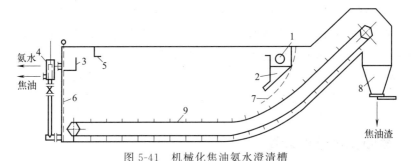

图 5-41　机械化焦油氨水澄清槽

1—入口管；2—承受隔室；3—氨水溢流槽；4—液面调节器；5—浮焦油渣挡板；
6—活动筛板；7—焦油渣挡板；8—放渣漏斗；9—刮板输送机

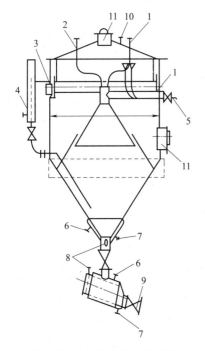

图 5-42　立式焦油氨水分离器

1—氨水入口；2—冷凝液入口；3—氨水出口；
4—焦油出口；5—轻油出口；6—蒸汽入口；
7—冷凝水出口；8—直接蒸汽入口；9—焦油
渣出口；10—放散管；11—人孔

（2）立式焦油氨水分离器

立式焦油氨水分离器（又称锥形底氨水澄清槽）上边为圆柱形，下边为圆锥形，如图 5-42 所示。冷凝液和焦油氨水混合液由中间或上边进入，经过扩散管利用静置分离的办法，将分离的氨水通过器边槽子接管流出。上边设置挡板，以便将轻油由上边排出。焦油渣为混合物中最重部分，沉降于器底。立式焦油氨水分离器下部设有蒸汽夹套，器底设闸阀，焦油渣间歇地排出至带蒸汽夹套的管段内，并设有直接蒸汽进口管，通入适量蒸汽通过闸阀将焦油渣排出。立式焦油氨水分离器排渣为间歇过程，仅在排渣过程产生 VOCs 气体排出，环保效果较好，缺点是自动化程度低。

（3）串联立式圆筒形钢罐组

圆筒形钢罐通过管道依次连通作为焦油氨水混合液分离设备，罐之间分别在上部、中部、下部通过管道连通，相邻罐连通管道互相错位布置，如图 5-43 所示。每个罐下部设置重油出口，罐上部设置轻油出口。混合液进入罐后，通过相邻罐之间连通管依次流过串联罐组，通过连通管错位布置延长混合液在罐内流动轨迹，增加混合液沉降分离时间，流动过程中混合液分为焦油渣、重油层、氨水层、轻油层。焦油渣主要集中在前端罐内，定期进行清理；重油通过罐下部重油出口排出；轻油通过上部轻油出口排出；氨水通过氨水出口流出。串联立式圆筒形钢罐组设备简单，清渣为间歇过程，焦油渣由渣浆泵抽出，清渣过程自动化程度低。

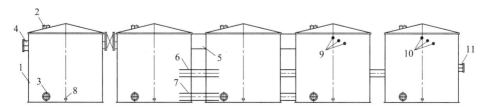

图 5-43　串联立式圆筒形钢罐组

1—立式圆筒形钢罐；2—罐顶人孔；3—侧壁人孔；4—混合液入口；

5—相邻罐上部连通管；6—相邻罐中部连通管；7—相邻罐下部连通管；

8—重油出口管；9,10—轻油出口管；11—氨水出口

（4）焦油氨水分离槽

焦油氨水分离槽是一种断面为长方形的钢制焊接容器，如图 5-44 所示。槽体一端设有混合液入口管，槽壁上部设有轻油出口，为了避免液位不稳定造成轻油无法排出，在不同高度设置多个轻油出口，槽壁下部设有重油出口，槽壁尾部设有氨水出口，槽体内部设有隔板，将槽内分成小隔室，隔板预留洞口，相邻隔板洞口错位布置。焦油氨水混合液进入分离槽前首先需经过除渣，除渣过程在机械化焦油氨水澄清槽或立式圆筒形钢罐内进行，除渣后混合液进

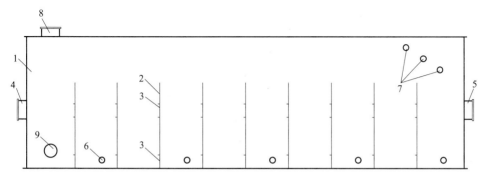

图 5-44　焦油氨水分离槽

1—焦油氨水分离槽槽体；2—隔板；3—预留洞口；4—混合液入口；5—氨水出口；

6—重油出口；7—轻油出口；8—槽顶人孔；9—侧壁人孔

入分离槽通过隔板洞口依次通过分离槽小隔室，通过错位布置相邻隔板预留洞口的方法延长混合液在分离槽内流动轨迹，增加混合液沉降分离时间。混合液在流动过程中分为重油层、氨水层及轻油层，重油通过下部重油口排出，轻油通过上部轻油口排出，氨水通过氨水出口流出。焦油氨水分离槽由于内部设置隔板，清渣过程操作不便，流动阻力偏大，优点是流动轨迹易于控制，可以充分延长混合液沉降分离时间。

由于上述4种分离设备得到的焦油含水量一般较高，为了降低焦油中水和焦油渣的含量，部分厂家采用超级离心机对粗焦油进一步处理。超级离心机工作原理是在离心力的作用下，使固-液分离，排料过程中，固体（焦油渣）通过离心力排出，轻相液体通过重力排出，重相（重油）液体通过可调的叶轮排出。

5.8.3 焦油氨水分离装置在半焦领域的应用现状

根据焦油质量要求，半焦生产企业大多采用两级焦油氨水分离，即一级除渣分离后再进行二级焦油、氨水分离。目前采用的两级分离工艺主要有三种：立式圆筒形钢罐串联组合装置；立式圆筒形钢罐及焦油氨水分离槽组合装置；机械化焦油氨水澄清槽及焦油氨水分离槽组合装置。

（1）立式圆筒形钢罐串联组合装置

来自热解工段的焦油氨水混合液进入除渣罐进行沉降分离除渣，焦油渣沉降于罐底部，定期用渣浆泵进行清理。经过除渣后的焦油氨水混合液与来自煤气净化工段的焦油氨水混合液及来自焦油罐区的工艺凝液一并进入焦油氨水分离罐，混合液在分离罐内分为底部重油层、中间氨水层、上部轻油层。轻油和重油通过焦油中间泵送往焦油罐区储存，氨水通过循环氨水泵送往热解工段和煤气净化工段用于喷淋洗涤煤气，剩余氨水送往污水处理站（见图5-45）。

（2）立式圆筒形钢罐及焦油氨水分离槽组合装置

如图5-46所示，来自热解工段的焦油氨水混合液进入除渣罐进行沉降分离除渣，焦油渣沉降于罐底部，定期用渣浆泵进行清理。经过除渣后的焦油氨水混合液与来自煤气净化工段的焦油氨水混合液及来自焦油罐区的工艺凝液一并进入焦油氨水分离槽，混合液在分离槽内分为底部重油层、中间氨水层、上部轻油层。轻油和重油自流进入焦油收集罐进行暂存，然后通过焦油中间泵送往焦油罐区，氨水自流进入氨水中间罐，然后通过循环氨水泵送往热解工段和煤气净化工段用于喷淋洗涤煤气，剩余氨水送往污水处理站。

（3）机械化焦油氨水澄清槽及焦油氨水分离槽组合装置

来自热解工段的焦油氨水混合液进入机械化焦油氨水澄清槽进行沉降分离

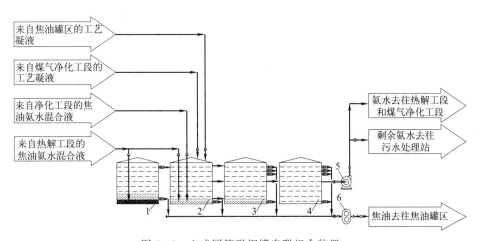

图 5-45 立式圆筒形钢罐串联组合装置

1—除渣罐；2,3,4—焦油氨水分离罐；5—循环氨水泵；6—焦油中间泵

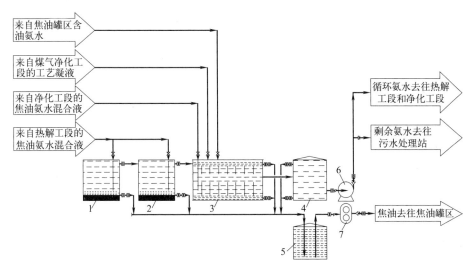

图 5-46 立式圆筒形钢罐及焦油氨水分离槽组合装置

1,2—除渣罐；3—焦油氨水分离槽；4—氨水中间罐；5—焦油收集罐；

6—循环氨水泵；7—焦油中间泵

除渣，焦油渣沉降于罐底部，焦油渣通过刮板机刮出，从排渣口排入收渣槽。除渣后的焦油氨水混合液与来自煤气净化工段的焦油氨水混合液及来自焦油罐区的工艺凝液一并进入焦油氨水分离槽，混合液在分离槽内分为底部重油层、中间氨水层、上部轻油层。轻油和重油自流进入焦油收集罐进行暂存，然后通过焦油中间泵送往焦油罐区储存，氨水自流进入氨水中间罐，然后通过循环氨水泵送往热解工段和煤气净化工段用于喷淋洗涤煤气，剩余氨水送往污水处理站（见图 5-47）。

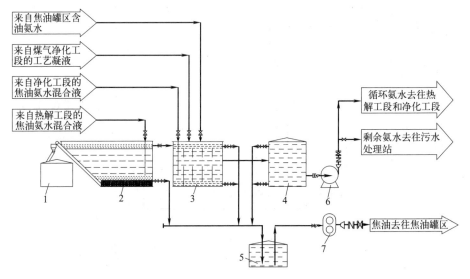

图 5-47　机械化焦油氨水澄清槽及焦油氨水分离槽组合装置

1—收渣槽；2—机械化焦油氨水澄清槽；3—焦油氨水分离槽；

4—氨水中间罐；5—焦油收集罐；6—循环氨水泵；7—焦油中间泵

上述 3 种焦油氨水分离装置在半焦生产企业中均有应用，主要区别在于：立式圆筒形钢罐串联组合装置与立式圆筒形钢罐及焦油氨水分离槽组合装置除渣为间歇过程，需要人工清理，自动化程度较低，适用范围广，目前在半焦生产企业应用比较广泛；机械化焦油氨水澄清槽及焦油氨水分离槽组合装置除渣为连续过程，自动化程度高，但是对焦油渣性质有一定要求，在焦油渣颗粒小、外观比较松散的情况下，刮渣效果比较差，目前在半焦生产企业应用较少。

5.9　油罐

5.9.1　概述

油罐是石油化工企业储运系统的重要设备之一。由于油罐内集中储存着大量的油品，一旦发生泄漏事故，将会造成重大的经济损失。因此，油罐结构形式的选择，合理的使用，以及定期的检修和维护，对于油罐的安全和经济运行具有重要意义。

5.9.2　油罐的分类

油罐有多种类型，根据油罐的建造特点，可分为地上油罐、半地下油罐、

地下油罐、山洞油罐。根据建造油罐的材料，可分为金属油罐和非金属油罐。地上油罐多为金属结构，由于它投资少、建设周期短、日常管理和维护比较方便，石油化工企业多采用地上金属油罐。金属油罐又可分为立式圆筒形和卧式圆筒形油罐。本节将着重介绍常用的立式圆筒形油罐。

立式圆筒形油罐因其垂直于地面的圆筒形罐体而得名。它由底板、弧形壁板、顶板及油罐附件构成，常在现场安装、焊接而成。按罐顶结构可分为固定顶和活动顶油罐。固定顶油罐包括桁架锥顶油罐、拱顶油罐，活动顶油罐包括无力矩顶油罐、浮顶油罐和内浮顶油罐，其中最常用的是固定拱顶油罐、浮顶油罐和内浮顶油罐。

（1）固定拱顶油罐

固定拱顶油罐结构比较简单，其罐顶为球缺形，球缺半径一般为油罐直径的 0.8~1.2 倍。拱顶本身是承重构件，有较大的刚性，还能承受较高的内压，有利于降低油品蒸发损耗。

固定拱顶油罐结构比较简单、造价低廉，但是单罐容积不宜过大。随着油罐直径的增大，则拱顶矢高相应增大，当油罐直径大于 15m 时，为了增强拱顶的稳定性，拱顶需要增设肋板。单罐容积过大，单位容积的用钢量反而比其他类型油罐多，而且拱顶空间过大会增加油品的蒸发损耗。因此，拱顶油罐的最大经济容积一般为 $10000\mathrm{m}^3$，主要用于储存不易挥发且危险性较低的油品。

（2）浮顶油罐

浮顶油罐又称外浮顶油罐，该类型油罐没有固定顶盖，主要有一个浮盘覆盖在油面上，浮盘的顶板直接与大气接触，并随着罐内油量的增加或减少而上下浮动。由于浮盘与油面之间几乎没有气体空间，因此可以大大降低所储存油品的蒸发损耗，同时还可以减少油气对大气的污染，降低火灾危险。

浮顶油罐结构比较复杂，比拱顶油罐投资多，但可以从降低的油品损耗中得到抵偿，是建造大型油罐中最常用的一种结构形式，通常单罐容积在 $20000\mathrm{m}^3$ 以上，主要用于储存原油、汽油及煤油等挥发性的油品。

（3）内浮顶油罐

内浮顶油罐结合了固定拱顶油罐和浮顶油罐的结构特点，其既有固定顶盖，内部又安装了一个浮动顶盖。与固定拱顶油罐相比，其多了一个内浮顶，可以减少蒸发损失 90% 左右；与浮顶油罐相比，其多了一个固定顶盖，可以有效地阻挡雨、雪、风沙对油品的污染，减缓密封圈的老化。

内浮顶油罐比拱顶油罐钢材耗量多，施工要求高；与浮顶油罐相比密封结构检查维修不便，且内浮顶油罐不易大型化，目前一般不超过 $30000\mathrm{m}^3$。由于内浮顶油罐具有拱顶油罐和浮顶油罐的优点，因此广泛用于储存汽油、煤油、溶剂汽油、航空汽油和航空煤油等轻质油品。

5.9.3 油罐的检修和维护

为保证油罐安全运行，需定期对罐体及其附件进行检修和维护，并定期清理罐底的油泥。

① 查漏。观察罐壁与底板的结合焊缝，罐壁与管道和附件连接处有无渗漏。观察加热器疏水阀排出的蒸汽凝结水和雨水水面上有无油花。一旦出现渗漏，及时清罐维修。

② 检查油罐的防腐油漆是否完整，保证无起皮和脱落。定期对罐壁和罐底板进行测厚，一旦发现超过腐蚀裕度，应及时进行维修。

③ 有保温设施的油罐，每年入冬使用前要对油罐内的蒸汽加热盘管和罐外的保温层进行检查，如果发现漏气或保温层损坏要及时修补。

④ 油罐的梯子、罐顶平台等，要经常检查强度，发现破损应及时处理，防止因强度不足而导致人身安全事故的发生。

⑤ 油罐主要附件的检修和维护内容：

a. 人孔和透光孔每月检查一次（不必打开），观察其是否漏油或者漏气。

b. 量油孔每月至少检查一次，检查盖与座间密封垫是否严密、老化，给板式螺帽及压紧螺栓各活动关节处加润滑油。

c. 机械呼吸阀和液压安全阀每月检查两次，气温低于 0℃ 时，每次作业前均应检查；机械呼吸阀应检查密封衬垫是否漏气；检查阀盘能否灵活地转动；检查阀体封口网是否出现冰冻、堵塞现象，网上是否附着有灰尘或污垢；检查阀盘、阀座、导杆、导风弹簧等金属部件是否出现生锈和积垢现象，必要时可以使用煤油清洗；检查压盖衬垫是否严密，必要时要进行更换；检查螺栓，给螺栓加油。液压安全阀应检查阀体表面有无渗漏和油迹；检查内筒隔板有无锈穿而造成进出口旁通；液封油高度是否符合要求，保证液封油不污染、变质和存水。

d. 阻火器每季度检查一次，冬季每月检查一次。检查防火网是否畅通，有无阻塞和冰冻现象，必要时用煤油洗去尘土和锈污；密封垫是否严密，有无腐蚀漏气现象；螺栓是否活动灵活，必要时加油养护。

e. 通风管和通气孔每季度检查一次，检查是否堵塞和破损，及时清除杂物。

f. 防雷、防静电装置每周检查一次，检查静电接地线是否氧化，应保证接地电阻小于 10Ω。

⑥ 浮顶油罐和内浮顶油罐的罐壁与浮盘之间的密封件应定期检修，发现

磨损应及时更换。

⑦ 定期检查浮顶油罐和内浮顶油罐的静电导出装置，观察静电导出装置是否有松动、缠绕和拉断现象；导线使用到一定年限应及时更换。

⑧ 浮顶油罐的检查，应检查浮梯是否在轨道上，导向架有无卡阻，顶部人孔是否关闭，透气阀有无阻塞等。及时清理浮顶上的积雪、积水和污油，保证中央排水管排水通畅。

⑨ 金属油罐应定期清洗，轻质油和润滑油罐清洗周期为 3 年；重油罐清洗周期为 2.5 年。油罐内的油品在储存时间长的情况下，油罐底部会积存大量的污垢，影响油品的质量。做好对油罐的清洗维护工作，可以延长油罐的使用寿命。

当油罐需要动火检修时，也需进行清罐处理。清罐前应排净罐内油品，用全封闸板隔断进出油短管，打开透光孔和人孔，拆除呼吸阀，进行自然通风，必要时进行机械通风，经检测罐内油气含量合格后，方可允许工作人员进罐清理。

近年来，油罐多采用机械清洗，尤其是大型油罐。机械清洗是在全封闭状态下进行，工作人员只需要在外部操作设备进行清洗作业，降低了劳动强度，改善了施工作业条件，并且有效避免了油气对周围环境的污染。

参 考 文 献

[1] 马宝岐，张秋民. 半焦的利用 [M]. 北京：冶金工业出版社，2014.

[2] 马宝岐，赵杰，史剑鹏，等. 煤热解的耦合技术一体化 [M]. 北京：化学工业出版社，2021.

[3] 高武军，薛选平，史剑鹏，等. SH2007 型内热式直立炭化炉的研发设计 [J]. 煤气与热力，2010 (08)：62-65.

[4] 赵杰，陈晓菲，高武军，等. 神府煤在 SH2007 型内热式直立炭化炉中的干馏 [J]. 安徽化工，2010，36 (2)：3.

[5] 曾明明，薛选平，史剑鹏，等. SH2007 型内热式直立炭化炉出焦装置的改造 [J]. 重型机械，2010 (S2)：4.

[6] 高武军. SH2007 型 10 万吨/a 内热式直立炭化炉设计简介 [C] //第七届中国炼焦技术及焦炭市场国际大会论文集. 2009：212-217.

[7] 赵杰，陈晓菲，高武军，等. 内热式直立炭化炉干馏工艺及其改进方向 [J]. 冶金能源，2011，30 (3)：31-33.

[8] 史剑鹏，薛选平，赵杰，等. SH2010 型内热式干馏炉在褐煤干馏中的应用 [J]. 洁净煤技术，2014 (6)：3.

[9] 曾明明，赵杰，史剑鹏，等. 一种用于直立炉的推焦机：CN209923252U [P]. 2020-01-10.

[10] 赵兴凯. 一种兰炭炉推焦机：CN 109777451U [P]. 2019-05-21.

[11] 高霞，李克光，王振华，等. 我国煤炭输送设备的发展历程与展望 [J]. 煤矿机械，2009，30 (3)：3.

[12] 黄学群，唐敬麟，栾桂鹏. 运输机械选型设计手册 [M]. 2版. 北京：化学工业出版社，2011.

[13] 薛成. 圆管带式输送机的发展及其关键技术 [J]. 工业C，2016 (5)：280.

[14] 杨秀芳. 刮板输送机的动态研究与仿真 [D]. 太原：太原理工大学，2004.

[15] 王季鑫. 刮板输送机链传动系统动态波动特性研究 [D]. 太原：太原理工大学，2019.

[16] 李书安. 刮板输送机链传动系统动态特性研究分析 [D]. 西安：西安科技大学，2019.

[17] 张行，江帆，贾晨曦，等. 刮板输送机链传动系统受力特性研究 [J]. 煤矿机械，2021，42 (8)：4-5.

[18] 王刚. 刮板输送机链传动系统参数化设计与分析技术研究 [D]. 青岛：山东科技大学.

[19] 王建伟. 斗式提升机带载启动困难原因分析及解决措施 [J]. 港口科技，2013 (2)：35-36.

[20] 赵刚，赵彦彬，郑立群，等. 斗式提升机皮带松紧度的自动调正法浅析 [J]. 中国设备工程，2017 (19)：2.

[21] 李洪霖. 大隆矿锅炉斗式提升机输煤系统改造 [J]. 铁法科技，2019 (S1)：3-4.

[22] 许翊鸣. 通用斗式提升机 [J]. 起重运输机械，2005 (9)：3-4.

[23] 车洪新. 斗式提升机的密封性改造 [J]. 科技与企业，2014 (1)：1-2.

[24] 张守海，吴祖德，邢道林，等. 斗式提升机防漏料改造 [J]. 水泥，2016 (3)：1-2.

[25] 刘芒果，刘瑞国，刘春峰，等. 浅谈煤用振动筛的现状和发展趋势 [J]. 煤矿机械，2010，31 (8)：5-7.

[26] 赵环帅. 我国振动筛的市场现状及发展对策 [J]. 矿山机械，2018，46 (4)：1-6.

[27] 刘景. 煤炭洗选过程中振动筛常见问题及解决办法 [J]. 矿业装备，2021 (5)：278-279.

[28] 郎秀勇，杨波，王玉龙，等. 煤用分级振动筛筛分效率的分析与探讨 [J]. 山东煤炭科技，2011 (3)：151-153.

[29] 赵环帅，杜连涛. 大型高强度香蕉筛结构优化研究 [J]. 煤矿机械，2020，41 (8)：112-114.

[30] 路秀林，王者相. 化工设备设计全书：塔设备 [M]. 北京：化学工业出版社，2004.

[31] 浙江大学化工原理教研组. 旋流板技术及其应用 [J]. 化学工程, 1978 (02): 23-36.

[32] 浙江大学化工原理教研组. 旋流板塔的简介和设计 [J]. 浙江化工, 1976 (02): 8-23.

[33] 《焦化设计参考资料》编写组. 焦化设计参考资料 [M]. 北京: 冶金工业出版社, 1980.

[34] 《煤气设计手册》编写组. 煤气设计手册 [M]. 北京: 中国建筑工业出版社, 1983.

[35] 秦叔经, 叶文邦. 化工设备设计全书: 换热器 [M]. 北京: 化学工业出版社, 2003.

[36] 张磊. 煤气初冷工艺技术的应用研究 [J]. 科技情报开发与经济, 2012, 22 (22): 143-145.

[37] 李芳升, 王邦广. 电捕焦油器的工作原理和结构设计 [J]. 燃料与化工, 1998, 29 (3): 6.

[38] 刘衍棋. 提高电捕焦油器安全生产运行的措施 [J]. 工业安全与环保, 2015 (7): 3.

[39] 王琳琳, 窦吉平, 万雪. 蜂窝式电捕焦油器在直立炉中的应用设计 [J]. 冶金能源, 2011, 30 (2): 3.

[40] 魏东方, 翟玉铎, 刘红霞. 电捕焦油器在化工生产中的应用与改进 [J]. 现代商贸工业, 2014, 26 (15): 2.

[41] 乔希彬, 赵岩. 蜂窝式电捕焦油器运行故障分析与改造 [J]. 硅谷, 2014, 7 (12): 2.

[42] 周敏, 王泉清, 马名杰. 焦化工艺学 [M]. 徐州: 中国矿业大学出版社, 2011.

[43] 孙帅. 焦油氨水分离工艺比较 [J]. 化工管理, 2017 (23): 32.

[44] 邵景景, 田成民, 吴鹏, 等. 煤炭深加工与利用 [M]. 徐州: 中国矿业大学出版社, 2014.

[45] 孟献梁, 武建军, 周敏, 等. 煤炭加工利用概论 [M]. 徐州: 中国矿业大学出版社, 2018.

[46] 库威熙. 炼焦化学产品回收与加工 [M]. 北京: 冶金工业出版社, 1985.

[47] 王海, 刘景勇. 焦油氨水分离工艺优化与实践 [J]. 能源技术与管理, 2021, 46 (05): 174-176.

[48] 胡兆斌, 宋传阳. 立式焦油氨水分离槽的设计探讨 [J]. 燃料与化工, 2016, 47 (06): 57-61.

[49] 王翠萍, 张莺, 薛仁生. 煤焦化产品回收与加工 [M]. 北京: 煤炭工业出版社, 2014.

[50] 张桂红, 李全国. 炼焦工艺及化产回收 [M]. 徐州: 中国矿业大学出版社, 2013.

[51] 于振东, 郑文华. 现代焦化生产技术手册 [M]. 北京: 冶金工业出版社, 2010.

[52] 竺柏康. 油品储运 [M]. 北京: 中国石化出版社, 2008.

[53] 郭光臣, 董文兰, 张志廉. 油库设计与管理 [M]. 青岛: 中国石油大学出版

社，2006.

[54] 黄春芳. 石油管道输送技术 [M]. 北京：中国石化出版社，2008.

[55] 陈建雄，韩金波，樊光耀. 油罐常用安全附件的维护与保养 [J]. 物联网技术，2012（10）：53-56.

[56] 蒲斌. 浅析油罐常用安全附件的维护与保养 [J]. 化工管理. 2014，07（21）：36.

[57] 于春浩，康喜飞. 浅谈原油罐机械清洗技术在石化企业的应用 [J]. 清洗世界，2019，35（3）：69-70.

[58] 宫晓伟，何茂金，喻学孔. 储油罐机械清洗技术研究及应用分析 [J]. 清洗世界，2020，36（4）：1-3.

公用及土建工程

6.1 仪表自动化系统

6.1.1 仪表自动化系统概述

（1）仪表自动化系统的作用与现状

仪表指测定温度、压力、流量、物位、成分等仪器的统称。在兰炭（半焦）生产工艺装置中应用的有热电阻（偶）、压力变送器、雷达物位计、氧含量分析仪、可燃有毒探测器等。自动化系统是指用一些自动控制装置，对生产中某些关键性参数进行自动控制，使它们在受到外界干扰的影响而偏离正常状态时，能够自动地调节至工艺所要求的数值范围内。在兰炭生产工艺装置中包括分散控制系统（DCS）、数字逻辑控制系统（PLC）、气体检测报警系统（GDS）等。仪表和自动化系统对于工厂可以类比为人体的"眼睛"和"大脑"：眼睛观察、大脑思考控制（如图 6-1 所示）。兰炭生产过程涉及原煤、兰炭、煤气、蒸汽、氨水、焦油等各种工艺动力介质，会发生各类复杂的化学物理反应，产生高温高压有毒有害的工况。这些实际工况不能全部由人实时监控，需要仪表这双"眼睛"精确无误地实时观察，将观察到的信息及时反馈给"大脑"——自动化系统；自动化系统和人类的大脑一样，根据反馈信息及算法程序作出分析判断、发出指令、指挥各类执行机构及设备按要求运作，从而保证复杂的兰炭工艺能安全高效运行。

我国的兰炭产业经过 20 多年的发展，其生产工艺装置的仪表自动化系统与大型石油化工企业直接全套引进国外先进工艺包，仪表自动化系统一步到位不同，经历了从无仪表到有现场显示仪表再到智能化仪表与控制系统配合的各个阶段，自动化水平逐步提高。不同设计单位和生产企业根据自身情况选择的仪表自动化方案各不相同。陕西冶金设计研究院基于自身研发的直立热解炉工

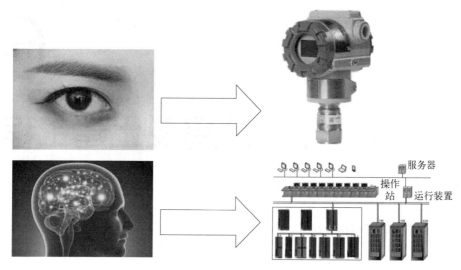

图 6-1　仪表自动化系统的类比图

艺，确定了 DCS 为控制系统，采用各类温度、压力、流量、物位智能化电动仪表为主，现场显示仪表为辅的检测控制方案。自动化仪表控制系统按控制功能分为三级：

① 基础自动化　　　　L1 级；

② 工艺过程控制　　　L2 级；

③ 生产控制　　　　　L3 级部分功能。

在实际工程中，大多数项目综合多方意见采用建设 L1、L2 级系统，预留L3 级系统的方案。

仪表部分选用智能化测量仪表，多采用单点对点形式接入控制系统。对于检测点位的选取，做到了各类工艺、动力、介质、管道工况，直立热解炉、塔、风机、水泵等设备热工工况，水池储罐等容器工况，可燃有毒有害工况等各类参数的全方位监控。

（2）仪表自动化系统的要求与特点

① 准确性。仪表的准确性由测量误差表示，仪表准确性越高即仪表测量值与真实值的偏差越小。半焦生产过程具有高温、高压、有毒、有害等特点，这对涉及关键工艺参数和安全的检测仪表准确性有很高要求（如表 6-1 所示）。如在气体泄漏点布置的可燃有毒气体探测器，测量误差较大会导致误报警联锁或失效，轻则造成生产设备关停导致不必要的经济损失，重则导致可燃有毒气体浓度过高，对巡检人员人身安全造成危害甚至引起着火爆炸；煤气净化装置中煤气管道的氧含量检测也需要确保分析仪的准确性，否则会造成电捕焦油器前后氧含量过高导致设备爆炸，进而造成经济和人员损失。

表 6-1 半焦生产常用检测仪表精度要求

计量器具类别	计量目的	准确度等级要求(以 F.S. 计)/%
热电偶	炉体温度测量	±1.5
压力变送器	炉顶集气管压力测量	±0.075
流量计	回炉煤气流量测量	±2
激光分析仪	电捕焦油器前后氧含量测量	±1.0

注:F.S. 为 full-scale 的缩写,意为量程的范围。

② 重复性。重复性是指在相同测量条件下,对同一被测对象连续多次测量所得结果的一致性。不同类型的测量仪表,由于测量原理、制造装配工艺的不同,重复性各不相同。一般而言,远传仪表重复性高于就地仪表,测量精度高的仪表重复性高于测量精度低的仪表,国际国内知名品牌的仪表重复性高于其他品牌。在半焦生产工艺中,由于压力测量和气体成分分析仪表要求精度高,且多与重要的工艺设备及安全息息相关,因此在选用仪表时要着重考虑仪表的重复性,尽量选用国内外知名品牌的可靠产品,如表 6-2 所示。

表 6-2 常用仪表国内外知名品牌 (参考)

序号	设备名称	厂家(品牌)
1	压力变送器	恩德斯·豪斯公司(E+H)、罗斯蒙特、横河川仪
2	差压变送器	恩德斯·豪斯公司(E+H)、罗斯蒙特、横河川仪
3	热电偶	天津中环温度仪表有限公司、上海浦光仪表厂、江苏红光仪表厂、川仪
4	热电阻	上海浦光仪表厂、川仪、江苏红光仪表厂、上海自动化仪表三厂
5	雷达料位计(固体)	威格(VEGA)、恩德斯·豪斯公司(E+H)、西门子、利马克
6	电磁流量计	上海肯特、恩德斯·豪斯公司(E+H)、川仪、西门子、承德菲时博特
7	固定式 CO 报警仪	德尔格、北京科力赛克、科力恒
8	固定式可燃气体报警仪	德尔格、北京科力赛克、科力恒

③ 高量程比。仪表的量程比为在满足精度要求的情况下所能测量的最大范围和最小范围之比。一般而言,仪表的量程比越大,越能适应工况的改变,而高量程比在半焦装置仪表选型中具有重要的意义。如直立热解炉炉顶温度测量仪表热电阻,正常工况下被测介质温度 60~70℃,仪表量程选型范围应为 0~100℃,但由于在生产过程中,有时会突发炉顶冒火等特殊事故,炉顶集气管温度可达 600℃,故在此处选型量程要扩充为 0~1000℃,这就要求温度仪

表具有高量程比，在 $0\sim100℃$ 范围内依然保持高精度。高量程比在半焦装置流量计选型中更为重要，因为流量计精度可保证相对于其他类型仪表对工况的更高要求，尤其是孔板流量计等通过测量差压计量流量的流量仪表，高量程比会导致仪表精度大幅度下降，而内热式直立炉炉内反应复杂，运行状态不稳定时，炉内的荒煤气产气量波动较大，导致煤气流量变化大，如果量程比太低，则会对流量计的选型产生重大影响。

④ 适应特殊工况。以流量计为例，半焦生产企业基于经济因素的考量，往往由于生产场地面积的限制，工艺布置紧凑，尤其热解炉煤气管道的布置更为如此。回炉煤气管道和入炉空气管道直管段常常较短，且布置有多个手动电动阀门，而这段直管段必须安装流量计调节煤气和空气流量，常常出现直管段只有 2D 甚至更短的情况，这就要求流量计必须选用对直管段要求极低的特殊流量计，对于常用流量仪表的选择，可见表 6-3。

表 6-3 常用流量仪表性能对比

流量计类型	优点	缺点	适用介质
孔板流量计	①成本低 ②选型合适下精度高 ③适合测量液体和气体	①直管段要求高 ②量程小 ③不耐脏污	蒸汽、空气、煤焦油等
涡街流量计	①量程比高 ②易于安装，维护量小 ③压力损失小	①直管段要求高 ②安装要求高，不抗震 ③不适应于大管径	小管径气体
电磁流量计	①无压力损失 ②精度高 ③选型简单	①限于导电液体使用 ②对介质介电常数有要求	水、导电液体等

（3）自动化系统的要求与特点

① 满足控制要求。自动化系统作为半焦生产装置的"大脑"，其功能就是满足工艺流程的控制要求。所谓自动化，即用电脑代替人脑，执行机构动作代替人工操作。由于半焦工艺的复杂性和现场工况的多样性和不确定性，自动化系统的设计尤其是软件算法的设计一定要综合工艺设计人员、自动化设计人员、现场运行人员、管理决策人员、安全环保监管部门专家多方面的意见和建议，才能满足实际控制要求。

② 可靠性。半焦生产过程具有连续性、稳定性的特点，正常运转的半焦生产装置产量稳定且安全性高。如果出现特殊情况导致停炉或其他设备停运，重新开启需要长时间烘炉、启炉，导致巨大的经济损失，同时对半焦工艺上下游装置造成影响；半焦生产过程中具有高温、产生可燃有毒有害气体、煤焦油储运等工况，这就对控制系统的可靠性提出了极高的要求。

目前半焦生产企业的全厂控制系统多采用DCS。

DCS采用工业级计算机来确保硬件的稳定性和可靠性。同时，DCS配备的多个操作站相互冗余热备，保证控制系统不会因为单台操作站故障而影响系统运行。同时在控制器、通信模块、I/O模块方面，根据实际情况采用双工热备或者热备多冗余等方式，可极大提高控制系统本身的稳定性。在电源方面，可采用不间断电源（UPS）供电与市电供电双回路的供电方案保证电源质量和稳定性，同时严格按照国家规范做好防雷接地，保证不因控制系统的不稳定造成半焦企业生产的经济、人员安全损失。控制系统主控制器及电源模块冗余工作原理图如图6-2和图6-3所示。

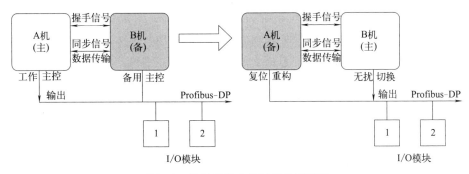

图 6-2 控制系统主控制器的原理图

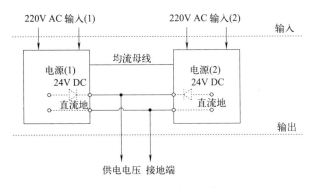

图 6-3 电源模块冗余的工作原理

③兼容性和扩充性。半焦生产企业在实际的设计采购中，许多复杂且相对独立工艺设备往往成套提供，自带小型控制系统，这些小型控制系统需要与全厂控制系统通信，传输报警信号甚至直接传输联锁信号。直接接入控制系统的各类仪表信号和电气设备信号种类也较为丰富，这就要求半焦生产装置控制系统具有丰富的各类I/O接口和通信协议接口，满足高水平自动化控制企业的需求。目前控制系统常备的接口类型和通信协议包括：开关量输入输出、两

线制/三线制输入输出，Modbus、Profibus 通信协议等。

半焦生产企业的控制系统必须具备较大的扩充潜力和升级可能。半焦生产装置设计和建设过程中，设计方和建设采购方由于建设周期短、沟通不及时、缺乏专业技术人员等，常常出现设计量与实际采购量出现偏差，需要系统具备扩充能力来满足实际需要。同时半焦生产控制技术发展日新月异，企业的需求不断发生变化，这就要求控制系统必须具备扩充能力和升级改造能力，具有一定的前瞻性和拓展性。故在实际设计过程中，设计方应与业主充分沟通后，可将系统的处理器能力升级 1 到 2 个档次，模块卡件可按 30% 以上考虑，但同时应充分考虑系统选型的经济性。

④ 交互界面友好。自动化系统的人机交互界面，常规是操作站或者工程师站。操作人员要通过电脑屏幕看到庞大的生产现场。大多半焦生产企业中心控制室的操作站达到数十台，视频监控显示器多达几十台，操作人员需要观察监控的画面较多，这时人机交互界面的友好性就尤为重要。操作人员通过人机界面查询到更多的信息，就要求控制系统画面编程工程师在编写人机界面程序时考虑到运行人员的操作习惯，最大限度地满足人体工学，如图 6-4 所示。

6.1.2 仪表自动化系统方案

（1）控制系统方案

基于半焦生产装置内操作介质的特点、工艺流程及控制系统的复杂程度，其控制系统需要较高的先进性、安全性及可靠性。半焦生产装置采用分散控制系统（DCS）实现过程控制、设备联锁保护及过程参数的监控和运行管理，能保证生产的安全稳定运行。

半焦生产装置设置 GDS，对其可燃、有毒气体的泄漏情况进行实时检测、超限报警，能保障人员和装置安全。GDS 应为独立的系统，不能与 DCS 合并设置。根据半焦生产装置的特点，GDS 不宜采用总线制系统。对于重大危险源区域设备运行的监控，应该依据相关规范要求设置安全仪表系统（SIS），对其安全运行提供更可靠的保障。

半焦生产装置按其流程分区设置单元机柜间，所有单元机柜间的仪表信号均通过冗余的数据通信网络接入集中控制室，在集中控制室完成整个生产装置的数据监测、操作运行、协调管理。单元机柜间的布置应该采取就近原则，爆炸危险环境区域的机柜间应采用抗爆结构设计。布置在爆炸危险环境区域的单元机柜间宜配套设置新风系统和气体检测报警系统，并设置联动。由于集中控制室属于人员密集场所，应该布置在爆炸危险区域以外，集中控制室是否需要

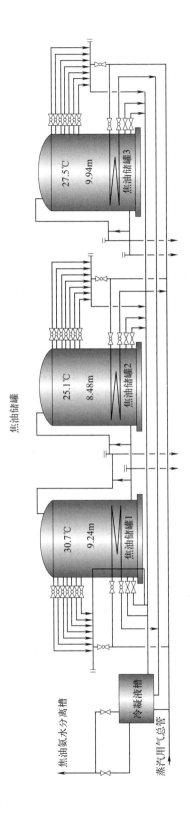

图 6-4 某半焦项目 DCS 监控画面

采用抗爆结构设计，需经计算后确定。如果确因场地的原因无法将集中控制室布置在爆炸危险区域以外，则集中控制室应采用抗爆结构设计。集中控制室应该配套设置新风系统和气体检测报警系统，并设置联动。

所有控制系统均应预留工厂管理网接口，为以后提高整个装置的生产管理水平和实现智慧化工厂奠定基础，工厂管理网接口采用以太网接口，通信协议采用 TCP/IP。

半焦生产装置的主要控制项目如下：

① 输煤系统的设备顺序启停控制联锁；

② 热解系统热解炉自动进料控制；

③ 热解系统的回炉空气、煤气混合燃烧安全保护联锁；

④ 热解系统的回炉空气流量、煤气流量的比例控制调节；

⑤ 热解系统热解炉出口煤气压力控制；

⑥ 煤气氧含量在线检测、联锁；

⑦ 焦油储罐液位与焦油储罐进出口阀门的联锁。

（2）仪表选型方案

半焦生产装置仪表的选型以《自动化仪表选型设计规范》（HG/T 20507—2014）的相关规定为原则，并结合装置的具体情况确定。应用于爆炸危险区域的仪表选用本质安全型或隔爆型仪表，防爆等级应不低于 ExiaⅡCT4 或 ExdⅡCT4。室外仪表的防护等级不低于 IP65。气体检测报警器具有现场声光报警功能，并能将信号上传到集中控制室进行显示和超限声光报警。

① 温度。温度测量仪表分为现场显示仪表和 DCS 显示仪表。DCS 显示仪表根据温度高低分别选用热电阻和热电偶，测量点温度低于 500℃时选用三线制 Pt100 热电阻，测量精度优于 B 级，测量响应时间不大于 20s。测量点温度在 500~1100℃甚至更高时选用 K 分度热电偶，测量精度优于 Class Ⅱ，测量响应时间不大于 20s。当测温原件采用热电偶时，该回路应具有断偶保护功能。测温原件采用绝缘型铠装芯结构，配带外套管。

现场温度仪表选用 WSS 系列工业温度计，配带外套管，温度计与外套管间采用螺纹连接。温度计刻度盘直径根据安装位置和安装条件分别选用 ϕ100mm 或 ϕ150mm，WSS 系列工业温度计测量精度优于 1.5 级。

② 压力。压力（差压）测量仪表分为现场显示仪表和 DCS 显示仪表。DCS 显示仪表采用二线制压力（差压）变送器，对于小于 40kPa 的压力（差压）的测量采用差压变送器，大于 40kPa 的压力（差压）的测量采用压力变送器。变送器的精度优于 0.5 级。现场压力表的表盘直径根据安装位置和安装条件分别选用 ϕ100mm 或 ϕ150mm。对一般介质的测量压力在 −40~+40kPa

时选用膜盒压力表，压力在＋40kPa以上时选用弹簧管压力表，压力在－100～＋2400kPa时选用压力真空表，压力在－100～0kPa时选用弹簧管真空表。

③ 流量。满足一般流体（液体、气体、蒸汽等）在现场安装直管段的条件时优先选用标准节流装置或非标准节流装置，选用的标准节流装置必须符合《用安装在圆形截面管道中的差压装置测量满管流体流量》（GB/T 2624—2006）或《用插入圆形横截面管道中的压差装置测量流体流量 第1部分：一般原则和要求》（ISO 5167-1—2022）标准的要求。在现场直管段不能满足标准节流装置或非标准节流装置的要求时，选用多孔平衡式流量测量装置。对煤焦油等高黏度介质和煤气介质流量的测量选用动差式流量测量装置，装置内部流量仪表测量精度优于1.5级。

④ 物/液位。对于一般介质物位的测量拟选用差压式物位计，对于黏附性大、腐蚀性强、颗粒状及粉状物料的物位连续测量采用雷达测量仪表。近些年，高频带自学习功能的雷达料位计在半焦企业已广泛应用，测量效果有明显的改善。物位测量仪表的精确度待施工图设计时根据工艺要求确定。

⑤ 氧含量分析仪。由于半焦煤气中含有粉尘、氨水、焦油等杂质，以及苯、萘、蒽等结晶物，加大了氧含量分析仪的测量难度。所以，氧含量分析仪需要根据项目所在地以及工艺的特性等相关条件进行综合判断。在温度比较低的环境中，其分析仪的预处理容易出现堵塞情况，宜选用激光带氮气吹扫型分析仪。对于项目地常年温度在0℃以上的环境可选择激光或者电化学型氧含量分析仪。

（3）仪表控制系统的动力管线选型方案

为保证生产工艺的安全，部分煤气和工艺管线应采用气动快切阀门进行急速切断，仪表气动阀门由仪表风进行供气，气动控制阀用气量（标准状况）按照1.5m³/h进行供应。气动阀气源送到界区内的压力为500～700kPa。

气源的分布应根据具体情况进行设计。如果此阀门的供气量比较多，并且耗气量波动较大，此阀门的气源取样点应放在气源主管线的位置。对于阀门相对比较集中的情况，应从供气主管引一支干管，气动阀从干管进行取气。当供气网给多套装置的仪表供气时，可以将管网进行首尾相连，采用合理的环形配管方案。每一条气源支管都需要配置一个气源截止阀，截止阀的数量需要留有10%的余量。

供气管路的设计应符合规范，进行架空设计，避免敷设在地面或者地面以下。管路的沿线应进行合理化选择，避开高温、震动、物料运输通道等不利因素。当供气系统需要在气源总管和干管取气时，取源部件应在水平管道的上方。供气系统应该考虑排污措施，排污点应设置在干管的最低端。

接表配管需要注意的主要问题是：接表处应配置空气过滤器减压阀做净化和稳压处理。在供气点布置集中的场合，可采用空气过滤器减压阀进行集中净化稳压处理，设置一组备用，并联运行。单独供气过滤减压时，气源阀应安装在空气过滤器减压阀的上游侧，并靠近仪表端。当采用集中过滤减压时，气源应安装在空气过滤器减压阀的下游侧每条支路的配管上，然后再接用气仪表。

仪表气源管的连接也需要根据具体情况进行设计：当采用不锈钢时，应进行焊接或者法兰连接；当采用镀锌钢管时应采用镀锌螺纹连接，避免焊接。但是在供气管的末端要用全封闸板或者丝堵进行封堵，不能进行焊接连接。

对于配管的材质和管径的选型的要求是：总管和干管可选用不锈钢或镀锌钢管，气源球阀下游侧配管宜选用不锈钢管。气源球阀上游供气系统配管管径最小宜为 1.27cm，气源阀下游侧管规格应根据仪表进行选择。

（4）火灾与爆炸危险环境的要求与难点

按照爆炸危险环境要求，划分到 0 区的仪表需要采用本安防爆型，1 区和 2 区采用隔爆型仪表。由于半焦生产装置大部分为常温低压煤气管道场所，按照爆炸区域划分最高场所是 2 区，首选隔爆型仪表。在特殊情况下，可选择本安防爆型仪表。对于原煤、筛焦等粉尘爆炸环境需要选择粉尘防爆仪表。

煤、焦输送系统宜用粉尘防爆型仪表。热解炉的炉顶虽然也有煤粉泄漏，但是均为间歇性，同时随着除尘设施的逐步完善，煤粉泄漏问题基本可以解决，因此热解炉的炉顶应该确定为气体防爆区。

6.1.3　仪表自动化系统展望

（1）仪表自动化系统的重要地位

在现代工业企业中，无论从提高生产率还是安全环保要求角度，仪表自动化系统都扮演着重要角色。

随着半焦生产工艺技术的不断提高和发展，目前我国半焦产业已迈向规模化、大型化、循环化发展期。为了促进半焦产业的高质量绿色化发展，就必须建设相配套的仪表自动化系统。其主要功能是：

① 保证生产工艺的稳定、可靠运行；

② 提高生产效率，达到节能、降耗、减排的目的；

③ 确保生产安全，并实现长周期运行。

（2）仪表自动化系统的瓶颈

在半焦生产过程中，仪表自动化系统能否正确选型决定了其测量数据是否准确可靠、执行机构行为是否及时有效、控制系统的信息处理是否稳定有效。但半焦生产技术基础理论研究不足、部分介质工况参数不清等问题，已对其发展造成不利的影响，同时也给仪表自动化系统的选型带来一定的难度。不同地区的环境及原料煤性质的差异都会使半焦生产工艺及工艺参数发生变动，由此给仪表系统的选型带来意想不到的挑战。因此，仪表自动化系统选型工程师既要重理论、重数据、重计算，同时又要具备丰富的沟通能力和现场经验，才能确保仪表选型的正确可靠。如检测炉顶压力的压力变送器及其压力信号，对半焦生产的正常运行起到关键作用；但若炉顶集气管的现场工况较差，则会给压力变送器的安装造成很多不利因素。同时工艺流程采用不同的系统配置，对压力变送器联锁的设备选择和联锁条件也会产生影响，为此对压力变送器的选型和具体的报警联锁的全面性和可行性提出更高要求。所以在选型时既要提高此类仪表的选型精度和要求，同时还要尽量保证采购的产品质量稳定、可靠；仪表安装调试时，也需要有经验的正规施工人员安装调试，从各个方面保证此处仪表的准确可靠。又如煤气管道的氧含量分析仪，不同测量原理的分析仪表实际使用效果不同，需要选型设计人员根据用户的需求和安全性统筹考虑。

随着半焦行业近些年的快速发展，行业内仪表自动化从业人员数量急剧增长，伴随而来的是从业人员业务能力参差不齐，部分从业者对半焦生产工艺过程的特殊性认识不足，存在摸着石头过河的情况。半焦行业目前缺乏针对性、可行性的行业规范，仪表自动化工程师参照通用规范或其他行业规范，常常会出现规范过严难以实现或者规范缺失无从参考的情况，往往只能根据自身的理解设计，承担了巨大的设计风险。这也导致仪表工程师的专业知识杂而不精，不同工程师的设计标准不甚统一。由于半焦生产过程具有高温、有毒、有害等特点，要求半焦生产装置仪表及自动化工程师应具备极高的专业知识和责任心，从仪表自动化设备的采购、安装、调试、维护、记录等各个方面全程参与负责。然而现实情况是，大部分企业特别是民营企业对仪表自动化系统的重视程度不足，出于经济原因削减人工开支及仪表自动化系统开支，仪表自动化工程师配备不足甚至由其他专业人员兼任，导致已有仪表自动化系统的功能难以有效发挥，产生仪表自动化系统"不好用""没用处"等偏颇观点，从而进一步制约仪表自动化系统在半焦生产中的使用。半焦行业规模及其附加值与其他行业相比较小，同时半焦企业目前的仪表自动化系统投资额占比也较低，这导致了仪表自动化系统的专业供货商对半焦行业的重视度不足，没有对行业提供针对性的解决方案和产品，常常用其他行业淘汰落伍的技术产品参与半焦企业的投标建设，由此会使仪表自动化系统在半焦生产中的使用受到掣肘。

（3）仪表自动化系统的发展方向

① 仪表控制智能化。随着半焦工艺技术发展的需要以及国家对于安全环保的要求越来越高，目前的半焦生产装置仪表自动化系统逐渐难以适应要求，

需要在智能化技术、互联网技术和5G通信技术支持的大背景下，研发出更多适用于半焦生产工艺的专用智能化仪表自动化系统。

热工仪表和自动化系统的发展潜力巨大。各类现场仪表设备可采用大规模集成电路技术、微处理器技术、接口通信技术、利用嵌入式软件协调内部操作，使仪表具有智能化处理功能，在完成输入信号的非线性处理、温度与压力的补偿、量程刻度标尺的变换、点的漂移和修正及故障诊断等基础上，还可完成对工艺过程的局部控制。为半焦生产企业研发专用的仪表检测系统，如在核心设备直立热解炉体的热工检测方面，仪表制造商、设计院、客户需要相互配合，开发出一整套可靠完备的炉体内温度、压力监控系统。这套系统从根本上高保真还原直立热解炉内部各处的温度压力状况，便于后台模拟仿真，为工艺的进步和现场控制提供可靠的数据支持。

仪表自动化系统可采用更为先进的软硬件技术。硬件方面，控制系统硬件需具有更高的低温高粉尘环境的适应能力、系统分布式配置的灵活度以及较为自由的可扩充性。软件方面，面对半焦工艺部分介质参数模糊、实际工况因地而异的特点，将大数据、自适应学习、深度学习、专家学习系统等各类先进算法系统逐步引入仪表自动化控制系统算法内，克服客观条件的不足，逐步代替传统的PID等控制算法，提高控制的准确性与及时性。

由于半焦生产装置具有厂区面积相对较小、高温粉尘腐蚀环境多等特点，且仪表设备间、控制系统间的传统有线传输模式存在投资大、施工复杂、后期维护量大等缺点，因此可在5G通信迅速发展的大背景下，用可靠的无线传输方式替代有线传输，选用带无线通信模块的现场仪表和系统，实现半焦生产自动化的无线通信。

② 企业周期数字化呈现。在半焦生产装置的设计、建设施工、投产运行、技改提升全流程运用数字化技术的过程中，设计单位应使用三维设计软件，建模设计全厂的设备、工艺、土建、水暖电仪等。施工单位应依照三维交付图纸，更为直观准确地确定施工计划和材料量，精确把握施工进度，快速进行碰撞检查、空间预估测量等，并实时更新现场三维施工进度，建设完成后提供最终的数字化竣工图纸。

运营方整合各方面资源将项目各阶段的各种数据、智能图档、工厂三维模型组织在一起，最终形成一个三维模型导航，能够沉浸式漫游工厂结构及运行情况。该模型具备智能查找和智能报表功能，以多种方式呈现数字化工厂，使工厂运营信息管理更加智能、高效、简洁。在条件允许的情况下，还可支持3D音效和VR眼镜等先进技术，直观表达半焦企业的3D甚至4D空间结构，方便员工实操培训，实现重点设备信息和实时状态的实时预览。

③ 运营管控智能化。建立运营管控系统，使上层决策系统和底层控制系统有机地结合起来，对人员、原料、产品、动力介质、设备、生产过程等全程监控，做到精细化跟踪式管理，达到半焦生产降本增效的最终目的。建立能源管理系统监控能源消耗，通过对能源生产、储存、输送、消耗等环节的监控，对耗能和能源调度提供优化方案；建立重要设备监控分析系统，对关键设备提供全方位监控诊断处理系统，缩短重要设备检修时间和故障维修时间，避免发生重大事故；联合有实力的设备供应商建立重大设备预警、腐蚀状态分析系统，提供设备改进优化方案，通过对以往的设备运行数据分析，提供事故发生预测、腐蚀状态报告、设备优化策略，防患于未然，让设备"永葆青春"；建立人员定位系统，使其成为生产危险品企业的保障。由于厂内巡检维修人员的工作具有一定危险性，故要求系统能够准确定位人员位置，对人员不正常状态及时报警，尽可能地避免或减少人身安全事故的发生；建立企业资源管理系统，对于非生产类管理资源进行整合管理，实现业务数据集中统一，提高企业数据完整性；建立人力资源管理系统，通过人事、考勤、薪酬、绩效、培训、招聘人力资源 6 大板块管理，提高人力资源整体管理水平。

④ 决策智能化。半焦生产企业可通过工厂生产自动化、企业管理自动化、营销系统规范化、数据显示可视化、交互界面友好化等有效措施，将完整的企业信息汇聚到最终决策系统内，通过企业积累的专家库算法或其他成熟算法，为企业决策人员提供充分的决策依据，甚至是直接提供决策结论，减少企业决策失误的风险，从源头上为企业的高速发展提供科学有力的支撑。

6.2 电气

6.2.1 供配电概述

（1）电力负荷分级

依据国家现行规范，电力负荷分级是根据负荷的重要性以及断电后对人身安全、政治、经济上所造成的影响程度来划分的，共分为三级：

一级负荷：中断供电将造成人身伤害、在经济上造成重大损失、影响重要用电单位的正常工作时，这些负荷应视为一级负荷；在一级负荷中，当中断供电会造成人员伤亡、重大设备损坏或发生中毒、爆炸和火灾等情况的负荷，应视为一级负荷中特别重要的负荷。

二级负荷：中断供电将造成经济上较大损失、影响较重要用电单位的正常工作时，这些负荷应视为二级负荷。

不属于一级和二级负荷者应为三级负荷。

在一个区域中，当一级负荷在总用电负荷数量中占有大多数时，该区域的负荷作为一个整体可以认为是一级负荷；当二级负荷所占的数量和容量较大时，该区域的负荷作为一个整体可以认为是二级负荷。

根据上述负荷分级的原则，半焦生产企业设备的负荷分级如下：备煤、筛焦工段的设备如带式输送机、给料机、破碎机等为二级负荷；煤气净化工段的煤气鼓风机停电后会影响外供煤气或后续自备电厂的生产，宜为一级负荷；其他设备如各类泵、电捕焦油器等为二级负荷，热解工段的设备如空气风机等为二级负荷。其中，煤气净化和热解炉处在工艺应急安全停车联锁流程上的阀门，应为一级负荷中特别重要的负荷。为确保安全停车的自动程序控制装置及其配套装置，例如 DCS、PLC 和重要仪表等应为一级负荷中特别重要的负荷。

（2）电源及供电要求

一级负荷的供电应由双重电源供电。双重电源是指两个独立电源，分别来自两个不同的电网或者来自同一电网但两者之间的联系很弱，当其中一个电源的任意一处出现异常或者故障时，另一个电源仍能不中断供电。双重电源可一用一备，也可同时工作，各供一部分负荷。两个不同的电厂、一个电厂和一个地区电网、一个电力系统中两个区域的变电站都可以作为双重电源。

一级负荷中特别重要的负荷除由双重电源供电外，还应增加应急电源。应急电源应是与电网不并列的、独立的各式电源，比如蓄电池、柴油发电机等。正常与电网并联运行的自备电厂的电源不宜作为应急电源使用。

二级负荷应由双回路电源供电。双回路电源可以由不同的变压器或同一变电所的两段不同母线段提供。当地区供电条件困难时，二级负荷也可以由一回 6kV 及以上的专用架空线路供电。

半焦生产企业作为一个整体，可以采用双重电源供电。当无后续自备电厂时，可采用双回路电源供电。处在工艺应急安全停车联锁流程上的阀门以及为确保安全停车的自动程序控制装置及其配套装置，例如 DCS、PLC 和重要仪表等，可以采用 UPS 供电的形式，满足其特别重要负荷的供电需求。

在供配电系统的设计中，一般不考虑按照一个电源系统检修或故障的同时另一电源又发生事故的情况进行设计。

（3）电压选择和配电所配置

半焦生产企业的电源电压选择原则：一般采用 10kV 供电，在供电电压等级为 6kV 的部分区域，也可采用 6kV 供电。负荷容量应满足所选择电源电压的经济输送容量。低压侧多采用 380V/220V 供电。

半焦生产企业的供电系统主接线多采用单母线分段运行，分段开关设自投的运行方式，简单可靠，便于操作管理。负荷在母线上的分配，除考虑负荷尽量平均以外，更应该考虑工艺生产流程，在同一生产流程上的用电设备宜连接在同一段母线上。当 0.38kV 低压配电系统中只有照明、空调或者不重要的阀门等三级负荷时，可采用单母线不分段接线方式。

为了简化各级变配电所之间的继电保护配合，同一电压等级的变配电级数不宜超过两级，低压不宜超过三级。数量较多、容量较小的负荷集中布置在一个区域内时，可采用在该区域设置终端动力配电箱柜的方式为其提供电源，可大幅度减少配电室到现场设备之间的线缆敷设，更经济可靠。

电动机功率在 200kW 及以上时，宜采用中压 10kV 或 6kV 的供电电压等级。电动机功率在 200kW 以下时，宜采用低压 0.38kV 的供电电压等级。

半焦生产企业的配电室不应设置在爆炸危险区域内，当局部处于爆炸危险区域内时，该部分应不设门窗，采用密闭、非燃烧的实体墙。

小型半焦生产企业通常只设置一个中心配电室，放置在厂区内接近负荷中心的非防爆区域。中大型半焦生产企业厂区面积大，负荷容量大，除设置中心配电室外，还应按负荷容量在负荷集中的地方设置带有变压器的工段配电室，变压器的高压电源引自厂区中心配电室。工段配电室可利用环境比较好的少尘和少震动的筛分楼、筛焦楼、分料转运站等工艺车间的空置楼层，当其环境无法满足配电室的选址要求时，应单独设置配电室。距离中心配电室、工段配电室都很远的单个大容量设备，靠增大电缆截面无法满足其压降在 ±5% 的范围内时，该设备的供电可采用就近设置小容量变压器的供电方式，变压器的电源可取自就近配电室的 10kV 配电母线，将高压深入负荷中心。

半焦生产企业的配电室为户内式，大多采用能效比较高的干式变压器与低压配电装置同室布置。配电装置上方净空要求不得小于 1200mm。半焦生产企业配电室大多与爆炸危险区域相邻或处在其附加二区内，因此配电室的室内地坪宜比室外地坪高 600mm 以上。当变压器的高压电源出线柜与该变压器不在同一建筑物时，应在该变压器前设置同电压等级的环网柜。

（4）电动机的起动及控制

半焦生产中每台电动机的主回路应装设隔离电器。当数台电动机由同一配电箱（屏）供电时，可共用一套隔离电器。电动机及其控制电器宜共用一套隔离电器。每台电动机应分别装设短路保护。根据工艺要求，必须同时启停的两个或一组电动机，例如具有双电机驱动的破碎机或给料机，可共用一套短路保护电器。每台电动机应分别装设控制电器。

笼型电动机最经济可靠的起动方式是全压直接起动，其判断条件为：起动时配电母线的电压不低于系统标称电压的 85%，只要电动机的额定功率不超过电源变压器额定容量的 30%，均可全压直接起动。电动机全压直接起动的缺点是电流大、起动转矩大、在配电母线上引起的电压下降也大。常采用智能型电机保护控制器在低压电机出现短路、过载、堵转、断相/不平衡、过压、欠压、漏电等故障时对其予以保护。

为了减少大负载设备的起动电流对电网产生的冲击，常采用软启动器进线起动，起动电流和转矩都小，带有完善的电动机保护功能、计量和监控功能，还可以配置各种主流通信总线。

当机械有工艺调速要求时，电动机的起动方式应与调速方式相配合，采用变频器调速调节负载出力以满足工况需要。变频装置均设有以下保护：过电压保护、过电流保护、欠电压保护、缺相保护、短路保护、超频保护、单相接地保护、失速保护、变频器过载保护、电机过载保护、变压器过温保护、半导体器件的过热保护、瞬时停电保护等。当大型电机无负载时，为了减少起动次数，往往保持恒速运转，浪费电能，所以采用变频装置对电气节能也有着重要的意义。

6.2.2 照明

半焦生产企业的照明分为正常照明和应急照明。正常照明是在工作时保证生产需要的视觉条件而设置的照明。应急照明是指因正常照明的电源失效而启用的照明，或在火灾等紧急状态下按预设逻辑和时序启用的照明。

半焦生产企业常用的应急照明分为疏散照明和备用照明。疏散照明由疏散照明灯和疏散标志灯组成，疏散照明灯强调的是疏散路径的照度要求；而疏散标志灯重在标识，强调的是灯具表面的亮度要求。备用照明是用于确保正常活动继续或暂时继续进行而使用的应急照明，分为消防备用照明和重要场所非消防备用照明。

照明方式分为一般照明、局部照明、局部一般照明和混合照明。一般照明是为了照亮整个工作面或整个场地设置的照明。局部照明是为满足某些特殊工作面的需求设置的照明。局部一般照明是根据工艺需要对特定区域设置的一般照明。混合照明是由一般照明和局部照明共同组合的照明。

（1）正常照明

半焦生产企业在不同区域有不同的照度要求，因此采用分区域一般照明的方式。在车间、泵房、煤棚、焦棚、通廊等区域设置一般照明，在室外塔罐顶部平台、水池平台、除尘器平台、阀门操作平台等区域设置局部一般照明。

灯具布置除采用均匀布灯外，还应考虑局部照明的具体情况，将灯具布置在需要局部照明的位置，但不应在变压器、配电装置和裸导体的正上方布置灯具。

近几年来 LED 照明快速发展，很多车间、厂房的灯具均可适配 LED 光源。但不是所有的 LED 灯都适合在室内使用，应符合下列要求：显色指数（Ra）≥80；相关色温≤4000K；特殊显示指数（饱和红色）＞0；光通维持率高；控制眩光好；谐波小。

灯具安装高度较高的场所（通常灯具安装高度＞8m），如材料库、成品库等，应采用金属卤化物灯或高压钠灯，光效高、寿命长。

半焦生产企业的爆炸性气体环境和爆炸性粉尘环境比较多，在这些区域应根据爆炸危险区域划分等级选择相应等级的防爆灯具，且应尽量减少局部照明灯具的数量。照明灯具宜设置在发生事故时气流不易冲击的位置。

半焦生产企业照度值：胶带机通廊、热解炉平台、室外塔罐平台等区域一般照明的平均照度为 50lx，泵房、转运站、转载站、筛焦楼、筛分楼、电缆夹层等区域一般照明的平均照度为 100lx，煤棚、焦棚区域一般照明的平均照度为 150lx，配电装置室一般照明的平均照度为 200lx，控制室一般照明的平均照度为 300lx。

（2）应急照明

半焦生产企业的厂房和丙类仓库应在封闭楼梯间、公共建筑物（例如控制室）内的疏散走道设置疏散照明。应在甲、乙、丙类单、多层厂房设置灯光疏散指示标志。

在控制室、消防控制室、消防水泵房、自备发电机房、有人值守的配电室等发生火灾时仍需工作、值守的区域设置消防备用照明，其照度为正常照度。正常照明可以兼做消防备用照明，为其供电的照明配电箱需要双电源切换。一路为主电源（市政电源），另一路为备用电源。备用电源可以是市政电源或柴油发电机组或蓄电池电源。

半焦生产企业的消防应急照明和疏散指示系统宜采用集中电源集中控制型系统，系统由应急照明控制器、A 型应急照明集中电源、A 型消防应急照明灯具、A 型消防疏散标志灯具等组成。应急照明控制器可设置在控制室，与火灾报警控制器同处配置。A 型应急照明集中电源可分散布置在各个工段。A 型消防应急照明灯具和消防应急标志灯具均采用 DC 36V 工作电压。

集中电源集中控制型系统中，应急照明控制器、A 型应急照明集中电源需要用到消防电源，如厂区无消防电源时，可采用相应容量的应急电源（EPS）作为消防专用电源，为火灾报警控制器、应急照明控制器、A 型应急照明集中电源提供电源。

火灾报警控制器和应急照明控制器同处布置。要求整个系统全部投入应急状态的启动时间不应大于 5s。A 型应急照明集中电源采用消防专用电源 EPS 的一路 220V 输出作为其主电源。控制器的自带蓄电池电源应至少使控制器在主电源中断后工作 3h。

系统自动应急启动控制设计：

① 在非火灾状态下，保持主电源供电，非持续型照明灯保持熄灭状态、持续型灯具的光源为节电点亮模式；主电源断电后，集中电源自动转入蓄电池电源输出，联锁控制其配接的非持续型照明灯的光源应急点亮、持续型灯具的光源由节电点亮转入应急点亮模式，灯具持续应急点亮时间不应超过 0.5h。

② 在火灾状态下，集中电源应先保持主电源输出，待主电源断电后，自动转入蓄电池电源输出。应急照明控制器控制所有非持续型照明灯的光源应急点亮、持续型灯具的光源由节电点亮转入应急点亮模式。A 型应急照明集中电源的蓄电池组电源供电持续工作时间为 ≥1h，蓄电池达到使用寿命周期后标称的剩余容量应保证放电时间不少于 1h。

集中电源集中控制型系统功能：

① 智能监测功能：实时监测应急照明控制器的综合运行情况，实时监测系统供电（通信）网络每回路开路、短路及连接状态；实时监测应消防急灯具内光源的故障；实时监测应急照明配电箱的工作状态；定期检测系统应急预案启动及应急灯应急转换功能。

② 智能控制功能：应急照明控制器可以远程设定消防应急灯具（节点）基本工作方式，如持续式、非持续式、（雷达感应）可控式；配合监测系统可以自动控制或手动（强制）控制消防应急灯具的应急转换功能，以确保完成监测任务。

③ 智能调向功能：疏散标志灯原则上不采用调向预案，但是壁挂式双向疏散标志灯应具备动态调向功能，且两个箭头标识应可分别检测和控制。当防火分区之间有借用安全出口的情况时需做联动熄灭安全出口方案。

④ 消防应急照明和疏散指示系统（包括应急照明控制器、应急照明集中电源、消防应急照明灯具、消防应急标志灯等）应能将故障状态及应急工作状态信息传输给控制室图形显示装置。

集中电源集中控制型系统要求：

① 通信总线技术要求：总线技术需满足国家标准《控制网络 LON-WORKS 技术规范》（GB/Z 20177—2006）相关规定。

a. 通信线制：系统通信采用无极性两总线技术，灯具之间可采用自由拓扑结构，即由应急照明集中电源至消防应急灯具采用两线制，既可作为供电又可作为通信用。

b. 国家标准及通信频段：要求通信采用双频道技术，即 115kHz 和 132kHz 双频通信，一种频道通信受到干扰能转到另一种频道。

c. 网络架构：要求采用对等式网络结构，节点向上主动发送工作状态、故障信息；系统所有节点可同时接受控制器指令，迅速执行。

d. 通信距离：由应急照明控制器至应急照明配电箱采用手拉手接线时，通信线长度不大于 2000m；自由拓扑接线时，通信线长度不大于 500m。

当应急照明控制器与应急照明集中电源通信中断时，应急照明集中电源应联锁控制其配接的非持续型照明灯的光源应急点亮、持续型灯具的光源由节电模式转入应急点亮模式；

当应急照明集中电源与灯具的通信中断时，非持续型灯具的光源应急点亮、持续型灯具的光源应由节电点亮模式转入应急点亮模式。

② A 型消防疏散标志灯具通用要求：采用 LED 光源及导光板技术，工作电压为 DC 36V，灯具外表面应有正常及故障状态指示灯或灯具应配置能通过外表面观察到自身正常工作及故障状态的指示灯。

a. 壁挂式标志要求：壁挂式疏散标志灯应采用Ⅱ型不锈钢或者铝合金外壳，均应配置金属后盖板，外壳尺寸大于 360mm，人像箭头尺寸不小于 110mm，灯具厚度不应大于 10mm。

b. 吊装标志灯要求：当采用吊装时，需选用Ⅱ型水晶吊片形式灯具，灯具外表面应有正常及故障状态指示灯。例如热解炉厂房各层平台的疏散指示灯具可采用平台下吊装形式。

③ 消防应急照明灯要求：采用 LED 光源，工作电压为 DC 36V，光效应不小于 80lm/W，应有防眩光处理措施，灯罩为阻燃材料，灯壳为金属材质，应有能通过外表面观察到自身正常及故障状态的指示灯。

④ A 型应急照明集中电源要求：设备本身有地址编码，应具备正常照明断电自动点亮应急照明的功能；每个输出回路电压为 DC 36V，每回路额定电流不大于 6A，每回路安装功率小于 170W。

⑤ 联动控制功能：由火灾报警控制器（FAS）通过 RS232 或 RS485 通信接口向应急照明控制器提供防火分区火灾探测器信息，控制器计算机根据所提供"通信协议"进行分析，自动点亮全楼应急照明。要求为了确保本系统的稳定性，除接受经专门的编程的 FAS 系统防火分区一个着火点信号的输入信号及对应返回信号外，其他均采用非开放的运行模式（内系统自行管理，对外只是单向传送信息）。

消防应急照明和疏散指示系统的导线不可与电气动力和控制电缆同通道敷

设，应采用 NH 型线缆单独穿管敷设。

6.2.3 防雷及接地

6.2.3.1 防雷

根据建筑物的重要性、使用性质、发生雷电事故的可能性和后果，按防雷要求分为三类。

（1）第一类防雷建筑物

① 凡制造、使用或贮存炸药、火药、起爆药、火工品等大量爆炸物质的建筑物，因电火花而引起爆炸，会造成巨大破坏和人身伤亡者；

② 具有 0 区或 10 区爆炸危险环境的建筑物；

③ 具有 1 区爆炸危险环境的建筑物，因电火花而引起爆炸，会造成巨大破坏和人身伤亡者。

（2）第二类防雷建筑物

① 制造、使用或贮存爆炸物质的建筑物，且电火花不易引起爆炸或不致造成巨大破坏和人身伤亡者；

② 具有 1 区爆炸危险环境的建筑物，且电火花不易引起爆炸或不致造成巨大破坏和人身伤亡者；

③ 具有 2 区或 11 区爆炸危险环境的建筑物；

④ 工业企业内有爆炸危险的露天钢质封闭气罐；

⑤ 预计雷击次数大于 0.06 次/a 的部、省级办公建筑物及其他重要或人员密集的公共建筑物；

⑥ 预计雷击次数大于 0.3 次/a 的住宅、办公楼等一般性民用建筑物。

（3）第三类防雷建筑物

① 预计雷击次数大于或等于 0.06 次/a，且小于或等于 0.3 次/a 的住宅、办公楼等一般性民用建筑物；

② 预计雷击次数大于或等于 0.06 次/a 的一般性工业建筑物；

③ 根据雷击后对工业生产的影响及产生的后果，并结合当地气象、地形、地质及周围环境等因素，确定需要防雷的 21 区、22 区、23 区火灾危险环境；

④ 在平均雷暴日大于 15d/a 的地区，高度在 15m 及以上的烟囱、水塔等孤立的高耸建筑物，以及在平均雷暴日小于或等于 15d/a 的地区，高度在 20m 及以上的烟囱、水塔等孤立的高耸建筑物。

根据防雷划分的要求，低阶煤热解项目中建筑物的划分依据为爆炸危险区域或建筑物属性。对于厂区不同类别的防雷建筑物，防雷措施的选择如表 6-4 所示。

表 6-4 防雷措施的选择

措施	防雷建筑物
接闪器	屋面装设独立接闪杆、接闪线或接闪网;彩钢板金属屋面;屋面栏杆;钢质罐顶栏杆
引下线	独立引下线;金属支架;混凝土柱内主钢筋;钢质罐体;金属烟囱

利用引下线将接闪器与接地网可靠连接,才能保证设备的安全。

6.2.3.2 接地

电力系统、装置或设备应按国家规范的规定接地,接地装置应充分利用自然接地极接地。接地按照功能可分为系统接地、保护接地、雷电保护接地和防静电接地。

不同用途和不同电压等级的电气装置和设备,除另有规定外应使用一个总的接地网,接地网的接地电阻应符合其中在最小值的要求。

在低阶煤热解项目中,先在各工艺划分的工段中敷设接地网,再将各工段接地网连接形成厂区接地网。在各工艺划分的工段中,先利用建筑物或构筑物的基础做接地极,形成接地网;没有建筑物或构筑物的工段利用设备基础做接地极,形成接地网。厂区所有的管道、通廊基础也应引入接地网。

除了利用自然接地体,当接地电阻达不到要求时,应增加人工接地体。人工接地体分为人工接地极和人工接地线。人工接地极和人工接地线的规格和型号根据现场实际土壤情况有不同的选择。当接地极或接地线与土壤接触时,应优先采用不锈钢或铜包钢;当采用镀锌钢时,应考虑土壤腐蚀所造成的接地失效问题。

在建筑物内电气设备应采用等电位联结以降低建筑物内接触电压和不同导电部分之间的电位差;避免自建筑物外经电气线路和金属管道引入的故障电压的危害;减少保护电器动作不可靠带来的危害和避免外界电磁干扰。

在爆炸危险环境中,电气设备的金属外壳应可靠接地。在 2 区内除照明灯具外的电气设备,应采用专门的接地线;在 2 区内的照明灯具均可利用可靠电气连接的金属管线系统作为接地线。为了提高接地的可靠性,接地干线宜在爆炸危险区域不同方向不少于两处与接地体相连。

6.2.4 爆炸危险环境

在低阶煤热解项目中,爆炸危险环境分为两种:爆炸性气体环境和爆炸性粉尘环境。爆炸性气体环境指在大气条件下,可燃物质与空气的混合物引燃后,能够保持燃烧自行传播的环境。爆炸性气体环境中可燃物质包括可燃性的气体或蒸汽、可燃薄雾、产生可燃蒸汽或薄雾的液体、高挥发性的液体及可燃气体混合物。爆炸性粉尘环境指在大气环境条件下，可燃性粉尘与空气形成的混合物被点燃后，能够保持燃烧自行传播的环境。爆炸性粉尘环境中可燃物质包括可燃性粉尘、可燃性飞絮等。

对爆炸性混合物出现的数量达到足以要求电气设备的结构、安装和使用采取预防措施的区域，将其划分为爆炸危险区域。在生产、加工、处理、转运或储存过程中，厂区中出现或可能出现爆炸危险环境，对不同的爆炸危险环境应采取不同的电力装置设计。

爆炸性气体环境应根据爆炸性气体混合物出现的频繁程度和持续时间分为0区、1区、2区。在考虑释放源的同时，也要考虑通风条件，对区域划分进行对应的调整。再根据可燃物质相对密度与空气做比较，确定出是相对密度大于空气或相对密度小于空气后，根据释放源的位置，划分出0区、1区、2区的具体范围。

在低阶煤热解项目中，热解工段和净化工段的可燃物质为气体，焦油储罐和焦油氨水分离工段的可燃物质为油气混合物质，所以将热解工段、净化工段、焦油储罐和焦油氨水分离工段可划分为爆炸性气体环境。在这些单元中可将炉体、阀门、管道连接处、储罐、分离器、放空管等作为释放源。

爆炸性粉尘环境应根据爆炸性粉尘环境出现的频繁程度和持续时间分为20区、21区、22区。在考虑释放源的同时，也要考虑通风和除尘条件，对区域划分进行对应的调整。备煤工段对煤进行储存和转运，筛焦工段对半焦进行筛分、储存和转运。这两个工段中的可燃物质为煤粉、焦粉，所以将煤棚、焦棚、带式输送机通廊、装运站等均划分为爆炸性粉尘环境。

6.3 给排水

（1）煤焦系统给水排水

煤焦系统给水排水主要用水为设备循环冷却水及除尘用水。设备循环冷却水主要为推焦车推焦冷却用水。除尘用水主要为煤焦系统喷雾抑尘用水。

（2）煤气净化给水排水

煤气净化作为焦化生产的一个重要工段，主要用于净化、冷却热解炉干馏所产生的荒煤气。煤气横管冷却器和风机是被冷却的工艺设备，最常用的冷却介质就是循环水。

（3）其他

① 循环冷却水系统组成。煤焦及煤气净化所用的循环冷却水系统主要由循环水池、循环水泵、冷却塔、旁滤系统、加药系统、排污系统、补水系统组成。

② 循环冷却水系统流程。该系统主要为工艺设备冷却提供循环冷却水，水与工艺设备间接换热，水温升高，回水利用余压至冷却塔进行冷却降温，冷却后的水重力回流至循环水池，再经循环泵加压供工艺设备循环使用。

为了保证循环水水质要求和水量均衡需采用以下水处理措施。

a. 旁滤。循环水在循环使用过程中由于受到空气污染（灰尘等悬浮固体）或工艺侧渗漏污染，循环水中悬浮物含量增加，水质不断恶化而超出设备允许值。因此需将部分循环水通过旁滤过滤器进行过滤处理，也称为旁滤，过滤后的循环水再回至循环水池，以维持循环冷却水的水质指标在允许范围内。

b. 加药。由于循环水的重复使用及水量的蒸发损耗，水中的钙、镁离子浓度升高，容易导致管道和设备结垢、腐蚀；其次因循环水的水质、水温适合菌藻类生长，易滋生细菌藻类，需向循环水中投加一定量的缓蚀阻垢剂、杀菌灭藻剂以保证循环水水质继而延长设备寿命。

c. 排污。循环水重复使用过程中，水质不达标时，需从系统中排放一定量的循环水以保证循环水水质，此过程称为强制排污。一般与水中电导率（间接反映水中盐离子浓度）联锁。

d. 补水。循环水冷却过程中，会有蒸发、风吹、排污等引起的水量损失，同时循环水中盐离子浓度升高，需定期向循环水系统中补充新鲜水以保证水量、水质的均衡。

上述循环水处理设施之间具有一定的相互关系，即水量平衡。补水量与排污量、新鲜水水质、浓缩倍数等有关。做好水量平衡对整个循环水系统具有十分重要的意义。

③ 循环冷却水系统分类。常用的循环冷却水系统有：开式系统、闭式系统、半闭式系统。实际工程设计时，需根据具体情况选择较合适的循环冷却水系统。

a. 开式系统。该系统是指循环冷却水与被冷却介质间接传热且循环冷却水与大气直接接触散热的循环冷却水系统。该系统中的冷却塔为开式冷却塔，具有散热效果好、蒸发损失大、设备使用寿命较短、造价较低等特点，常适用于水源充足、冷却设备对循环水质要求不高的情况。

b. 闭式系统。该系统是指系统中的循环冷却水不与大气接触的间接冷却闭式循环水系统。该系统中的冷却塔为闭式冷却塔，循环冷却水一般为软水或除盐水。其具有水量损失小（节水）、节能、设备使用寿命长、造价高、散热效果较差等特点，适用于缺水地区、环境温度低、冷却设备对循环水质要求较高的情况。

c. 半闭式系统。该系统是指系统中的循环冷却水局部与大气接触的间接冷却闭式循环水系统。该系统中的冷却塔为闭式冷却塔，循环冷却水一般为软水或除盐水。其具有水量损失较小、设备使用寿命较长、造价较高等特点，适用于缺水地区、环境温度低、冷却设备对循环水质要求较高的情况。

6.4 暖通空调

6.4.1 采暖系统

依据《工业建筑供暖通风与空气调节设计规范》（GB 50019—2015）的要求，累年日平均温度稳定不高于5℃的天数不小于90d的地区，宜采用集中供暖。符合下列条件之一的地区，有余热可供利用或经济条件许可时，可采用集中供暖。严寒地区和寒冷地区的工业建筑，在非工作时间或中断使用的时间内，当室内温度需要保持在0℃以上，而利用房间蓄热量不能满足要求时，应按5℃设置值班供暖。当工艺或使用条件有特殊要求时，可根据需要另行确定值班供暖所需维持的室内温度。

位于集中供暖区的工业建筑，如工艺对室内温度无特殊要求，且每名工人占用的建筑面积超过$100m^2$时，宜在固定工作地点设置局部供暖，工作地点不固定时应设置取暖室。

（1）采暖热媒

集中供暖系统的热媒，应根据当地气候特点和供热情况条件，经技术经济分析比较确定，且应符合以下规定：

① 当厂区只有供暖用热或以供暖用热为主时，宜采用热水热媒；

② 当生产工艺需要以蒸汽作为供热热源，且供暖供热负荷较小时，在不违反卫生、技术和节能要求的条件下，可采用蒸汽做热媒；

③ 利用余热或天然热源供暖时，供暖热媒可根据具体情况确定，改建或扩建的建筑物以及与原有热网相连接的新增建筑物，其供暖热媒宜与原有供暖热媒一致；

④ 对于直立热解炉设施，如果半焦余热通过余热锅炉回收利用，采暖热源可利用余热锅炉产生的蒸汽经减压后直接采暖，或经过汽水换热机组产生的热水采暖。

（2）热负荷计算

冬季供暖通风系统的热负荷应根据建筑物耗热量和得热量确定。不经常的散热量可不计算，经常而不稳定的散热量应采用小时平均值。半焦生产中建筑物的热负荷计算应包括以下耗热量：

① 围护结构的耗热量，其应包括基本耗热量和附加耗热量；

② 加热由门窗缝隙渗入室内的冷空气的耗热量；

③ 加热由门、孔洞及相邻房间侵入的冷空气的耗热量；

④ 水分蒸发的耗热量；

⑤ 加热由外部运入的冷物料和运输工具的耗热量；

⑥ 通风耗热量；

⑦ 最小负荷班的工艺设备散热量；

⑧ 热管道及其他热表面的散热量；

⑨ 热物料的散热量；

⑩ 通过其他途径散失或获得的热量。

（3）散热器供暖

供暖方式包括散热器供暖、热水辐射供暖、热水红外线辐射供暖、热风供暖及热空气幕、电热供暖等。

备煤的厂房、通廊，焦油泵房、循环水泵房等应采用表面光滑的散热器，高大空间可采用热风采暖。

半焦生产中选择散热器时应符合下列规定：

① 应根据供暖系统的压力要求确定散热器的工作压力，并应符合国家现行相关产品标准的规定；

② 放散粉尘或防尘要求较高的工业建筑应采用易于清扫的散热器；

③ 具有腐蚀性气体的工业建筑或相对湿度较大的房间应采用耐腐蚀的散热器；

④ 采用钢制散热器时应满足产品对水质的要求，在非供暖季节供暖系统应充水保养；

⑤ 采用铝制散热器时，应选用内防腐型铝制散热器，并应满足产品对水质的要求；

⑥ 蒸汽供暖系统不应采用板型和扁管型散热器，并不应采用薄钢板加工的钢制柱形散热器；

⑦ 安装热量计量表和恒温阀的热水供暖系统采用铸铁散热器时，应采用内腔无砂型；

⑧ 应采用外表面刷非金属性涂料的散热器。

半焦生产中布置散热器时应符合下列规定：

① 散热器宜安装在外墙窗台下；

② 两道外门之间的门斗内不应设置散热器；

③ 楼梯间的散热器宜布置在底层或按一定比例分配在下部各层；

④ 散热器应明装，确实需要暗装时，装饰罩应有合理的气流通道、足够的通道面积，并应方便维修。

确定散热器数量时，应根据其连接方式、安装形式、组装片数、热水流量以及表面涂料等对散热量的影响，对散热器数量进行修正。供暖系统中明装的不保温干管或支管，其散热量应计为有效供暖量。供暖管道暗装时，应采取减少无效热损失的措施。

垂直单管和垂直双管供暖系统，同一房间的两组散热器可采用异侧连接的水平单管串联的连接方式，也可采用上下接口同侧连接方式。当采用上下接口同侧连接方式时，散热器之间的上下连接管应与散热器接口同径。有冻结危险的场所，其散热器的供暖立管或支管应单独设置，且散热器前后不应设置阀门。

（4）供暖管道

半焦生产中供暖管道的材质应根据其工作温度、工作压力、使用寿命、施工与环保性能等因素，经技术经济分析比较后确定，其质量应符合国家现行相关产品标准的规定。明装管道不宜采用非金属管材。散热器供暖系统的供水、回水、供汽和凝结水管道在热力入口处与生产供热系统、生活热水供应系统宜分开设置。

热水型热力入口的配置应符合下列规定：

① 供水、回水管道上应分别设置关断阀、过滤器、温度计、压力表；

② 供水、回水管之间应设置循环管，循环管上应设置关断阀；

③ 应根据水力平衡要求和建筑物内供暖系统的调节方式设立水力平衡装置。

高压蒸汽型热力入口的配置应符合下列规定：

① 供汽管道上应设置关断阀、过滤器、减压阀、安全阀、压力表，过滤器及减压阀应设置旁通；

② 凝结水管道上应设置关断阀、疏水器。单台疏水器安装时应设置旁通管，多台疏水器并联安装时宜设置旁通管。疏水器后应根据需要设置止回阀。

高压蒸汽供暖系统最不利环路的供汽管，其压力损失不应大于起始压力的25%。供暖系统最不利环路的比摩阻宜符合下列规定：

① 高压蒸汽系统（汽水同向）宜保持在 100～350Pa/m；

② 高压蒸汽系统（汽水逆向）宜保持在 50～150Pa/m；

③ 低压蒸汽系统宜保持在 50～100Pa/m；

④ 蒸汽凝结水余压回水宜为 150Pa/m。

室内热水供暖系统总供回水压差不宜大于 50kPa。应减少热水供暖系统各并联环路之间的压力损失的相对差额，当其超过 15％时，应设置调节装置。供暖系统供水、供汽干管的末端和回水干管始端的管径不应小于 20mm。

6.4.2 通风工程

采用通风方法改善室内空气环境，是将建筑室内的不符合卫生标准的污浊空气排至室外，将新鲜空气或经过净化符合卫生要求的空气送入室内。通风的目的是通过采用控制空气传播污染物的技术，如净化、排除或稀释等技术，保证环境空间具有良好的空气品质，提供适合生活和生产的空气环境。

按照动力的不同，通风方式可分为自然通风和机械通风。自然通风是依靠风压、热压使空气流动，具有不使用动力的特点。机械通风是进行有组织通风的主要技术手段。

（1）自然通风

煤炭在煤棚里卸车、装车、转载等过程中，会产生大量煤尘，除了采用布袋除尘设施或微雾抑尘措施外，还要自然通风以满足通风及防排烟要求。大于 1000m² 的储煤大棚需设自然防排烟设施，宜在煤棚顶部设屋顶自然通风天窗自然排烟，煤棚侧墙下部设进风口进行补风。

储存半焦的大棚由于冬夏温度不同面临的问题也不同。夏季半焦在卸料、装车等过程中会产生大量半焦粉尘；冬季，由于半焦水分较大，会产生大量的蒸汽。半焦大棚需设置适当的除尘抑尘设施以满足不同的季节需求。再者，大于 1000m² 的半焦大棚需设自然防排烟设施，宜在煤棚顶部设屋顶自然通风天窗自然排烟，煤棚侧墙下部设进风口进行补风。

（2）机械通风

直立热解炉厂房顶部原料煤用可逆带式输送机或卸料小车在给炉顶煤仓卸料过程中会产生大量粉尘，粉尘严重污染环境，影响人体健康。根据工艺要求及国家现行粉尘控制规范的规定，需对带式输送机落料区域尽可能采取密闭措施。可将移动带式输送机进行密封后抽风，经布袋除尘器过滤及除尘引风机加压后，粉尘达标高空排放。

备煤、筛焦工段的地下通廊为机械排风和自然进风，设防爆混流风机进行机械通风，风管设 70℃防火阀。地下通廊换气次数按照 15 次/h 设置。

高压配电室设事故通风，兼做夏季排除设备散热用，换气次数按照 10 次/h 设计。

焦油罐区泵房、焦油氨水泵房和煤气风机房设置防爆壁式轴流风机进行机械排风，自然进风，轴流风机配带 70℃防火阀，轴流风机与事故报警装置联锁，换气次数按照 12 次/h 设计。

原料煤在筛分和转运过程中会散发大量粉尘，严重污染环境并影响人体健康。根据工艺要求及国家现行粉尘控制规范的规定，需对原料煤的上料处、带式输送机落料口、筛面等处尽可能采取密闭措施并机械抽风。抽出的含尘气体由布袋除尘器净化后，经离心风机加压并由排气筒排入大气，系统排放浓度≤20mg/m^3，满足《大气污染物综合排放标准》（GB 16297—1996）、《炼焦化学工业污染物排放标准》（GB 16171—2012）和当地环保的排放要求。

6.4.3 空调系统

在建筑环境中，在满足使用功能的前提下，如何让人们在使用过程中感到舒适和健康，显得尤为重要。而建筑环境一般包括热湿环境、室内空气品质、室内光环境和声环境。室内空气环境主要由热环境、湿环境和空气品质等部分构成。良好的室内空气环境应是一个为大多数室内成员认可的舒适的热湿环境，同时也能够为室内人员提供新鲜宜人、激发活力并且对健康无负面影响的高品质空气，以满足人体舒适和健康的需要。室内空气品质不仅对人体健康有影响，而且对在室人员的生产率也有重要的影响。受控的空气环境对工业生产（半焦生产）过程的稳定操作和保证产品质量起到重要作用，而且对提高劳动生产率、保证安全操作、保护人体健康、创造舒适的工作和生活环境有重要意义。建筑环境中的空气环境是人们生活和工作中最重要的环境之一。

热舒适性是人体生理和心理相关的主观感觉，也是人体通过自身的热平衡条件和对环境的热感觉经综合判断后得出的主观评价或判断。除了衣着、活动方式等个人因素外，影响人体热平衡从而影响热舒适性的环境因素主要是温度、湿度、气流运动和辐射换热量。

空气调节就是控制建筑热湿环境和室内空气品质的技术，同时也包含对系统本身所产生的噪声的控制。空气调节的意义在于"使空气达到所要求的状态"或"使空气处于正常状态"。据此，一个内部受控的空气环境，一般是指在某一特定空间（或房间）内，对空气温度、湿度、空气流动速度及清洁度进行人工调节，以满足人体舒适和工艺生产过程的要求。有时还要求对空气的压力、成分、气味及噪声等进行调节与控制。采用技术手段创造并保持满足一定要求的空气环境，乃是空气调节的任务。

综上所述，为消除办公、生产区域内所产生的余热、余湿，改善工作人员活动区域内温、湿度环境，满足人体舒适性要求以及生产工艺设备对环境温、湿度的要求，有必要对不同建筑区域进行空调设计。

（1）原理

众所周知，一定空间内的空气环境一般要受到两方面的干扰：一是来自空间内部生产过程、设备及人体等所产生的热、湿和其他有害物的干扰；另一是来自空间外部气候变化、太阳辐射及外部空气中的有害物的干扰。这些干扰因素有些是稳定的，有些不稳定，有些随季节变化。在保证内部空气环境的有关参数（温度、湿度、风速及清洁度）处于限定的变化范围内时，有的干扰因素在一定条件下会成为有利因素；而对于内部环境造成不利影响的热、湿及其他有害物等干扰因素就需要采取技术手段来克服它们的影响。技术手段主要有：采用换气的方法保证内部环境的空气新鲜；采用热、湿交换的方法保证内部环境的温湿度以及采用净化的方法保证空气的清洁度。因此，一定空间的空气调节，并非封闭的空气再造过程，而主要是置换和热质交换过程。

空气调节的工作原理是：当室内得到热量或失去热量时，则从室内取出热量或向室内补充热量，使进出房间的热量相等，即达到热平衡，从而保持室内一定温度；或使进出房间的湿量平衡，以保持室内一定湿度；或从室内排出污染空气，同时补入等量的清洁空气（经过处理或不经处理的），即达到空气平衡。进出房间的空气量、热量以及湿量总会自动达到平衡。任何因素破坏这种平衡，必将导致室内状态（温度、湿度、污染物浓度、室内压力等）的变化，并将在新的状态下达到新的平衡。另外，空气量、热量和湿量平衡之间是互有联系的。空气调节的任务就是实现对某一房间或空间内的温度、湿度、洁净度和空气流动速度等进行调节和控制，并提供足够量的新鲜空气。

为了维持室内温、湿度，在夏季必须从房间内移出热量和湿量，称为冷负荷和湿负荷。空气调节的任务就是要向室内提供冷量或热量，并稀释室内的污染物，以保证室内具有适宜的热舒适条件和良好的空气品质。

（2）影响因素

由上述可知，空调系统的作用是排除室内的热量和湿量，维持室内要求的温度和湿度。冷、湿负荷的大小对空调系统的规模有决定性影响。所以设计空调系统时，首先要计算房间的冷、湿负荷。此外，确定空调系统的送风量或送风参数，依据的也是空调房间的冷、湿负荷。

为了使建筑物维持合适的空气状态点，其涉及的内容有很多，如建筑物内部空间内、外扰量的计算，空气调节的方式和方法，空气的各种处理方法（加热、加湿、冷却、干燥及净化等），空气的输送与分配及在干扰量变化时的运行调节，等等。冷负荷是指在维持室温恒定条件下，室内空气在单位时间内得到的总热量，也就是空调设备在单位时间内自室内空气中取走的热量。计算冷负荷时需要考虑的内容有：通过围护结构传入的热量，通过透明围护结构进入的太阳辐射热量，人体散热量，照明散热量，设备、器具、管道及其他内部热源的散热量，食品或物料的散热量，渗透空气带入的热量，伴随各种散湿过程产生的潜热量，等等。室内人体或水体、渗透等产生的散湿量称为房间的湿负荷。计算湿负荷时需要考虑的内容也有很多方面，主要包括人体散湿量，渗透空气带入室内的散湿量，化学反应过程的散湿量，非围护结构各种潮湿表面、液面或液流的散湿量，食品或其他物料的散湿量，设备散湿量，围护结构的散湿量，等等。

空气调节系统由于它控制对象不同、要求不同、所用的方法不同、承担冷热负荷的介质不同等，可以分成很多系统形式。空气调节系统一般均由空气处理设备和空气输送管道以及空气分配装置组成，根据需要，它能组成许多不同形式的系统。在工程上应考虑建筑物的用途和性质、热湿负荷特点、温湿度调节和控制的要求、空调机房的面积和位置、初投资和运行维修费用等许多方面的因素，选定合理的空调系统。

以建筑热湿环境为主要控制对象的系统，根据承担建筑环境中的热负荷、冷负荷和湿负荷所用的介质不同，可分为五类：全水系统、蒸汽系统、全空气系统、空气-水系统、冷剂系统。

根据空调的目的，可分为两种类型：舒适性空调和工艺性空调。工艺性空调又可分为一般降温性空调、恒温恒湿空调和净化空调等。应用于工业及科学实验过程的空调一般称为工艺性空调，而应用于以人为主的空气环境调节的空调则称为舒适性空调。按集中系统处理的空气来源分类，又分为封闭式系统、直流式系统和混合式系统三类。

按空气处理设备设置的集中程度可以分为三类：集中式系统、半集中系统、全分散系统（局部机组分散系统）。其中全分散系统是指每个房间的空气处理分别由各自的整体式局部空调机组承担，根据需要分散于空调房间内，不设集中的空调机房。此类系统的主要形式有：单元式空调器系统、窗式空调器系统和分体式空调器系统等。

（3）设计与选择

选择空调系统时，应遵循不同房间的使用时间、空气洁净度要求、温度和湿度基数、各房间热湿负荷变化曲线的相似性、各房间温湿度波动允许范围、空间大小、人员数量、负荷特性差异性或针对分别需要同时供热和供冷的房间和区域，以及空气中含有易燃易爆物质的房间等各种具体情况设置合适的空调系统。

半焦工程中项目的建筑房所大多紧靠各工艺设备区域，区域位置相对分散，大多数空调房间要求单独调节，故宜采用全分散空调系统，即各建筑房所根据实际情况设置单元式空调机组。比如电气室、机柜间等为消除设备余热，满足电气设备正常工作对室内温、湿度的要求，宜设置单冷单元式空调机组，属于工艺性空调；为消除操作室、会议室、值班室、办公室等构筑物场所产生的余热，满足室内工作人员对室内温、湿度的舒适性要求，宜设置冷热双制单元式空调机组。电气室等有防火要求的空调机组还需与烟感器等自控系统联锁，着火时关闭空调机组。

6.5 主要建、构筑物的结构选型

6.5.1 原料和产品储运单元的主要建、构筑物的结构选型

在半焦生产新建或改造项目中，原料和产品储运单元是整个建设项目中重要的内容，合理的原料和产品储运设计是半焦生产过程正常运转的重要保证，因此必须重视其合理规划和设计。

原料和产品储运单元涉及的主要建、构筑物为储煤棚、原煤筛分室、筛焦楼、储焦棚、物料输送转载站和物料输送栈桥。原煤筛分室、筛焦楼等一般为多层建筑，室内部分楼层设置有振动筛、带式输送机等设备，在运行过程中存在振动，因此应采用抗振性能更好的钢筋混凝土结构。储煤棚、储焦棚一般采用大跨度空间拱桁架或门式刚架形式，另外气膜结构在近些年的项目中也有采用。物料输送转载站一般采用多层钢框架结构，地上大跨度物料输送栈桥采用钢桁架结构。

（1）一般规定

原料和产品储运单元的所有建、构筑物的火灾危险性分类均为丙类。单、多层丙类厂房其耐火等级不应低于三级。实际设计时，可根据建筑单体的层数、平面尺寸、面积等选择合理的耐火等级，确定承重构件的耐火极限。物料输送栈桥的火灾危险性类别为丙类，耐火等级不应低于二级。廊身围护和保温等建筑材料应选用难燃或不燃材料。该单元需设置安全出口、防火水幕，同时，建筑也应重视安全设计，楼洞口、危险设备周边等均应设计防护栏杆，走道、楼梯应通行流畅、安全。

地面建筑结构宜采用空间结构体系进行计算，也可简化为纵、横向平面结构体系进行内力分析，分析结构应进行组合处理后用于杆件设计。屋面网架或桁架结构宜与下部结构整体分析。动力设备荷载计算可采用动力系数法计算，即用设备荷载（设备＋物料）乘以动力系数计算结构承载力和稳定性。

振动筛动力计算应符合下列规定：

① 计算振幅或振动速度时，应采用振动荷载和振动荷载效应的标准组合；

② 计算振动内力时，应采用振动荷载和振动荷载效应的基本组合；

③ 旋转设备和振动筛的振动荷载可按下式计算：

$$F_c = K_d F$$

式中　F_c——设备的振动荷载计算值，kN；

　　　F——设备的振动荷载标准值，该值应由设备厂家提供，kN；

　　　K_d——设备动力超载系数，可采用表 6-5。

表 6-5　设备动力超载系数

激发周期荷载的机器特性	设备名称	K_d
构造不均匀	筛分机、颚式或锥形破碎机、摇床或类似曲柄、连杆机构	1.3
构造均匀	旋转式机器、公称均衡式筛分机、锤式破碎机	4.0

对于钢筋混凝土结构构件，中频和高频设备的振动荷载应分别计入长期动力作用的疲劳影响系数 1.5 和 2.0。

结构设计宜使结构或构件的自振频率远离设备的正常工作振动频率。操作区的最大振动速度不应超过规范限值。

（2）基础选型

基础形（型）式应根据上部结构形（型）式、荷载状况、地基承载力和变形特性等因素确定。一般为柱下独立基础、筏板基础。地质状况良好、承载力高、上部结构平面刚度和荷载均匀的可采用独立基础；对于上部结构不均匀的可采用筏板基础，以增加基础稳定和提高结构整体抗倾覆能力。工程上常采用的基础形式如图 6-5 所示。

当地质状况较差，基础下存在软弱土、湿陷性黄土或其他不良地质作用时应先进行地基处理。可按照《建筑地基处理技术规范》（JGJ 79—2012）、《湿陷性黄土地区建筑标准》（GB 50025—2018）等相关规范规定采取合理的处理措施。

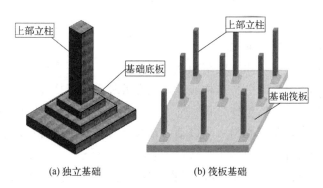

(a) 独立基础　　　　(b) 筏板基础

图 6-5　基础形式

在基础设计时，还应考虑相邻建、构筑物的影响。新建建、构筑物基础埋深不宜大于原有建、构筑物。基础埋深应该考虑地下水位、场地土的冻胀等情况，在满足地基承载力、地基稳定和变形的前提下，基础宜浅埋，除岩石地基外，不应小于 0.5m。同一建、构筑物基础不宜埋置在不同土层上，同一建、构筑物不宜采用两种以上基础形式。

（3）上部结构选型

为了满足半焦生产工艺流程需要，对室内布置有较多设备的建、构筑物一般采用钢筋混凝土框架结构。该类建、构筑物以原煤筛分室、筛焦楼为代表。其建筑高度一般在 20～35m，层高差异性大，顶部有局部收进导致竖向刚度不连续，属于竖向不规则结构体系。因此在结构设计时应重视概念设计，在竖向刚度偏弱方向可设置一定数量的带翼缘柱，使结构竖向刚度均匀。在设备层应加大楼板厚度，特别是振动筛设备所在层，楼板厚度不宜小于 150mm。

同时，该类建、构筑物一般在顶部设置有料仓，地震作用效应表现为上部水平地震力较大，与常规建筑有所不同，应引起重视。

储煤场和储焦场一般为大跨钢结构，主要结构形式有拱桁架、空间网架、正交桁架和气膜结构等，近年随着气膜结构设计理论的成熟（如图 6-6），其应用也越来越广泛。物料堆场建筑维护体系分为两部分，墙面由钢筋混凝土挡煤（焦）墙和彩钢板组成，屋面为彩钢板。

拱桁架、空间网架、正交桁架从结构组成体系及受力性能方面均为空间网格结构，其内力和位移计算可按基于弹性理论的空间杆系有限元法进行计算。分析网架结构时，可假定节点为铰接，杆件只承受轴向力；当分析立体管桁架，其杆件的节间长度与截面高度（或直径）之比不小于 12（主管）和 24（支管）时，也可假定节点为铰接。同时在空间结构安装施工过程中，应注意施工方式不同对构件和体系的影响，需要时还应进行施工过程力学分析。

拱桁架储料棚结构简洁，传力体系流畅，安全经济，受到市场欢迎和认可。其主要由上部拱主体结构、下部拉索和竖向撑杆组成。在桁架平面内通过自身结构体系保证稳定性，在桁架平面外稳定性，通过屋面水平撑杆保证。设计拱桁架储料棚时应注意确定合理的矢跨比，其对结构体系的受力性能和用钢量有较大影响，一般为 1/4～1/7，其形式见图 6-7。

物料输送栈桥一般为钢桁架结构，栈桥端部宜设置横向门式刚架。廊身纵向竖直桁架可采用等截面桁架，特殊情况也可采用变截面桁架或折线形桁架。当廊身采用纵向竖直桁架不合理时，可采用以大梁为主要承重构件的结构形式。

带式输送机通廊支架可分为单片支架和固定支架，其设置应根据相邻两建、构筑物间的廊身长度、结构形式和温度区段确定。

(a) 拱桁架　　　　　　　　　　　　　　　(b) 空间网架

(c) 正交桁架　　　　　　　　　　　　　　(d) 气膜结构

图 6-6　几种物料堆场结构形式

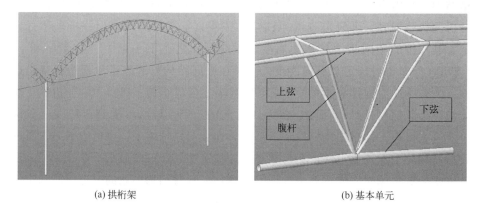

(a) 拱桁架　　　　　　　　　　　　　　　(b) 基本单元

图 6-7　拱桁架体系

6.5.2　原料加工热解单元的主要建、构筑物的结构选型

（1）一般规定

直立热解炉作为整个厂区建设最为核心的装置，为之配套的直立热解炉厂

房也就成了原料煤加工热解单元的主要建筑物。该建筑的主要功能如下：

① 工人操作、检修平台及安全疏散通道；

② 为直立热解炉配套的小型设备的安装平台；

③ 炉顶上料、储料装置的安装平台。

随着我国对环境保护的日益重视，国家对煤化工生产企业要求也越来越严格，近些年来纷纷淘汰了以前的老旧炉型，并关停了一批产能低、污染严重的中、小企业。如今国家发改委和中华人民共和国生态环境部要求各地煤化工企业进行整改，根据《焦化行业准入条件（2014 年修订）》规定直立热解炉的单炉年生产能力不低于 10 万吨，企业的年生产能力不低于 100 万吨。综上可知，现对半焦项目建设的投资方均要求单炉年产能为 15 万～20 万吨，故与之配套的热解炉厂房建筑面积也随之增大。防火设计和消防疏散的要求如下：

① 按生产的火灾危险性分类要求，根据生产内容热解炉厂房应划分为"丙类"，但是热解炉有发生煤气泄漏的可能性，故根据"就高不就低"的原则，将其划分为"乙类"。

② 直立热解炉厂房耐火等级层数不超过 6 层时，耐火等级为二级；层数超过 6 层时，耐火等级为一级；需要按照要求，对结构承重构件柱、梁、板、檩条涂刷防火漆处理。

③ 依据工业厂房的安全疏散要求，厂房的每个防火分区的安全出口数量不得少于 2 个，厂房内任一点至最近安全出口的直线距离不得大于 50m；厂房内的疏散楼梯、走道、门的净宽度不宜小于 1.1m，同时首层外门的最小净宽度不应小于 1.2m。

（2）基础选型

直立炉装置区的基础选型分为两个部分。

① 支撑直立炉装置的刚架基础。单台直立炉装置的生产荷载（即操作质量）一般都在 2000 吨左右，根据建设场地的不同，基础形式可分为 3 种：独立或条形基础、筏板基础、桩基承台基础。

a. 建设场地工程地质情况优良，基底持力层埋藏较浅，承载力特征值 $f_{ak} \geqslant$ 200kPa 并且土层密实、压缩性低、压缩模量 E_s 大时可选用独立基础或条形基础。因上部直立炉装置连接了很多工艺管道，所以对基础沉降敏感，沉降量控制严格。

b. 建设场地工程地质情况一般，基底持力层埋藏较深，上覆较厚的杂填土或素填土层，该层基本上没有承载能力并且土层压缩性高，沉降量大。此时可采用大开挖换填处理或复合地基处理方式，将原有土层挖除用灰土、级配砂石替换或采用灰土挤密桩、水泥粉煤灰碎石（CFG）桩、夯实水泥土桩等进行挤密提高承载能力。因复合地基处理方式是基桩与桩间土共同协作的处理方式，所以选用筏板基础可以更好地发挥其效能。

c. 建设场地工程地质情况较差，基底下部土层分布复杂，有淤泥、淤泥质土等，分布厚度很厚，可做持力层的土层在正负零以下 10m 左右时，可选用桩基承台基础。根据建设场地地质情况的不同，桩基可分为：摩擦桩、端承桩、摩擦端承桩和端承摩擦桩四类。根据土层所提供的"极限侧阻力标准值"和"极限端阻力标准值"布桩形式有"一柱一桩""一柱双桩""一柱多桩"，并且在桩顶承台两个主轴方向设置联系梁。

② 为直立炉提供配套服务的厂房刚架基础。直立炉厂房刚架基础的选型方法与直立炉底支撑刚架基础相同，可参考借鉴。

（3）上部结构选型

直立热解炉厂房的结构选型结合工艺设计和生产操作的特点，结构形式具有唯一性，即为除顶层外的下部结构为钢框架，顶层为轻型门式刚架，整体结构为钢框架与轻型门式刚架的组合结构。

除顶层外的下部各层平台是直立热解炉装置的操作、检修平台和人员通行、疏散通道，这些平台是围绕在直立热解炉装置四周的，空间是受到限制的，设计为钢框架结构最为合理。

顶层平台是给直立热解炉装置提供原料输送的，该层平台一般需要同时平行布置 3～4 台原料输送带式输送机，对空间要求严格，需要大空间来满足其生产需要，所以该层平台选用轻型门式刚架最为合理。

因为是在直立热解炉装置之间布设支撑整个结构体系的支撑柱，空间尺寸有限，需要选用强度高、截面小、防震性能优异的材料，因此钢结构目前是该建筑的不二之选。

6.5.3 煤气净化单元的主要建、构筑物的结构选型

（1）一般规定

煤气净化单元的建、构筑物主要用于整个厂区的煤气净化及焦油、氨水的分离。主要的建、构筑物有煤气风机房、焦油氨水泵房、大型塔、罐式设备基础、事故水池、介质管网支架等。

煤气风机房的耐火等级不应低于二级，疏散出口不应少于 2 个，当面积小于 60m² 时，可设置 1 个。焦油氨水泵房耐火等级不应低于三级。

（2）基础选型

煤气风机房、焦油氨水泵房、介质管网支架等一般采用钢筋砼独立基础；煤气风机房采用轻型门式刚架结构，焦油氨水泵房采用钢筋混凝土独立基础；

事故池一般采用筏板基础，当地下水位高于水池基础设计标高时，还需进行水池的抗浮验算；设备基础一般采用整体式钢筋混凝土结构；对于横管及冷却塔基础还要进行抗倾覆验算。

（3）上部结构选型

煤气风机房采用轻型门式刚架结构，焦油氨水泵房一般采用钢筋混凝土框架结构；事故池一般采用钢筋混凝土结构，混凝土采用抗渗混凝土；介质管道支架一般采用钢结构支架，大跨度宜采用钢桁架结构。

6.5.4　厂区公共辅助单元的主要建、构筑物的结构选型

（1）一般规定

厂区公共辅助单元的建、构筑物主要用于整个厂区的工艺控制、供水、供电、循环水、污水处理、介质输送等公共生产活动。一般包括电气单元、自动化仪表单元、循环水单元、生产生活及消防用水单元、污水处理单元、介质管网等。主要的建、构筑物有中心配电室、中心控制室、综合水泵房、循环水池、生产生活及消防用水池、污水处理站、介质管网支架等。

中心配电室、中心控制室的耐火等级不应低于二级，疏散出口不应少于2个，当面积小于 60 m² 时，可设置 1 个。控制室应单独设置并进行抗爆设计；综合水泵房、水池耐火等级不应低于三级；污水处理站耐火等级不应低于二级。

（2）基础选型

中心配电室、中心控制室、污水处理站、介质管网支架等一般采用钢筋砼独立基础；综合水泵房一般地上建筑采用钢筋混凝土独立基础，地下室采用筏板基础；水池一般采用筏板基础，当地下水位高于水池基础设计标高时，水池还需进行抗浮验算；布置在泵房下沉底板部分的设备基础一般采用与泵房底板整浇施工的方案处理。

（3）上部结构选型

中心配电室、中心控制室、综合水泵房一般采用钢筋混凝土框架结构；水池一般采用钢筋混凝土结构，混凝土采用抗渗混凝土，抗渗等级一般不低于P6；污水处理站一般内设检修用梁式起重机，多采用轻型门式钢架结构；介质管道支架一般采用钢结构支架，跨路管道则采用钢桁架结构，以满足大跨度的需要。

参 考 文 献

[1]　张根宝. 工业自动化仪表与过程控制［M］. 西安：西北工业大学出版社，2003.

[2] 郭宗仁，吴亦锋，郭宁明. 可编程序控制器应用系统设计及通信网络技术［M］. 2 版. 北京：人民邮电出版社，2009.

[3] GB/T 50493—2019. 石油化工可燃气体和有毒气体检测报警设计标准［S］.

[4] HG/T 20505-20700—2014. 化工自控设计规定［S］.

[5] GB 50058—2014. 爆炸危险环境电力装置设计规范［S］.

[6] 施仁，刘文江，郑辑光. 自动化仪表与过程控制［M］. 3 版. 北京：电子工业出版社，2003.

[7] GB 50052—2009. 供配电系统设计规范［S］.

[8] 钢铁企业电力设计手册编委会. 钢铁企业电力设计手册［M］. 北京：冶金工业出版社，1996.

[9] 任元会. 工业与民用配电设计手册［M］. 北京：中国电力出版社，2016.

[10] GB 50034—2013. 建筑照明设计标准［S］.

[11] GB 51309—2018. 消防应急照明和疏散指示系统技术标准［S］.

[12] GB 50053—2013. 20kV 及以下变电所设计规范［S］.

[13] GB 50016—2014. 建筑设计防火规范［S］.

[14] GB 50057—2010. 建筑物防雷设计规范［S］.

[15] GB/T 50065—2011. 交流电气装置的接地设计规范［S］.

[16] GB 50058—2014. 爆炸危险环境电力装置设计规范［S］.

[17] 王笋曹. 钢铁工业给水排水设计手册［M］. 北京：冶金工业出版社，2002.

[18] 中国市政工程中南设计院. 给水排水设计手册［M］. 北京：中国建筑工业出版社，1986.

[19] 华东建筑设计院. 给水排水设计手册［M］. 北京：中国建筑工业出版社，1986.

[20] 周本省. 工业水处理技术［M］. 北京：化学工业出版社，1997.

[21] 北京市市政工程设计研究总院. 给水排水设计手册［M］. 北京：中国建筑工业出版社，1970.

[22] GB/T 50050—2017. 工业循环冷却水处理设计规范［S］.

[23] GB 50019—2015. 工业建筑供暖通风与空气调节设计规范［S］.

[24] 郭丰年. 钢铁企业采暖通风设计手册［M］. 北京：冶金工业出版社，1996.

[25] HG/T 20698—2009. 化工采暖通风与空气调节设计规范［S］.

[26] 陆耀庆. 实用供热空调设计手册［M］. 北京：中国建筑工业出版社，1993.

[27] 赵荣义. 空气调节［M］. 4 版. 北京：中国建筑工业出版社，2009.

[28] GB 50583—2020. 煤炭工业建筑结构设计标准［S］.

[29] 郑廷银. 钢结构设计方法的研究进展与展望［J］. 南京工业大学学报：自然科学版，2003，25（5）：101-106.

[30] 于征，王立军，成维根，等. 关于大跨度封闭料场设计中若干问题的探讨［J］. 施工技术，2018，47（6）：123-127.

[31] 刘凯，高维成，刘宗仁. 大跨张弦桁架新型施工工艺的理论与现场实测的研究［J］.

建筑结构学报，2004，25（5）：60-65，91.

[32] 窦超. 钢管桁架拱和实腹式拱的平面外稳定性能及设计方法［D］. 北京：清华大学，2011.

[33] 韩海燕. 桁架拱的稳定性及极限承载力研究［D］. 西安：长安大学，2012.

[34] 王秀丽，刘永周. 矢跨比和垂跨比对张弦立体桁架性能的影响分析［J］. 空间结构，2005，11（1）：35-39.

7

环境保护

7.1　污染来源及特性

7.1.1　废气污染物的来源与特性

在半焦（兰炭）生产过程中，废气主要来源于备煤、筛焦、煤气净化、焦油氨水分离及焦油储罐等工艺过程。备煤工段产生的废气主要为含煤尘废气；热解工段产生的废气主要为煤在干馏过程中，产生的气态污染物包括无机化合物（CO、CO_2、硫化氢等）、有机物（多环芳烃、苯系物、非甲烷挥发性有机物等）、重金属（镉、砷等）等；筛焦工段产生的废气主要为含有 CO、H_2S、粉尘、VOCs 以及大量含水蒸气的有机气体等。

7.1.2　废水污染物的来源与特性

半焦废水又称兰炭废水，是指低阶煤在中低温干馏（600～800℃）过程以及煤气净化、湿法熄焦过程中形成的高浓度有机废水。这种废水成分复杂，含有大量难降解、高毒性的污染物，如苯系物、酚类、多环芳烃、氮氧杂环化合物等有机污染物以及重金属等无机污染物，其成分部分类似于焦化废水，但 COD_{Cr}、氨氮和酚类的浓度远高于焦化废水。典型的半焦废水水质如表 7-1 所示。

表 7-1　半焦废水水质指标　　　　　　　　单位：mg/L

序号	项目	测量值	序号	项目	测量值
1	COD_{Cr}	26000～65000	5	氨氮	2000～5000
2	BOD_5	3000～20000	6	硫化物	10～13000
3	挥发酚	2000～5000	7	pH	7～9
4	石油类	1000～3000	8	悬浮物	100～2000

序号	项目	测量值	序号	项目	测量值
9	氰化物	20～100	11	溶解性总固体	1800～16000
10	总酚	2000～10000			

半焦废水中含有大量油类、有机污染物和氨氮等，根据对陕北、内蒙古和新疆三地多个半焦企业废水的水质检测，可知半焦废水含有大量油类，除以稠环芳烃类为主的重油和直链烃类为主的轻油外，还含有大量乳化油。废水中含有高浓度酚类以及一定浓度的氰类污染物。这两种污染物具有生物毒性，能使蛋白质凝固，会对水处理微生物产生毒害作用。半焦废水含有大量煤焦油类物质，例如多环芳香族化合物及含氮、氧、硫的杂环化合物等，具有高毒性、难降解的特点，蒸氨脱酚后，BOD_5/COD_{Cr} 仍低于 0.2，可生化性极差。

7.1.3 固体废物的来源与特性

半焦生产过程中固体废物主要来源为煤炭运输储藏及加工过程中因除尘设备回收的粉料、煤气净化工段产生的焦油渣、企业内污水处理厂产生的剩余污泥以及生产人员产生的生活垃圾等。

7.1.4 噪声的来源与特性

半焦生产过程中噪声主要为原煤和半焦转运车辆、风机、筛分设备、泵类等旋转机械设备以及场内外道路上各种车流人流活动产生的噪声。

7.1.5 污染物排放标准与要求

半焦生产企业内大气及废水等污染物排放指标主要为《炼焦化学工业污染物排放标准》（GB 16171—2012）。经过深度处理后的中水回用水质应满足国家标准《城市污水再生利用 工业用水水质》（GB/T 19923—2005）中规定要求。回用水用于熄焦等焦化工艺装置时，至少也应满足国家标准《炼焦化学工业污染物排放标准》（GB 16171—2012）关于间接排放的标准要求。

7.2 大气污染及防治措施

7.2.1 废气污染物治理的原则与方法

大气污染治理工程应满足《大气污染治理工程技术导则》（HJ 2000—2010）。大气污染治理工程应遵循综合治理、循环利用、达标排放和总量控制的原则。大气污染治理工程应由具有国家相应设计资质的单位进行设计，设计深度应符合《建筑工程设计文件编制深度规定》（2016 年版）的规定，满足环境影响报告书、审批文件及本技术规范的要求。

大气污染治理工程应采取各种有效措施，控制污染源有组织排放，减少污染气体的处理量。大气污染治理过程中应减少二次污染。对产生的二次污染，应执行国家和地方环境保护法规和标准的有关规定，进行治理后达标排放，满足总量控制要求。二次污染的治理方案宜与企业生产中的相关处理工艺相结合，充分利用企业已有资源。运输、装卸和贮存有毒有害气体或粉尘物质，应采取密闭措施或其他防护措施。

净化系统、主体设备和辅助设施等的总图布置应符合《工业企业设计卫生标准》（GBZ 1—2010）、《建筑设计防火规范》（GB 50016—2014）、《工业企业总平面设计规范》（GB 50187—2012）、《工业企业厂内铁路、道路运输安全规程》（GB 4387—2008）、《钢铁企业总图运输设计规范》（YBJ 52—1988）、《火力发电厂总图运输设计规范》（DL/T 5032—2018）、《有色金属企业总图运输设计规范》（YSJ 001—1988）和《建筑地基处理技术规范》（JGJ 79—2012）等国家及行业相关的防火、安全、卫生、交通运输和环保设计规范、规定和规程的要求。大气污染控制工程不宜靠近、穿越人口密集的区域，应布置于主导风向的下风侧。

连续监测装置应符合《固定污染源烟气（SO_2、NO_x、颗粒物）排放连续监测系统技术要求及检测方法》（HJ 76—2017）的规定，运行和维护应符合《固定污染源烟气（SO_2、NO_x、颗粒物）排放连续监测技术规范》（HJ 75—2017）的规定，排放监测的样品采集方法应符合《固定污染源排气中颗粒物测定与气态污染物采样方法》（GB/T 16157—1996）的规定。大气污染治理工程的控制水平应与生产工艺相适应。生产企业应把大气污染治理设施作为生产系统的一部分进行管理。大气污染治理工程的设计、施工、验收和运行除符合以上标准规定外，还应遵守国家现行的有关法律、法令、法规、标准和行业规范的规定。

废气污染治理方法按废气中污染物的物理形态可分为：颗粒污染物治理（除尘）方法以及气态污染物治理方法。

（1）颗粒污染物治理方法

原煤在破碎、筛分、带式输送机转运、卸料点处产生大量煤尘，主要原因在于：①来煤收到基含水量较低，且陕北气候较为干燥；②带式输送机出现跑偏或带速过快，带式输送机未封闭；③原煤振动筛没有封闭措施；④煤棚内采用高架卸料带式输送机进行存储，尤其是存储粉煤时，煤尘二次飞扬比较严重。

治理煤焦粉尘的方法和设备很多，各具不同的性能和特点，必须要依据废气排放特点及粉尘本身的特性和要达到的除尘要求等，结合除尘方法和设备的特点进行选择。主要的方法分为源头治理和末端治理技术，源头治理主要从备煤、筛焦及相关工艺上来进行，比如给炉顶上煤时采用双室双闸上料系统，或者将带式输送机进行全封闭，杜绝煤尘外逸。末端治理技术主要包含雾化抑尘法、袋式除尘法、静电除尘法等。

（2）气态污染物治理方法

气态污染物种类繁多，特性各异，在半焦厂主要为 VOCs、点火放散后的烟气或者采用半焦污水焚烧工艺装置产生的尾气（含有硫氧化物、氮氧化物）等。这些污染物由于性质不一样，采用的治理方法也各不相同，常用的有：吸收法、吸附法、催化法、燃烧法、冷凝法等。

吸收法是分离、净化气体混合物最重要的方法之一，在气态污染物治理工程中，被广泛用于治理 VOCs 等废气中。吸附法是通过吸附剂表面上存在着未平衡和未饱和的分子引力或化学键力实现的。当吸附剂与被吸附物质接触时，就能吸引物质使其浓集并保持在吸附剂表面，这种现象称为吸附。用吸附法治理气态污染物就是利用固体表面的这种性质，使废气与大表面的多孔性固体物质相接触，废气中的污染物被吸附在固体表面上，使其与气液混合物分离，达到净化目的。催化净化法主要采用催化剂，利用其活性和选择性，来加快反应速率，目前在气态污染物治理中，应用较多的催化反应类型有：①催化氧化反应法；②催化还原反应法；③催化燃烧反应法等。燃烧法是在有氧存在的条件下，利用氧化燃烧或高温对可燃有害组分进行分解，从而使这些有害组分转化为无害物质的方法，燃烧法一般采用直接燃烧和热力燃烧。冷凝法主要是在气液两相共存的体系中，存在着组分的蒸气态物质由于凝结变为液态物质的过程，同时也存在着该组分液态物质由于蒸发变为蒸气态物质的过程，当凝结与蒸发的量相等时即达到相平衡，所以当将废气降到一定温度时，与其相应的饱和蒸气压值已低于废气组分分压时，该组分就要凝结为液体，废气中组分分压值即可降低，实现了气体分离的目的。

7.2.2 颗粒物治理技术

治理颗粒物（粉尘）的方法和设备很多，各具不同的性能和特点，根据半焦生产企业原煤和半焦的性质，一般采用的粉尘治理方法有以下几种。

（1）雾化抑尘法

一般在直立热解炉上料装置采用微雾抑尘系统进行喷雾抑尘，在封闭式煤棚和焦棚内设防爆型远程射雾器（智能雾炮），用来抑制扬尘。微雾抑尘装置能够产生细小的水雾颗粒，对悬浮在空气中粉尘进行有效的吸附，使其聚结成团，受重力作用而沉降，有效抑制粉尘散发，从而起到抑尘作用。微雾抑尘装置对粉尘颗粒有超强的吸附能力，有效解决无组织粉尘排放难题。微雾雾径小，少量水分可产生大量浓雾，耗水量少，不会把物料润湿，不会对后续工艺产生影响。

雾化抑尘技术通过雾化装置，使液滴的粒径与粉尘颗粒的粒径相近时，粉尘被吸附、凝结的概率最大，粉尘颗粒的浓度也相应降到最低。

（2）袋式除尘法

袋式除尘器是一种干式滤尘装置，适用于捕集细小、干燥、非纤维性粉尘。滤袋采用纺织的滤布或非纺织的毡制成，利用纤维织物的过滤作用对含尘气体进行过滤，当含尘气体进入袋式除尘器后，颗粒大、密度大的粉尘，由于重力的作用沉降下来，落入灰斗，含有较细小粉尘的气体在通过滤料时，粉尘被阻留，使气体得到净化。该方法适应性强，能处理不同类型的颗粒物，处理容量可大可小；该方法操作弹性大，入口气体含尘浓度变化较大时，对除尘效率影响不大。袋式除尘器的除尘效率一般能大于99%。

由于半焦生产环节中所产生的粉尘不但浓度高，而且硬度高，需要对备煤筛分室、筛焦楼、转载站等处产生的粉尘采用煤磨袋式防爆除尘器进行处理，滤料采用防水、防油、防静电涤纶针刺毡，使粉尘排放符合国家排放标准。

每个产尘点的含尘空气由密闭罩口分系统有组织地抽出，使密闭罩内形成一定负压，防止粉尘外逸。抽出的含尘气体由布袋除尘器净化后，经离心风机负压抽风由排气筒排入大气，系统排放浓度≤10mg/m³，满足《大气污染物综合排放标准》（GB 16297—1996）、《炼焦化学工业污染物排放标准》（GB 16171—2012）和当地环保的要求。

（3）电除尘法

电除尘是利用高压电场产生的静电力（库仑力）的作用实现固体粒子或液体粒子与气流分离。在放电极与集尘极之间施以很高的直流电压时，两极间所形成的不均匀电场使放电极附近电场强度很大，当电压加到一定值时，放电极产生电晕放电，生成的大量电子及阴离子在电场力作用下，向集尘极迁移。

在迁移过程中中性气体分子很容易捕获这些电子或阴离子形成负离子。当这些带负电荷的粒子与气流中的尘粒相撞并附着其上时，就使尘粒带上了负电荷。荷电粉尘在电场中受库仑力的作用被驱往集尘极，在集尘极表面尘粒放出电荷后沉积其上，当粉尘沉积到一定厚度时，用机械振打等方法将其清除。目前在半焦行业，静电除尘器应用较少。

7.2.3　二氧化硫治理技术

在半焦生产企业点火放散后的烟气，以及采用半焦污水焚烧工艺装置产生的尾气中均含有二氧化硫，目前半焦生产企业烟气中的二氧化硫治理方法主要分为干法脱硫和湿法脱硫两类。

干法脱硫比较典型的是石灰/石灰石法，湿法脱硫比较典型的是氨法、钠碱法，具体内容如下。

（1）石灰/石灰石法

石灰/石灰石法是采用石灰石、石灰或白云石等作为脱硫吸收剂脱除废气中 SO_2 的方法，其中石灰石应用得较多，并且是最早的烟气脱硫吸收剂之一。陕北地区白灰及电石生产行业较为发达，已形成较完整的产业链。因此石灰石来源广泛，原料易得且价格低廉，运行成本较低。

（2）氨法

在半焦生产企业内，氨的获取比较容易，一般半焦废水经过处理后，都会获得液氨或氨水等副产品，因此氨法的应用前景较广。氨法是用氨水洗涤含硫的废气，形成化学吸收液体系，该溶液中的 $(NH_4)_2SO_3$ 对 SO_2 具有很好的吸收能力，它是氨法中的主要吸收剂。

氨法是烟气脱硫中较为成熟的方法，该法费用低，可作为副产品，以氮肥的形式提供使用，因而产品实用价值较高。但氨易挥发，因而吸收剂的消耗量较大。

（3）钠碱法

钠碱法是采用碳酸钠或氢氧化钠等碱性物质吸收烟气中二氧化硫的方法，与氨法相比，钠碱的溶解度较高，因而吸收系统不存在结垢、堵塞等问题。钠碱吸收能力强，吸收剂用量少，可获得较好的处理效果，目前在半焦行业烟气脱硫方面有一定的应用。

7.2.4　氮氧化物治理技术

半焦生产企业烟气治理也包含氮氧化物的治理，一般称为烟气脱氮（烟气脱硝），常采用催化还原法来进行处理。催化还原法主要是利用不同的还原剂，在一定温度和催化剂的作用下将 NO 还原为无害的氮气和水。

在净化过程中，可依还原剂是否与气体中的氧气发生反应分为非选择性催化还原和选择性催化还原两类。

非选择性催化还原法主要是在一定温度和催化剂的作用下，将含氮氧化物的气体与还原剂发生反应，其中的二氧化氮还原为氮气，同时还原剂与气体中的氧发生反应生成水和二氧化碳。还原剂有氢、甲烷、一氧化碳和低碳氢化合物。

选择性催化还原法通常利用氨为选择性催化还原剂，氨只是将尾气中氮氧化物还原，基本上不与氧反应。选择性催化还原的催化剂，可以用贵金属催化剂，也可以用非贵金属催化剂。由于氨的获取比较容易，一般多数半焦生产企业氮氧化物的治理会选择氨作为催化还原剂。

7.2.5　VOCs 治理技术

目前半焦生产企业的 VOCs 主要集中于出焦地坑带式输送机通廊、焦油氨水分离区、焦油储罐区、煤气净化工段水封槽及凝液槽等处，同时半焦生产企业内污水处理工段也会产生大量的 VOCs。

首先要严格控制在焦油氨水的生产和储运、外售过程中的 VOCs 排放，其次应对含 VOCs 的废气采取有效的治理措施。

半焦生产企业的 VOCs 组成复杂，含有不同刺激性、腐蚀性、恶臭甚至致癌致畸的有害成分，是半焦生产企业异味的主要来源。VOCs 的排放不仅严重污染环境，影响员工身心健康，加剧装置腐蚀，而且会造成资源浪费。如果处置不当，还存在燃烧爆炸的安全风险。

国家环境管理部门为进一步改善环境状况，针对 VOCs 治理也在陆续出台相应的标准和规范，要求各行业增加环保投入，增设环保设施，控制 VOCs 的排放。其中《挥发性有机物无组织排放控制标准》（GB 37822—2019）要求现有企业必须在 2020 年 7 月 1 日前完成 VOCs 的治理工作。同时《炼焦化学工业污染物排放标准》（GB 16171—2012）也对大气污染特别排放限值提出了严格的要求。

对 VOCs 的治理主要包含两个方面：一方面是对 VOCs 的收集和输送，另一方面是对 VOCs 的处理。具体内容如下。

（1）VOCs 的收集与输送

对于出焦地坑带式输送机通廊，由于熄焦仓排除的半焦带着大量含 VOCs 的蒸汽，需要先采用保温、冷凝、干燥等方法去除蒸汽，大量不凝的 VOCs 通过管道输送，并经由风机加压后送往后续 VOCs 治理设施进行处理。

对焦油氨水分离区、焦油罐区的 VOCs 排放点应进行密闭，尾气采用密闭、直接收集方式。氨水罐和焦油罐设置阻火器、呼吸阀，每个罐 VOCs 收集点的尾气通过管道汇总，总管道设置自控切断阀、压力表。

每个氨水及焦油储罐顶安装氮气管道，罐内压力低时打开氮气管道自控阀向罐内补充氮气，使罐内始终保持微正压状态。为避免储罐超压或负压，在储罐顶部加呼吸阀。

当系统压力小于设定值时，自动打开氮气阀门（低压补气）；当系统压力大于设定值时，关闭氮气阀门；当系统压力大于排放限值时，打开尾气收集阀门，向 VOCs 管道排放气体；当系统压力小于排放限值时，关闭尾气收集阀门；当系统压力小于低限值时，自动打开呼吸阀（低压补空气，安全措施）；当系统压力大于低限值时，呼吸阀关闭；当系统压力大于高限值时，自动打开呼吸阀（事故排放，安全措施）；当系统压力小于高限值时，呼吸阀关闭，处于尾气收集状态。

密封储罐的压力控制阀门安装在储罐槽 VOCs 气体收集管道上，收集风机一般为变频风机，根据尾气总管压力进行变频控制，压力高时风量增大，压力低时风量减小。

对于焦油储罐装车鹤管进料管道采用软密封形式，软密封处单独设管道连接至 VOCs 收集风机处，通过调节管道上阀门开度，控制槽车内微负压，经风机将装车尾气送入后续 VOCs 治理设施进行处理。

对于半焦废水处理装置，一般在生化池、敞开容器等装置处采用加盖密封等方式，可采用密闭拱形板，盖板设计为可活动式，上设有把手，方便开启卸料、人员维修等。废气经过收集后进入管道反应器，在反应器内置等离子发生器，将臭气与等离子体进行混合反应，对臭气当中的一些污染物进行强氧化分解，然后将尾气送入分解塔，对残留等离子体彻底分解，排放指标满足《恶臭污染物排放标准》（GB 14554—2018）的排放要求。

（2）VOCs 的处理方法

目前半焦生产企业内 VOCs 废气的处理方法主要有：吸收（洗涤）法、吸附法、冷凝法、燃烧法、等离子体法等。

① 吸收（洗涤）法。吸收法是净化 VOCs 最常用的方法，它利用气体在液体中溶解度的不同来净化和分离气态污染物。一般采用洗涤方式，目前常用的吸收液主要有水、碱性溶液、酸性溶液和有机溶液 4 种。根据气液在处理装置中的相对流向，一般将洗涤塔分为三种形式：a. 逆流式洗涤塔，气液分别由两端逆向流动进入洗涤塔，逆流式洗涤塔在半焦生产企业 VOCs 气体治理中应用较多；b. 并流式洗涤塔，气液由同一端、按同一方向流动进入洗涤塔，这种方式在实际应用中较少；c. 错流式洗涤塔，气体沿水平方向进入吸收装置，吸收液自上而下喷淋，在吸收装置中呈交叉状，这种方式有少量应用于陕北半焦生产企业 VOCs 处理装置中。

② 吸附法。吸附法主要用于去除 VOCs 中低浓度污染物质。吸附是使废气与多孔性固体物质吸附剂接触，使其中一种或者多种组分吸附在固体表面，而从气流中分离出来。当吸附质在气相中的浓度低于与吸附剂上吸附质成平衡的浓度时，或者有更容易被吸附的物质到达吸附剂表面时，原来的吸附质会从

吸附剂表面上脱离而进入气相，这种情况称为脱附。失效的吸附剂经再生可重新获得吸附能力，再生后的吸附剂可循环使用。

目前半焦生产企业常用的吸附剂主要有活性炭、硅胶、活性氧化铝、分子筛等，具体物理性质与目标污染物见表 7-2、表 7-3。

表 7-2　主要吸附剂的物理性质

物理性质	吸　附　剂				
	活性炭	白土	硅胶	活性氧化铝	分子筛
真密度/(g/cm³)	2.4～2.6	1.9～2.2	2.2～2.3	3.0～3.3	1.9～2.5
表观密度/(g/cm³)	0.8～1.2	0.7～1.0	0.8～1.3	0.9～1.9	0.9～1.3
充填密度/(g/cm³)	0.45～0.56	0.35～0.55	0.50～0.85	0.50～1.00	0.55～0.75
孔隙率/%	0.40～0.55	0.33～0.55	0.40～0.45	0.40～0.45	0.32～0.42
细孔容积/(cm³/g)	0.6～0.8	0.5～1.4	0.3～0.8	0.3～0.8	0.4～0.6
比表面积/(m²/g)	100～350	600～1400	300～800	150～350	600～1000
平均孔径/nm	8～20	2～5	10～14	4～15	0.3～1.0
比热容/[kJ/(kg·K)]	0.836	0.836～1.046	0.836～1.045	0.836～1.254	0.795
热导率/[W/(m·K)]	0.356	0.628～0.712	0.628	0.628	0.176

表 7-3　主要吸附剂能去除的污染物

吸　附　剂	污　染　物
活性炭	苯、甲苯、二甲苯、丙酮、乙醇、乙醚、甲醛、煤油、汽油、光气、乙酸乙酯、苯乙烯、氯乙烯、恶臭物质、H_2S、Cl_2、CO、SO_2、NO_x、CS_2、CCl_4、$CHCl_3$、CH_2Cl_2
活性氧化铝	H_2S、SO_2、C_nH_m、HF
浸渍活性氧化铝	HCHO、Hg、HCl(气)、酸雾
硅胶	NO_x、SO_2、C_2H_2
分子筛	NO_x、SO_2、CO、CS_2、H_2S、NH_3、C_nH_m
泥煤、褐煤、风化煤	恶臭物质、NH_3
浸渍泥煤、褐煤、风化煤	NO_x、SO_2、SO_3、NH_3
焦炭粉粒	沥青烟
白云石粉	沥青烟
蚯蚓粪	恶臭物质

③ 冷凝法。冷凝法一般用于出焦地坑带式输送机通廊内的 VOCs 治理。冷凝法是利用不同物质在同一温度和压力下有不同的饱和蒸气压，以及同一物质在不同温度和压力下有不同的饱和蒸气压的性质，将混合气体冷却或加压，使其中某种或某几种污染物冷凝成液体或固体，从混合气体中分离出来。

采用冷凝法处理出焦地坑带式输送机通廊内的 VOCs 时，能冷凝出蒸汽、含氨水、焦油等污染物，只有不凝气才能通过管道送往后续处理设施，从而显著减少此处的 VOCs 量。

冷凝器主要分为接触冷凝器和表面冷凝器两类。接触冷凝器有喷淋式冷凝器、射流式冷凝器和文氏管洗涤器。表面冷凝器有列管式冷凝器、螺旋板式冷凝器和波纹板式冷凝器等。一般半焦生产企业多采用表面冷凝器。

④ 燃烧法。一般来说，VOCs 含量较少时，可以通过空气风机送往热解炉内进行焚烧，该处理比较方法简单方便，而且成本较低，如果 VOCs 含量较高，应采用专门的焚烧炉来处理。燃烧法（见表 7-4 和表 7-5）的基本原理是将有机物氧化燃烧，高温分解，转化为 CO_2 和 H_2O 等，从而使 VOCs 得到净化。

表 7-4　燃烧法

项目	直接燃烧法	热力燃烧法	催化燃烧法
定义	把废气中可燃有害成分当作燃料直接燃烧	先将废气预热到一定温度后再燃烧,使可燃有害组分在高温下分解成为无害物质	在催化剂作用下,废气可燃有害成分能在较低的温度下进行燃烧
燃烧温度/℃	约 1100	540～820	200～400
设备形式	火炬	热力燃烧炉	催化燃烧炉
特点	无需预热,适用于 VOCs 中可燃成分含量较高、气体量不大的气体	需要预热,适用范围广,设备结构简单,占用空间小,维修费用低	燃烧温度低,成本较高

表 7-5　污染物燃烧法处理参数与效果

废气中的污染物	燃烧温度/℃	滞留时间/s	净化效率/%
一般烃类化合物	680～820	0.3～0.5	＞90
甲烷、苯、二甲苯	760～820	0.3～0.5	＞90
烃类化合物、一氧化碳	680～820	0.3～0.5	＞90
恶臭物质	540～650	0.3～0.5	50～90
黑烟(含炭粒和油烟)	760～1100	0.7～1.0	＞90
白烟(雾滴)	430～540	0.3～0.5	＞90

⑤ 等离子体法。该方法是在等离子体内部产生富含极高化学活性的粒子，如电子、离子、自由基和激发态分子等。废气中的污染物质与这些具有较高能量的活性基团发生反应，最终转化为 CO_2 和 H_2O 等物质，从而达到净化废气的目的。一般主要用于半焦废水处理站产生的 VOCs，此法效率较高，尤其适

用于难以处理的多组分有害气体，占地面积小，运行费用低，但一次性投资较高。

对于含高浓度 VOCs 的废气，宜优先采用冷凝回收、吸附回收技术进行回收利用，并辅助以其他治理技术实现达标排放。对于含中等浓度 VOCs 的废气，可采用吸附技术回收有机溶剂，或采用催化燃烧和热力燃烧技术净化后达标排放。当采用催化燃烧和热力燃烧技术进行净化时，应进行余热回收利用。

对于含低浓度 VOCs 的废气，有回收价值时可采用吸附技术、吸收技术对有机溶剂回收后达标排放；不宜回收时，可采用燃烧技术等净化后达标排放。

恶臭气体污染源可采用等离子体技术、吸附技术、吸收技术或组合技术等进行净化。还需严格控制 VOCs 处理过程中产生的二次污染，对于催化燃烧和热力燃烧过程中产生的含硫、氮、氯等无机废气，以及吸附、吸收、冷凝等治理过程中所产生的含有机物废水，应处理后达标排放。

对半焦生产企业的 VOCs 治理，还需要采用其他措施，比如对泵、压缩机、阀门、法兰等易发生泄漏的设备与管线组件，制定泄漏检测与修复计划，定期检测、及时修复，防止或减少跑、冒、滴、漏现象。

7.3　废水污染及防治措施

7.3.1　废水污染治理的主要方法

半焦生产以干馏温度在 $600 \sim 800℃$ 的中低温干馏为主，因此半焦废水中除含有一定量的高分子有机污染物外，还含有大量的未被高温氧化的中、低分子污染物，这点与冶金焦化废水差异较大，半焦废水的有机污染物浓度要比焦化废水高出 10 倍左右，且成分比焦炭废水更加复杂，因此半焦废水比焦化废水更难处理，半焦废水中主要有机物成分如表 7-6 所示。

表 7-6　半焦废水中的主要有机物成分分析

有机物名称	质量分数/%	出峰时间/min
苯酚	36.67334	13.784
2-甲基苯酚	7.00870	17.279
3-甲基苯酚	21.43015	18.396
2,3-二甲基苯酚	1.10649	21.727

有机物名称	质量分数/%	出峰时间/min
2,4-二甲基苯酚	2.08012	21.816
4-乙甲基苯酚	2.65751	22.843
3,4-二甲基苯酚	1.22305	24.57
1,2-苯二酚	2.98872	25.373
3-甲基-1,2-苯二酚	2.77471	28.432
4-甲基-1,2-苯二酚	2.99212	29.732
4-甲基儿茶酚	0.91416	31.983
2,5-二甲基氢醌	0.98488	32.53

目前，半焦废水处理工艺仍未完全成熟，主要借鉴焦化废水的处理技术，但是又与焦化废水处理不同。一般先进行物化处理，再进行生化及深度处理。半焦废水处理多采用三级处理：一级处理先将污染物从高浓度废水中回收，其工艺过程包括隔油、脱酚、蒸氨等；二级处理对预处理后的废水进行无害化处理，即利用微生物处理污水中呈溶解或胶体状的有机污染物质；三级处理再对废水进行除盐等深度处理，使之成为中水，能被回用于熄焦等。

半焦废水的主要特点如下。①成分复杂，废水中所含的有机物除酚类化合物以外，还包括脂肪族化合物、杂环类化合物和多环芳烃等。其中以酚类化合物为主，占总有机物的 85% 左右，主要成分有苯酚、邻甲酚、对甲酚、邻对甲酚、二甲酚，邻苯二甲酚及其同系物等；杂环类化合物包括二氮杂苯、氮杂联苯、氮杂茆、氮杂蒽、吡啶、喹啉、咔唑、吲哚等；多环类化合物包括萘、蒽、菲、苯并芘等。②水质变化幅度大，废水中氨氮变化系数有些可高达2.7，COD_{Cr} 变化系数可达 2.3，酚、氰化物浓度变化系数为 3.3 和 3.4。③含有大量难降解物，可生化性差，废水中有机物（以 COD_{Cr} 计）含量高，且由于废水中所含有机物多为芳香族化合物和稠环化合物及吲哚、吡啶、喹啉等杂环化合物，其 BOD_5/COD_{Cr} 值低，一般为 0.3～0.4，有机物稳定，微生物难以利用，废水的可生化性差。④废水毒性大，废水中的氰化物、芳环、稠环、杂环化合物都对微生物有毒害作用，有些物质在废水中的浓度甚至已超过微生物可耐受的极限。

因此对半焦废水的处理，需要多种方法进行组合才能有效去除污染物。一般半焦废水处理工艺包含预处理、生化处理、深度处理以及污水焚烧等技术。废水处理工艺的选择直接关系到出水各项水质指标能否达到处理要求及其稳定与否，运行管理是否方便可靠，建设费用、运行费用和占地、能耗高低。因此，选择适合的废水处理工艺尤为重要，而工艺及设备的选择则直接关系到产水的水质及工程造价，所以对于选择一套高标准的污水处理系统的用户来说，处理工艺和设备的选择是至关重要的。

7.3.2 废水预处理技术

通过"除油＋脱酸脱氨＋脱酚"预处理是当前半焦废水处理的主流工艺，并已有工程应用案例，如华南理工大学、青岛科技大学等单位的"除油＋脱酸脱氨＋脱酚"预处理。目前已被国内有多家企业采用，比如陕煤化集团神木天元化工有限公司等。

华南理工大学在国内较早开展溶剂萃取脱酚工艺、煤化工废水化工流程研究，提出了"脱酸脱氨后萃取脱酚工艺"，即单塔加压侧线抽氨同时脱酸，后采用甲基异丁基甲酮萃取脱酚的技术，技术特点为采用甲基异丁基甲酮作为萃取剂，多元酚脱除效果好，单塔同时脱酸脱氨且脱除效率高，整体流程简洁，但其对分离设备抗堵性能要求高。

青岛科技大学对酚氨回收技术中的萃取剂、节能降耗、抗堵性能等方面进行了优化，已应用于多家煤化工企业，该技术为：将经重力除油、气浮除油后的半焦废水，先萃取除油再脱酸脱氨，将脱酸与脱溶剂在同一塔内完成，省去了一套脱溶剂塔，有助于缓解后续装置的堵塞问题。但酚氨回收系统采用两套萃取塔，双塔脱酸脱氨，流程较为复杂。

陕煤化集团神木天元化工有限公司 100t/h 煤焦油轻质化废水处理项目，于 2015 年 11 月建成投产，可处理 135 万吨/年半焦装置所产废水，其将约占 60％的半焦废水与占 40％的煤焦油加氢废水（60 万吨/年煤焦油脱除水及反应水）进行混合处理，从而降低了萃取脱酚时总酚与多元酚的含量。该处理工艺的主要特点是：将隔油后的原料废水在饱和塔与酸性气体逆流接触，起到了饱和酸化的作用，有助于其在萃取除油塔内与溶剂逆流萃取；经萃取除油后再脱酸脱氨，有助于缓解设备堵塞及降低粗氨气的净化处理难度。

废水预处理技术主要包含除油、脱氨、脱酚、化学氧化及催化氧化等部分。

（1）除油技术

半焦废水中的油类污染物质，除重焦油的相对密度可高达 1.1 以上外，其余的相对密度都小于 1。半焦废水中的油类存在 4 种状态：①浮上油，油滴粒径一般大于 $100\mu m$，易浮于水面；②分散油，油滴粒径一般介于 $10\sim100\mu m$，悬浮于水中；③乳化油，油滴粒径小于 $10\mu m$，一般为 $0.1\sim2.0\mu m$，能稳定地分散于水中；④溶解油，油滴粒径比乳化油还小，有的可小到几纳米，是溶于水的油微粒。

半焦废水的总油含量可以高达 5000mg/L，废水中含油量高会造成工艺换热器和蒸氨塔及相关设备堵塞严重，缩短设备的使用寿命，增加生产成本，恶化处理效果。因此，在剩余氨水脱酚和脱氨之前应先进行除油。除油技术一般包含如下技术。

① 重力隔油。其是指采用物理方法使油和水分离，目前在半焦废水处理中，重力隔油应用较多。

重力隔油池为自然浮上分离装置，对去除酯类和非乳化油有较好的效果。其类型较多，常用的有平流式隔油池、倾斜板式隔油池等。隔油装置可单独设置，也可附设在沉淀池内。平流式隔油池占地面积大，构造简单，维护容易，废水在池内的停留时间为 1.5～2.0h，水平流速为 2～5mm/s，最大流速不超过 10mm/s，有效水深为 1.5～2.0m。倾斜板式隔油池即在平流式隔油池内沿水流方向设数量较多的倾斜平行板，这样不仅增加了有效分离面积，同时也提高了整流效果。其可采用波纹形倾斜板，板间隔 20～40mm，倾斜角 45°，处理水沿板面向下流，分离的油滴沿板下表面向上流，然后由集油管汇集排出。

倾斜板式隔油池分离效率高，停留时间短（一般不大于 30min），占地面积小，能去除 60μm 以上粒径的油珠。目前在半焦废水处理中，倾斜板式隔油池应用前景较好。

② 旋流分离除油。其是利用油水密度差，在液流高速旋转时受到不同离心力的作用而实现油水分离的。不同密度的两相进入涡旋流场中受到的离心力不同，较重的相向器壁方向移动，较轻的相向旋涡中心移动，分别经底流出口和溢流出口流出，从而起到分离的作用。

旋流分离除油具有分离效率高、占用空间小、操作简单等优点，在石油、化工等行业有着十分广泛的应用，但是在半焦行业，目前应用较少。

③ 聚结除油。聚结油水分离器（粗粒化）除油技术是利用油、水两相对聚结材料亲和力相差悬殊的特性，当半焦废水通过填充着聚结材料的床层时，油粒被材料捕获而滞留于材料表面和孔隙内，随着捕获油粒的增加，油粒间会产生变形，从而合并聚结成更大的油粒。

聚结除油技术可概括为三个步骤：a. 捕获，此过程主要由阻截、扩散、惯性作用、范德瓦耳斯力等所控制，其中阻截、扩散是主要因素；b. 附着，当油粒靠阻截和扩散作用接近聚结材料表面被捕获到一定距离时，就会因范德瓦耳斯力和聚结材料对油的附着力而产生附着；c. 油膜增大与脱落，细小油粒附着到材料表面形成油膜，随着时间的延长，附着的油量不断增多，当油膜厚度达到一定临界值时，在外力作用下就会脱落。

④ 气浮。目前在半焦废水处理中，气浮应用较广泛。由于半焦废水中表

面活性成分含量较高，因此气浮需要在低 pH 值下运行，否则会产生较多泡沫，不利于环境治理。

粒径小于 $100\mu m$ 的分散油及密度接近于水的悬浮物质可用气浮法进行分离。废水气浮过程通常有下列三步：a. 在废水中投加絮凝剂，使细小的油珠及其他微细颗粒凝聚成疏水的絮状物；b. 废水中尽可能多地注入微细气泡；c. 使气泡与废水充分接触，形成良好的气泡-絮状物的结合体，成功地与水分离。

以上除油技术均在半焦废水中有应用，由于半焦废水中含油量较高，因此需要将以上技术进行组合。

我国某科研院所及设计单位经过不断生产性试验，开发出"旋流分离除油罐＋破乳混凝沉淀＋气浮"的工艺。该技术采用旋流分离除油罐作为前置除油工艺段，分离效率是传统的静置分离和斜板分离的几十倍，能够去除废水中的乳化油、分散油等。将破乳、混凝、气浮技术相结合，可大大提高除油效率，改善污水出水水质，且实际运用成熟、操作简单、易于控制。

在陕北地区，有科研单位采用"重力隔油＋聚结除油"的工艺，取得了较好的效果，通过斜板式隔油池先将浮油去除掉，然后经过三级聚结除油罐，罐内设有亲油聚结板及填料，通过不断吸附过滤，形成油膜，随着油量不断增多，定期外排至焦油罐区。

（2）脱氨技术

脱氨部分主要包括脱酸、脱氨、氨精制等装置，主要副产品为氨水溶液或者液氨。其工艺过程为：隔油处理后的污水经脱酸塔进料预热器与脱酸塔塔釜液换热后进入脱酸塔。塔顶出来的酸性气体经处理后送入焚烧装置，脱酸塔塔釜液经一系列回收热量后，进脱氨塔。脱酸塔塔釜液进入脱氨塔，塔顶气体首先进入脱氨塔顶一级冷凝器，用循环水进行冷凝。冷凝后的气液混合物依次进入三级分离器，经一级分离器冷却的冷凝液，经过热量回收后至 80℃ 左右。一级分离器内气体进入脱氨塔二级冷凝器，用循环水进行冷凝。冷凝后的气液混合物进入二级分离器，一、二级分离器内液相混合后，一部分靠压力排入原料储罐，另一部分经脱氨塔回流泵回流脱氨塔。二级分离器内气体进入脱氨塔三级冷凝器，用循环水进行冷凝，冷凝后的气液混合物进入三级分离器，三级分离器内液相靠压力排入原料储罐。离开三级分离器后气相去往氨回收系统。

脱氨塔塔釜液，经脱氨塔塔釜液泵采出与热量回收后，用循环水降温至 45℃，准备进入萃取单元。为了脱除原料污水中的固定氨，在脱氨塔的进料管线上加入一定量的液碱。

脱氨塔塔顶气相经三级分离器后的浓氨气进入氨气净化塔的底部，一部分由氨吸收塔塔底生产的 20%浓氨水进入氨气净化塔上部。氨气净化塔塔顶采出氨气进入氨分离器，分离出液相，闪蒸出的气相进入脱硫塔底部。氨气内少量的硫化氢气体被脱硫塔内填充的脱硫剂吸附，塔顶得到较高纯度的氨气，进入捕雾器，分离出液相。其气相进入氨吸收塔底部，氨吸收塔顶部通入脱盐水，通过特殊的移热内件，从而保证氨吸收塔得到的 20%浓氨水。部分作为产品，部分作为净化剂，进入氨净化塔循环利用。

（3）脱酚技术

对于半焦废水中含量较高的总酚，可采用萃取方法来进行回收。具体工艺过程为：经过脱氨后的废水进入混合器，同时在管线内加入 98%的浓硫酸，物料与浓硫酸经过静态混合器混合均匀，在混合器下游设置在线监测 pH 计，控制物料 pH 在 6 左右。调节好 pH 后污水进袋式过滤器，滤除污水中的絮状物体，之后进入萃取塔顶部，萃取剂从萃取塔的底部进入。其中，萃取剂与原料污水成一定比例。

污水经二级萃取，在塔内与溶剂充分接触后，剩余的油类及酚类绝大部分被萃取到溶剂中，水相和油相存在密度差，油相上升至萃取塔上部，进入萃取物槽。水相经二级萃取塔釜液泵采出，经水塔进料预热器与水塔塔釜液换热后进入水塔。

二级萃取后的水相进入水塔，塔顶采出气相进入水塔顶冷凝器，冷凝液进入水塔分离器，冷凝液中带有少量水，在水塔分离器内分层，水相通过水塔管道泵回流水塔。油相靠液位差去溶剂循环槽。水塔塔釜液经水塔釜液泵采出，进水塔进料预热器与萃取塔出液换热后进水塔釜液冷却器。从水塔釜液冷却器出来的污水经检测合格后进入生化处理工段。

二级萃取塔塔顶采出油相全部进入萃取物槽，萃取物槽内会含有少量水分，分离出水后富含油类及酚类的溶剂通过酚塔进料泵进入酚塔。

塔顶采出气相进入酚塔顶冷凝器，部分冷凝后气液混合物进入酚塔冷凝冷却器，冷凝液最后进入循环槽，于溶剂回收塔采出溶剂、水塔采出溶剂、尾气冷凝液回收溶剂混合后，经溶剂循环泵送至萃取塔循环利用。当溶剂循环槽液位不足时，由溶剂补加泵从溶剂储罐内补充新鲜溶剂。酚塔塔釜液经釜液冷却器冷却后进酚油中间槽，然后再经过酚油泵送入储罐区的焦油罐，与来自重油分离器的重油混合后经焦油泵送出界区。

（4）化学氧化和催化氧化

由于半焦废水中含有多种难生物降解有机物，经过除油、蒸氨、脱酚等工序后，仍不能有效去除，因此还需要采用化学氧化和催化氧化法，进一步将难生物降解有机物氧化掉。

通过向废水中投加氧化剂，使废水中难生物降解有机物或有毒害物质与氧化剂发生化学反应，转化为易生物降解、无毒害或低毒害物质的方法称为化学氧化法。半焦废水中应用较广的氧化剂有臭氧、双氧水等。化学氧化和催化氧化法的最大优点是可去除各种有机物和还原性无机物，不受污染物浓度和含盐量的影响，可通过改变氧化剂的投加量和停留时间调整去除效率，理论上对污染物的去除率可达100%。

但氧化剂的费用普遍较高，容易引起后续废水的腐蚀性较强，工程投资也较高，而且氧化法容易产生危险废物等二次污染物，目前应用还不是很普遍。

7.3.3 废水生化处理技术

经过预处理后的半焦废水送往生化处理，生化处理主要是去除半焦废水中的各种可被生物降解的有机污染物。生化处理工艺的选择主要由废水的水质、废水的水量与流入工况、工程造价和运行成本等因素综合考虑确定。

半焦废水能否采用生化处理，取决于废水中各种营养成分的含量及其比例能否满足生物生长的需要，因此首先应判断相关的指标能否满足要求。废水 BOD_5/COD_{Cr} 值是判定污水可生化性最简便易行和最常用的方法。

一般认为 $BOD_5/COD_{Cr}>0.45$，可生化性好；$BOD_5/COD_{Cr}<0.3$，较难生化；$BOD_5/COD_{Cr}<0.25$，不易生化。半焦废水经过预处理后，BOD_5/COD_{Cr} 一般处于 $0.2\sim0.3$，仍属于较难生化，因此需要先经过生物前处理。该前处理工艺可对大分子难生化有机物进行强力撕链开环，将大分子难生化有机物降解成小分子可生化有机物，有效提高废水的可生化性，用以保障后续以生物脱氮为主的生化处理工艺运行稳定性，并减小其处理的负荷。

根据半焦废水的水量和水质特性，通常选择的生物前处理主要有电催化氧化、水解酸化和厌氧工艺。

（1）电催化氧化

电催化氧化技术主要用于处理高浓度有机废水及高氨氮废水，该技术比较适用于半焦废水。其专有催化填料，在电场的激活作用下，利用自身晶格特点，电子云发生歧化，生成导带、空穴，形成一个空间分布的电子云体系，在歧化电子云的作用下，发生水分子、有机物、氧分子的电子转移，即氧化还原反应。空间分布的作用形式，加大了传质面积，使反应在整个液相-固相-气相接触面上发生反应，而不是仅仅停留在传统电解的电极板之上，从而使平面的反应向空间体系内的反应发展，进而大大提高了反应速率。

由于半焦废水中，有机物分子含量一般不占主要优势，故主要电极反应为水与电极的氧化还原反应，主要反应为羟基自由基生成反应。首先，超级氧化复合床填料在外接电源作用下，自身晶格电子云发生歧化，生成导带、空带，氢氧根接触催化填料之后，空带具有极强的夺电子能力，夺取氢氧根电子，形成羟基自由基，形成的羟基自由基的氧化还原电位为 2.8V，迅速与废水中的有机物反应，甚至彻底地矿化有机物。

（2）水解酸化

水解（酸化）工艺属于升流式厌氧污泥床（UASB）反应器的改进型，能在常温下正常运行，不产生沼气，流程简易，并可在基本不需要能耗的条件下对有机物进行降解，降低了造价和运行费用。其原理是通过水解菌、产酸菌释放的酶促使水中难以生物降解的大分子物质发生生物催化反应，具体表现为断链和水溶，微生物则利用水溶性底物完成细胞内生化反应，同时排出各种有机酸。

水解池内分污泥床区和清水层区，待处理污水以及滤池反冲洗时脱落的剩余微生物膜由反应器底部进入池内，并通过带反射板的布水器与污泥床快速而均匀地混合。污泥床较厚，类似于过滤层，从而将进水中的颗粒物质与胶体物质迅速截留和吸附。

由于污泥床内含有高浓度的兼性微生物，在池内缺氧条件下，被截留下来的有机物质在大量水解菌、产酸菌的作用下，将不溶性有机物水解为溶解性物质，将大分子、难于生物降解的物质转化为易于生物降解的物质（如有机酸类）。在水解酸化池中，以兼性微生物为主，另含有部分甲烷菌。水解（酸化）工艺的主要特点：①在半焦废水处理中，水解（酸化）池去除效率高，节能降耗；②污泥相对稳定；③基建费用低，运转管理方便。

（3）厌氧工艺

第三代厌氧（IC）反应器是内循环反应器，目前在半焦废水中应用较多的厌氧工艺，已成功地应用于半焦废水的处理。反应器的构造特点是具有很大的高径比，在外形上看是个厌氧生化反应塔。

进水通过泵由反应器底部进入第一反应室，与该室内的厌氧颗粒污泥均匀混合。废水中所含的大部分有机物在这里被转化成沼气，所产生的沼气被第一反应室的集气罩收集，沼气将沿着提升管上升。在沼气上升的同时，可将第一反应室的混合液提升至设在反应器顶部的气液分离器，被分离出的沼气由气液分离器顶部的沼气排出管排走。分离出的泥水混合液将沿着回流管回到第一反应室的底部，并与底部的颗粒污泥和进水充分混合，实现第一反应室混合液的内部循环。IC反应器的命名由此得来。内循环的结果是：第一反应室不仅有很高的生物量、很长的污泥龄，并具有很快的升流速度，使该室内的颗粒污泥完全达到流化状态，有很高的传质速率，使生化反应速率提高，从而大大提高第一反应室的去除有机物能力。经过第一反应室处理过的废水，会自动地进入第二反应室继续处理。废水中的剩余有机物可被第二反应室内的厌氧颗粒污泥进一步降解，使废水得到更好的净化，提高出水水质。产生的沼气由第二反应室的集气罩收集，通过集气管进入气液分离器。第二反应室的泥水混合液进入沉淀区进行固液分离，处理过的上清液由出水管排走，沉淀下来的污泥可自动返回第二反应室。由此，废水就完成了在 IC 反应器内处理的全过程。

综上所述，IC 反应器实际上是由两个上下重叠的 UASB 反应器串联组成的。由下面第一个 UASB 反应器产生的沼气作为提升的内动力，使升流管与回流管的混合液产生密度差，实现下部混合液的内循环，使废水获得强化预处理。上面的第二个 UASB 反应器对废水继续进行处理，使出水达到预期的处理要求。

（4）工艺比选

针对目前半焦废水生物前处理三种工艺进行比选，具体如表 7-7 所示。

表 7-7　工艺参数对比表

指标	水解酸化	IC(内循环厌氧反应器)	电催化氧化
初期投资	低	高	高
设备成熟性	最成熟 (20 世纪 70 年代发明)	较成熟 (20 世纪 90 年代发明)	较成熟 (污水处理应用)
微生物温度范围/℃	10～35	35±3	10～35
微生物 pH 范围	5.0～8.0	6.8～7.2	3.0～8.0
污泥要求	无要求	颗粒污泥	无要求
反应器脂肪含量/(mg/L)	≤100	≤30	≤50
容积负荷(以 COD_{Cr} 计)/ [kg/(m³·d)]	0.5～2.0	10.0～24.0	无
占地面积	较大	较小	较小
进水水质要求	高、中、低浓度都适应	高、中浓度	高、中、低浓度都适应
施工难度	一般	较大	简单
动力消耗情况	一般	较大	一般
毒性抑制(i)的耐受力	强	较弱	强
耐负荷冲击	较强	较弱	强
维修维护	简单	复杂	简单
进水分布器堵塞	不易堵塞	易堵塞	无
上流速度/(m/h)	0.5～1.8	3～8	无
悬浮物(SS)要求	一般	较高(要求 SS 含量低)	一般
系统总运行价格	低	中	低

半焦废水经过生物前处理后，BOD_5/COD_{Cr} 基本能处于 0.3～0.4，能够进入生物脱氮工艺。目前半焦废水生物脱氮可采用 A/O、A/A/O、两级 A/O、SBR 等工艺，进入生物脱氮前，进水 COD_{Cr} 应不大于 4000mg/L，氨氮不大于 300mg/L，挥发酚 500～800mg/L，氰化物不大于 15mg/L，硫化物不大于 30mg/L，石油类不大于 50mg/L，SS 不大于 100mg/L。

生物脱氮的工艺主要有活性污泥法和生物膜法。两种工艺均是以微生物（细菌、藻类、原生动物和原生植物）对污水中的有机污染物进行降解和净化。活性污泥以悬浮态（菌胶团）存在于水中。生物膜是以填料为载体，微生物固着在填料表面。

一般在半焦废水处理工艺中，普遍采用生物膜法。

（1）A/O 工艺

A/O 工艺即缺氧/好氧工艺，比较典型的是"反硝化-硝化"脱氮工艺。反硝化反应是在缺氧状态下，反硝化菌将亚硝酸盐氮、硝酸盐氮还原成气态氮（N_2）的过程。反硝化菌为异养型微生物，多属于兼性细菌，在缺氧状态时，利用硝酸盐中的氧作为电子受体，以有机物（污水中的 BOD_5 成分）作为电子供体，提供能量并被氧化稳定。硝化反应由好氧自养型微生物完成，在有氧状态下，利用无机氮为氮源将 NH_4^+ 转化成 NO_2^-，然后再氧化成 NO_3^- 的过程。硝化过程可以分成两个阶段：第一阶段是由亚硝化菌将氨氮转化为亚硝酸盐（NO_2^-），第二阶段由硝化菌将亚硝酸盐转化为硝酸盐（NO_3^-）。

半焦废水采用生物脱氮工艺时，缺氧池水力停留时间一般不能低于 28h，选用 32h 比较合适；好氧池水力停留时间不能低于 60h，一般选用 72h 比较合适。

（2）A/A/O 工艺

当半焦废水经过生物前处理后，一般 BOD_5/COD_{Cr} 基本能处于 0.3～0.4。但是由于半焦废水水质波动性较大，当经过生物前处理后，如果 BOD_5/COD_{Cr} 仍达不到要求，或 COD_{Cr} 仍超过 4000mg/L，则需要在 A/O 工艺的基础上，再增设一个厌氧区，使废水先经过厌氧发酵，进一步提高 BOD_5/COD_{Cr}，并进一步提高废水 COD_{Cr} 的去除率。

废水在流经厌氧、缺氧、好氧三个不同功能分区的过程中，在不同微生物菌群作用下，使污水中的有机物、氮和磷得到去除，还可以达到同时进行生物除磷和生物除氮的目的。

在早期的半焦废水生化处理工艺中，A/A/O 工艺应用是最普遍的。在半焦废水 A/A/O 工艺中，缺氧区的停留时间不能低于 8h，一般采用 12～16h 比较适宜。

（3）两级 A/O 工艺

一般半焦废水采用一级生物脱氮工艺即能满足半焦废水中水回用指标。当全厂中水用水量不平衡时，需要直接排放，而且依据当地环保政策，对总氮排放要求更为严格，通常采用两级 A/O 工艺串联。在第一级 A/O 的水力停留时间满足前文所述要求时，第二级 A/O 工艺中的缺氧区水力停留时间一般为 15～20h，好氧池停留时间一般为 5～10h 比较适宜，好氧池碱度一般控制在 200mg/L 以上，溶解氧在 2mg/L 以上。

7.3.4 废水深度处理技术

一般根据半焦废水处理装置出水水质要求，需要在生化处理后，再经过深度处理才能达到出水水质要求。半焦废水深度处理技术主要包含混凝沉淀、臭氧氧化、芬顿（Fenton）氧化、吸附等技术。

（1）混凝沉淀技术

半焦废水深度处理通常采用混凝沉淀技术，混凝的目的在于通过向水中投加一些药剂（通常称为混凝剂及助凝剂），使水中难以沉淀的胶体颗粒能互相聚合，长大至能自然沉淀的程度。

混凝沉淀池水力停留时间一般不小于 2h，表面水力负荷一般为 $1.0\sim1.5\mathrm{m}^3/(\mathrm{m}^2\cdot\mathrm{h})$；废水与混凝剂混合时间一般为 0.5～2.0min，反应时间一般为 5～20min；也可在混凝沉淀后增设过滤单元。出水 pH 值一般为 6～9，COD_{Cr} 一般为 110～150mg/L。

（2）臭氧氧化技术

该技术通过臭氧直接氧化或催化氧化，分解半焦废水中难以生物降解的污染物。其中，对于臭氧催化氧化，废水 pH 值一般控制在 8～9，反应时间一般不小于 40min。COD_{Cr} 去除率一般可达 50%，采用二级催化氧化，出水 COD_{Cr} 一般可达 60～80mg/L。

（3）芬顿氧化技术

在亚铁离子催化作用下，通过双氧水氧化，分解废水中难以生物降解的污染物；同时通过絮凝沉淀，去除 SS。双氧水与 COD_{Cr} 质量浓度比一般不小于 1:1，亚铁离子与双氧水摩尔浓度比一般为 1:3；pH 值一般控制在 3～4，氧化反应时间一般为 30～40min；反应后需加碱调节废水 pH 值至中性后进行絮凝沉淀。生化需氧量、SS 的去除率一般可达 30%～60%，出水 COD_{Cr} 一般可达 60～80mg/L。

（4）吸附技术

通过吸附剂（活性炭/活性焦、树脂等）的吸附作用，进一步去除半焦废水污染物。为确保出水水质，进水 COD_{Cr} 一般不大于 350mg/L、pH 值为 6～9；为加速沉淀，可在吸附池后投加混凝剂或絮凝剂。COD_{Cr} 去除率一般可达 50%～70%，出水 COD_{Cr} 一般可达 60～80mg/L。采用该技术应及时更换或再生吸附剂。

7.3.5 废水焚烧处理技术

废水焚烧主要用于小型污水处理设施，当半焦废水水量较少时可以采用。利用焚烧部分剩余煤气产生的高温，使半焦废水中的各种碳氢化合物、酚、氰和氨等污染物发生化学和物理变化，转化为无毒的高温气态无机物。此高温气体经废热回收后达标排放，从而达到废水处理和利用焚烧热值的目的。在焚烧过程中，有机污染物在高温下主要转化成 CO_2 和 H_2O，氰化物、氨氮等无机污染物转化成 CO_2、N_2 和 H_2O 等；水全部汽化。

焚烧过程不产生二次有毒污染物，高温尾气与废热锅炉换热后排空，从而使废水对环境的危害程度大大降低。半焦生产产生的高浓度废水首先通过隔油池，使其中含量较高的煤焦油得以脱除与回收，经简单预处理后的废水通过泵加压后与压缩空气混合进入焚烧炉内喷雾器，进行雾化喷淋。煤气与空气以一定比例混合鼓入焚烧炉进行燃烧，产生高温气体（约 1200℃），废水雾滴在此高温下发生反应。由此，废水中的 COD_{Cr}、氨氮等有害物转化为无毒的高温气体，经过废热锅炉回收热量后可实现达标排放，同时废热锅炉可生产蒸汽供全厂使用。

废水焚烧前，焚烧炉要烘炉。烘炉目的是维持废水焚烧装置运行稳定，将焚烧炉内所残留水分蒸发，让焚烧炉达到完全烘干，该项工序是废水焚烧装置运行前关键一环。冬季所建成的废水焚烧装置系统不能马上投入使用，需要做好相应防护措施，以避免焚烧炉运行时出现不必要问题。

为彻底将砌体内部水分排出，操作人员需要将焚烧炉进行升温，达到 150～200℃ 内即可，切记该段温度应维持一段时间，以此来对焚烧炉进行保温。在砌体膨胀阶段需要焚烧炉匀速升温，每次不超过 50℃ 即可。在保温阶段，焚烧炉温度达到 600℃ 以上时，操作人员可根据具体工作所需温度，适当调整升温速率及保温时间，最好每升高 100℃，适当进行阶段保温。此外，在高温条件下焚烧炉内废水有害成分氧化分解需要一段时间，明确具体燃气停留时间可确保焚烧炉内废水有害成分完全氧化分解。

腐蚀问题是影响废水焚烧装置使用寿命及运行稳定性主要因素，因熔盐对焚烧炉耐火材料具有腐蚀性，极易破坏耐火材料性能。时刻关注焚烧炉内含盐废水溶解情况，精准把控焚烧炉内温度，完善紧急保护措施，对煤气输送管道增添减压阀，防止压力波动变化，并设置报警装置，便于相关人员第一时间解决问题，确保废水焚烧装置安全、长效运行。

7.4　固体废物污染及防治措施

7.4.1　固体废物治理的主要方法

半焦生产企业在生产过程中，固体废物主要来源于除尘灰渣、焦油渣、污水处理厂产生的污泥。污水处理厂产生的污泥含水率相当高，造成污泥产生量体积庞大，因此污泥需脱水。降低含水率可极大地降低污泥的体积，含水率从98％降到80％，污泥体积只有原来的10％，由此可使污泥体积大为减小，并易于处理。减少体积是污泥处理的关键，不管是运输、填埋或是焚烧，污泥脱水均有重要的作用。

固体废物管理基本原则主要为：①减量化原则，减量化是指通过采用合适的管理和技术手段减少固体废物的产生量及排放量；②资源化原则，资源化是指采取管理和工艺措施从固体废物中回收物质及能源，加速物质和能源的循环，创造经济价值的广泛的技术方法；③无害化原则，无害化是指对已产生又无法或暂时尚不能资源化利用的固体废物，尽可能采用物理、化学或生物手段，加以无害或低危害的安全处理、处置，达到消毒、解毒或稳定化，以防止或减少固体废物对环境的污染。

固体废弃物治理的主要方法包含固化技术、稳定化技术、热处理技术等。固化技术主要是在危险废物中添加固化剂，使其转变为非流动型的固态物或形成紧密的固体物。由于产物是结构完整的块状密实固体，因此可以方便地进行运输。

稳定化技术是指将有毒有害污染物转变为低溶解性、低迁移性和低毒性的物质。稳定化一般可分为化学稳定化和物理稳定化。化学稳定化是通过化学反应使有毒物质变成不溶性化合物，使其在稳定的晶格内固定不动；物理稳定化是将污泥或半固体物质与疏松物料（如粉煤灰）混合成一种粗颗粒或有土壤坚实度的固体，这种固体可以用运输机械送至处置场。

热处理是在某种装有固体废物的设备中以高温使有机物分解并深度氧化而改变其化学、物理或生物特性和组成的处理技术。根据操作条件和有机物的分解机理不同，热处理技术可分为焚烧、热解、熔融、湿式氧化和烧结等。

7.4.2　废油渣处理技术

半焦生产过程中的荒煤气在洗涤冷却时，蒸汽和有机物蒸气凝结成水和煤焦油进入液相中。同时，煤气中夹带的煤粉、半焦等也混杂在水和煤焦油中，形成大小不等的团块，这些团块称为焦油渣。在油水分离过程中，一部分焦油渣沉积在循环氨水池底部，另一部分焦油渣和高沸点的有机物一起沉积在焦油罐底部，占用循环氨水池和焦油储罐的空间，影响系统正常运行。

焦油渣中含有许多芳香族化合物（苯族烃、萘、蒽）、含氧化合物（酚、甲酚）、含硫化合物（噻吩、硫代环烷）和含氮化合物（吡啶、氮杂萘、氮杂芴）等对环境有害的物质。焦油渣对人体具有很大的危害性，可对人的眼睛和皮肤引起刺激，长期接触可引起流清涕、腹部疼痛、体重减轻、无力和皮疹。

多年来，我国对焦化生产过程中产生的大量焦油渣的利用进行了研究，并获得良好的效果。

（1）焦油渣制型煤技术

利用焦油渣中的长链烷烃和芳香烃组分的黏结功能，将其用作型煤生产的黏结剂，通过其与煤粉的充分混合，使得黏结组分均匀分布在煤颗粒之间，并起到搭桥作用，最后通过机械压力将黏结组分与煤粉压实，靠分子间的范德瓦耳斯力使物料间紧密结合，形成块状物料，即高强型煤。型煤作为炼焦配煤的一部分配入焦炉炼焦，通过焦炉高温，将焦油渣转化为焦炭、焦油和煤气，实现焦化有机固废的无害化处理和资源化利用。研究和生产实践表明，在焦油渣制型煤过程中，焦油渣的加入量为 2%～4%。焦油渣制备型煤的工艺流程如图 7-1 所示。

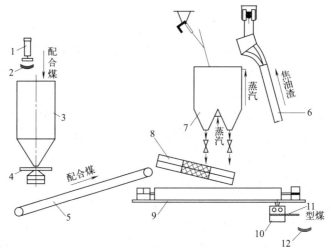

图 7-1　焦油渣制备型煤工艺流程
1—犁式卸料机；2—M14 带式输送机；3—储煤槽；4—圆盘给料机；
5—带式输送机；6—斗式提升机；7—焦油渣储槽；8—螺旋输送机；9—双轴搅拌机；
10—挤压成型机；11—小带式输送机；12—带式输送机

（2）焦油渣直接掺入原煤

将焦油渣掺入原煤中，再次进入直立热解炉内是目前采用较多的方法。

目前建成的焦油渣处理设施，在焦油渣储存过程（甚至在加热过程）中，未采取必要的密闭措施，普遍存在 VOCs 及苯并芘无组织排放的问题；固态渣、分馏残渣仍然是危险废物，需交由有危险废物处理资质的单位处理；分离出的废水属于高浓度有机废水，需交由提供焦油渣的半焦生产企业处理；整个生产过程需要对焦油渣进行两次加热，加热炉规模小，烟气处理设施的投资和运行费用相对较高，达标排放困难；焦油渣的储存和运输存在一定环境风险。

如果委托专门的焦油渣处理单位处理，不仅会增加社会投资成本和运行费用，增加新的污染源和环境风险，同时半焦生产企业还要为此支付处理费用，增加生产成本。因此借鉴常规焦化行业的做法，将焦油渣按照一定工艺和比例配入原料煤回炉利用，将是解决半焦行业焦油渣污染问题的根本出路。

7.4.3　剩余污泥处理技术

剩余污泥主要指半焦废水经过一系列处理程序后所排出的含水量为 80% 以上的泥饼或泥块。剩余污泥中除大量的水分、钾、磷、氮以及有机物等，还含有金属与病原菌等多种有害物质，如果对污泥进行随意排放不仅是对资源的浪费，更会对环境造成严重污染。目前主要采用的处理方法有以下几种。

（1）土地利用

剩余污泥中含有丰富的营养元素和微量元素，能够起到改善土壤结构、降低土壤腐蚀、提供养分、促进植物生长的作用。但由于其含有有毒物质，不鼓励将污泥直接应用于农业，因此需要对污泥进行转化和改性，以降低重金属的迁移率。

剩余污泥含水率相当高，造成污泥体积庞大，因此需对污泥脱水处理后再进行转化和转性，最后土地利用。降低含水率可极大地降低污泥的体积，从 98% 的含水率降到 80%，污泥体积只有原来的 10%，这样污泥体积大为减小，处理起来就较为方便。减少体积是污泥处理的关键，不管是运输、填埋或是焚烧，污泥脱水均有重要的作用。

（2）填埋

填埋因投资少、容量大、见效快等优点，一直是剩余污泥最经济的处置方法。在我国，填埋仍然是最主要的处置方式，而且多数采用混合填埋。但是，填埋不仅需要大量的填埋场地和增加运输费用，而且容易产生水体、土壤的二次污染以及臭气散逸等问题。

（3）焚烧

剩余污泥中含有较高的热值，发达国家将部分污泥采用焚烧法来进行处理。但是，由于污泥焚烧设备和运行成本非常昂贵，焚烧后产生的气体易造成大气污染，且仍然残留 1/3 左右固体量的无机物，考虑到我国污泥中有机物含量较低，故焚烧利用还有待于进一步研究。

（4）污泥厌氧消化制沼气

污泥厌氧消化是利用无氧环境下污泥中厌氧菌群的作用，使有机物水解、分解，进而转化成高热值的沼气，经厌氧消化处理后，污泥中病菌寄生物卵被杀死，达到减量、无害化处理及资源化利用的目的。

7.5 噪声污染及防治措施

7.5.1 噪声污染及危害

根据产生噪声的介质不同，一般将噪声分为机械噪声、空气动力性噪声和电磁噪声等。噪声的危害在于干扰人们的休息和工作。人们休息时，要求环境噪声小于 45dB，若大于 63.8dB，就很难入睡。噪声分散人的注意力，使人容易疲劳，反应迟钝，神经衰弱，影响工作效率，还会使工作出差错。人听觉器官的适应性是有一定限度的，在强噪声下工作一天，只要噪声不要过强（120dB 以上），事后只产生暂时性的听力损失，经过休息可以恢复。但如果长期在强噪声下工作，每天虽可恢复，但经过一段时间后，听觉器官会发生器质性病变，出现噪声性耳聋，俗称噪声聋。噪声对心血管系统也有一定影响，它可使交感神经紧张，从而出现心跳加快、心律不齐、心电图 T 波升高或缺血性改变、传导阻滞、血管痉挛、血压变化等症状。

因此对噪声的治理很有必要，目前半焦生产企业内噪声来源具体如下。

（1）风机、振动筛、泵等设备的噪声

半焦生产企业噪声主要来自各种风机产生的气体动力噪声及粉碎机、泵、电机的机械噪声等，主要操作工序的噪声级及频率特性如表 7-8 所示。

表 7-8　主要操作工序的噪声级及频率特性

噪声源	噪声频率特性	噪声级/dB（A）	噪声源	噪声频率特性	噪声级/dB（A）
振动筛	低中频	88～97	氨水泵	中频	88～92
转运站	低中频	90～100	管道	中频	90
出焦刮板机	中频	92～99	焦油泵	低中频	92～95
鼓风机	中高频	91～93	操作室	低频	70～80

（2）循环水冷却塔噪声

循环水系统的冷却水多半采用凉水塔，其噪声主要来自风扇噪声和落水噪声，它对厂区环境的影响是不可忽视的。

（3）管道及阀门噪声

在半焦生产装置中，采用管道较多，管道噪声也来自上游设备，如风机和调节阀等。由于管道分布较广，其影响范围也较广。调节阀产生的噪声可达95～100dB，以高频为主，刺耳难受。阀门噪声是由喷口差压形成的"空穴"气泡的不断崩溃和流体喷射湍流产生的，也是对厂区环境影响较大的噪声源。

（4）煤气放空及火炬噪声

煤气放空在半焦生产中是常见的，当工艺气体和蒸汽通过排放口向大气放空时，会产生很大噪声。其噪声级一般在90～120dB，有的甚至高达130dB，放空口一般均在厂区高空，不但影响厂内，而且影响周围环境。在距地面大约100m处所测得的火炬噪声一般可达到78～83dB，由于其在高空中燃烧并发出低频的咆哮声，对周围环境影响较大。

7.5.2　噪声污染控制的主要方法

噪声污染控制主要在于源头防治及过程治理。源头治理主要在于降低噪声源的噪声，这是治本的方法。如能既方便又经济地实现该法，应首先采用，可以通过减少噪声源和合理布局来实现。

（1）减少噪声源

用无声的或低噪声的工艺和设备代替高噪声的工艺和设备，提高设备的加工精度和改进安装技术，使发声体变为不发声体，这是控制噪声的根本途径。无声钢板敲打起来无声无息，如果机械设备部件采用无声钢板制造，将会大大降低声源强度。在选用设备时，应优先选用低噪声的设备：电机可采用低噪声电机；采用胶带机代替高噪声的振动运输机；采用气流干燥法代替振动干燥粉煤；选用噪声级低的风机等。

（2）合理布局

在厂区布置时考虑地形、厂房、声源方向性和车间噪声强弱、绿化植物吸收噪声的作用等因素进行合理布局，起到降低工厂边界噪声的作用：把高噪声的设备和低噪声的设备分开；把操作室、休息间、办公室与嘈杂的生产环境分开；把生活区与厂区分开，使噪声随着距离的增加自然衰减。

在许多情况下，由于技术上或经济上的原因，直接从声源上控制噪声往往是不可能的。因此，还需要采用吸声、隔声、消声、隔振等技术措施来配合。

控制噪声的主要方法包含吸声法、隔声法、消声法等。

① 吸声法。当声波入射到一个材料（结构）表面时，其中一部分能量被反射；另一部分能量被吸收或透射。在厂房中各表面安装吸声材料，或在房间中悬挂吸声体，噪声源发出的噪声入射到这些材料时被吸收一部分，则操作人员听到的只是从声源来的直达声和被减弱了的反射声，这种降低噪声的方法叫吸声减噪。

吸声措施只有在那些壁面吸声系数较低、房间吸声量较小的工业厂房才适用。此外，当操作工人离噪声大的机器较远时，采取吸声措施才会有明显的降噪效果。吸声措施的降噪量有一定的限度，一般只有 4～10dB。

② 隔声法。隔声是噪声控制的重要措施之一，它采用隔声构件隔绝在传播途径中的噪声，从而使受声点处的声级降低。在实际工程中使用的隔声构件有隔声室、隔声罩及隔声屏等。一个隔声结构的隔声量与声波入射角、频率有关。一般所说的透射系数和隔声量的值，是指各种入射角的平均值。为了表示结构的隔声频率特性，一般采用中心频率为 125Hz、250Hz、500Hz、1000Hz、2000Hz、4000Hz 六个倍频程的隔声量，并以这六个倍频程隔声量的算术平均值作为结构的平均隔声量。

③ 消声法。消声是消减气流噪声的措施，通常以消声器的形式接在管道中或进、排气口上，能让气流通过，对噪声具有一定的消减作用。消声器在消声性能上要求具有较高的消声值和较宽的消声频率范围。消声器对气流的阻力要小，安装消声器后所增加的阻力损失要控制在实际允许的范围内，并要求体积小、重量轻、结构简单。按消声原理分类，消声器有阻性消声器、抗性消声器、阻抗复合式消声器、微穿孔板消声器和扩散消声器等。噪声在室外空间传播，由于受到遮挡物的阻隔、各种介质的吸收和反射、空气介质的吸收等物理作用而逐渐减弱，其中以遮挡物的影响较大。因涉及的条件和因素较复杂，故不考虑遮挡吸收，而以空旷无阻挡的条件考虑其衰减。

参 考 文 献

[1] 刘天齐. 三废处理工程技术手册 [M]. 北京：化学工业出版社，1999.
[2] 中石化上海工程有限公司. 化工工艺设计手册 [M]. 北京：化学工业出版社，2018.
[3] 尚建选. 低阶煤分质利用 [M]. 北京：化学工业出版社，2021.

8

生产操作规程

8.1 主要工艺操作

8.1.1 备煤系统操作要点

8.1.1.1 顺序上煤

① 上煤工准备上煤时，要先检查胶带机、滚筒、溜筛等处，胶带机、滚筒、溜筛等处无异常情况后方可准备上煤；

② 炉顶上煤工首先检查煤塔已经装满煤，然后使炉顶胶带机下料漏斗对准所要上煤的煤仓中部，启动炉顶胶带机，打开煤塔出口阀（或振动给料机）下煤；

③ 炉顶上煤工应及时通知地面上煤工给煤塔上煤，煤塔储量不应少于1/3；如果没有设煤塔只有分料转运站，炉顶上煤工应及时通知地面上煤工给炉顶大煤仓上煤，炉顶大煤仓储量不应少于1/3；

④ 地面上煤工应监督装载机司机给受煤坑上满煤；

⑤ 地面上煤工首先启动粉煤胶带机→启动炉顶胶带机→启动上煤塔（分料转运站）胶带机→启动振（或滚、条）筛→启动原煤地沟胶带→最后打开受煤坑下振动给料机，上煤开始。

8.1.1.2 顺序停煤

各炉顶大煤仓煤上满时，地面上煤工收到停止上煤指示。地面上煤工接到停煤指示时，首先关闭受煤坑下振动给料机，检查上煤线路上的地沟胶带机、振（或滚、条）筛、煤塔（分料转运站）胶带机、粉煤胶带机上等设备都没有煤时，停止地沟胶带机→停止筛前胶带机→停筛→停止上煤塔（分料转运站）胶带机→停止粉煤胶带机，关闭煤塔（分料转运站）出口阀（或振动给料机），炉顶上煤工停止炉顶胶带机，上煤停止。

8.1.2 热解系统操作要点

8.1.2.1 烘炉

（1）烘炉的目的

① 使炉体水分蒸发达到干燥，以免开炉因水分急剧汽化而产生裂纹；

② 使灰缝烧结以提高炉体强度。

（2）烘炉的方式

① 制造烘炉设施放置于下部出焦口，或设置小灶通过进气砖送热风至炉内；

② 点火升温，盖好防爆盖，从炉顶放散阀排放烟气；

③ 按烘炉计划测定炉顶温度，每 2h 记录温度 1 次（表 8-1）；

④ 烘炉完成后可装炉。

（3）烘炉升温计划

表 8-1　烘炉升温计划表

温度	升温速率/(℃/d)	需要时间/d	累计时间/d
常温～60℃	10	5	5
60℃	0	5	10
60～100℃	10	5	15
100℃	0	5	20
100～200℃	20	5	25
200℃	0	5	30

注：如烘炉升温困难或高温干燥天气砌炉完毕 3 个月以上，可采用炉内烘炉及开炉。

8.1.2.2 开炉操作

（1）装炉

① 用半焦（兰炭）垫底（垫底焦量根据炉型确定，粒度 20～80mm）：

a. 启动推焦机，转速最低（5Hz，50r/min），通过上煤系统给炉内装垫底焦，高出花墙 1m 左右；

b. 入炉内人工将半焦找平；

c. 启动刮焦机，当均匀下料时停止；

d. 再次将半焦找平，此时的半焦高度应和花墙顶部平齐或高 100～300mm。

② 铺容易着火的软柴：

a. 先在炉外把软柴捆好，装入炉内后铺在半焦上，厚度为 100mm 左右，然后喷洒上柴油；

b. 此时炉内严禁烟火。

③ 铺电热丝：

a. 事先准备好电热丝，或用 22 号细铁丝在 $\phi 8$ 的圆钢上绕成电热丝，每根电热丝的电阻约 10Ω。每孔室 8 根，把电热丝 4 根一组，分成两组，固定在 $16mm^2$ 黑皮线上，每 $400\sim500mm$ 为一个接头，然后从两侧热电偶孔分别甩出去；

b. 铺好电热丝以后再测电阻，每组的电阻 2Ω 多；

c. 备好 220V 的电源接口，注意做好绝缘；

d. 每 4 根电热丝形成一个并联电路；

e. 电源线与电热丝之间要求接触良好，电热丝与电源线连接处不要大于 10mm，然后用大木柴分别放在电热丝两侧，防止电热丝被压坏或变形；

f. 电热丝上再铺第二层易燃的柴，然后喷洒上柴油。

④ 铺木柴：

a. 在软柴上最好能铺一层 10mm 厚的细柴，以便引着火；

b. 细柴上铺中等大小的木柴，中木柴上再铺大木柴，铺木柴时每层木柴互相垂直铺放厚约 300mm；

c. 最上面一层大木柴互相之间不留间隙，以免碎煤掉进去，铺完木柴后喷洒柴油，每孔需柴油约 20kg。

⑤ 装煤：

a. 木柴铺好后，检查上煤系统；

b. 启动上煤系统，把炉内和炉顶煤箱装满。

（2）点火

① 点火前的全面检查：

a. 完成刮焦机水封槽补水；

b. 接好点火电源线和开关；

c. 封好炉顶人孔；

d. 桥管上的防爆盖打开；

e. 炉顶放散阀门打开；

f. 吸气总管阀门关闭；

g. 煤气风机出入口阀门全关；

h. 回炉煤气阀门关闭；

i. 空气总阀门关闭；

j. 空气风机和煤气风机做好启动前的检查和准备；

k. 焦油氨水分离槽加满水；

l. 各水泵作启动前的检查和准备。

② 开始点火：

a. 启动空气风机，电流正常后，打开出口蝶阀，然后开空气总阀和支管阀门向炉内送风；

b. 空气送入后，启动点火开关点火，炉顶放散阀冒出浓烟，此时炉内柴已点燃，断电并抽出电源线，安装点火孔热电偶；

c. 注意炉顶放散阀的冒烟情况，开始是白烟，经过一段时间后烟开始变大并带有黄色，表明煤已着火；燃烧稳定后，开始压煤气。

（3）压煤气和煤气回炉

① 压煤气：

a. 压煤气前应用蒸汽吹扫煤气管道；

b. 顺序开关：

关闭炉顶放散阀和防爆盖；

打开吸气总管阀门；

打开初冷塔放空阀，冒出烟气后关闭；

打开横管冷却器顶放空阀，冒出烟气后关闭；

打开电捕前煤气阀门，打开电捕器顶放空阀，冒出烟气后关闭；

打开风机进口阀门，打开风机出口管道放空阀，冒出烟气后关闭；

打开风机出口阀门，打开回炉煤气管道阀门，打开回炉煤气放空阀，冒出烟气后关闭；

放散阀打开，煤气检验合格后回炉。

② 煤气回炉。煤气自压通过放散系统，即可启动煤气风机并立即回炉，煤气空气比按 1.6～2.2 配给。

a. 做煤气含氧量分析和煤气验纯试验，连续 3 次煤气验纯试验可以稳定着火而不爆喷即可准备启动煤气风机；

b. 煤气检验合格后，计划回炉时，开始启动推焦机，推焦速度放到最低速度 20～50r/min 进行，同时启动刮焦机；

c. 启动煤气风机，当空转电流稳定后，开启煤气进出口阀，调整放散阀保持炉顶微正压；

d. 打开旋塞阀，逐个向炉内送入煤气，打开窥视孔，控制煤气流量，保证混合气道不着火，调整空气、煤气配比。保证炉内温度稳定升高，当升温速率过快时，要及时增加煤气量。

③ 注意事项：

a. 逐步加大风量和回炉煤气量，稀释比按（1：1.6）～（1：2.2）调整，每次加风量不超过规定值，花墙内不允许着火；

b. 当炉温稳定上升时，可加大推焦机速度，每次增加不超过 50r/min；

c. 低产量运行时，适当减小风量和回炉煤气量，稀释比不变；

d. 炉中部温度控制在 600～700℃，正常运转时应按最大处理量运行。

8.1.2.3　启炉操作

① 炉顶辅助煤箱、煤仓加满煤；

② 启动循环氨水泵，向桥管、集气管及初冷塔喷洒氨水洗涤冷却煤气；

③ 启动循环清水泵，向推焦杆、横管冷却器、煤气风机等供循环冷却水；

④ 依次启动刮板机、推焦机，根据炉温调节出焦速度，保证炉温正常；

⑤ 启动空气风机，缓慢打开空气总阀门，待压力正常后，打开直立热解炉两侧空气支管阀门，向炉内供入空气；

⑥ 在停炉期间炉顶压力始终为正压，复风时可不必吹扫，直接引送煤气，如炉顶压力为负压或停炉时间过长，按开炉规程引送煤气；

⑦ 煤气化验合格后，关闭炉顶放散阀，打开吸气总管阀门，进行压煤气操作，压煤气结束后方可启动煤气风机；

⑧ 煤气风机启动后，打开回炉煤气阀门，缓慢开启入炉煤气支管阀门，向炉内送入煤气；

⑨ 调整煤气风机压力，调节煤气放散量大小，保持炉顶微正压，以炉顶不冒烟为准。

8.1.2.4　焖炉操作

① 停止空气风机，关闭空气总阀；停止煤气风机，关闭煤气总阀；

② 打开炉顶放散阀；

③ 关闭集气槽底部阀门，形成切断水封，关闭循环氨水泵；

④ 不停电，不停推焦机循环来冷却水；

⑤ 不停电，每隔 2～4h 开启刮板机、推焦机 3～5min；

⑥ 不停电，先停推焦机，再停刮板机；

⑦ 按时加煤，辅助煤箱严禁缺煤。

8.1.2.5　停炉操作

（1）排炉操作（一）

① 停止加煤，改加半焦；

② 逐步减少入炉空气量和产量，保证煤气过量；

③ 当风量降至一定程度时，关闭空气总阀，然后停空气风机，但回炉煤气阀不关，让煤气进行循环冷却以降低炉内温度，停风时应注意保持系统压力平衡不要让炉顶负压过大；

④ 炉上部温度应控制低于 200℃，停风以后，推焦机也可停止运转，当出

口温度接近200℃时，应启动推、刮焦机并向炉内加半焦，始终保持直立炉满料和出口温度小于200℃；

⑤ 当炉上部温度小于200℃，推、刮焦机停止运转后炉出口温度也没有上升的趋势时，停止煤气风机，关闭回炉煤气总阀，当炉上部温度小于100℃时，停止水泵运转；

⑥ 当系统压力无法维持正压时，关闭集气槽底部阀门形成切断水封；

⑦ 启动推、刮焦机开始排空炉子的同时，可以向炉内供给少许蒸汽，维持炉内微正压以免吸进空气发生爆炸；

⑧ 当炉内温度低于300℃，说明炉内火基本已熄灭，可以加快推焦、排炉；

⑨ 干馏炉排空后打开炉顶人孔，降低炉底水封水位或打开炉底检查孔、人孔等，让空气进入炉内，使炉子逐渐冷却下来。

（2）排炉操作（二）

① 关闭空气阀，降低推焦机的速度；

② 关小放散阀，不要停煤气风机，让煤气进行循环冷却以降低炉温度，但必须保证炉顶负压不能太高；

③ 把蒸气（氮气）送入煤气回炉支管上，用蒸气（氮气）灭炉内的火；

④ 当炉内温度低于300℃，说明炉内基本上火已熄灭，可以加快推焦、排炉；

⑤ 给炉内送蒸气（氮气），维持炉内正压，以免炉内吸入空气发生爆炸；

⑥ 按计划3～5d排完。

8.1.2.6 故障操作

（1）事故焖炉操作

① 停止空气风机，关闭空气总阀；停止煤气风机，关闭煤气总阀；

② 注意炉顶压力，炉顶不能出现很大负压，调整放散阀门，使放散总管保持正压；

③ 按时加煤，辅助煤箱严禁缺煤；

④ 如果焖炉时间短，可以不关煤气风机进出口阀，让剩余煤气从事故放散阀排空；

⑤ 如果焖炉时间长，关闭煤气风机出口阀，关闭事故放散阀，打开桥管防爆盖或炉顶放散阀，让煤气放出；

⑥ 当炉出口温度低于100℃，炉顶无法维持正压时，关闭集气槽底部阀门形成切断水封，关闭循环氨水泵，打开桥管防爆盖或炉顶放散阀，关闭煤气风机进出口及放散阀门；

⑦ 如果焖炉时间超过一星期，根据炉温情况，可以打开桥管防爆盖或炉顶放散阀，必要时启动空气风机向炉内送气，待炉内达到一定温度时停止送风，同时启动刮、推焦机以最慢速度运行，并及时向辅助煤箱加满煤；

⑧ 焖炉后开炉和正常启炉一样操作，只是不用点火。

（2）紧急停电操作

一旦发现停电时，按以下程序处理：

① 立即关闭炉前空气、煤气总阀，打开炉顶放散阀；

② 立即关闭烘干煤气、空气阀（如有）；

③ 关闭水泵出入口阀门及回水管阀门；

④ 查明停电原因，检查各阀门是否关严；

⑤ 如果停电时间短（夏天 2h，冬天 1h），维持炉顶压力，来电后检查并确定各设备正常再启炉，先启动水泵，然后启动空气风机送入空气，再启煤气风机让煤气回炉；

⑥ 如果停电时间长，系统无法维持正压，则按焖炉处理，打开防爆盖或炉顶放散阀，待来电后按正常启炉程序进行启炉。

8.1.2.7　热解炉的主要操作指标

（1）主要操作指标

① 炉顶温度：70～150℃。

② 炉中部温度：600～750℃。

③ 火道（混合气道）温度：<150℃。

④ 单位风量（以煤计）：260～320m³/t。

⑤ 稀释比：（1∶1.6）～（1∶2.2）。

⑥ 炉顶压力：-50～100Pa。

（2）各项操作指标所代表的意义

① 炉顶温度。在炉内气流分布比较均匀的条件下，炉顶温度的高低代表着炉内的供热量是多还是少。炉顶温度高于上述指标表示供热多了，低于上述指标表示热量不足，达到上述指标表示供热吸热达到平衡。当炉内气体分布不均匀时也会出现一些假象，这就需参考单位风量来判断。

② 炉中部温度。其表示加热的强度，也表示着气体热载体的温度，其高低主要和稀释比、炉内燃烧状况有关。

③ 火道（混合气道）温度。煤气和空气在直立热解炉火道混合后不允许着火，进入燃烧室与煤直接接触燃烧，产生热量把煤干馏成半焦，火道实际是空气和煤气混合气道。它的温度就是空气和煤气混合后没有燃烧的温度，其高低主要和稀释比有关。

④ 单位风量。单位风量是单位时间内干馏 1t 煤所需的空气量，即空气量/每小时入炉煤量。

煤气与空气燃烧，产生热量的化学反应，空气量大，产生热量相对就多。由于处理量大小的影响，供热量不一定充足，所以要用单位风量来衡量供热量是否充足。

⑤ 稀释比。稀释比是空气总量与回炉煤气总量之比，实际上就是代表着煤气回炉燃烧的程度。煤气完全燃烧时的稀释比为 0.531，此时的燃烧最高温度为 1700℃，随着稀释比的增加燃烧温度降低。该炉供热方式是内燃内热式，煤气和空气混合好以后在干馏段内的煤层之间燃烧，燃烧过程中热量被煤吸收，当稀释比为 1∶1.6～1∶2.2 时，干馏段的温度 600～750℃。

⑥ 炉顶压力。炉顶压力是一个安全指标，负压大了会往炉内吸入空气，就有煤气爆炸的危险，正压会使炉顶冒烟，不但浪费煤气，还造成大气的污染，实际操作过程中最好以炉顶刚好不冒烟为准。

（3）炉顶压力和回炉煤气量的调节

既要保证回炉煤气量的稳定，又要使炉顶压力保持微正负压，这是相互关联经常调整的两个参数，所以要求系统和司炉岗位的操作工上班时间不得离岗，并经常注意两个参数的变化，及时进行调整。调节的方法即把煤气风机出入口阀开到一定程度，用回炉煤气阀和放散煤气阀进行调节，前者用来调节回炉煤气量的大小，后者调节炉顶压力的大小。炉顶正负压不宜过大，以炉顶不冒烟为准。

（4）操作原则

低温干馏的目的是得到质量合格的半焦产品和尽可能多的煤焦油，并把剩余煤气回收利用。为了实现这个目标，就要保证两个条件即供给足够的热量和达到一定的干馏温度。煤加热到 550℃ 以上，才能干馏完全，热载体的温度以 600～700℃ 为宜，温度过高也不好，会直接影响半焦、焦油和煤气产量。

操作原则：稳定风量，用增减空气、煤气处理量的方法来控制炉顶温度，用改变稀释比的大小来调节干馏段的温度。

8.1.3　筛焦系统操作要点

8.1.3.1　顺序出焦

① 出焦工准备好时，要先检查筛焦工段胶带机滚筒、振动筛等处，胶带机、滚筒、振动筛等无异常情况后，方可准备出焦。

② 炉前出焦工发现储焦仓变满时，通知焦场出焦工启动胶带机。

③ 焦场出焦工启动胶带机、振动筛时，要先检查配电箱指示灯显示停止

状态后，方可启动胶带机。

④ 首先启动装车振动筛→装车胶带机→启动栈桥胶带机→启动栈桥前胶带机→启动振动筛→启动筛前胶带机。

⑤ 焦场胶带工通知炉前出焦工启动胶带，炉前工打开储焦仓阀（振动给料机），开始筛焦出焦。

8.1.3.2 顺序停焦

各炉储焦仓放空时，炉前出焦工关闭各储焦仓阀并通知焦场出焦工停止全部出焦胶带机。焦场出焦工接到通知后，检查出焦线路上的所有胶带机、振动筛等设备都没有半焦时，停止筛前胶带机→停止振动筛→停止栈桥前胶带机→停止栈桥胶带机→停止装车胶带机→停止装车振动筛，筛焦完毕。当栈桥下半焦堆放到一定高度时，焦场出焦工要移动卸料小车。

8.2 主要设备操作

8.2.1 胶带机操作

8.2.1.1 开车前的准备工作

① 检查电动机运转是否正常、胶带是否跑偏和打滑或有无破损等。

② 检查托辊、滚筒、电机等润滑是否良好。

8.2.1.2 开车

① 接到开车信号后，确认胶带机一切正常，便通知胶带机操作工开车。

② 开车时要有人在机旁监护。

③ 上煤系统联锁控制，顺序开车；出焦系统联锁控制，顺序开车。

8.2.1.3 停车

① 接到停车信号后，待胶带机上无料后，便能停车。

② 上煤系统联锁控制，顺序停车；出焦系统联锁控制，顺序停车。

③ 停车后立即对胶带机运行全面检查，发现问题及时处理。

8.2.1.4 检查维护

① 交接班时检查一次，中途每隔 1h 检查一次。

② 检查电机温度、声音是否正常，检查胶带机是否跑偏、打滑，检查托辊磨损情况，检查胶带机清扫器是否工作正常。

③ 如胶带上有异物，特别是硬质材料，要及时处理掉，以防破坏胶带、筛底。

④ 调整时要认真仔细，调整幅度要小。

⑤ 按规定要做好工作记录。

8.2.1.5 安全注意事项

① 操作人员经本工种专业技术安全培训，考试合格后持证上岗。

② 检修设备或处理故障时，必须断开电源，并挂标示牌，按电气安全规定执行。

③ 严禁跨越运行的胶带机或在胶带机上行走。

8.2.2 推、刮焦机操作

8.2.2.1 开车前准备工作

① 检查电动机、减速机、机头、机尾各部螺栓是否松动，接线应良好。

② 检查减速机油量、各润滑部位润滑良好。

③ 检查推焦机传动装置输出轴与推杆的平行度，误差不得超过 0.3～0.5mm。

④ 检查推焦大架密封情况，循环冷却水系统已准备到位。

⑤ 检查刮焦机链条张紧情况，两边链条是否相等。

⑥ 检查刮板槽中是否有大块异物，若有则及时清理。

8.2.2.2 开车

① 接到开车信号后，确认检查无误，一切正常，便可通知操控室开车。若设备存在问题，立即通知有关人员，待问题解决后方可开车。

② 推焦机、刮焦机的启动顺序为：先启动刮焦机，再启动推焦机。

③ 正常运行时，先接通循环冷却水，再启动推焦机。

④ 开车时，要站在机旁监护启动，待正常后方可离开。

8.2.2.3 停车

① 接到停车信号后，先停推焦机，待刮焦机物料刮净后，便可停车。

② 推焦机、刮焦机的停机顺序为：先停止推焦机，然后停止刮焦机。

③ 若推焦机、刮焦机被异物卡住压住，应立即停车清除后启动。

④ 若运行中发生掉链、飘链、电机运转异常等事故时，应及时停车处理。

⑤ 停车后要对电动机、机械设备、传动部分、连接部分进行检查，发现异常现象及时汇报处理并做好记录。

⑥ 检查溜槽是否畅通、无破损或变形。

8.2.2.4 检查维护

① 巡回检查：交接班时检查一次，中途每隔 1h 检查一次。

② 刮板机链轮瓦座每天用油枪加一次润滑油，尾轮瓦座每天用油管加一次润滑油。

③ 检查要点：推焦机、刮焦机电动机、减速机的温度、声音、运行是否

正常，刮焦机有无错牙、弯杠。

④ 刮焦机要做到"五及时"（错牙及时调、弯杠及时直、链长及时紧、清扫器及时换、连接螺栓及时补）。

⑤ 现场要做到"四无"（无油垢、无煤尘、无积水、无杂物）、"五不漏"（不漏水、不漏气、不漏料、不漏电、不漏油），搞好设备和环境卫生。

8.2.2.5　安全注意事项

① 操作人员应经本工种专业技术安全培训、考试合格后持证上岗。

② 工作中要按规定穿戴好劳保用品。

③ 检修设备或处理故障时，应断开电源，并挂标示牌，严格按电气安全规定执行。

④ 严禁运转中调整刮板机。

⑤ 严禁跨越运行的刮板机。

⑥ 启动时，先开刮焦机，再开推焦机。停车时则顺序相反。

⑦ 按规定填好工作记录，做好交接工作。

8.2.3　破碎机操作

8.2.3.1　启动前准备工作

① 检查破碎机各部件螺栓是否紧固、润滑是否良好。

② 检查皮带（如果皮带传动）的张紧情况，每条皮带是否均匀、有无破损。

③ 检查颚板或齿辊磨损情况，以及破碎间隙。

8.2.3.2　启动

① 检查一切正常，接到开机信号后，待后续的胶带机运转后，便可启动破碎机。

② 启动时有专人监护。

③ 严禁带负荷起动。

8.2.3.3　停机

① 待破碎仓内无料后，方可停机。

② 停机后及时对破碎机进行全面检查，发现异常现象及时汇报处理。

8.2.3.4　检查维护

① 每隔1h巡检一次，检查破碎机电机温度、声响、润滑情况是否完好，如有异常及时处理。

② 要检查破碎粒度是否符合工艺要求。

③ 检查调整传动皮带张力，及时更换破损传动皮带。

④ 及时清理堵住破碎机的大料及异物，以免烧坏电机。

8.2.3.5 安全注意事项

① 操作人员经本工种技术安全培训，考试合格后持证上岗。

② 运行中严禁调整、清理破碎机。

③ 在处理故障时，要断开电源，并挂标示牌，按电气安全规定执行。

8.2.4 振动筛操作

8.2.4.1 启动前准备工作

① 检查电机、减速机、传动装置、筛底等装置的情况。

② 检查各连接部位是否紧固、可靠。

③ 检查各润滑部分是否润滑良好。

8.2.4.2 启动

① 检查一切正常，接到启动信号，待后续的胶带机运转后，按启动程序，启动本设备。

② 启动时有专人监护。

8.2.4.3 停机

① 接到停机信号，待筛中无料后，方可停机。

② 停机后立即对本设备进行全面检查，发现问题及时处理。

8.2.4.4 检查维护

① 每隔 1h 巡检一次，检查电机温度、声音、传动装置、筛底等有无异常，如有异常及时处理。

② 及时清理筛中异物，以防损坏筛底。

③ 传动胶带张力适中、均匀、无破损，否则要及时更换。

④ 定期加油，保证润滑良好。

8.2.4.5 安全注意事项

① 操作人员要经本工种技术安全培训，考核合格后持证上岗。

② 更换筛底、胶带或处理故障时，要断开电源并按电业安全操作规程执行。

8.2.5 电捕焦油器操作

8.2.5.1 开机前准备工作

① 检查所有电气设备是否正常，各接地装置是否良好可靠。

② 各绝缘子箱温度均匀升至 $85\sim100℃$，温度低于 $85℃$ 时不允许开机。

③ 分析煤气含氧量，煤气含氧量必须小于 1.6% 方可开机。

8.2.5.2　开机

① 设备的空载调试、煤气与蒸汽置换等工作，按照设备使用说明书逐步操作。

② 准备、检查工作正常时，方允许开机，开机后调整开关使电流电压逐步升高，调整至不应有闪络时停止，并随时观察调整。每隔1～2h记录一次。

8.2.5.3　停机

① 设备在运转期间，随时观察绝缘子箱温度变化，温度低于85℃时应停机，关闭进出口阀门。每隔1～2h记录一次。

② 在线分析进入电捕焦油器内煤气含氧量，当发现超过规定值时应立即停机，并通知有关部门。煤气中含氧量要求每隔1h取样分析一次，并做好记录。

③ 设备在使用中如遇停电或设备故障时，应立即切断电源，关闭进出口阀门，故障排除后按开机顺序逐步进行。

8.2.5.4　检查维护

① 设备运转三个月左右，应停机用蒸汽清扫一次，并对三个绝缘箱中绝缘瓷瓶及套管擦洗一次，清洗时用纱布浸苯或酒精刷洗并干燥。防止煤气中的蒸汽、焦油等在绝缘子上冷凝沉积，降低绝缘性能，产生电击穿、炸裂、着火或爆炸事故。

② 欲进入电捕焦油器内检查维修时，必须拉下电闸关闭高压电源，悬挂警示牌。必须将高压电源端进行放电，并形成接地保护，同时对电捕焦油器内取样分析，证实无煤气时，在有人监护下方可进入。

③ 进入电捕焦油器内检修时，首先要进行蒸汽吹扫置换、封堵全封闸板，步骤如下：

a. 停电、接地、悬挂警示牌。

b. 关闭电捕集油器进出口的阀门。

c. 先打开电捕焦油器放散阀门，后打开吹扫蒸汽阀门，待放散管排除蒸汽后，打开下吹扫蒸汽阀，吹扫15min后，先关下吹扫，后关上吹扫。

d. 待电捕焦油器的筒体冷却后，在电捕焦油器入口、出口阀门处插入全封闸板。

e. 全封闸板安装好后，进行二次蒸汽吹扫，吹扫时间30min（操作顺序同c.）。

f. 关闭蒸汽吹扫，电捕焦油器的筒体冷却后打开电捕焦油器的上下人孔盖。

g. 在上下人孔盖打开24h后，对电捕焦油器内气体进行取样分析，确认无煤气残留。

h. 上述步骤认真完成后，可进入电捕焦油器内部检查维修。切记停电、接地、悬挂警示牌。

④ 进入电捕焦油器内的检查项目。

a. 检查瓷瓶内部结焦情况，及时清理保持清洁。

b. 检查电晕线和沉淀极管的焦油附着情况，如果电晕线上的焦油过多会使电捕焦油器的捕油效率下降，应及时处理或更换电晕线。

c. 检查沉淀极管的表面有无凸出或易引起穿放电的地方，若有异常及时处理。

d. 检查下部的气流分布板是否被焦油堵塞，并用蒸汽吹扫。

e. 检查电晕线有无断丝，重锤有无脱落，若有异常及时处理。

f. 检查电晕线是否位于沉淀管的中心位置，电晕线偏心、弯曲变形要及时予以处理。

8.2.5.5 安全注意事项

① 电捕焦油器操作人员须经专业技术安全培训，考试合格后持证上岗。检修人员必须为合格的专业维修技术工人。

② 电捕焦油器的检查和维修工作进行完毕后，要进行空场实验。

③ 维修人员在进入电捕焦油器内检查维修时，要保证良好的通风设施，必要时要佩戴防毒面具或氧气面罩；并且要有专职的安全监护人员，进行安全监督工作。

④ 电捕焦油器在运行和维修期间，要做好消防工作，做到消防设施配备到位、完好无损，预防突发事故的发生。

8.2.6 煤气鼓风机操作

8.2.6.1 开机前准备工作

① 检查各部位螺栓紧固及润滑油情况，盘动联轴器确认风机转动灵活，无摩擦、碰撞等情况。

② 检查密封是否良好，轴承箱机油是否在合适位置。

③ 煤气风机前后各水封液位是否合适，回水是否顺畅，保证管道畅通。

④ 关闭进出口阀门，不允许带负荷启动风机。启动煤气风机前必须确认煤气系统无煤气以外的任何气体，如有其他气体应用蒸汽吹扫或执行开炉压煤气操作规程。

⑤ 确认电气系统正常，在煤气风机前取样做爆发试验合格后，方可启动煤气风机。

8.2.6.2 开机

① 启动多台风机时，应待第一台正常启动、运转平稳后按步骤依次启动多台风机，达到使用要求。

② 风机运转平稳后，根据工艺要求，边看仪表边调整风机进出口阀门，使压力和流量达到使用要求，投入正常运行。

③ 注意观察并记录煤气系统各点压力、吸力和阻力变化情况是否合乎技术要求，配合直立热解炉操作。

8.2.6.3 停机与换机

（1）停机

① 主动停机或突然断电时，需立即切断电源。

② 停机时间较长时应关闭进出口阀门。

③ 长期停机时要将各设备及管道用蒸汽吹扫干净，冬季要注意防冻。

（2）紧急停机

不同类型的厂家的鼓风机型号、工艺流程不尽相同，鼓风机的开停机步骤也不同。鼓风机在生产中遇下列情况须紧急停机：

① 鼓风机激烈振动，机体外壳内有明显的撞击声。

② 主油泵压力下降到小于 0.025MPa，且辅助冷却油泵又不能取而代之。

③ 油箱内油面降到下限以下，又无法补充。

④ 轴承油温超过 65℃，轴承冒烟，润滑油起火又不能及时扑灭。

⑤ 煤气从煤气管道或鼓风机内大量漏出，无法处理。

⑥ 鼓风机前吸入空气，使煤气含氧量超过规定值。

⑦ 电流上升并超过规定值，但电机仍不跳闸。

（3）换机

① 需要更换风机时，按开机步骤启动备用风机，待备用风机运转正常后，逐渐关闭待停风机进出口阀门，后切断风机电源。

② 做好换机记录，并说明原因。调整管网吸力、压力和流量，重新恢复正常生产状态。

8.2.6.4 检查维护

① 经常检查和转动备用风机，使其处于完好的备用状态。

② 巡回检查，每隔 1h 一次，发现有不正常情况及时处理汇报。

③ 检查轴承温度及润滑油情况，监测风机运转、电机振动、噪声等，记录风机进出煤气流量、压力、温度。

8.2.6.5 安全注意事项

① 操作人员须经本工种专业技术安全培训，考试合格后持证上岗。

② 风机停止后应将控制箱转换开关调至"停止"位置。

③ 煤气风机检修时，风机进出口必须封堵全封闸板。

④ 检修风机或处理故障时，要严格执行停电挂牌制度，按电气安全规定执行。

8.2.6.6 煤气鼓风机的调节

煤气鼓风机不仅完成煤气的输送任务，而且保持直立热解炉集气管煤气压力的稳定。煤气鼓风机的操作对煤气净化工段的安全稳定运行十分关键。在操作中应考虑煤气流量变化时，制定煤气鼓风正常操作需要的调节手段。

（1）机前煤气入口阀门调节

调节流量使机前吸力增加，有时可达负压－10000～－16000Pa，损失部分热量。当吸力太大时，不符合鼓风机的设备性能要求，不宜长时间高负压操作。

（2）机后煤气出口阀门调节

调节机后煤气出口阀门，可使鼓风机前吸力不致太大。但阀门关闭时，煤气出口压力增大，造成能量浪费和煤气温度升高。煤气压力过大时，还会造成机体振动和固轴孔密封不严渗漏煤气。

（3）煤气"小循环"调节

在煤气鼓风机出口和入口之间安装一旁路管（或称旁通管），调节旁路管上的阀门开度，使一部分煤气从风机出口返回入口，达到调节流量的目的。这种调节方法操作方便，但鼓风机能量有一部分消耗在循环煤气上，并且升温后的部分煤气返回鼓风机而被再次压缩，结果使煤气的升温更高，故只适宜少量煤气循环。

（4）煤气"大循环"调节

当热解炉刚开工投产或因故大幅度延长结焦时间时，煤气产生量过少，为保证鼓风机工作稳定，则须采用煤气"大循环"的调节方法，即将鼓风机压出的煤气部分地送到初冷器前（入口）的煤气系统中。煤气"大循环"可解决煤气升温过高的问题，但同样要增加鼓风机的能量消耗，还要增加煤气初冷器的负荷及其冷却水量。

（5）鼓风机电机的变频调节

变频调节的原理是：当机前的吸力发生变化时，变送器输出信号传输到变频调节器，改变电机转数从而达到调节煤气输送量的目的。这种方法安全、可靠、节能，已被广泛采用。

8.2.7 离心泵操作

8.2.7.1 启动前准备工作

① 电动机检修后，在连接靠背轮（联轴器）前，先检查其运转方向是否

正确。

② 检查泵的进口附近管线、法兰、阀门是否符合要求，地脚螺栓丝及接地线是否良好。

③ 启动前必须盘车，要求转动灵活，并旋转360°上，不防爆的开启式电机须检查电机是否有杂物及水。

④ 加好润滑油、冷却水（根据泵的结构），检查压力表。

⑤ 输送的物料凝点（或结晶点）高时，根据工艺要求对管道进行蒸汽吹扫，管道有加热（伴热）措施时，应对管道进行加热（伴热）。

⑥ 打开泵的进口阀门进行灌泵排除空气和水分，如果是热油泵或输送介质凝点（黏度）高，需对泵体进行预热，在预热过程中要经常进行盘车。

8.2.7.2 启动

① 待检查无问题时，即可全开进口阀，启动电机。

② 当压力达到正常后，可慢慢打开出口阀，同时注意电流和压力变化，观察端面密封情况。

③ 启动电机时，若启动不起来，或有异常声音时，应立即切断电源进行检查，消除故障后才能启动。

④ 启动正常后，及时与相关岗位联系，对压力、流量等参数进行调节。

8.2.7.3 停泵与换泵

（1）停泵

① 缓慢关闭出口阀。

② 切断电源。

③ 关闭进口阀。

④ 输送物料凝点（黏度）高或泵需要检修时，应对管道进行蒸汽吹扫。

⑤ 待泵体温度降下来后，停冷却水，冬天注意防冻。

⑥ 热油泵停泵后要注意盘车，直至泵体温度降下来为止。

⑦ 停水泵后及时对泵进行全面检查。

⑧ 若遇紧急情况，如超温冒烟、着火、端面密封损坏等，应立即停泵或换泵。

（2）换泵

① 做好启动泵的准备工作。

② 打开切换泵的进口阀，启动电机。

③ 待泵上量正常后，逐渐开大出口阀，同时将被切换泵的出口关小，尽量保持泵出口流量的平稳，直至完全关闭被切换泵的出口阀后，即切断电源，按正常停泵处理。

8.2.7.4 检查维护

① 经常巡回检查，每隔 1h 一次。

② 检查泵出口压力、流量、电流等参数，不要超负荷运转。

③ 检查电机、轴承情况，电机和轴承温度不能超过规定值。

④ 检查泵体和电机运转情况，不应有过大的振动或噪声，如果情况严重，换泵检查。

⑤ 检查轴承箱润滑油油位，应不低于 2/3 位置，并注意润滑油是否乳化或含有脏物，如果串水变质应及时更换，长期运行时应定期更换润滑油。

⑥ 检查各部位冷却水是否畅通。

8.2.7.5 安全注意事项

① 操作人员须经本工种专业技术安全培训，考试合格后持证上岗。

② 开、停水泵严格按照顺序进行。

③ 出现异常声响以及电动机电流突然增大时应立即查找原因及时处理。

④ 检修设备或处理故障时，要严格执行停电挂牌制度，按电气安全规定执行。

8.2.7.6 异常现象及处理方法

（1）离心泵开泵流量上不去

① 泵的进口压力过低或泵的进口物料液面过低，此时应增加压力或升高液面。

② 泵的进口管线不畅通。泵体内有气体，要检查进口压力、进口液体高度、油位等因素，采取提高泵的进口压力、降低油温及泵体温度或重新开泵的措施。

③ 操作不确定造成泵内液体汽化。如泵出口阀开度大（或突然开大），泵内液体突然减压；泵的进口阀门开得过小，而使泵内液体汽化，此时须停泵、排气，将泵进口阀门全部打开，根据泵出口压力，缓慢打开泵出口，待稳定后为止。

④ 泵体本身有问题，如叶轮损坏、严重腐蚀，应及时修复或更换。

⑤ 故障（单相、反转等），发现后应及时解决。

⑥ 电机泵出口压力不高。如果流量正常，应检查压力表接管是否堵塞，若堵塞应及时疏通。

（2）电机烧坏

① 电机接线不正确或受潮，应及时处理。

② 泵的轴功率过大、输送量过大、填料装料太紧、填料损坏、叶轮损坏，应及时调整处理。

③ 泵体振动，泵轴与电机轴不同心，轴弯曲，发现后应及时解决。

④ 轴承发热、泵轴箱缺油、轴与轴承偏斜，此时应及时处理。

⑤ 操作不正确，如先打开泵出口阀门造成电流过大，电机发热量剧增损坏电机，应规范操作，及时调整。

8.3 岗位职责

8.3.1 生产班长岗位职责

① 生产班长（兼调火工）是本班组的安全第一负责人，要严格遵守安全规定，操作规程，遵守劳动纪律和其他规章制度。

② 班长必须服从生产副总的安排调度，熟悉本厂的生产工艺。

③ 监督和督促本班生产工人坚守工作岗位，熟悉生产工艺。

④ 组织学习公司制定的各种规章制度，及时传达上级领导的工作指示。

⑤ 认真填写各种记录，认真履行交接班制度，爱护设备、公物和工器具。

⑥ 保持所管辖区域的设备卫生清洁，完成正常生产情况下各设备的一般性维护、保养工作。

⑦ 要搞好安全生产，对违章作业、违章指挥及时制止，有处理停水、停电、停炉等故障的能力，有问题不等不靠、不隐瞒，积极处理，并及时向生产厂长、总工汇报。

⑧ 检查煤气风机工作状态，声音是否正常，是否漏煤气漏油；检查电机声音、电流温度是否正常。

⑨ 检查空气风机是否正常，应注意工作状态，电流声音是否正常，检查出口阀门是否开启。

⑩ 检查水泵运行状况，电流声音是否正常，阀门开启情况，运行台数，是否漏水，检查换热器、冷却塔运行情况。

⑪ 检查推焦机、刮板机、烘干机工作运行情况，检查烘干情况相应调整供气量。

⑫ 检查焦油氨水分离池（槽）、循环冷却水池水位。循环氨水池（槽）出现水位差，应通过平衡管调整平衡，当班开启的平衡水阀门当班必须关闭。

⑬ 检查炉底水封槽水位，加水时注意阀门开启大小，不要加水太满，或适当开小，长流能满足熄焦需要即可。

⑭ 检查电捕焦油器运行情况、氧含量分析情况，确保电捕焦油器正常运行，减少煤气、焦油泄漏。

⑮ 检查煤气放散，应确保放散总管为正压，防止回火。

⑯ 检查炉顶煤仓料位，检查上煤系统是否能正常运行、原煤堆放情况。

⑰ 检查出焦系统是否能正常运行、振动筛筛分及高架栈桥半焦堆放情况。

⑱ 检查煤气系统焦油收集情况，注意冲水阀门开关大小，管路是否畅通。

⑲ 在安全稳定的生产情况下，必须保证本班所有工人的人身安全。

⑳ 树立牢固的安全意识，经常巡回检查，及时发现安全隐患，防止意外事故发生。

㉑ 如发生安全事故时，应采取紧急事故处理措施，并及时报告上级领导。

㉒ 完成领导交办的其他工作。

8.3.2　上煤工岗位职责

① 牢固树立"安全第一"的思想，牢记上煤是半焦装置的重要组成之一。

② 岗位人员必须坚守岗位，严格执行安全技术操作规程和巡回检查制度。

③ 熟练掌握胶带机、原煤振动筛、振动给料机等设备的操作，熟悉上煤系统顺序启停。

④ 时常检查入炉煤中是否带有爆炸物品及异物等。

⑤ 时常检查胶带是否跑偏，电机运转是否正常。

⑥ 检查原煤是否有大块煤，如发现大块煤应及时清除，避免受煤坑下煤口卡死、堵塞等情况。

⑦ 严禁酒后上岗，上岗时必须保证精力充沛，头脑清醒。

⑧ 严禁脱岗、串岗、岗位睡觉等现象发生。

⑨ 若发现胶带、电机有异常现象危及安全时，应采取紧急停炉措施，并及时报告班长及生产副总。

⑩ 完成班长和车间领导交付的其他工作。

8.3.3　炉顶放煤工岗位职责

① 熟练掌握胶带机、振动给料机、平板闸门等设备的操作，熟悉放煤系统顺序启停。

② 负责炉顶胶带机、卸料车、卸煤阀的运行操作，确保块煤安全正常入炉。

③ 放煤前要检查所属设备的运行情况，发现异常及时处理、抢修，以免影响生产。

④ 放煤要适量，不能让炉顶辅助煤箱缺煤。

⑤ 平板闸门平时要关闭严密，发现被大料或其他异物堵住放不下煤时，

要尽快处理。

⑥ 严禁在炉顶吸烟或动用明火，发现炉顶有漏气、冒烟等异常时，及时汇报，尽快处理，以防危险发生。

⑦ 严格遵守操作规程，认真执行各项制度，确保放煤工作安全、有序进行。

8.3.4 出焦工岗位职责

① 牢固树立"安全第一"的思想，牢记出焦是半焦装置的重要组成之一。

② 出焦工必须坚守岗位，提高警惕，严格执行安全技术操作规程和巡回检查制度。

③ 熟练掌握胶带机、振动给料机等设备的操作，熟悉出焦系统顺序启停。

④ 负责将生产出的半焦通过推焦机、刮焦机、胶带机送往筛焦岗位。

⑤ 检查炉底出焦系统各设备的运行情况，出现问题及时处理并汇报。

⑥ 检查半焦水分，并将信息及时通知班长，保证半焦水分在合格范围内。

⑦ 检查胶带是否跑偏或有磨损现象；检查胶带、电机、滚筒运转是否正常，声音是否正常，有无渗油或缺油现象。

⑧ 严禁脱岗、串岗、岗位睡觉等现象发生。

⑨ 保持设备和地面的卫生清洁。

⑩ 完成班长和车间领导交付的其他工作。

8.3.5 筛焦工岗位职责

① 牢固树立"安全第一"的思想，牢记筛焦是半焦装置的重要组成之一。

② 筛焦工必须坚守岗位，提高警惕，严格执行安全技术操作规程和巡回检查制度。

③ 熟练掌握胶带机、振动筛、振动给料机等设备的操作，熟悉筛焦系统顺序启停。

④ 负责振动筛及后续胶带机、焦棚半焦堆放的工作及巡检。

⑤ 检查胶带是否跑偏或有磨损现象；检查胶带、电机、滚筒运转是否正常，声音是否正常，有无渗油或缺油现象。

⑥ 检查振动筛运转状况，筛片是否有破损或磨损严重的现象，如发现上述情况及时报告班长及生产副总。

⑦ 严禁脱岗、串岗、岗位睡觉等现象发生。

⑧ 保持设备和地面的卫生清洁。

⑨ 完成班长和车间领导交付的其他工作。

8.3.6 风机工岗位职责

① 牢固树立"安全第一"的思想，牢记风机是半焦装置的重要组成之一。

② 风机工必须坚守岗位，提高警惕，严格执行安全技术操作规程和巡回检查制度。

③ 负责煤气鼓风机和空气风机的正常生产运行以及维护保养工作。

④ 熟练掌握风机的操作，清楚各风机的运行情况。

⑤ 进入煤气工作区域，应佩戴好劳动防护用品（安全帽、防毒口罩、手套、工装，一氧化碳检测仪等），做好自我保护。

⑥ 发现一氧化碳含量异常立即汇报给当班班长，严重时应撤离，并做好防范措施，待处理完后恢复岗位。

⑦ 调节控制煤气和空气流量，保证煤气和空气的正常输送工作，控制好各处煤气或空气输送压力。

⑧ 定期检查风机排污及净化区域液下槽的水位情况，及时将液下槽的水送至焦油氨水分离区。

⑨ 负责风机开机、停机、倒机及事故处理。

⑩ 做好风机以及所属区域的卫生清洁工作。

⑪ 严格执行交接班制度，做好各项记录。

⑫ 完成班长和车间领导交付的其他工作。

8.3.7 水泵工岗位职责

① 牢固树立"安全第一"的思想，牢记水泵是半焦装置的重要组成之一。

② 水泵工必须坚守岗位，提高警惕，严格执行安全技术操作规程和巡回检查制度。

③ 熟练掌握水泵的操作，熟悉循环氨水、循环冷却水的流程，清楚各水泵的运行情况。

④ 确保各供水系统的压力、流量正常，发现异常和故障时，及时通知有关检修人员和领导。

⑤ 要经常维护水泵，定期加油，减少跑、冒、滴、渗、漏现象。

⑥ 检查水池（槽）液位，保持水位平衡，保证供水回水正常。

⑦ 负责开泵、停泵、换泵及故障处理

⑧ 保证备用泵随时处于能用状态。

⑨ 做好水泵以及所属区域的卫生清洁工作。

⑩ 严格执行交接班制度，做好各项记录。

⑪ 完成班长和车间领导交付的其他工作。

8.3.8　抽油工岗位职责

① 牢固树立"安全第一"的思想，牢记油罐区是半焦装置的重要组成之一。

② 抽油工必须坚守岗位，提高警惕，严格执行安全技术操作规程和巡回检查制度。

③ 抽油工必须遵守安全规定，遵守劳动纪律和其他规章制度。

④ 油罐区严禁烟火。

⑤ 检查焦油泵、电机的运行是否正常，检查各储油罐、氨水分离环池（槽）有无渗漏。

⑥ 氨水分离池（槽）底部焦油到一定油位时，及时抽到储油罐并给氨水焦油分离池（槽）补水，保持分离池（槽）水位正常，防止吸程水位低吸进空气。

⑦ 抽油工应熟悉生产情况，熟悉循环氨水池结构、焦油分离槽和油罐存放的情况，应熟悉抽油操作程序和焦油装车出售程序。

⑧ 抽完油后必须把抽油管和油泵放空，关好阀门，才能离开。油罐安装两个放油阀门，正常操作只允许开关外阀门，里阀应常开，不允许关闭，只有在外阀门损坏时，才允许开关里阀门。装车管口阀门正常不关，只关闭油罐阀门，装完车后，把装车软管放入油桶中，防止滴油。焦油需脱水时，按脱水程序操作。

⑨ 密切配合销售部门，保证及时装车。

⑩ 树立质量意识，配合质检科，时常检查各储油罐焦油质量情况。

⑪ 检查各部位阀门完好情况，避免发生跑、冒、滴、漏现象。尤其当焦油运输车进入时，需密切配合、仔细查看、认真引导，以防撞坏阀门、管道，造成损失和污染环境甚至发生更大的人为安全事故。

⑫ 保持各焦油管道、水管畅通。

⑬ 坚守工作岗位，不得擅自离岗。

⑭ 完成领导交办的其他工作。

8.3.9　维修工岗位职责

① 严格执行厂里下达的各项安全规定。

② 严格执行所涉及技术岗位的安全规定和安全操作规程。

③ 负责本厂所有设备的管理、检查、维护、检修工作，保证生产设备正

常运行。

④ 对本厂设备出现的紧急故障，必须做到随叫随到，及时抢修。

⑤ 对更换下来的设备、旧部件尽量能够恢复使用，或者修复使用，做到能修不买，宁修不换。

⑥ 在无检修工作时，必须对全厂设备进行全面的、细致的巡回检查，要做到五到：人要走到、耳要听到、鼻要闻到、眼要看到、手要摸到。对全厂所有设备的数目、完好程度要随时都心中有数。

⑦ 设备检修完毕，必须遵循"工完、料尽、场地清"的工作原则。

⑧ 做好较大设备检修的详细记录。

⑨ 完成领导交办的其他工作。

8.3.10 电工岗位职责

① 严格执行厂里下达的各项安全规定。

② 严格执行所涉及技术岗位的安全规定和安全操作规程。

③ 负责本厂所有电气设备的管理、检查、维护、检修工作，保证生产设备正常运行。

④ 本厂设备出现的紧急故障，必须做到随叫随到，及时抢修。

⑤ 必须清楚本厂电气一次系统和二次系统。

⑥ 每天对全厂电气设备进行全面的、细致的巡回检查，对全厂电气设备的完好程度要随时都心中有数。

⑦ 定期对备用的电气设备进行检查和试运行。

⑧ 做好较大设备检修的详细记录。

⑨ 完成领导交办的其他工作。

8.3.11 仪表工岗位职责

① 熟练操作微机，熟悉整个生产流程，了解各监控点的具体位置和运行工况。

② 认真监视设备运行情况，做好各种有关记录，监控时应集中精力。监视监控画面的通信、遥测、运行指示、音响信号及报警状态窗口的显示情况，中央信号和电捕焦油器氧含量分析仪等的运行情况。

③ 出现报警、故障等异常情况时，应立即按事故处理流程进行处理或汇报有关人员和领导。

④ 严禁在监控机安装任何软件和进行软件拷贝、玩游戏。

⑤ 严禁擅自退出监控系统，要坚守工作岗位，不得离岗、脱岗，要服从领导指挥，尽职尽责。

⑥ 上班期间，按规定统一着装、佩戴标志卡，严禁喝酒、抽烟，保持环境卫生干净、整洁。

⑦ 机房重地非工作人员不得进入，如有参观者，必须有领导专人陪同。

8.3.12 装载机司机岗位职责

① 严格遵守厂里的《安全生产管理制度》。坚守工作岗位，树立牢固的安全生产意识。

② 熟悉装载机的操作方法、机械构造及日常维护、保养工作，如螺栓紧固、加油、润滑等。

③ 认真履行当班班长安排的本职工作，保证装载机的清洁卫生。

④ 必须服从生产副总、厂长助理的安排调度。

⑤ 当班期间必须完成煤、半焦等的装卸、倒运工作。

⑥ 经主管领导批准，配合其他部门进行挖、推、吊、铲等工作。

⑦ 严禁酒后驾驶，严禁非装载机司机开动装载机，装载机严禁载人。

⑧ 完成领导交办的其他工作。

8.4 其他管理制度

8.4.1 安全生产教育培训考核制度

安全生产教育是企业贯彻"安全第一、预防为主"的安全生产方针，是实现安全生产管理工作规范化、程序化、科学化最重要的基础工作。为不断提高企业管理层和广大员工"安全第一"的思想意识，增强搞好安全生产、劳动保护工作的责任感和自觉性，特制定本制度。

8.4.1.1 新职工进厂"三级安全教育"

① 凡新入厂的职工，都必须经过企业、车间（分厂）、班组"三级安全教育"，经考试合格后，方可上岗作业，未经三级安全教育或考试不合格者不准上岗作业。

② 一级（企业）安全教育应包括：

a. 国家安全生产的方针、政策、法规。

b. 企业概况、生产特点及安全生产各项规章制度。

c. 安全生产、职业健康基本知识。

③ 二级（车间、分厂）安全教育由车间、分厂负责人组织实施。教育应包括：

a. 本单位主要生产工艺流程、主要设备概况及其特点，危险区域、危险因素及预防措施。

b. 本单位安全生产规章制度及安全技术操作规程。

c. 结合本单位特点进行防火、防爆、防毒、防触电、防机具伤害等安全防护、应急抢救知识的教育。

④ 三级（班组）安全教育由班组长实施，教育内容应包括：

a. 本岗位安全操作规程，标准化作业程序。

b. 本岗位工作特点、设备性能和安全注意事项。

c. 设备、工具及其使用方法，防护用品的合理使用。

⑤ 新职工"三级安全教育"经考试合格，填写"三级安全教育"卡片，报企业安全环保部门存档。

8.4.1.2 特种作业人员培训教育

① 凡特种作业人员必须经上级有关安全管理部门培训，考试合格取得特种作业人员操作证后，方可上岗操作。无证上岗者按严重违章处理。

② 特种作业人员的培训教育，执行《特种作业人员管理规定》。

8.4.1.3 中层管理者、专（兼）职安全员培训教育

① 企业每年对中层管理者、安全员进行一次安全生产管理知识教育、培训。

② 教育培训内容包括：国家的安全生产方针政策、法律法规、安全管理基本知识、安全技术知识等。

8.4.1.4 班组长培训教育

① 企业每年组织一次班组长安全培训教育。

② 教育内容：国家的安全生产方针政策、班组安全管理知识等。

8.4.1.5 全员教育

车间（分厂）每月对职工进行不少于一次的全员安全教育，并做好记录。班组坚持每周一次全员安全教育。

8.4.1.6 变换工种及复工安全教育

职工调整工作岗位或离岗一年以上，在重新上岗时，必须进行相应的车间、班组、岗位安全教育。

8.4.1.7 "四新"教育

① "四新"教育是指采用新工艺、新技术、新材料或者使用新设备前，必须进行的安全教育。

② "四新"安全教育由主管单位和技术部门负责进行。

③ "四新"安全教育主要内容有：

a. 新工艺、新材料、新技术、新设备的特点和使用方法。

b. 安全防护装置的特点和使用方法。

c. 安全管理制度及安全操作规程的内容和要求。

d. "四新"投产与使用后可能导致的危险、危害因素及其防护方法。

④ 涉及"四新"人员安全教育后，要进行考试，合格后方可上岗，并报安全环保部门备案。

8.4.2　电气设备管理制度

① 定期清扫电气设备。（清扫周期：各单位应根据本厂的污染情况而定，要求高能耗用户一月一次，其他用户每年一次。）

② 要求电气设备按规定命名、编号，并派专职人员负责挂牌到位管理。

③ 主要电气设备要定期做预防性试验和防雷试验（预防性试验 35kV 用户两年一次，10kV 用户三年一次，防雷试验每年一次）。

④ 要求电气值班人员每班对主要电气设备巡检一次，并将巡检情况仔细记录。

⑤ 用电单位必须把主要用电设备的运行情况建档管理，做到心中有数。

8.4.3　设备安全用电管理制度

① 各单位必须按照"安全第一、预防为主"的方针，要建立安全用电管理体制，要设立安全专职人员或兼职人员，要有安全管理意识。

② 主管安全的专职或兼职人员，要经常组织电工开展安全知识学习活动，学习安全操作规程和各种安全用电管理制度，要求活动记录详细。

③ 要求单位安全员对本厂用电设备健康状况及用电管理提出合理化建议，并组织及时改进。

④ 要求在电气设备上工作及检修时，必须严格执行两票三制，并做好安全的组织措施和技术措施。

⑤ 各单位要定期开展安全用电大检查，提高设备健康运行水平，确保电网的安全运行。

⑥ 各单位电工必须经过进网作业培训考试合格后方可持证上岗，对无证的电工不允许上岗。

⑦ 各单位要按规定配备电工，保证电工工作的相对稳定，并进行按规定考核建档管理。

8.4.4　设备巡回检查制度

① 负责所属区域所有设备、仪器、仪表的巡视及维护和简单的检修工作，

保证设备的正常运转。定时对各传动部位进行检查、加油，及时消除隐患，确保设备的安全运行。

② 按时巡检，杜绝事故隐患，发现问题及时通知中控，并积极主动配合维修人员完成抢修、检修任务，重大事情上报有关部门，做好巡检记录。

③ 配合中控监视设备的运转，查看机电设备和仪表指示是否正常，加强与其他岗位的联系。

④ 经常检查设备安全罩、防护栏、绳索开关等安全防护设施，确保安全有效。

⑤ 巡检期间，正确穿戴劳保用品和防护器具，严禁身体跨越攀扶和接触运转机件设备，严禁跨进安全警戒线。

⑥ 禁止手摸现场设备导电部分，设备运转过程中严禁拆装防护罩。停机检查和处理事故，必须将设备转换开关打至"停止"位并切断电源。

⑦ 巡检过程中，非自己拉开的开关不能随意合上，如需合上，必须查明原因，确认安全后方可合上。

⑧ 夜间巡检必须两人巡检且必须佩戴照明灯，煤气岗位必须携带 CO 检测仪。

⑨ 大雨、大风等恶劣天气必须增加巡检频次。

⑩ 对有故障设备及时处理，把事故消灭在萌芽状态，保证设备状态良好，确保安全运行。

⑪ 由于巡检不认真，出现设备事故并影响到电力系统的安全，则要求追究有关人员的责任。

⑫ 巡回检查，必须到位，认真仔细，记录翔实。

⑬ 严格执行设备巡回检查制度、操作规程及维护保养规程，爱护设备，坚守工作岗位，掌握设备运行情况。

⑭ 遵循"一听、二看、三摸、四嗅"的方法，防止"跑""冒""滴""漏"现象发生，使设备达到"四无"和"六不漏"（四无为无积灰、无杂物、无松动、无油污；六不漏为不漏油、不漏水、不漏电、不漏气、不漏风、不漏物料）。

8.4.5 绝缘工器具管理制度

① 按规定要求配足合格的绝缘工器具，工器具要编号，要专人专柜管理，存放合理。

② 要按规定期限进行工器具的安全试验，过期未试验的工器具绝不能强行使用，试验不合格的坚决要求销毁。

③ 绝缘工器具的试验报告要随物管理,摆放整齐,妥善保管。接班移交,防止丢失。

8.4.6　门禁管理规定

为加强安全保卫,保持正常办公秩序,制定以下门禁管理规定。

① 外来客人办事一律在门卫登记,保安与办公室或有关人员联系,指引客人去向,对拒绝登记的客人,要积极地解释,争取配合。对无理取闹者交民警办公室处理。

② 涉及有关领导和客户参观,请有关部门提前通知警卫室,派有关人员提前登记在大门口迎接。

③ 公司物资出门一律凭办公室开具的出门票,门卫保安要验票、对物、见数,确认无误后方可放行。材料出门必须由供应部门开具出门证明,设备出门必须由设备主管部门开具出门证明,后勤办公用品、杂物等必须由办公室开具出门证明,临时物品出门由公司主管领导签字,然后统一到办公室换正式出门票。

④ 公司机动车同样执行此办法或有关公司规定。出租车不得进入厂区。

⑤ 保安人员值勤应严格按《公司保安人员执勤规定》和上级保卫部门规定执行。

⑥ 公司广大员工要自觉遵守此管理规定,支持保安人员工作,对违者进行严肃处理。

8.5　故障及处理方法

8.5.1　常见故障及处理方法

常见故障原因及处理方法详见表 8-2。

表 8-2　常见故障原因及处理方法

故障可能产生的原因	处理方法
1. 炉顶正压严重	
a. 炉温升高	a. 加大稀释比还升高,停炉检修
b. 水泵不上水或水流量小	b. 检查水泵,调节阀门
c. 炉顶桥管或集气槽管道堵住	c. 检查去除堵塞物
d. 放散阀门损坏	d. 更换新阀门

续表

故障可能产生的原因	处理方法
e. 煤气管道堵塞	e. 检查去除堵塞物
2. 炉顶负压严重	
a. 炉温降低	a. 降低出焦转速,减小稀释比
b. 氨水温度低	b. 减少氨水喷洒量
c. 空气风机停止工作	c. 检查电源、电路,启动风机
d. 放散阀门损坏	d. 更换新阀门
3. 炉顶温度高	
a. 炉顶亏料	a. 加满煤
b. 空气量大、煤气量小	b. 加大稀释比
c. 负压大	c. 关小放散阀
d. 产量大	d. 加快推焦机转速
4. 压力不稳定	
a. 火道着火	a. 加大稀释比
b. 炉底熄焦水封槽亏水	b. 水封槽加水
c. 气液分离器排液管堵住或冻住	c. 用蒸汽吹扫或打开阀门用蒸汽清理
5. 启炉压不出煤气	
a. 压煤气管路上有关闭或损坏的阀门	a. 打开或更换阀门
b. 回炉煤气管路上有堵塞或冻住的管道	b. 疏通堵塞或冻住的管道
6. 回炉煤气送不进去	
a. 回炉煤气管路上有关闭或损坏的阀门	a. 打开或更换阀门
b. 回炉煤气管路上有堵塞或冻住的管道	b. 疏通堵塞或冻住的管道
7. 混合气道爆炸	
a. 窥视孔关闭不严	a. 关严窥视孔
b. 空气、煤气支管与混合器管道连接松动	b. 螺栓紧固
c. 启炉过程中,防爆盖没有打开,炉内煤气倒压回混合气道,当启动空气风机时,空气与煤气混合发生爆炸	c. 打开防爆盖
d. 启炉过程中,回炉煤气发生微小爆喷,煤气输送过快,煤气与空气混合发生爆炸	d. 缓慢送煤气
8. 混合气道里有焦油	
回炉煤气焦油量大	a. 检查煤气净化设备、降低循环氨水温度等 b. 用工具掏出或停炉卸下支管混合器清理
9. 炉子出生焦	

故障可能产生的原因	处理方法
a. 进气孔堵塞	a. 清理进气孔,必要时换进气砖
b. 推焦速度快	b. 降低推焦机转速
c. 入炉空气量小	c. 加大入炉空气量
10. 桥管温度经常变化,温度测不准	
煤尘、焦油及其他杂质吸附在桥管壁上造成阻塞	用大锤击打桥管;焖炉打开清扫口清理;安装螺旋清扫器定期清扫
11. 放散火焰发红	
(1)工艺调配不合适	
a. 煤气热值低	a. 提高转速,调整稀释比
b. 炉温低	b. 减小稀释比
c. CO_2 没有还原成 CO	c. 空气流量过多,减少空气
d. 产量高,送的空气多	d. 按处理量调整配比
e. 负压大,吸入空气	e. 关小放散阀
f. 空气风机停止工作	f. 检查,启动空气风机
g. 煤气风机停止工作	g. 焖炉,重新启炉
(2)煤气浓度不纯净	
a. 氨水流量小或不上水	a. 检查,换泵
b. 氨水温度高,含碱、盐量上升	b. 加入清水
c. 氨水含焦油量高,泵抽上焦油	c. 焖炉抽焦油,加入清水
d. 炉顶温度高,煤气温度高	d. 加快转速,调整稀释比
(3)外界原因	
a. 风太大将灰尘刮上煤面	a. 加强挡风抑尘措施
b. 放散阀开得大,煤气携带氨水燃烧	b. 放散阀关小
c. 放散捕油器输液管堵塞	c. 疏通氨水管道,冲洗捕油器
12. 水泵不上水	
a. 叶轮堵塞	a. 检查,去除阻塞物
b. 电机运行方向不对	b. 重新接线
c. 吸程管漏气	c. 焊漏,密封
d. 真空罐没有加满水	d. 加满水
e. 泵腔内有空气	e. 打开放气螺栓放气
f. 吸程进口阀漏水	f. 换垫子,检查阀芯
g. 水泵进出口阀没有打开	g. 开阀门
13. 水泵杂音大	

续表

故障可能产生的原因	处理方法
a. 管路支撑不稳	a. 稳固管路
b. 液体中混有气体	b. 提高吸入压力排气
c. 轴承损坏	c. 更换轴承
14. 刮板机问题	
a. 链子长	a. 调整到合适长度使用
b. 夹链	b. 氧气吹割棱角
c. 减速机和其他两链轮不在一条线上	c. 调整、重新安装
d. 烘干管道低	d. 重新提高
e. 链环安反	e. 换过来
f. 刮板机太长,负荷太大不动	f. 检查卡料,调大电机或缩短刮板
g. 稳定螺栓松动	g. 重新紧固
h. 减速机有问题	h. 换机
15. 煤气风机振动	
a. 电机和风机轴承不同心	a. 重新安装
b. 机壳和叶轮有摩擦	b. 打开风机壳,检查叶轮
c. 基础强度不够牢靠	c. 稳固基础
d. 叶轮螺钉松动或叶轮变形	d. 打开风机盖检修,更换
e. 叶轮轴盘孔配合盘松动	e. 更换新胶垫
f. 风机进出口安装高度不合适	f. 重新调整
g. 叶片有积灰、污垢,叶片变形	g. 清理污垢,做动力平衡

8.5.2 其他故障及处理方法

① 如何处理炉顶着火?

煤着火时用水拌焦面、煤面或沙土覆盖;煤气着火,调成负压;焖炉停炉时,一定要加满煤。

② 为什么严禁炉顶亏料?

如果亏料,炉顶很容易吸入空气,煤气中含氧量升高,易发生爆炸;炉顶未及时加煤,火层上移,炉顶容易着火。

③ 判断喷头是否堵塞的方法?

一看水池(槽)水位,热环氨水池(槽)水位比正常缓慢下降,喷头可能堵塞;二看压力表是否正常,热环水泵压力表比正常表压大,喷头可能堵住。

④ 怎样知道支管混合器给炉内送不进空气?

用手感觉混合器后部送空气部分管道比其他管道温度高。

⑤ 怎样知道支管混合器给炉内送不进煤气？

用手感觉混合器前部送煤气部分管道比其他管道温度低，并且混合气道（火道）有着火现象。

⑥ 启炉后为什么不让火道（混合气道）着火？

该炉型为内燃内热式直立热解炉，煤气和空气在火道混合后，进入炭化室与煤直接接触燃烧，产生热量把煤干馏成半焦，火道实际是空气、煤气混合气道；另外火道着火会烧坏支管混合器头部、进气砖，造成炉内局部挂渣结瘤，影响炉子寿命。

⑦ 混合气道着火处理方法？

首先拧紧混合气道与空煤气支管连接法兰螺栓，其次加大空气流量，关闭煤气阀门，等到火灭后温度降低，再送入煤气。

⑧ 为什么推焦机电磁调速表线圈烧坏会导致煤气压力下降？

电磁调速表内的线圈烧坏，电阻减小，通过的电流变大，电机继续运转，推焦速度加快，炉内的煤尚未充分干馏，煤气产量慢慢减少，因此煤气压力逐渐下降。

⑨ 炉温、氨水量、气候都不变的情况下，煤气压力升高，流量增加，炉温慢慢下降，长时间不调整导致产生生焦的处理方法？

一般是降低推焦机转速，减小稀释比。

⑩ 有时候发现稀释比正常但炉内温度仍下降的原因？

可能是入炉煤含水量增大或炉底熄焦水增多，炉腔内蒸汽增加造成的。

⑪ 为什么冬天煤气压力比夏天高？

因为冬天天气冷氨水温度低，相同质量下冬天的煤气要比夏天的温度低、体积小，所以冬天放散阀的开度要比夏天的要小，煤气压力就比夏天高。

⑫ 空气风机进口上吸附纸片、塑料袋等杂质的后果？

导致风压、风量减小，炉温下降，炉顶出现负压吸入空气可能造成事故。

⑬ 煤气风机运转正常，放散火焰正常，煤气风机进口阀无故关小导致煤气压力一直下降的可能原因？

可能是煤气风机产生振动使风机进口阀慢慢变小，导致煤气压力一直下降。

⑭ 为什么一般启炉后煤气压力会逐渐减小？

刚启炉时炉温低，处理量不大，产生的煤气少，仅够回炉燃烧，而风机以同样的转速运转，这样产生的压力就大。当炉温逐渐升高，挥发出的煤气量也增加，处理煤气的速度也加快了，煤气里的悬浊液增加，放散阀也开大了，煤气压力就会逐渐减小。

⑮ 为什么焖炉不能长时间开放散阀？

因为炉子不生产，炉内的煤气量慢慢减小，当煤气量小到不能放散时，就会吸入空气，使煤气中含氧量升高产生爆炸。

⑯ 为什么焖炉先关煤气风机进出口阀，再打开防爆盖？

因为煤气风机断开电源到风机停转，有一段停机时间，在这段时间内，风机还会吸煤气，这时打开防爆盖就会吸入空气，可能发生爆炸。

⑰ 放散烧焦油的原因？

放散烧焦油表现为火焰发红，有火花，可听见噼啪声。

可能原因：氨水管路不供水或供水少，氨水泵吸入焦油，氨水浓度大、温度高，放散阀开得过大等。

处理方法：加大氨水管路供水；关小放散阀等。

⑱ 半焦装置焦油收率低的原因？如何解决？

a. 炉内温度太高，把焦油燃烧了，调整稀释比；

b. 检查煤气净化系统设备，检查循环氨水系统，检查循环冷却水系统；

c. 检查焦油氨水分离系统；

d. 煤质含油量低。

参 考 文 献

[1] 陈海波. 低阶煤兰炭干馏炉热工特性研究及工艺参数优化 [D]. 西安：西安建筑科技大学，2013.

[2] 辛文辉. 年产 90 万吨兰炭厂清洁生产工艺设计和开发 [D]. 西安：西安科技大学，2017.

[3] 赵杰，陈晓菲，高武军，等. 神府煤在 SH2007 型内热式直立炭化炉中的干馏 [J]. 安徽化工，2010，36（2）：3.

[4] 荀文竹. 推焦机制造工艺及质量的保证措施 [J]. 冶金设备管理与维修，2009，27（6）：2.

[5] 侯凤华，孟波. 刮板机的安装与调试研究 [J]. 文摘版：工程技术，2015（046）：97.

[6] 王荣梅. 离心泵的使用维护，检修与故障诊排 [J]. 科技创新与应用，2022，12（4）：3.

[7] 高非非，张亚静. 罐区离心泵的操作及维护保养 [J]. 维纶通讯，2018，38（1）：45-46.

[8] 闫同辉. 自吸式离心泵的安装操作及故障分析 [J]. 中国金属通报，2020（5）：2.

[9] 孟亮. 内热式直立炭化炉干馏工艺及其改进方向 [J/OL]. 中国科技期刊数据库　工

业 B，2016-12-21 ［2020-12-12］．http：//www.cqvip.com/QK/72127X/201608/
epub1000000580143.html.

［10］ 刘俊．褐煤型煤低温产气特性研究和低温炉研发［D］．太原：太原理工大
学，2014.

［11］ 曾明明，薛选平，史剑鹏，等．SH2007 型内热式直立炭化炉出焦装置的改造［J］.
重型机械，2010（S2）：4.

［12］ 高武军．SH2007 型 10 万吨/a 内热式直立炭化炉设计简介［C］//第七届中国炼焦
技术及焦炭市场国际大会论文集．2009：212-217.

［13］ 赵杰，陈晓菲，高武军，等．内热式直立炭化炉干馏工艺及其改进方向［J］．冶金
能源，2011，30（3）：31-33.

9

典型项目实例

本章选取首家采用SH4090型内燃内热式直立热解炉的企业项目为例，该项目已投产超过两年，生产运行稳定，设备状态良好，各项指标均达到或超过设计指标。

9.1 项目概况

项目名称为神木市某煤化有限公司60万吨/年半焦项目。

该项目年产 60 万吨半焦（兰炭），副产焦油 6 万吨，剩余煤气（标准状况）约 $6.53 \times 10^8 m^3$。半焦及焦油作为产品外售，剩余煤气配套建设 $1 \times 50MW$ 余能发电机组。采用陕西冶金设计研究院有限公司研发的 SH4090 型直立热解炉三台，单台设计年产量 20 万吨，实际生产已超过 25 万吨。热解工段现场如图 9-1 所示。

图 9-1　陕西冶金设计研究院
有限公司热解工段现场

9.2 项目设计

9.2.1 设计原则

① 遵守国家和地方的有关政策、法规，执行国家和行业的有关规范、标准、规定；

② 设计中坚持"三同时"的原则，配套装置的环保设施，所有"三废"均做到达标排放；

③ 以技术创新为引领，采用已经生产实践验证的先进、可靠技术，对其进行了科学的优化集成，使其工艺技术具有可行性和可控性；

④ 坚持执行"安全第一，预防为主"的指导方针，遵守国家制定的安全生产、工业卫生方面的政策、规范、规定，做到劳动安全、工业卫生与工程建设同步规划，同步实施，同步发展；

⑤ 贯彻执行国家节能减排政策和要求，建设规模化、洁净化、资源综合利用的生产装置，促进行业的结构调整、技术进步及升级换代。

9.2.2 规模方案

该项目以神木地区 10～100mm 混煤为原料干馏半焦，同时副产煤焦油和煤气，装置的生产规模及单台直立热解炉产量均达到国家准入要求。

（1）装置规模

该项目采用三台 SH4090 型内燃内热式直立热解炉，其装置规模如表 9-1 所示。

表 9-1 装置规模

序号	项目	规模	备注
1	公称规模	60×10^4 t/a	神府煤（10～100mm）
2	单炉规模	20×10^4 t/a	SH4090 型直立热解炉
3	操作弹性	60%～125%	—
4	年运行时间	8000h/a	330d
5	小时生产量	75t/h	—

（2）产品方案

项目产品方案见表 9-2。

表 9-2 产品方案

序号	产品及副产品	数量	备注
1	半焦	60×10^4 t/a	干基
2	焦油	6×10^4 t/a	无水
3	煤气（标准状况）	6.53×10^8 m^3	—

9.2.3 原料规格

该项目原料煤规格如表 9-3 所示。

表 9-3 原料煤规格

序号	项目	煤质指标	本项目设计指标	备注
1	S	$S_t \leqslant 0.4\%$	$S_t \leqslant 0.23\%$	—
2	P	$\leqslant 0.005\%$	$\leqslant 0.005\%$	—
3	固定碳	$\geqslant 45\%$	$\geqslant 52\%$	干燥基
4	灰分	$\leqslant 6.0\%$	$\leqslant 6.0\%$	干燥基
5	挥发分	$30\% \sim 40\%$	$30\% \sim 40\%$	干燥基
6	全水分(M_t)	$\leqslant 18\%$,内水$<5\%$	$\leqslant 12\%$,内水$<5\%$	—
7	热稳定性(TS_{+6})	$\geqslant 60\%$	$\geqslant 80\%$	—
8	灰熔点(T_2)	$\geqslant 1150℃$	$\geqslant 1150℃$	—
9	黏结指数(G_{RI})	$\leqslant 20$	$\leqslant 20$	—
10	原煤入炉粒度要求	$10 \sim 100mm$	$10 \sim 100mm$	—

9.2.4 产品规格

该项目产品半焦、煤焦油质量指标如表 9-4、表 9-5 所示,煤气成分如表 9-6 所示。

(1)半焦质量指标

表 9-4 半焦质量指标

项目	符号	单位	技术要求	试验方法
灰分	A_d	%	8.54	GB/T 212
发热量	$Q_{gr,d}$	MJ/kg	30.27	GB/T 213
固定碳	FC_d	%	85.64	GB/T 212
全硫	$S_{t,d}$	%	0.35	GB/T 214
挥发分	V_{daf}	%	4.96	GB/T 212
二氧化碳还原率(1100℃)	α	%	$\alpha \geqslant 95$	GB/T 220
全水分	M_t	%	11.64	GB/T 211
氧化铝	ω_1	%	$2.00 \sim 3.00$	GB/T 1574
磷	P_d	%	$\leqslant 0.040$	GB/T 216
电阻率	ρ	$10^{-5} \Omega \cdot m$	$\rho > (10 \sim 15) \times 10^2$	YB/T 035
灰熔融性	ST	℃	$1150 < ST \leqslant 1250$	GB/T 219
哈氏可磨性指数	HGI	—	$50 < HGI \leqslant 70$	GB/T 2565
砷和钠总量	ω_2	%	$0.12 < \omega_2 \leqslant 0.20$	GB/T 1574
热稳定性	TS_{+6}	%	$70 < TS_{+6} \leqslant 80$	GB/T 1573

（2）煤焦油质量指标

表 9-5　煤焦油质量指标

序号	项目	一级	二级
1	外观	黑色或褐色黏稠状液体	
2	密度/(kg/m³)	≤1.0300	1.0301～1.0700
3	水分/%	≤2.00	2.01～4.00
4	灰分/%	≤0.15	0.16～0.20
5	黏度(E80)/(Pa·s)	≤3.0	4.0
6	机械杂质/%	≤0.55	0.56～2.00
7	残炭/%	≤8.0	8.1～10.0
8	甲苯不溶物/%	≤1.0	

（3）煤气组成

直立热解炉在荒煤气中混入了部分氮气，使煤气热值降低（标准状况，7533kJ/m³），另外由于该炉型的干馏热量来源于煤气的欠氧燃烧，空气量的多少与煤质及外部气温等多种因素相关，因此煤气的成分是波动的，本项目煤气成分范围如表 9-6 所示。

表 9-6　煤气成分

项目	H_2	CH_4	CO	C_mH_n	CO_2	N_2	O_2
体积分数/%	23	6.4	16.1	0.5	8.6	44.8	0.6

9.2.5　生产过程

9.2.5.1　生产工艺

该项目工艺过程如下。

（1）洗煤工段

原煤首先经带式输送机运输至跳汰机进行洗选，跳汰机洗选后排除矸石和中煤；精煤至双层直线脱水筛分级脱水，上层筛筛上物（＞10mm）经块精煤双层分级筛进一步分级后分出三种块精煤产物：10～30mm、30～60mm、60～100mm。将三种不同规格的煤分别通过带式输送机输送至对应的煤堆场。

（2）备煤工段

将三种不同规格块煤经各自专用的带式输送机送至对应三台干馏炉炉顶，经炉顶卸料小车均匀卸入炉顶大料仓，经双室双闸后进入炉内进行干馏。在三种规格煤入炉前设置筛分室，60～100mm 的煤筛下物进入 30～60mm 筛分前带式输送机，以此类推最终 10mm 以下粉煤进入粉煤堆场储存。

（3）热解工段

加入热解炉的煤自上而下移落，与燃烧产生的高温气体逆流接触。炭化室的上部为预热段，煤在此段被加热到400℃左右；接着进入炭化室中部的干馏段，煤在此段被加热到700℃左右，并被炭化为半焦；半焦通过炭化室下部排焦箱冷却，冷却至约400℃再由推焦机控制排出，进入集焦仓中。煤热解过程中产生的荒煤气与炭化室产生的高温废气混合后，经上升管、桥管进入集气槽，80℃左右的混合气在桥管和集气槽内经循环氨水喷洒被冷却至60℃左右。混合气体和冷凝液送至煤气净化工段。

内燃内热式直立热解炉加热用煤气，是经煤气净化工段净化和冷却后的回炉煤气。空气由离心风机鼓入直立热解炉内，煤气和空气混合后进入燃烧室燃烧，燃烧产生高温烟气，利用高温烟气的热量将煤料进行热解。

该项目采用低水分熄焦系统，高温半焦从炉底排焦箱进入集焦仓中，集焦仓底板设浅水层，水层高度与成品焦炭颗粒大小相同；当推焦机推出的炽热半焦接触到水层时，水受热变为蒸汽时的快速膨胀力使蒸汽通过半焦层，利用蒸汽对集焦仓内半焦进行熄焦，减少了水与半焦的接触时间和水的用量。熄完后半焦温度为100℃以下，由密封的刮板输送机送至炉前焦仓。炉前焦仓设出焦上阀和出焦下阀，通过出焦上阀和出焦下阀交替开关控制半焦的排出并落至运焦刮板机上，再经胶带机送到焦场。

（4）出焦工段

出焦工段的成品半焦经带式输送机运至筛焦楼。经筛分后，分为<5mm、5～16mm和>16mm共三个粒度等级。三种粒度的半焦通过各自的带式输送机通过高架卸料至焦棚对应堆场内；焦棚内高架带式输送机下设置受焦坑，由电液动平板闸门和振动给料机控制给料至带式输送机，送往装车筛分站，筛上料装车外售，筛下料输送至焦棚储存。

（5）煤气净化工段

从直立炉工段集气槽接来的60℃的粗煤气，进入文氏塔进行洗涤，洗涤降温后的煤气再进入横管冷却器顶部入口，洗涤后的循环水进入焦油氨水分离系统。进入横管冷却器的煤气与进入横管冷却器壳程和管程的循环水进行逆流换热，进一步降低煤气温度并分离出煤气中的焦油。横管分上下两段，煤气与横管两段循环水换热后，凝液通过横管底部的焦油出口接至水封溢流池的水封段。通过水封段后凝液溢流至溢流段并通过液下泵打入焦油氨水分离工段，与焦油氨水分离工段的焦油一并送入焦油储罐。煤气由横管底部引出通过捕雾器后进入电捕焦油器，通过电捕焦油器的高压电弧的吸附，捕捉煤气中的焦油雾。捕捉出的焦油通过电捕焦油器底部接口接至水封溢流池水封段。煤气通过电捕焦油器顶部接口引出至煤气风机加压，加压后的煤气一部分送至热解炉自身加热用，剩余部分送至后续发电厂做燃料使用。煤气净化现场如图9-2所示。

图 9-2　煤气净化现场

（6）焦油氨水分离工段

该工段的主要目的是将来自热解工段和煤气净化工段的焦油、氨水混合物进行分离，去除焦油渣、回收焦油，同时得到煤气洗涤喷淋用氨水。其主要由氨水除渣罐、焦油氨水分离槽、氨水中间罐、循环氨水泵、剩余氨水泵、焦油中间泵、焦油氨水泵房、事故池等设施组成。

来自热解工段的焦油氨水混合液进入氨水除渣罐，混合液中的焦油渣在除渣罐中进行重力沉降分离，沉降于除渣罐底部，定期清理。经过除渣后的混合液与来自煤气净化工段的焦油氨水混合液一并进入焦油氨水分离槽，由于密度差异，混合液经过初步分离，分为轻油层、氨水层、重油层，得到含水焦油和氨水，轻油、重油分别自流进入集油池，集油池达到设定液位后，焦油通过焦油中间泵送往焦油罐；分离槽中部氨水进入氨水中间罐，在氨水中间罐中暂存并进一步除去氨水中所含的焦油，最后氨水通过循环氨水泵送往热解工段和煤气净化工段对煤气进行喷淋洗涤，剩余氨水送往园区污水处理站集中处理。事故池用于收集事故状态下的焦油氨水分离区泄漏的氨水。

（7）焦油储运

焦油储运包括焦油储存和外输。焦油储存部分设置焦油固定拱顶油罐，焦油罐四周设有防火堤，防火堤内设有地下集液池；焦油罐区外布置焦油装车泵房。焦油储罐内设有加热盘管，利用蒸汽加热，降低煤焦油水分。为了保障油罐使用安全，防止或消除各类油罐事故，降低油品蒸发消耗，罐顶设有呼吸阀和阻火器。油罐上还设有人孔、透光孔、清扫孔等，便于油罐清洗和检修。由焦油氨水分离单元来的焦油进入储罐，储罐上设有液位计。

焦油在焦油罐中静置、加热、脱水，储存一段时间后，有少量的氨水从焦油氨水混合液中分离出来。氨水通过管道自流到集液池，再由液下泵输送到焦油氨水分离工段。防火堤内雨水由排水明沟聚到集水坑，通过阀门控制外排。成品焦油用焦油泵外卖。

9.2.5.2　SH4090型直立热解炉特点

该项目采用的SH4090型直立热解炉有如下特点：

① 采用双室双阀加煤工艺：通过对上下两层插板阀的控制保证始终有一个阀门处于关闭状态，使炉气与空气隔绝，实现密闭加煤，保证炉内煤气不会外泄及炉外空气不会进入炉内。

② 单炉规模大：本炉型通过优化炉内部进气孔结构、增加进气孔数量等方法，解决了半焦炉生产大型化过程中进气孔挂渣、堵塞等问题，实现布料、集气、加热的均匀，充分发挥炉最大生产能力，有效提升了单炉规模，单炉生产能力达20万吨/年，为国内首套年产量达20万吨的直立热解炉，同时预留了一定的生产裕量。

③ 炉顶压力自动控制：本项目采用煤气风机变频及炉顶调节阀来实现炉顶集气管压力自动调节，操作方便，故障率低，产品质量稳定。

④ 采用低水分熄焦：该工艺可调整控制水或蒸汽的供应量及速度，使高温半焦在离开导料槽进入出料设备时降低到所需的排焦温度，从而得到低温（<100℃）和低水分半焦产品（控制半焦最佳水分在10%）。

⑤ 炉内温度检测：本项目采用火焰探测器与热电偶结合来判断火道内的温度分布及着火情况，更加准确地观察火道内是否着火，同时为自动调火提供了基础。火焰探测器现场如图9-3所示。

图9-3　火焰探测器现场

9.2.6　物料衡算

$60 \times 10^4 t/a$ 半焦生产项目物料平衡如表9-7所示。

表 9-7 热解物料平衡

投　　入			产　　出		
项目	kg/h	10^4 t/a	项目	kg/h	10^4 t/a
煤	127650	102.12	半焦（干基）	75000	60
空气	46550	37.24	焦油	7500	6
—	—	—	煤气	77588	62.07
—	—	—	干馏水	14037	11.23
—	—	—	煤尘	75	0.06
合计	174200	139.36	合计	174200	139.36

9.2.7　主要设备

60×10^4 t/a 半焦生产项目工艺装置的主要设备如表 9-8 所示。

表 9-8　主要设备

序号	设备名称	规格尺寸	数量	备注
1	跳汰机	DRT24/2 型复合高效数控	1 套	—
2	SH4090 型直立热解炉	22060mm×5520mm×9000mm	3 台	—
3	空气风机	离心式	2 台	一用一备
4	文氏塔	DN3000mm，$H=13.97$m	3 台	—
5	横管冷却器	FN=6000m²	3 台	—
6	电捕焦油器	ϕ7000mm，$H=14$m	3 台	—
7	煤气风机	离心式	5 台	三用两备
8	循环氨水罐	DN11700mm，$H=8000$mm	14 台	—
9	循环氨水泵	离心式	2 台	一用一备
10	焦油中间泵	离心式	2 台	一用一备
11	横管水封	DN1400mm，$H=3.42$m	3 台	—
12	初冷塔水封	DN1400mm，$H=3.155$m	3 台	—
13	鼓风机水封	1800mm×1000mm×2000mm	3 台	—
14	雨水收集罐	DN9000mm，$H=8000$mm	2 台	—

9.2.8　能耗分析

60×10^4 t/a 半焦生产项目的能耗如表 9-9 所示。

表 9-9　能耗汇总表

序号	项目	折算系数	年投入实物量		折标准煤/t	备注
			单位	数量		
1.	投入	—	—	—	—	—
(1)	原料煤	0.9173	t/a	1021172.5	936721.5	入炉煤
	小计	—	—	—	936721.5	—
2.	产出	—	—	—	—	—
(1)	半焦	1.045	t/a	600000	627000	—
(2)	煤焦油	1.1429	t/a	60000	68574	—
(3)	剩余煤气(标准状况)	0.2429	$10^3 m^3/a$	653400	158710	—
	小计	—	—	—	854284	—
3.	能源转换差	—	—	—	82437.5	—
4.	动力消耗	—	—	—	—	—
(1)	动力电	0.404	$10^3 kW \cdot h/a$	19500	7878	—
(2)	蒸汽	0.0904	t/a	16000	1446.4	—
(3)	新水	0.0857	$10^3 t/a$	480	41.1	—
	小计	—	—	—	9365.5	—
5.	总耗能源	—	t/a	—	91803	—
	能耗(标煤/半焦)	—	t/t	—	0.153	—

该项目年投入总能耗（标准煤）936721.5t，年产能源为（标准煤）854284t，能源转换差（标准煤）82437.5t。动力消耗（标准煤）9365.5t，总消耗能源（标准煤）91803t。折算吨半焦耗标准煤为153.0kg，吨半焦耗新鲜水为0.8t，吨半焦耗电量32.5kW·h/t。煤气利用率大于99%，该项目在半焦行业中能耗较低，指标先进。

9.2.9　技术经济指标

该项目的主要技术经济指标如表 9-10 所示。

表 9-10　主要技术经济指标表

序号	项目	单位	数量	备注
1.	生产规模	—	—	—
(1)	半焦生产项目	t/a	600000	3台干馏炉
2.	原材料	—	—	—
(1)	原煤	t/a	1021200	—
3.	产品及产量	t/a	—	—

序号	项目	单位	数量	备注
(1)	半焦	t/a	600000	—
(2)	煤焦油	t/a	60000	—
(3)	剩余煤气（标准状况）	m^3/a	$6.53×10^8$	—
4.	年操作时间	h	8000	—
5.	公用工程消耗	—	—	—
(1)	动力电	kW·h/a	19500000	—
(2)	蒸汽	t/a	16000	—
(3)	新水	t/a	480000	—
6.	职工定员及占地面积	—	—	—
(1)	职工定员	人	89	—
(2)	全厂占地面积	m^2	100427	—
7.	财务指标	—	—	—
(1)	建设投资	万元	15111.1	—
	建设期利息	万元	434.7	—
	流动资金	万元	2786.2	—
(2)	营业收入（含税）	万元	61005	生产期平均
(3)	营业税金及附加	万元	97.5	生产期平均
(4)	增值税	万元	975.2	生产期平均
(5)	财务内部收益率	—	—	—
	项目投资所得税前	%	26.07	—
	项目投资所得税后	%	20.51	—
(6)	财务净现值	—	—	ic＝12%
	项目投资所得税前	万元	13042.5	—
	项目投资所得税后	万元	7627.0	—
(7)	项目投资回收期	—	—	含建设期
	静态投资所得税前	a	3.59	—
	静态投资所得税后	a	4.49	—

9.3 项目特点

$60×10^4$ t/a 半焦生产项目生产工艺有如下优点。

① 单炉规模大。本项目单炉规模按照 20 万吨/年半焦生产进行设计，经

现场实际反馈，如果煤质条件好的情况下，最大产量可达 25 万吨/年。

② 原料粒径选择性宽。该直立热解炉对排焦处耐火砖进行了改造，可适应 6mm 以上粒径煤的热解。

③ 采用间直冷结合的煤气冷却方式。本装置煤气净化工段采用直接-间接冷却相结合的复合工艺流程，与半焦生产行业传统采用的文氏塔-旋喷塔相结合的直接冷却工艺相比，该工艺可有效地将荒煤气的温度冷却至更低，从而提高焦油回收率，提高焦油产量，并对后续的装置及管道的安全、稳定的生产提供有效的保护；采用直-间冷相结合的净化工艺不仅可以减少大量循环氨水的使用，并节约水资源，还能降低含氨废水的产生量，更有利于环保。

④ 采用新型密闭焦油氨水分离装置。针对氨水焦油混合液的特性，采用改进后的钢制焦油氨水分离槽和氨水中间罐结合工艺，氨水焦油分离系统全部处于封闭状态，而且全部地上设置。此外焦油氨水分离槽散热效果好、分离效果好，可以提高焦油收率而且投资低、易维护。

⑤ 采用低水分熄焦装置，半焦含水量可根据用户需要控制在 10%～15%。

⑥ 设计采用先进的设备技术、各种水泵及风机采用新型节能设备、煤气风机及循环水泵采用变频电机、保温隔热材料采用新型材料，最大程度降低产品能耗。

⑦ 配套采用先进的 DCS 与生产工艺有机结合，实现了整个生产工艺的备煤、热解、净化、熄焦等各个生产环节自动化控制，确保了生产过程中各工艺参数的稳定，从而保障产品质量的可靠。